数学原論

Éléments de Mathématique

斎藤毅 SAITO Takeshi

東京大学出版会

Éléments de Mathématique

Takeshi SAITO

University of Tokyo Press, 2020
ISBN978-4-13-063904-0

はじめに

現代の数学は，集合と位相の抽象的なことばで書かれ，線形代数と微積分の2本の柱で支えられている．この基礎をある程度学んだ読者を，その先に広がる数学の世界へ案内する．言語にたとえれば，集合と位相，線形代数と微積分はそれぞれ，基礎的な文法と日常会話に相当する．それだけの準備があれば，数学の世界の探索に出発できる．

大学の数学科では代数，幾何，解析という分野ごとに学習するのがふつうだが，数学は本来これらが有機的に結合した一体のものである．そこで分野ごとの紹介は基本的な範囲にとどめて，それらが交錯し数学の世界をつくりあげるようすに圏論的な視点から焦点をあてる．

数学の基礎は論理的には集合論にもとづいているが，実質的には圏論的な枠組みで形づくられている．圏論的数学観によれば，数学の対象は1つ1つが独立に存在するのではなく，同種のあるいは異種の対象との関わりの中に存在する．

はじめに数学の枠組みとしての圏と関手を第1章で解説し，幾何学の大域的対象を記述することばとしての層を第7章で導入する．これにもとづいて，環と加群，体，ホモロジー，微分形式，正則関数，曲面と多様体という代数，幾何，解析の基本的な対象をそれぞれ第2章から第6章までと第8章の各章で紹介する．最後の第9章と第10章では，代数，幾何，解析のすべての要素が交錯する場であるリーマン面と楕円曲線を解説する．

各章の内容をひととおり展開するためには，それぞれに本1冊分のページ数が必要になるところだが，本書ではとりあげる内容を絞ることで分量を抑えた．第2章以降の各章では，数学の基本的な問題への応用を目標として設定し，紹介する理論の効用を明示する．

表題については，「おわりに」で弁明する．

本書でもこれまでの3冊と同様，東京大学出版会編集部の丹内利香さんに企画から校正まで助けていただいたことを感謝する．

2019年8月7日　斎藤　毅

目次

各章のつながり

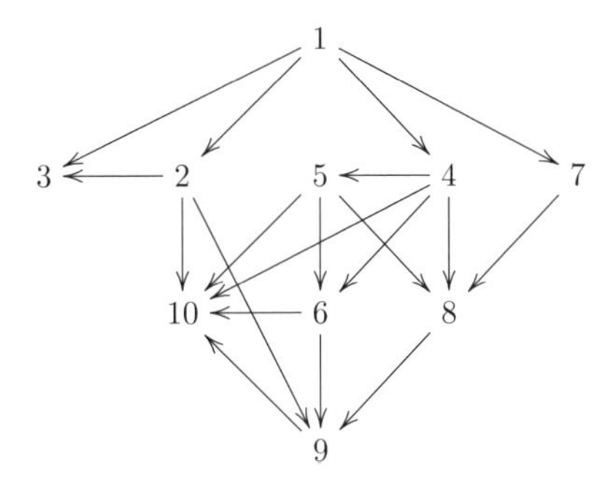

この本の使い方

引用について

本書を通じて，巻末に「参考書」としてあげた『集合と位相』，『線形代数の世界』，『微積分』を，それぞれ『集合と位相』，『線形代数の世界』，『微積分』として引用する．

『集合と位相』，『線形代数の世界』，『微積分』からの引用はそれぞれ，第5刷，第7刷，第4刷によった．それ以外のものでは引用個所が異なることがありうるので，東京大学出版会のホームページ (http://utp.or.jp/) にある『数学原論』のサポートページを参照していただきたい．

予備知識と各章のつながり

第1章での予備知識としては，『集合と位相』第1章と第2章で解説した，集合と写像についての基本的な内容を理解していれば，論理的には十分である．線形代数からとりあげた具体例を理解するには，『線形代数の世界』の第1章と第2章で解説した，有限次元線形空間の基底や線形写像の行列表示などが必要になる．第7章では，本書の第1章の関手の用語に加えて，『集合と位相』第4章で解説した，位相についての基本的な内容も必要になる．

第2章から第6章までの予備知識としては，『集合と位相』第5章までで解説した集合と位相についての基本的な内容に加えて，『線形代数の世界』の第4章までと第7章の線形代数と，『微積分』第6章までの微積分の内容を想定する．章ごとに必要になるものはこの一部であり，はじめからこれらの内容の習得を前提とするというよりも，本書を読み進めることでその学習の動機が高まることを期待している．

第8章以降では，第6章までで必要な予備知識に加えて，『集合と位相』の第6章と7.1節の内容も必要になる．

各章の論理的なつながりは，だいたい前ページの図のようになっている．第2章から第5章まででは，(1) 第2章と第3章，(2) 第4章，(3) 第5章の5.3節までと第6章の6.2節まで，の3つの部分はほとんどたがいに独立であり，興味に応じてどれからでも読みはじめられる．第5章の後半と第6章の後半では，第 4 章の内容が必要になる．第 7 章も開集合系による位相や連続写像の定義を既知とすれば，第 1 章に続けて読むことができる．

第 8 章以降では，第 7 章までの内容を使う．ただし，第 8 章では第 6 章の内容は使わない．

章ごとの内容

各章の内容は，それぞれのはじめによりくわしく記述するが，ここでおおまかに紹介する．第 2 章以降の各章では，目標として設定した数学の基本的な問題への応用を，最後の節で解説する．

圏は数学の枠組みを与えると同時に，それ自体 1 つの代数的な対象である．はじめに第 1 章で，圏と関手について基本的な内容を解説し，続いて第 2 章と第 3 章で，それぞれ環と加群，体という代数的な対象を扱う．第 3 章ではガロワ理論を解説し，応用として円分多項式の既約性を証明する．

第 4 章から第 6 章では，代数，幾何，解析の方法がたがいに関わりながら，幾何や解析の世界をつくりあげるようすを紹介する．第 4 章では，幾何的な対象である位相空間を線形代数的にとらえる，ホモロジーの方法を解説する．第 5 章では 2 変数の場合に限定して，微分形式という解析的な対象が，その積分によりホモロジーと結びついて幾何的な性質を表すことを示す．続く第 6 章では微分形式の積分にもとづいて，1 変数の複素関数の理論である複素解析の核心部分を構築する．応用として複素数体は代数閉体であるという代数学の基本定理を証明する．

第 7 章では，はりあわせの条件をみたす関手として層を導入する．第 8 章では，現代の幾何学の舞台である多様体の定義を層のことばで定式化する．2 次元の多様体である曲面の向きと微分形式を層のことばで構成し，第 9 章の準備とする．第 9 章ではリーマン面を定義し，第 8 章までの内容をすべて使いながらその理論を構築する．

最後の第 10 章では，前半で楕円曲線の代数的な理論を解説する．後半では複素数体上の楕円曲線をリーマン面として解析的に扱い，楕円曲線の代数的な表示と解析的な表示の同値性を，第 4 章から第 6 章で扱ったホモロジー，微分形式，正則関数という幾何的，解析的な方法をすべて使って証明する．この同値性から，フェルマーの最終定理の証明で重要な役割を果たしたモジュラー曲線の，複素上半平面の商としての解析的な表示も導く．

証明について

証明はなるべく省略しないようにしたが，とくにくふうの必要のない計算で確認できるものには紙数の節約のために省略したところもある．たとえば，補題 1.4.4 で G が関手であることと φ が関手の射であることや，命題 2.1.1 で $\tilde{f}$ が単系の射であることなどである．これらはいちいち明記しなかったが確認することをおすすめする．

演習問題も紙数の節約のために載せなかった．しかし内容を正確に理解するためには欠かせないので，具体的な例を確認するなどして補うことをおすすめする．

第 1 章 圏と関手

現代の数学では，数学の対象を単独に扱うのではなく，それと似た対象全体のなす圏の一員としてとらえることが多い．こうすることで，対象自体の構成よりも，圏の中の他の対象との関わりに焦点があたる．圏の個々の対象ではなく，圏自体が興味の主な対象となることもある．圏の中での役割によってその対象が特定されることを表すのが，米田の補題とよばれる系 1.5.5 である．

圏と圏との関わりは関手のことばで記述される．次章以降で見ていくように，関手によって，例 2.5.4 のように代数的な対象に対して幾何的な対象を構成したり，定義 4.5.5 のように幾何的な対象の不変量を表す代数的な対象を記述できる．多項式環や自由加群といった標準的な構成も，表現可能関手や随伴関手として統一的にとらえることができる．

圏論で中心的な役割を演じるのが，関手どうしの関わりを表し，標準的な写像を扱う枠組みを与える関手の射である．これは自然変換ともよばれ，歴史的には圏論の動機ともなった．

前半の 1.3 節までで，圏論の基本的な用語を解説する．はじめに圏の定義の準備として，1.1 節で集合のファイバー積についての記号を定める．圏と関手，関手の射について，定義と基本的な例を 1.2, 1.3 節で解説する．2 つの圏が実質的に同じものと考えられるための条件を 1.4 節で圏の同値として定式化し調べる．

後半の 1.5 節と 1.6 節では，次章以降でくり返し現れる関手の表現と随伴関手をそれぞれ解説する．1.5 節では，関手の表現や前層のことばを使って，圏の対象がその圏のほかの対象との関わりによって特定されることを系 1.5.5 で証明する．1.6 節では，線形写像の随伴写像と形式的に類似する随伴関手の用語を紹介し，随伴関手が存在するための条件を表現可能関手のことばを使って命題1.6.5で与える．1.7節では，順序集合からの関手として逆系を定義し，その逆極限を普遍性で定義する．

圏や関手のことばになじみやすくするため，基本的な例を線形代数からは例1.2.2, 1.3.3, 1.3.6, 1.4.6で，集合論からは例1.3.2, 1.5.7, 1.6.3で紹介する．可換単系からの例は例1.2.3.1, 1.2.4, 1.3.4.1, 1.5.9で扱い，群とその作用からの例は例1.2.3.2, 1.3.4.2, 1.3.7で扱う．

1.1　ファイバー積

圏の定義の準備として，集合のファイバー積の記号を用意する．写像 $f\colon X \to S$ と $g\colon Y \to S$ に対し，積集合 $X \times Y$ の部分集合

$$X \times_S Y = \{(x, y) \in X \times Y \mid f(x) = g(y)\} \tag{1.1}$$

を，X と Y の S 上の**ファイバー積** (fiber product) とよぶ．この記号には写像 f と g が現れないので，それを明示したいときは $X \times_{f,S,g} Y$ のように表す．第1成分と第2成分への**射影** (projection) の制限もそれぞれ $\mathrm{pr}_1\colon X \times_S Y \to X$, $\mathrm{pr}_2\colon X \times_S Y \to Y$ で表す．

S が1つの元からなる集合のときは，$X \times_S Y = X \times Y$ である．$s \in S$ に対し f と g のファイバーを $X_s = f^{-1}(s), Y_s = g^{-1}(s)$ とおいて，$X = \coprod_{s \in S} X_s$, $Y = \coprod_{s \in S} Y_s$ と分割すると，$X \times_S Y = \coprod_{s \in S} (X_s \times Y_s)$ となる．これがファイバー積という名前の理由である．

例 1.1.1　1. $f\colon X \to S$ を写像とし，$Y \subset S$ を部分集合，$g\colon Y \to S$ を包含写像とする．第1射影 $\mathrm{pr}_1\colon X \times_S Y \to X$ は逆像 $f^{-1}(Y) \subset X$ への可逆写像 $X \times_S Y \to f^{-1}(Y)$ を定める．

さらに X も S の部分集合で，$f\colon X \to S$ も包含写像とすると，x を (x, x) にうつす共通部分からの写像 $X \cap Y \to X \times_S Y$ は可逆である．

2. X を集合とし，$R \subset X \times X$ を X の同値関係のグラフとする．$Y = X/R$ を商集合とし，$p\colon X \to Y$ を商写像とすると，ファイバー積 $X \times_Y X \subset X \times X$ は R である．■

写像の図式

$$\begin{array}{ccc} T & \xrightarrow{p} & X \\ {\scriptstyle q}\downarrow & & \downarrow{\scriptstyle f} \\ Y & \xrightarrow{g} & S \end{array} \tag{1.2}$$

が**可換** (commutative) であるとは，$f \circ p = g \circ q$ であることをいう．写像 $(p,q)\colon T \to X \times Y$ はファイバー積への写像 $T \to X \times_S Y$ を定める．これも同じ記号 (p,q) で表す．写像 $(p,q)\colon T \to X \times_S Y$ は図式

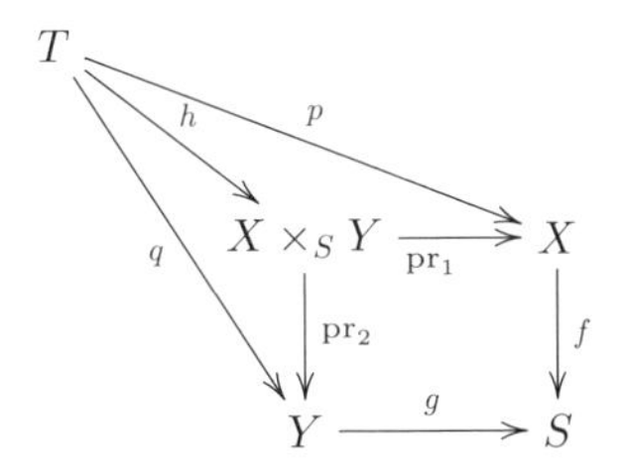

を可換にするただ 1 つの写像 $h\colon T \to X \times_S Y$ である．h が可逆なとき，図式 (1.2) は座標を導入したデカルトにちなみ，名前から冠詞の部分を省いて**カルテシアン** (cartesian) であるという．写像の可換図式

$$\begin{array}{ccccc} U & \xrightarrow{s} & W & \xleftarrow{t} & V \\ {\scriptstyle p}\downarrow & & \downarrow{\scriptstyle r} & & \downarrow{\scriptstyle q} \\ X & \xrightarrow{f} & S & \xleftarrow{g} & Y \end{array}$$

に対し，積写像 $p \times q\colon U \times V \to X \times Y$ の制限 $U \times_W V \to X \times_S Y$ も $p \times q$ で表す．

さらに写像 $h\colon Y \to T$, $k\colon Z \to T$ に対し，積集合 $X \times Y \times Z$ の部分集合 $\{(x,y,z) \in X \times Y \times Z \mid f(x) = g(y), h(y) = k(z)\}$ を，$X \times_S Y \times_T Z$ で表す．$X \times_S Y \times_T Z = (X \times_S Y) \times_{h \circ \mathrm{pr}_2, T, k} Z = X \times_{f, S, g \circ \mathrm{pr}_1} (Y \times_T Z)$ である．

1.2　圏

集合 X に対し，その恒等写像を 1_X で表す．

定義 1.2.1　集合 C, M と写像

$$s\colon M \to C,\ t\colon M \to C,\ c\colon M \times_{s,C,t} M \to M,\ e\colon C \to M$$

で次の 4 つの図式が可換になるものからなる組 (C, M, s, t, c, e) を，**圏** (category) とよぶ．

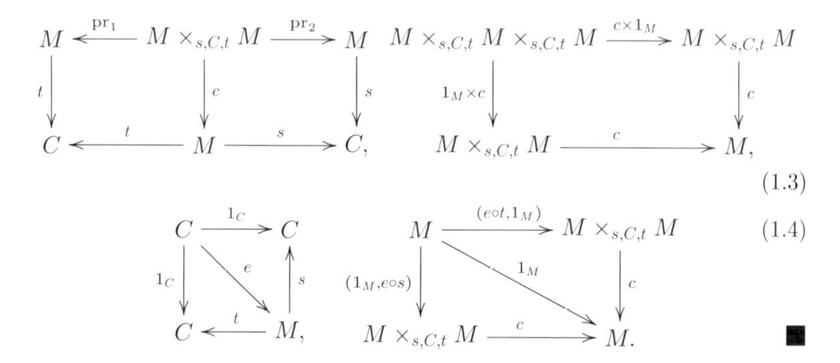

圏についての用語や記号を導入し，そのあとで圏の定義の内容を解説する．圏の定義を上のようなファイバー積を使った可換図式の形で与えている本は少ないが，圏の個々の対象よりも圏そのものに焦点をあてた定式化である．集合論的視点では集合の元の等式が基礎にあるが，圏論的視点では射の等式や次節以降で解説する関手の間の射がそれに代わる．これらは図式で表現されるので，それに慣れると圏論の方法が理解しやすくなる．

(C, M, s, t, c, e) が圏であるとき，ほかの成分を省略して C を圏とよぶことが多い．集合 C の元を圏 C の**対象** (object) とよび，集合 M の元を圏 C の**射** (morphism) とよぶ．集合 C を圏 C の対象の集合とよび，$\mathrm{Ob}(C)$ で表すこともある．A, B が C の対象であり C の射 f が $s(f) = A, t(f) = B$ をみたすとき，f は A から B への射であるといい，$f\colon A \to B$ で表す．A から B への射全体の集合 $\{f \in M \mid s(f) = A, t(f) = B\}$ を $\mathrm{Hom}_C(A, B)$ や $\mathrm{Mor}_C(A, B)$ で表す．

写像 s を**源**(もと)(source)，t を**的**(まと)(target) とよび，c を**合成** (composition) とよぶ．M の元 g, f の対 (g, f) が写像 c の定義域 $M \times_{s,C,t} M = \{(g, f) \in M \times M \mid s(g) = t(f)\}$ の元であるとき，f と g は合成できるという．(1.3) の左の可換図式より $s(c(g, f)) = s(f), t(c(g, f)) = t(g)$ だから，f と g の合成 $c(g, f) \in M$ は $s(f)$ から $t(g)$ への射である．これを $g \circ f$ で表す．記号 $\circ$ は省略することもある．

(1.3) の左の可換図式は，$f\colon A \to B$ と $g\colon B \to D$ の合成は $g \circ f\colon A \to D$ であることを表す．(1.3) の右の可換図式は，f と g, g と h が合成できると

き**結合則** (associativity law)

$$(h \circ g) \circ f = h \circ (g \circ f) \tag{1.5}$$

がなりたつことを表す．したがって，3 個以上の射の合成の順序を示すためのかっこは省略できる．

(1.4) の左の可換図式は，C の対象 A に対し $e(A)$ は C の射 $e(A)\colon A \to A$ であることを表す．これを A の**単位射** (identity) とよび，$1_A\colon A \to A$ で表す．(1.4) の右の可換図式は，射 $f\colon A \to B$ に対し，

$$1_B \circ f = f \circ 1_A = f \tag{1.6}$$

を表す．

圏の定義について，その対象に焦点をあてた解釈を解説する．$s, t\colon M \to C$ が定める積集合への写像 $(s, t)\colon M \to C \times C$ により，M は $C \times C$ を添字集合とする集合族の**無縁和** (disjoint union)

$$M = \coprod_{(A,B)\in C\times C} \mathrm{Mor}_C(A, B) \tag{1.7}$$

として分割される．写像 $s\colon M \to C$, $t\colon M \to C$ は，$f \in \mathrm{Mor}_C(A, B) \subset M$ に対し，$s(f) = A \in C$，$t(f) = B \in C$ で定まる．

(1.7) より，ファイバー積 $M \times_{s,C,t} M = \{(g, f) \in M \times M \mid s(g) = t(f)\}$ は無縁和

$$M \times_{s,C,t} M = \coprod_{(A,B,D)\in C\times C\times C} (\mathrm{Mor}_C(B, D) \times \mathrm{Mor}_C(A, B)) \tag{1.8}$$

として分割される．写像 $c\colon M \times_{s,C,t} M \to M$ は，合成できる C の射の対 $(g, f) \in \mathrm{Mor}_C(B, D) \times \mathrm{Mor}_C(A, B) \subset M \times_{s,C,t} M$ に対し，$c(g, f) = g \circ f \in \mathrm{Mor}_C(A, D) \subset M$ で定まる．

したがって圏 C とは，

(1) 対象の集合 C,

(2) $A, B \in C$ に対して定まる射の集合 $\mathrm{Mor}_C(A, B)$,

(3) C の射 $f\colon A \to B$, $g\colon B \to D$ に対して定まる合成射 $g \circ f\colon A \to D$,

(4) $A \in C$ に対して定まる単位射 $1_A\colon A \to A$

からなり，合成に関する結合則 (1.5) と，単位射の性質 (1.6) をみたすもののことと考えることもできる．

実際に圏を記述するときは，対象の集合 C と，各対象 A, B に対する射の集合 $\mathrm{Mor}_C(A, B)$ を与えることがよくある．合成も与える必要があるが，文脈から明らかなことが多いので省略されることがふつうである．単位射は一意的に定まるので，これもたいていは省略される．恒等写像が定める射が単位射であることが多い．これを**恒等射**という．

例 1.2.2 $\mathbf{R}$ で**実数体** (real number field) を表す．C を有限次元 $\mathbf{R}$ 線形空間全体の集合とする．素朴に考えると C は集合でないので，この節の最後にあるように厳密には宇宙 U を 1 つ指定して U の元である有限次元 $\mathbf{R}$ 線形空間全体の集合を考えるが，ここでは省略する．

有限次元 $\mathbf{R}$ 線形空間 $V, W \in C$ に対し，$\mathbf{R}$ 線形写像 $V \to W$ 全体の集合 $\mathrm{Hom}_{\mathbf{R}}(V, W)$ を射 $V \to W$ の集合とする．$\mathbf{R}$ 線形写像の対 $f\colon U \to V$, $g\colon V \to W$ に対し，合成射 $g \circ f\colon U \to W$ は合成写像 $g \circ f$ とする．V の単位射 $1_V\colon V \to V$ は恒等写像 1_V である．結合則 (1.5) は写像の合成の結合則からしたがう．単位射の性質 (1.6) も恒等写像の性質からしたがう． ■

写像の**可換図式** (commutative diagram) のように，圏 C の射の図式

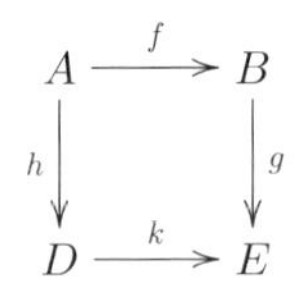

が可換であるとは，射 $A \to E$ の等式 $g \circ f = k \circ h$ を表す．

射 $f\colon A \to B$ に対し，射 $g\colon B \to A$ で $g \circ f = 1_A, f \circ g = 1_B$ をみたすものを f の**逆射** (inverse) とよぶ．f の逆射が存在するとき，f は**可逆** (invertible) であるという．f は**同形** (isomorphism) であるということも多い．同形射ということもある．$h\colon B \to A$ も $f\colon A \to B$ の逆射ならば，$h = h \circ 1_B = h \circ f \circ g = 1_A \circ g = g$ だから，逆射は存在すれば一意的である．f の逆射を f^{-1} で表す．単位射は可逆であり，その逆射も単位射である．f の逆射の逆射 $(f^{-1})^{-1}$ は f である．合成の逆射 $(g \circ f)^{-1}$ は $f^{-1} \circ g^{-1}$ である．

群や順序集合などを，特殊な性質をみたす圏として定義できる．

例 1.2.3 1. 圏 (C, M, s, t, c, e) の対象がただ 1 つであるとき，M を**単系** (monoid) とよび，写像 $c\colon M \times M \to M$ を M の**演算** (operation) とよぶ．$e\colon C \to M$ の像のただ 1 つの元を M の**単位元** (identity) という．単系の演算には乗法の記号 $\cdot$ を使うことが多い．省略することも多い．

自然数全体の集合 $\mathbf{N}$ は加法を演算として単系をなす．単位元は 0 である．C を圏とし，A を C の対象とすると，A の**自己射** (endomorphism) 全体の集合 $\mathrm{Mor}_C(A, A) = \mathrm{End}_C(A)$ は射の合成を演算として単系になる．$\mathrm{End}_C(A)$ の単位元は単位射 1_A である．

2. 単系 M のすべての射が可逆であるとき，M を**群** (group) とよぶ．群を表すには文字 G を使うことが多い．$g \in G$ の逆射を g の**逆元** (inverse element) とよび，g^{-1} で表す．

整数全体の集合 $\mathbf{Z}$ は加法を演算として群をなす．単位元は 0 である．圏 C の対象 A に対し，単系 $\mathrm{End}_C(A)$ の部分集合 $\{f \in \mathrm{End}_C(A) \mid f \text{ は可逆}\}$ は合成に関して群になる．これを A の**自己同形群** (automorphism group) とよび，$\mathrm{Aut}_C(A)$ で表す．$\mathrm{Aut}_C(A)$ の単位元は A の単位射である．

3. 写像 $(s, t)\colon M \to C \times C$ が単射であり，C の可逆射はすべて単位射であるとき，C は**順序集合** ((partially) ordered set) であるという．$\mathrm{Mor}_C(A, B)$ が空でないことを，記号 $A \leqq B$ で表す．

4. 写像 $(s, t)\colon M \to C \times C$ が単射であり，C の射はすべて可逆であるとき，M は C の**同値関係** (equivalence relation) のグラフであるという． ■

モノイドは単位的半群とよばれることがあるが，圏論的にはこの方が群よりも基本的な対象と考えられることから，この本では群もどきのようにではなく単系とよぶことにした．

(C, M, s, t, c, e) を圏とし，$C' \subset C, M' \subset M$ を部分集合とする．s, t, c, e の制限がそれぞれ写像 $s'\colon M' \to C'$，$t'\colon M' \to C'$，$c'\colon M' \times_{s', C', t'} M' \to M'$，$e'\colon C' \to M'$ を定めるとき，(C', M', s', t', c', e') を (C, M, s, t, c, e) の**部分圏** (subcategory) という．M' が C' で定まるわけではないが，C' を C の部分圏ということが多い．

C' を C の部分集合とすると，C' と $(s, t)\colon M \to C \times C$ による $C' \times C'$ の逆像 M' は C の部分圏を定める．この部分圏を C の**充満部分圏** (full subcategory) という．C' が C の充満部分圏ならば，C' の任意の対象 A, B に対し

$\mathrm{Mor}_{C'}(A,B) = \mathrm{Mor}_C(A,B)$ である．

(C,M,s,t,c,e) を圏とし，成分を入れかえる写像 $w\colon M \times_{t,C,s} M \to M \times_{s,C,t} M$ を $w(f,g) = (g,f)$ で定める．源と的を入れかえ，合成を w との合成写像でおきかえたもの $(C,M,t,s,c\circ w,e)$ も圏になる．これを C の**逆転圏** (opposite category) といい C^{op} で表す．C の射 $f\colon A \to B$, $g\colon B \to D$ は C^{op} の射 $f\colon B \to A$, $g\colon D \to B$ であり，その C^{op} での合成 $f \circ g\colon D \to A$ は C での合成 $g \circ f\colon A \to D$ である．C の逆転圏 C^{op} の逆転圏 $(C^{\mathrm{op}})^{\mathrm{op}}$ は C である．

例 1.2.4　単系 M がその逆転圏が定める単系 M^{op} と等しいとき，M は**可換**であるという．単系 $\mathbf{N}$ は可換である．

群 G がその逆転圏が定める群 G^{op} と等しいときも，G は可換であるという．可換群の演算は加法の記号 $+$ で表すことが多い．群 $\mathbf{Z}$ は可換である．■

A を圏 C の対象とし，A 上の圏 C_A と C^A を定義する．A 上の圏の例は次章以降で現れる．

$$C_A = \{f \in M \mid t(f) = A\},\ M_A = \{(g,k) \in M \times_{s,C,t} M \mid g \in C_A\} \tag{1.9}$$

とおく．$s_A\colon M_A \to C_A$ を合成 c の制限，$t_A\colon M_A \to C_A$ を第1射影とし，$c_A\colon M_A \times_{s_A,C_A,t_A} M_A \to M_A$ を $c_A((h,l),(g,k)) = (h, l\circ k)$ で定め，$e_A\colon C_A \to M_A$ を $e_A(f) = (f, 1_{s(f)})$ で定める．このとき，$(C_A, M_A, s_A, t_A, c_A, e_A)$ は圏になる．これを **A 上の圏**という．

圏 C_A の対象は，A を的とする射 $f\colon B \to A$ である．これを C の **A 上の対象**という．f を省略して B で C_A の対象を表すことが多い．(g,k) が $f\colon B \to A$ から $g\colon D \to A$ への射であるとは，図式

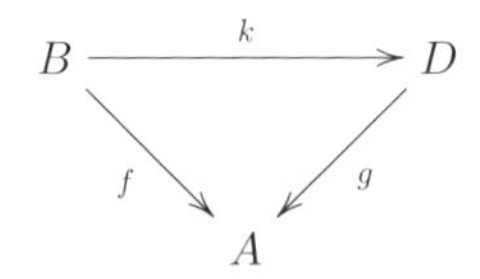

が可換ということである．このとき，$k\colon B \to D$ を **A 上の射**とよぶことも多い．

$$C^A = \{f \in M \mid s(f) = A\},\ M^A = \{(k,f) \in M \times_{s,C,t} \times M \mid f \in C^A\} \tag{1.10}$$

とおいて，同様に A を源とする射 $f: A \to B$ のなす圏 C^A を定める．これも A 上の圏という．この場合には，A 上の対象 $f: A \to B$ から $g: A \to D$ への A 上の射 $k: B \to D$ は，図式

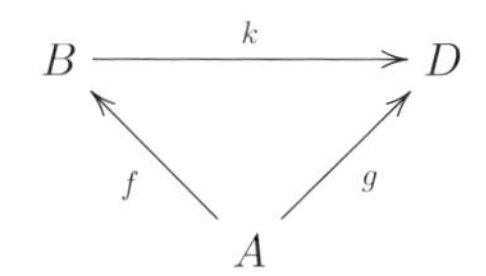

を可換にする射である．

圏 C_A を**スライス圏** (slice category)，C^A を**余スライス圏** (coslice category) ともいう．一般的に幾何的な対象のなす圏を考えているときは A 上の圏といえば C_A であり，代数的な対象を考えているときは A 上の圏というと C^A になる．

圏論の応用上は，集合全体のなす圏を扱いたいが，集合全体のなす集合は存在しない（『集合と位相』問題 1.2.4）ので，素朴にはこのような圏を考えることができない．そこで次のように宇宙を考えることでこの問題を回避する．正確な定義はたとえば清水勇二著『圏と加群』1.4 節（朝倉書店）にゆずるが，グロタンディークの**宇宙** (universe) とは集合からなる集合 U で，U の元であるような集合やその族について集合論的な通常の操作を行っても，その結果はまた U の元となるものである．

U を宇宙とすれば，U に属する集合全体のなす集合は集合 U なので，そのような圏を考えることができる．ただし，U 自身は U の元ではないので，場合によっては，U を元として含むさらに大きい宇宙を考える必要がある．そこで，任意の集合に対しそれを元として含む宇宙が存在するという公理を設定することが多い．この本ではこれ以上この問題にたちいらない．

U を宇宙とする．$C = U$ とし，$A, B \in C$ に対し $\mathrm{Mor}_C(A, B)$ を A から B への写像全体の集合 $\mathrm{Map}(A, B)$ とする．c を写像の合成，$A \in C$ に対し $1_A: A \to A$ を恒等写像とすることで，圏が得られる．これを U に属する集合全体のなす圏という．U について言及したくないときは単に集合全体のなす圏とよび，【集合】で表す．

1.3　関手

圏と圏の間の関係は関手で記述される．

定義 1.3.1　(C, M, s, t, c, e) と (C', M', s', t', c', e') を圏とする．写像 $F_C\colon C \to C'$ と $F_M\colon M \to M'$ の対で，次の図式を可換にするものを C から C' への**関手** (functor) とよび，$F\colon C \to C'$ で表す．

$$
\begin{array}{ccccc}
C & \xleftarrow{t} & M & \xrightarrow{s} & C \\
\downarrow{\scriptstyle F_C} & & \downarrow{\scriptstyle F_M} & & \downarrow{\scriptstyle F_C} \\
C' & \xleftarrow{t'} & M' & \xrightarrow{s'} & C',
\end{array}
\quad
\begin{array}{ccc}
M \times_{s,C,t} M & \xrightarrow{c} & M \\
\downarrow{\scriptstyle F_M \times F_M} & & \downarrow{\scriptstyle F_M} \\
M' \times_{s',C',t'} M' & \xrightarrow{c'} & M',
\end{array}
\quad
\begin{array}{ccc}
C & \xrightarrow{e} & M \\
\downarrow{\scriptstyle F_C} & & \downarrow{\scriptstyle F_M} \\
C' & \xrightarrow{e'} & M'.
\end{array}
\tag{1.11}
$$

C の逆転圏から C' への関手 $F\colon C^{\mathrm{op}} \to C'$ を C から C' への**反変関手** (contravariant functor) という．F が反変関手であるとは，写像 $w\colon M \times_{s,C,t} M \to M \times_{t,C,s} M$ を $w(g, f) = (f, g)$ で定めると，図式

$$
\begin{array}{ccccc}
C & \xleftarrow{s} & M & \xrightarrow{t} & C \\
\downarrow{\scriptstyle F_C} & & \downarrow{\scriptstyle F_M} & & \downarrow{\scriptstyle F_C} \\
C' & \xleftarrow{t'} & M' & \xrightarrow{s'} & C',
\end{array}
\quad
\begin{array}{ccc}
M \times_{s,C,t} M & \xrightarrow{c} & M \\
\downarrow{\scriptstyle (F_M \times F_M)\circ w} & & \downarrow{\scriptstyle F_M} \\
M' \times_{s',C',t'} M' & \xrightarrow{c'} & M',
\end{array}
\quad
\begin{array}{ccc}
C & \xrightarrow{e} & M \\
\downarrow{\scriptstyle F_C} & & \downarrow{\scriptstyle F_M} \\
C' & \xrightarrow{e'} & M'
\end{array}
\tag{1.12}
$$

が可換ということである．■

関手について用語や記号を導入し，定義の内容を解説する．関手と反変関手について，線形代数での基本的な例をそれぞれ下の例 1.3.3 で与える．

反変関手と区別するために，関手 $F\colon C \to C'$ を C から C' への**共変関手** (covariant functor) ということもある．写像 F_C と F_M の添字は省略して，どちらも F で表すのがふつうである．$F\colon C \to C'$ が定める共変関手 $C^{\mathrm{op}} \to C'^{\mathrm{op}}$ も同じ記号 F で表す．

(1.11) の 1 つめの可換図式は，C の射 $f\colon A \to B$ に対し $F(f)$ は C' の射 $F(f)\colon F(A) \to F(B)$ であることを表す．2 つめの可換図式は，合成可能な射 f, g に対し

$$F(g \circ f) = F(g) \circ F(f) \tag{1.13}$$

となることを表す．(1.13) を F の**共変性** (covariance) という．3 つめの可換図式は，C の対象 A に対し

$$F(1_A) = 1_{F(A)} \tag{1.14}$$

を表す．

反変関手の場合には，(1.12) の 1 つめの可換図式は，C の射 $f\colon A \to B$ に対し $F(f)$ は C' の射 $F(f)\colon F(B) \to F(A)$ であることを表す．2 つめの可換図式は，合成可能な射 f, g に対し

$$F(g \circ f) = F(f) \circ F(g) \tag{1.15}$$

となる．(1.15) を F の**反変性** (contravariance) という．3 つめは共変関手と同じである．F の共変性や F の反変性を F の**関手性** (functoriality) という．

(1.7) のように無縁和に分解すると，(1.11) の 1 つめの可換図式より，

$$F_M\colon M = \coprod_{(A,B)\in C\times C} \mathrm{Mor}_C(A,B) \to M' = \coprod_{(A',B')\in C'\times C'} \mathrm{Mor}_{C'}(A',B')$$

は $\mathrm{Mor}_C(A,B) \to \mathrm{Mor}_{C'}(F_C(A), F_C(B))$ をひきおこす．したがって，関手 $F\colon C \to C'$ とは，

(1) C の対象 $A \in C$ に対し，C' の対象 $F(A)$,

(2) C の射 $f\colon A \to B$ に対し，C' の射 $F(f)\colon F(A) \to F(B)$

を定めるもので，合成について共変性 (1.13) をみたし，単位射を保つ (1.14) もののことと考えることもできる．反変関手の場合には，(2) を

(2′) C の射 $f\colon A \to B$ に対し，C' の射 $F(f)\colon F(B) \to F(A)$

でおきかえ，共変性 (1.13) を反変性 (1.15) でおきかえることになる．

関手 $F\colon C \to C'$ を記述するときに，写像 $F_C\colon C \to C'$ だけを与えることがある．写像 $F_M\colon M \to M'$ も与える必要があるが，文脈から明らかなことが多いので省略されることもよくある．共変関手については $F(f)$ を f_* と書き，反変関手については $F(f)$ を f^* と書く習慣がある．

例 1.3.2 集合 X に対し，巾集合 $P(X)$ は X の部分集合全体の集合である．写像 $f\colon X \to Y$ を部分集合 $B \subset Y$ を逆像 $f^{-1}(B) \subset X$ にうつす写像 $f^*\colon P(Y) \to P(X)$ にうつすことにより，反変関手 P^*: 【集合】^{op} → 【集合】

が定まる．

写像 $f: X \to Y$ を部分集合 $A \subset X$ を像 $f(A) \subset Y$ にうつす写像 $f_*: P(X) \to P(Y)$ にうつすことにより，共変関手 P_*:【集合】→【集合】が定まる． ■

例 1.3.3　C を例 1.2.2 で構成した有限次元 **R** 線形空間のなす圏とする．

1. V を有限次元 **R** 線形空間とする．有限次元 **R** 線形空間 W に対し，$h^V(W) = \mathrm{Hom}_{\mathbf{R}}(V, W)$ とおく．**R** 線形写像 $f: U \to W$ に対し，写像 $h^V(f): h^V(U) = \mathrm{Hom}_{\mathbf{R}}(V, U) \to h^V(W) = \mathrm{Hom}_{\mathbf{R}}(V, W)$ を，**R** 線形写像 $k: V \to U$ を **R** 線形写像 $f \circ k: V \to W$ にうつすことで定める．

$g: W \to T$ も **R** 線形写像とすると，$h^V(g \circ f)(k) = (g \circ f) \circ k = g \circ (f \circ k) = h^V(g) \circ h^V(f)(k)$ だから $h^V(g \circ f) = h^V(g) \circ h^V(f)$ であり，共変性 (1.13) がなりたつ．$h^V(1_U)(k) = 1_U \circ k = k = 1_{h^V(U)}(k)$ だから $h^V(1_U) = 1_{h^V(U)}$ であり，(1.14) もなりたつ．よって，h^V は共変関手 $C \to$【集合】を定める．

h^V は定義 1.5.3 で定義する表現可能関手の例である．

2. S を集合とする．有限次元 **R** 線形空間 W に対し，$F^S(W)$ で写像 $S \to W$ 全体のなす集合 $\mathrm{Map}(S, W)$ を表す．**R** 線形写像 $f: U \to W$ に対し，写像 $F^S(f): F^S(U) = \mathrm{Map}(S, U) \to F^S(W) = \mathrm{Map}(S, W)$ を，写像 $k: S \to U$ を写像 $f \circ k: S \to W$ にうつすことで定める．上の 1. と同様に，F^S も共変関手 $C \to$【集合】を定める．

n を自然数とし，S が集合 $[n] = \{1, \ldots, n\}$ であるとき，$F^{[n]}(W) = W^n$ と同一視される．さらに $n = 1$ のとき，関手 $F^{[1]}: C \to$【集合】は有限次元 **R** 線形空間 W を集合 W にうつす関手である．このような関手を**忘却関手** (forgetful functor) とよぶ．

3. 有限次元 **R** 線形空間 $V \in C$ に対し，$F(V)$ をその双対空間 $V^\vee = \mathrm{Hom}_{\mathbf{R}}(V, \mathbf{R}) \in C$ とする．**R** 線形写像 $f: V \to W$ に対し，$F(f)$ をその双対写像 $f^\vee: W^\vee \to V^\vee$ とする．

合成写像の双対について $(g \circ f)^\vee = f^\vee \circ g^\vee$ がなりたつから，反変性 (1.15) がなりたつ．V の恒等写像の双対 $(1_V)^\vee$ は双対空間 $V^\vee$ の恒等写像 $1_{V^\vee}$ だから，(1.14) もなりたつ．よって，F は有限次元 **R** 線形空間のなす圏 C からそれ自身への反変関手 $^\vee: C^{\mathrm{op}} \to C$ を定める．反変関手 $^\vee: C^{\mathrm{op}} \to C$ は，次節で定義する圏の同値の例である． ■

C を圏とし，A を C の対象とする．A 上の圏 C_A (1.9) の対象 $B \to A$ を B にうつすことで，関手 $F\colon C_A \to C$ が定まる．これも**忘却関手**という．同様に A 上の圏 C^A (1.10) から C への忘却関手 $F\colon C^A \to C$ が定まる．

$(C'', M'', s'', t'', c'', e'')$ も圏とする．$F_C\colon C \to C', F_M\colon M \to M'$ が関手で $G_C\colon C' \to C'', G_M\colon M' \to M''$ も関手であるとき，合成写像 $G_C \circ F_C\colon C \to C''$, $G_M \circ F_M\colon M \to M''$ は C から C'' への関手である．これを F と G の**合成関手**とよび，$G \circ F$ で表す．恒等写像 $1_C, 1_M$ が定める関手 $C \to C$ を C の**恒等関手**とよび，1_C で表す．圏全体のなす集合は，関手を射とすることで圏【圏】をなす．このような構成を厳密に行うには宇宙のことばが必要になるがここではこれ以上たちいらない．

例 1.3.4 1. M と M' を単系とする．写像 $f\colon M \to M'$ が M が定める圏から M' が定める圏への関手を定めるとき，f は単系の**射**であるという．対象を単系，射を単系の射，合成は写像としての合成，単位射は恒等射とすることで，単系の圏【単系】が【圏】の充満部分圏として定まる．可換単系全体のなす充満部分圏【可換単系】も定まる．

単系 M の演算が乗法で書かれているとし，$x \in M$ とする．x^0 を M の単位元 1 とし，自然数 n に対し，x^n を $x^{n+1} = x^n \cdot x$ で帰納的に定める．$f(n) = x^n$ で定まる写像 $f\colon \mathbf{N} \to M$ は単系の射である．

2. 群についても同様に群の射が定義される．群全体，可換群全体のなす【単系】の充満部分圏【群】,【可換群】が定まる．

群 G の演算が乗法で書かれているとし，$x \in G$ とする．自然数 n に対し，x^{-n} を x^n の逆元と定めることで，x が定める単系の射 $\mathbf{N} \to G$ が，群の射 $\mathbf{Z} \to G$ に一意的に延長される．

3. G を群とする．G が定める圏を $[G]$ で表し，圏 $[G]$ のただ 1 つの対象を I で表す．$F\colon [G] \to C$ を関手とし $X = F(I)$ とおくと，$F_M\colon G = \mathrm{End}_{[G]}(I) \to \mathrm{End}_C(X)$ は群の射 $G \to \mathrm{Aut}_C(X) \subset \mathrm{End}_C(X)$ を定める．これを C の対象 X への G の**作用** (action) という．

4. I と I' を順序集合とする．写像 $f\colon I \to I'$ が I が定める圏から I' が定める圏への関手を定めるとき，f は**順序** (order-preserving) **写像**であるという．順序集合全体のなす圏【順序集合】も【圏】の充満部分圏として定まる． ■

定義 1.3.5 F と G を圏 (C, M, s, t, c, e) から圏 (C', M', s', t', c', e') への関

手とする．次の図式を可換にする写像 $\overset{\text{ファイ}}{\varphi}: C \to M'$ を F から G への**射**とよび，$\varphi: F \to G$ で表す．

$$\begin{array}{ccc} C & \xrightarrow{F} & C' \\ {\scriptstyle G}\downarrow & \searrow^{\varphi} & \uparrow{\scriptstyle s'} \\ C' & \xleftarrow{t'} & M', \end{array} \qquad \begin{array}{ccc} M & \xrightarrow{(\varphi\circ t, F)} & M' \times_{s',C',t'} M' \\ {\scriptstyle (G,\varphi\circ s)}\downarrow & & \downarrow{\scriptstyle c'} \\ M' \times_{s',C',t'} M' & \xrightarrow{c'} & M'. \end{array} \tag{1.16}$$

■

関手の射を**自然変換** (natural transformation) とよぶこともある．関手の射について用語や記号を導入し，定義の内容を解説する．線形代数での基本的な例を例 1.3.6 で紹介する．

(1.16) の左の可換図式は，C の対象 A に対し $\varphi(A)$ は C' の射 $\varphi(A): F(A) \to G(A)$ であることを表す．右の可換図式は，C の射 $f: A \to B$ に対し，C' の射の可換図式

$$\begin{array}{ccc} F(A) & \xrightarrow{F(f)} & F(B) \\ {\scriptstyle \varphi(A)}\downarrow & & \downarrow{\scriptstyle \varphi(B)} \\ G(A) & \xrightarrow{G(f)} & G(B) \end{array} \tag{1.17}$$

を表す．したがって，関手の射 $\varphi: F \to G$ とは，

(1) $A \in C$ に対し，C' の射 $\varphi(A): F(A) \to G(A)$

を定めるもので，C の射 $f: A \to B$ に対し図式 (1.17) が可換になるものと考えることもできる．

$\varphi: F \to G$, $\overset{\text{プサイ}}{\psi}: G \to H$ が C から C' への関手の射であるとき，C の対象 A に対し $\psi \circ \varphi(A) = \psi(A) \circ \varphi(A): F(A) \to H(A)$ とおくことで，合成射 $\psi \circ \varphi: F \to H$ が定まる．C の対象 A に対する $1_{F(A)}: F(A) \to F(A)$ が定める射 $F \to F$ を，F の単位射とよび，1_F で表す．関手の射 $\varphi: F \to G$ に対し，$\varphi \circ 1_F = 1_G \circ \varphi = \varphi$ である．関手 $C \to C'$ を対象とし，関手の射を射とすることで，C から C' への関手全体のなす圏 $\mathrm{Fun}(C, C')$ が定まる．

$\varphi: F \to G$ を関手の射とする．関手の射 $\psi: G \to F$ が $\psi\circ\varphi = 1_F, \varphi\circ\psi = 1_G$ をみたすとき，ψ を φ の逆射とよぶ．φ の逆射が存在するとき，φ は**同形**であるという．関手の射 $\varphi: F \to G$ が同形であるための条件は，C の任意の対象 A に対し $\varphi(A): F(A) \to G(A)$ が同形であることである．

例 1.3.6　C を例 1.2.2 で構成した有限次元 $\mathbf{R}$ 線形空間のなす圏とする．

V を有限次元 $\mathbf{R}$ 線形空間とし，$h^V\colon C \to$【集合】を例 1.3.3.1 で定義した $h^V(W) = \mathrm{Hom}_{\mathbf{R}}(V, W)$ で定まる関手とする．n を自然数とし，$F^{[n]}\colon C \to$【集合】を例 1.3.3.2 で定義した $F^{[n]}(W) = W^n$ で定まる関手とする．

$x_1, \ldots, x_n \in V$ とし，写像 $x\colon [n] \to V$ を $x(i) = x_i$ で定める．有限次元 $\mathbf{R}$ 線形空間 W に対し，写像 $x^*(W)\colon h^V(W) \to F^{[n]}(W)$ を，$k\colon V \to W$ を合成写像 $k \circ x\colon [n] \to W$ にうつすことで定める．$\mathbf{R}$ 線形写像 $f\colon U \to W$ に対し図式

$$\begin{array}{ccc} \mathrm{Hom}_{\mathbf{R}}(V,U) & \xrightarrow{f_*} & \mathrm{Hom}_{\mathbf{R}}(V,W) \\ \downarrow{\scriptstyle x^*(U)} & & \downarrow{\scriptstyle x^*(W)} \\ U^n & \xrightarrow{f_*} & W^n \end{array}$$

は写像の合成の結合則より可換だから，x^* は関手の射 $h^V \to F^{[n]}$ を定める．

関手の射 $x^*\colon h^V \to F^{[n]}$ が同形であるための条件は，$x_1, \ldots, x_n$ が V の基底であることである．■

線形空間 V の基底の意味は，集合論的には V の各元を線形結合として一意的に表せることにあるが，圏論的には V からの線形写像が基底での値を任意に決めることで一意的に定まることにある．

例 1.3.7　G を群とし，G が定める圏を $[G]$ で表す．C を圏とし，$F\colon [G] \to C$ と $H\colon [G] \to C$ を関手とする．$[G]$ のただ 1 つの対象を I で表し，$F(I) = X$, $H(I) = Y$ とおく．関手の射 $\varphi\colon F \to H$ とは，C の射 $f\colon X \to Y$ で，G の任意の元 g に対し図式

$$\begin{array}{ccc} X & \xrightarrow{F(g)} & X \\ \downarrow{\scriptstyle f} & & \downarrow{\scriptstyle f} \\ Y & \xrightarrow{H(g)} & Y \end{array}$$

を可換にするものである．このとき，射 $f\colon X \to Y$ は G の作用と**可換**であるという．■

C, C', C_0 を圏とし，$F\colon C \to C'$ を関手とする．関手

$$F^*\colon \mathrm{Fun}(C', C_0) \to \mathrm{Fun}(C, C_0) \tag{1.18}$$

を定義する．$G\colon C' \to C_0$ を関手とすると，$F^*G = G \circ F$ は関手 $C \to C_0$ で

ある．さらに $G'\colon C' \to C_0$ も関手とし，$\varphi\colon G \to G'$ を関手の射とする．C の対象 A に対し $\psi(A)$ を $\varphi(F(A))\colon G(F(A)) \to G'(F(A))$ とおくことで，関手 $C \to C_0$ の射 $\psi\colon G \circ F \to G' \circ F$ が定まる．この射 ψ を $F^*\varphi$ とすることで，関手 $F^*\colon \mathrm{Fun}(C', C_0) \to \mathrm{Fun}(C, C_0)$ (1.18) が定まる．

$F, G\colon C \to$【集合】を関手とし，$\varphi\colon F \to G$ を関手の射とする．C のすべての対象 A に対し，$F(A)$ が $G(A)$ の部分集合であり $\varphi(A)\colon F(A) \to G(A)$ が包含写像であるとき，F を G の**部分関手** (subfunctor) とよび，φ を包含射とよぶ．

$G\colon C \to$【集合】が関手であり，C の各対象 A に対し部分集合 $F(A) \subset G(A)$ が与えられているとき，G の部分関手 F が定まるための条件は，C の任意の射 $f\colon A \to B$ に対し $G(f)(F(A)) \subset F(B)$ となることである．

1.4 圏の同値

定義 1.4.1 $F\colon C \to C'$ を関手とする．

1. 関手 $G\colon C' \to C$ と関手の同形射 $G \circ F \to 1_C, F \circ G \to 1_{C'}$ が存在するとき，F は圏の**同値** (equivalence) であるという．G を F の**準逆** (quasi-inverse) **関手**という．

2. C の任意の対象 A, A' に対し，$F\colon \mathrm{Mor}_C(A, A') \to \mathrm{Mor}_{C'}(F(A), F(A'))$ が単射であるとき，F は**忠実** (faithful) であるという．全射であるとき，F は**充満** (full) であるという．

3. C' の任意の対象 B に対し，C の対象 A と C' の同形射 $F(A) \to B$ が存在するとき，F は**本質的に全射** (essentially surjective) であるという． ■

関手 $F\colon C \to C'$ が**同形**であるとは，関手 $G\colon C' \to C$ で $G \circ F = 1_C, F \circ G = 1_{C'}$ をみたすものが存在することである．圏の同値 $F\colon C \to C'$ が存在することは，同形 $F\colon C \to C'$ が存在することよりも弱い条件である．この条件がみたされるとき，C と C' は圏として実質的に同じものと考える．線形代数で基本的な圏の同値の例を，例 1.4.6 で紹介する．関手 $F\colon C \to C'$ が圏の同値であるための判定法を，命題 1.4.3 で与える．

命題 1.4.2 $F\colon C \to C'$ を関手とし，$f\colon A \to B$ を C の射とする．

1. f が同形で $g\colon B \to A$ が f の逆射ならば，$F(f)$ も同形であり $F(g)$ は $F(f)$ の逆射である．

2. F が充満忠実とする．$F(f)$ が同形ならば，f も同形である． ■

証明 1. $F(g)\circ F(f)=F(g\circ f)=F(1_A)=1_{F(A)}$, $F(f)\circ F(g)=F(f\circ g)=F(1_B)=1_{F(B)}$ だから，$F(g)$ は $F(f)$ の逆射である．

2. $h\colon F(B)\to F(A)$ を $F(f)$ の逆射とする．F は充満だから，$h=F(g)$ をみたす射 $g\colon B\to A$ が存在する．$F(g\circ f)=h\circ F(f)=1_{F(A)}=F(1_A)$, $F(f\circ g)=F(f)\circ h=1_{F(B)}=F(1_B)$ である．F は忠実だから，$g\circ f=1_A$, $f\circ g=1_B$ である．よって g は f の逆射であり，f は同形である． □

命題 1.4.3 $F\colon C\to C'$ を関手とする．次の条件は同値である．

(1) F は圏の同値である．

(2) F は充満忠実であり，本質的に全射である． ■

証明 (1)⇒(2)：$G\colon C'\to C$ を関手とし，$\varphi\colon GF\to 1_C$ と $\psi\colon FG\to 1_{C'}$ を関手の同形とする．A,A' を C の対象とする．任意の射 $f\colon A\to A'$ に対し図式

$$\begin{array}{ccc} GF(A) & \xrightarrow{GF(f)} & GF(A') \\ {\scriptstyle\varphi(A)}\downarrow & & \downarrow{\scriptstyle\varphi(A')} \\ A & \xrightarrow{f} & A' \end{array} \tag{1.19}$$

は可換である．たての射は同形だから，$GF(f)$ は図式 (1.19) を可換にするただ 1 つの射である．よって

$$F\colon \mathrm{Hom}_C(A,A')\to \mathrm{Hom}_{C'}(F(A),F(A')), \tag{1.20}$$

$$G\colon \mathrm{Hom}_{C'}(F(A),F(A'))\to \mathrm{Hom}_C(GF(A),GF(A')) \tag{1.21}$$

の合成写像 GF は可逆である．よって『集合と位相』補題 2.7.3 より $F(1.20)$ は単射であり，$G(1.21)$ は全射である．同様に $G(1.21)$ は単射でもあるから可逆である．したがって，$F(1.20)$ も可逆である．

B を C' の対象とすると $\psi(B)\colon FG(B)\to B$ は同形だから，F は本質的に全射である．

(2)⇒(1) は，次の補題からしたがう． □

補題 1.4.4 $F\colon C\to C'$ を充満忠実な関手とする．

1. F が本質的に全射ならば，関手 $G\colon C'\to C$ と，関手の同形 $\psi\colon FG\to 1_{C'}$

が存在する．

2. $G\colon C' \to C$ を関手とし，$\psi\colon FG \to 1_{C'}$ を関手の同形とする．関手の同形 $\varphi\colon GF \to 1_C$ が存在する．■

補題 1.4.4.2 より，$F\colon C \to C'$ が充満忠実とすると，関手の同形 $\psi\colon FG \to 1_{C'}$ が存在すれば，$G\colon C' \to C$ は F の準逆関手である．

証明　1. F は本質的に全射だから，C' の任意の対象 B に対し，C の対象 A と C' の同形 $F(A) \to B$ が存在する．よって選択公理（『集合と位相』2.4 節）より，写像 $G\colon C' \to C$ と写像 $\psi\colon C' \to M'$ で，任意の B に対し $\psi(B)\colon F(G(B)) \to B$ が同形であるものが存在する．

C' の任意の対象 B, B' に対し $\psi(B), \psi(B')$ は同形だから，任意の射 $g\colon B \to B'$ に対し，$h = \psi(B')^{-1} \circ g \circ \psi(B)$ は図式

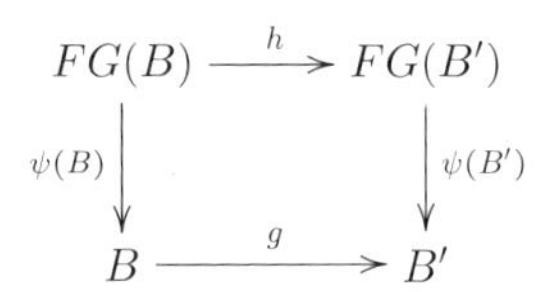

を可換にするただ1つの射 $h\colon FG(B) \to FG(B')$ である．F は充満忠実だから，写像 $F\colon \mathrm{Hom}_C(G(B), G(B')) \to \mathrm{Hom}_{C'}(FG(B), FG(B'))$ は可逆である．よって，$F(k) = h$ をみたす射 $k\colon G(B) \to G(B')$ がただ1つ存在する．この k を $G(g)$ とおくことで，関手 $G\colon C' \to C$ が定まり，関手の同形 $\psi\colon FG \to 1_{C'}$ も定まる．

2. C の対象 A に対し，$B = F(A), A' = GF(A)$ とおくと $\psi(B)\colon FG(B) = F(A') \to B = F(A)$ は同形である．F は充満忠実だから，$F\colon \mathrm{Hom}_C(A', A) \to \mathrm{Hom}_{C'}(F(A'), F(A))$ は可逆であり，$\psi(B) = F(f)$ をみたす射 $f\colon A' = GF(A) \to A$ がただ1つ存在する．f は命題 1.4.2.2 より同形である．この f を $\varphi(A)$ とおくことで関手の同形 $\varphi\colon GF \to 1_C$ が定まる．□

系 1.4.5　$F\colon C \to C'$ を充満忠実な関手とする．C' の充満部分圏を $C'_1 = \{B \in C' \mid C$ の対象 A と同形 $F(A) \to B$ が存在する $\}$ で定めると，F は圏の同値 $C \to C'_1$ をひきおこす．■

証明　命題 1.4.3 を関手 $F\colon C \to C'_1$ に適用すればよい．□

例 1.4.6 C を例 1.2.2 で構成した，有限次元 $\mathbf{R}$ 線形空間全体のなす圏とする．

1. 圏 C' を次のように定義する．圏 C' の対象の集合を自然数全体の集合 $\mathbf{N}$ とする．自然数 n, m に対し，射の集合 $\mathrm{Hom}_{C'}(n, m)$ を $m \times n$ 行列全体の集合 $M(m, n; \mathbf{R})$ とする．$A \in M(l, m; \mathbf{R})$ と $B \in M(m, n; \mathbf{R})$ の合成 $c(A, B)$ を行列の積 $AB \in M(l, n; \mathbf{R})$ として定義し，単位射 $e(n) \in \mathrm{Hom}_{C'}(n, n) = M(n; \mathbf{R})$ を単位行列 1_n として定義する．これで圏 C' が定まる．

写像 $F\colon \mathbf{N} \to C$ を $F(n) = \mathbf{R}^n$ で定め，写像 $F\colon \mathrm{Hom}_{C'}(n, m) \to \mathrm{Hom}_{\mathbf{R}}(\mathbf{R}^n, \mathbf{R}^m)$ を，行列 $A \in M(m, n; \mathbf{R})$ を A 倍写像 $\mathbf{R}^n \to \mathbf{R}^m$ にうつすことで定める．行列の積は線形写像の合成と対応し，単位行列は恒等写像を定めるから，F は関手 $C' \to C$ を定める．

自然数 n, m に対し，$F\colon \mathrm{Hom}_{C'}(n, m) \to \mathrm{Hom}_{\mathbf{R}}(\mathbf{R}^n, \mathbf{R}^m)$ は可逆だから，F は充満忠実である．任意の有限次元 $\mathbf{R}$ 線形空間 V には基底が存在し，V の次元を n とすると V の基底は $\mathbf{R}$ 線形空間の同形 $F(n) = \mathbf{R}^n \to V$ を定める．よって F は本質的に全射である．したがって命題 1.4.3 より，$F\colon C' \to C$ は圏の同値である．

2. V を有限次元 $\mathbf{R}$ 線形空間とし，$e_V\colon V \to V^{\vee\vee}$ を，$x \in V$ を値写像 $\mathrm{ev}_x\colon V^{\vee} \to \mathbf{R}$ にうつす写像とすると，『線形代数の世界』命題 4.2.6.4 より $e_V\colon V \to V^{\vee\vee}$ は同形である．これは C から C への関手の同形 $e\colon 1_C \to {}^{\vee} \circ {}^{\vee}$ を定めるから，${}^{\vee}\colon C^{\mathrm{op}} \to C$ は圏の同値である． ■

ベクトルや行列が線形代数で有効に働く理由は，例 1.4.6.1 の圏の同値にある．例 1.4.6.1 と 2. の圏の同値は，圏の同形ではない．このように関手の射によって同形よりも弱い条件をみたす同値を定義できることで，理論が柔軟になり適用範囲が広くなっている．

1.5 表現可能関手

圏の対象とその圏のほかの対象との関係を表す関手を定義する．はじめにその準備として，圏 C から集合全体のなす圏への反変関手全体のなす圏 $C^{\wedge}$ を定義する．

定義 1.5.1 C を圏とする．反変関手 $C^{\mathrm{op}} \to$【集合】を C 上の**前層** (presheaf)

という．C 上の前層全体のなす圏 $\mathrm{Fun}(C^{\mathrm{op}},$【集合】$)$ を $C^{\wedge}$ で表す． ■

反変関手 $F, G\colon C^{\mathrm{op}} \to$【集合】に対し，$\mathrm{Hom}_{C^{\wedge}}(F, G)$ は関手の射 $\varphi\colon F \to G$ 全体の集合である．関手の射 $\varphi\colon F \to G, \psi\colon G \to H$ に対し，合成 $\psi \circ \varphi\colon F \to H$ は関手の射としての合成である．反変関手 $F\colon C^{\mathrm{op}} \to$【集合】の単位射 $1_F\colon F \to F$ は恒等射 1_F である．

共変関手 $C \to$【集合】は C の逆転圏 C^{op} 上の前層である．

$F\colon C \to C'$ を関手とする．関手 (1.18) の構成を，F が定める共変関手 $F\colon C^{\mathrm{op}} \to C'^{\mathrm{op}}$ と $C_0 =$【集合】に適用して，関手

$$F^*\colon C'^{\wedge} \to C^{\wedge} \tag{1.22}$$

を定める．

圏 C の対象のほかの対象との関わりを表す前層を定義する．

命題 1.5.2 C を圏とする．A を C の対象とする．

1. C の対象 X に対し $h_A(X) = \mathrm{Hom}_C(X, A)$ とおく．C の射 $f\colon X \to Y$ に対し，写像 $h_A(f)\colon \mathrm{Hom}_C(Y, A) \to \mathrm{Hom}_C(X, A)$ を，$g\colon Y \to A$ を $g \circ f\colon X \to A$ にうつすものとする．このとき反変関手 $h_A\colon C^{\mathrm{op}} \to$【集合】が定まる．

2. C の対象 X に対し $h^A(X) = \mathrm{Hom}_C(A, X)$ とおく．C の射 $f\colon X \to Y$ に対し，写像 $h^A(f)\colon \mathrm{Hom}_C(A, X) \to \mathrm{Hom}_C(A, Y)$ を，$g\colon A \to X$ を $f \circ g\colon A \to Y$ にうつすものとする．このとき共変関手 $h^A\colon C \to$【集合】が定まる． ■

証明 1. $f\colon X \to Y, g\colon Y \to Z$ を C の射とする．$k \in h_A(Z) = \mathrm{Hom}_C(Z, A)$ に対し，結合則 (1.5) より $h_A(g \circ f)(k) = k \circ (g \circ f) = (k \circ g) \circ f = h_A(f) \circ h_A(g)(k) \in h_A(X) = \mathrm{Hom}_C(X, A)$ である．よって $h_A(g \circ f) = h_A(f) \circ h_A(g)$ であり，(1.15) がなりたつ．

$k \in h_A(X) = \mathrm{Hom}_C(X, A)$ に対し，(1.6) より $h_A(1_X)(k) = k \circ 1_X = k = 1_{h_A(X)}(k)$ である．よって $h_A(1_X) = 1_{h_A(X)}$ であり，(1.14) がなりたつ．

2. 1. を逆転圏 C^{op} に適用すればよい． □

定義 1.5.3 C を圏とする．A を C の対象とする．

命題 1.5.2.1 で定まる C 上の前層 $h_A\colon C^{\mathrm{op}} \to$【集合】を A によって**表現される関手**という．命題 1.5.2.2 で定まる C^{op} 上の前層 $h^A\colon C \to$【集合】も A によって表現される関手という． ■

命題 1.5.4（米田の補題）　C を圏とする．A を C の対象とし，F を C 上の前層とする．

1. $a \in F(A)$ とする．C の対象 X に対し射 $f \in h_A(X) = \mathrm{Hom}_C(X, A)$ を $f^*a = F(f)(a) \in F(X)$ にうつす写像 $a_X \colon h_A(X) \to F(X)$ は，C 上の前層の射 $\varphi_a \colon h_A \to F$ を定める．

2. $a \in F(A)$ を $\varphi_a \colon h_A \to F$ にうつす写像

$$F(A) \to \mathrm{Hom}_{C^\wedge}(h_A, F) \tag{1.23}$$

は可逆である．逆写像 $\mathrm{Hom}_{C^\wedge}(h_A, F) \to F(A)$ は，関手の射 $\varphi \colon h_A \to F$ を $\varphi(A) \colon h_A(A) = \mathrm{Hom}_C(A, A) \to F(A)$ による単位射 1_A の像 $\varphi(A)(1_A) \in F(A)$ にうつす写像である．■

共変関手 $F \colon C \to$【集合】についても同様に，$a \in F(A)$ は関手の射 $\varphi^a \colon h^A \to F$ を定め，a を φ^a にうつす写像

$$F(A) \to \mathrm{Hom}_{C^{\mathrm{op}\wedge}}(h^A, F)$$

は可逆である．

証明　1. $f \colon X \to A, g \colon W \to X$ とすると，F の反変性より $g^*(f^*a) = (f \circ g)^*a$ だから，$F(g) \circ a_X(f) = g^*(f^*(a))$ は $a_W \circ g^*(f) = (f \circ g)^*(a)$ と等しい．よって，図式

$$\begin{array}{ccc}
h_A(X) = \mathrm{Hom}_C(X, A) & \xrightarrow{g^*} & h_A(W) = \mathrm{Hom}_C(W, A) \\
\downarrow{\scriptstyle a_X} & & \downarrow{\scriptstyle a_W} \\
F(X) & \xrightarrow{F(g)} & F(W)
\end{array}$$

は可換である．

2. 2 とおりの合成写像がどちらも恒等写像であることを示す．$a \in F(A)$ とすると，$\varphi_a(A)(1_A) = a_A(1_A) = 1_A^* a = a$ である．逆に，射 $\varphi \colon h_A \to F$ が定める元 $\varphi(A)(1_A) \in F(A)$ を a とおく．射 $f \colon X \to A$ に対し図式

$$\begin{array}{ccc}
h_A(A) = \mathrm{Hom}_C(A, A) & \xrightarrow{f^*} & h_A(X) = \mathrm{Hom}_C(X, A) \\
\downarrow{\scriptstyle \varphi(A)} & & \downarrow{\scriptstyle \varphi(X)} \\
F(A) & \xrightarrow{f^*} & F(X)
\end{array}$$

は可換だから，$\varphi(X)(f) = \varphi(X) \circ f^*(1_A)$ は $f^* \circ \varphi(A)(1_A) = f^*a = a_X(f) = \varphi_a(X)(f)$ と等しい．よって，$\varphi = \varphi_a$ である．□

系 1.5.5　C を圏とする．

1. $f\colon A \to B$ を C の射とする．C の対象 X に対し写像 $f_*\colon h_A(X) = \mathrm{Hom}_C(X, A) \to h_B(X) = \mathrm{Hom}_C(X, B)$ を $f_*(g) = f \circ g$ で定めることで，C 上の前層の射 $f_*\colon h_A \to h_B$ が定まる．

2. C の対象 A を前層 h_A にうつし射 $f\colon A \to B$ を前層の射 $f_*\colon h_A \to h_B$ にうつすことで，関手

$$h_C\colon C \to C^\wedge \tag{1.24}$$

が定まる．

3. 関手 $h_C\colon C \to C^\wedge$ (1.24) は充満忠実である．

4. C の射 $f\colon A \to B$ が同形なことと，$C^\wedge$ の射 $f_*\colon h_A \to h_B$ が同形なことは同値である．■

系 1.5.5.3 と系 1.4.5 より，圏 C は前層のなす圏 $C^\wedge$ の充満部分圏と実質的に同じものと考えることができる．

証明　1. 命題 1.5.4.1 を $F = h_B$ と $a = f \in h_B(A)$ に適用すればよい．

2. $f\colon A \to B$, $g\colon B \to D$ を C の射とする．$k\colon X \to A$ を C の射とすると $h_C(g \circ f)(k) = (g \circ f) \circ k = g \circ (f \circ k) = h_C(g) \circ h_C(f)(k)$ だから，$h_C(g \circ f) = h_C(g) \circ h_C(f)$ であり，h_C は共変性 (1.13) をみたす．同様に $h_C(1_A)(k) = 1_A \circ k = k = 1_{h_C(A)}(k)$ だから，$h_C(1_A) = 1_{h_C(A)}$ であり，h_C は単位射を保つ (1.14)．

3. A, B を C の対象とする．命題 1.5.4.2 を $F = h_B$ に適用すれば，C の射 $f\colon A \to B$ を $C^\wedge$ の射 $f_*\colon h_A \to h_B$ にうつす写像

$$\mathrm{Hom}_C(A, B) = h_B(A) \to \mathrm{Hom}_{C^\wedge}(h_A, h_B) \tag{1.25}$$

は可逆である．

4. 3. と命題 1.4.2 からしたがう．□

系 1.5.5.3 と 4. より，C 上の前層の同形射 $\varphi\colon h_A \to h_B$ があれば，$\varphi = h_C(f)$ をみたす C の同形射 $f\colon A \to B$ がただ 1 つ存在する．関手 h_A は C のほか

の対象からの A への射で定まり，それが B への射で定まる h_B と同形ならば A と B は C の対象として同形なのだから，このことは C の対象は C のほかの対象からの射で定まることを表す．同様に，C の対象は C のほかの対象への射で定まることもわかる．

定義 1.5.6 C を圏とし，$F\colon C^{\mathrm{op}} \to$【集合】を C 上の前層とする．

C の対象 A と関手の同形 $\varphi\colon h_A \to F$ が存在するとき，F は**表現可能** (representable) であるという．関手の同形 $\varphi\colon h_A \to F$ が $a = \varphi(A)(1_A) \in F(A)$ によって定まるとき，F は a によって A で表現されるといい，a を F の**普遍元** (universal object) という． ■

関手の同形 $\varphi\colon h_A \to F$ を A の**普遍性** (universality) ということがある．C の任意の対象 X に対し，X から A への射は $F(X)$ と $\varphi(X)$ によって完全に記述されるからである．共変関手 $F\colon C \to$【集合】についても，表現可能性や普遍元を同様に定義する．

前層 $F\colon C^{\mathrm{op}} \to$【集合】を表現する C の対象について，次のような一意性がなりたつ．A と B がどちらも F を表現するとし，$a \in F(A), b \in F(B)$ を普遍元とすると，系 1.5.5.3 と 4. より，C の同形射 $f\colon A \to B$ で $f^*b = a$ をみたすものがただ 1 つ存在する．このことを，F を表現する C の対象が存在すれば，それは標準同形を除いて一意的であるという．

集合論的視点では，数学の対象は集合としてどのような点からなりたっているかで定まる．それに対し圏論的視点では，圏 C の対象 A は関手 h_A により定まると考えるので，圏 C のほかの対象 X からの射がどのようなものであるかが重要になり，対象の普遍性に着目する．そこで射 $X \to A$ を A の点の一般化と考えて，A の X **値点** (X-valued point) とよぶことがある．

例 1.5.7 A を集合とする．

1. $B \subset A$ を部分集合とする．反変関手 h_A:【集合】$^{\mathrm{op}} \to$【集合】の部分関手 F を $F(X) = \{f \in \mathrm{Map}(X, A) \mid f(X) \subset B\}$ で定めると，F は B で表現される．普遍元 $i \in F(B)$ は包含写像 $i\colon B \to A$ である．

2. $\sim$ を A の同値関係とする．共変関手 h^A:【集合】$\to$【集合】の部分関手 G を $G(X) = \{f \in \mathrm{Map}(A, X) \mid a \sim b$ ならば $f(a) = f(b)\}$ で定めると，『集合と位相』系 2.8.3.1 より G は商集合 $A/{\sim}$ で表現される．普遍元 $p \in G(A/{\sim})$

は標準全射 $p\colon A \to A/{\sim}$ である． ■

例 1.5.8　$2 = \{0,1\}$ とする．写像 $f\colon X \to 2$ を部分集合 $f^{-1}(1) \subset X$ にうつす写像 $\mathrm{Map}(X,2) \to P(X)$ は関手の同形 $h_2 \to P^*$ を定める．逆写像は部分集合 $A \subset X$ を特性関数（『集合と位相』2.1 節）にうつすことで定まる．よって反変関手 P^*（例 1.3.2）は 2 で表現される．普遍元は $\{1\} \in P(2)$ である． ■

例 1.5.9　単系 M を集合 M にうつし，単系の射 $f\colon M \to N$ を写像 $f\colon M \to N$ にうつすことで忘却関手 U:【単系】→【集合】が定まる．忘却関手は $1 \in \mathbf{N}$ を普遍元として，加法を演算とする単系 $\mathbf{N}$ で表現される．単系 M の元 $x \in M$ に対応する単系の射 $\mathbf{N} \to M$ は，自然数 n を $x^n \in M$ にうつす写像である．

同様に忘却関手 U:【群】→【集合】も定まる．これは群 $\mathbf{Z}$ で表現される． ■

C を圏とする．関手 $F\colon C \to$【集合】を，C のすべての対象 A を 1 点集合 $F(A) = 1 = \{0\}$ にうつし，C のすべての射 f をその恒等写像 $F(f) = 1_1$ にうつすものとする．C の対象 I が F を表現するとき，I を C の**始対象** (initial object) という．集合の圏の始対象は**空集合** (empty set) $\varnothing$ である．

反変関手 $G\colon C^{\mathrm{op}} \to$【集合】を，$C$ のすべての対象 A を 1 点集合 $G(A) = 1 = \{0\}$ にうつし，C のすべての射 f をその恒等写像 $G(f) = 1_1$ にうつすものとする．C の対象 T が G を表現するとき，T を C の**終対象** (final object) という．集合の圏の終対象は 1 点集合である．

A, B を C の対象とする．A, B が表現する関手 $h_A, h_B\colon C^{\mathrm{op}} \to$【集合】の積 $h_A \times h_B\colon C^{\mathrm{op}} \to$【集合】を，$(h_A \times h_B)(X) = h_A(X) \times h_B(X)$ で定める．$h_A \times h_B$ が表現可能なとき，それを表現する C の対象を A と B の**積** (product) とよび，$A \times B$ で表す．$A \times B$ が積であるとき，普遍元の成分 $p\colon A \times B \to A$ と $q\colon A \times B \to B$ を**射影**という．集合の圏での集合 A, B の積は積集合 $A \times B$ である．

同様に，A, B が表現する関手 $h^A, h^B\colon C \to$【集合】の積 $h^A \times h^B\colon C \to$【集合】が表現可能なとき，それを表現する C の対象を A と B の**直和** (direct sum) とよぶ．集合の圏での集合 A, B の直和は無縁和 $A \amalg B$ である．

A を C の対象とする．A 上の圏 C_A での A 上の対象 B, D の積を B と D

の A 上の**ファイバー積**とよび，$B\times_A D$ で表す．集合の圏での A 上の集合 $f\colon B\to A, g\colon D\to A$ のファイバー積は集合 A 上のファイバー積 $B\times_{f,A,g} D$ である．

同様に A 上の圏 C^A での A 上の対象 B, D の直和を B と D の A 上の**ファイバー和** (fiber sum) とよぶ．集合の圏での A 上の集合 $f\colon A\to B, g\colon A\to D$ のファイバー和は，無縁和 $B\amalg D$ の $f(a)\sim g(a), a\in A$ で生成される同値関係による商として定義される融合和 $B\amalg_{f,A,g} D$ である．

1.6　随伴関手

随伴関手を定義するために，2 つの圏の積を定義する．(C, M, s, t, c, e) と (C', M', s', t', c', e') を圏とする．$(M\times M')\times_{s\times s', C\times C', t\times t'}(M\times M')$ を $(M\times_{s,C,t} M)\times(M'\times_{s',C',t'} M')$ と同一視し，積写像 $c\times c'$ が定める写像 $(M\times M')\times_{s\times s', C\times C', t\times t'}(M\times M')\to M\times M'$ も $c\times c'$ で表す．このとき，$(C\times C', M\times M', s\times s', t\times t', c\times c', e\times e')$ も圏になる．これを C と C' の**積**とよび，$C\times C'$ で表す．

$F\colon C\to C_1$ と $G\colon C'\to C'_1$ を関手とすると，積写像の対は関手 $F\times G\colon C\times C'\to C_1\times C'_1$ を定める．これを F と G の積という．

例 1.6.1　C を圏とする．対象 $A, B\in C$ の対に対し $\mathrm{Mor}_C(A, B)$ を対応させることで関手 $\mathrm{Mor}_C\colon C^{\mathrm{op}}\times C\to$【集合】が定まる．関手 Mor_C は 1 つめの成分に関しては反変，2 つめの成分に関しては共変である．■

$F\colon C\to C'$ と $G\colon C'\to C$ を関手とする．F を逆転圏の関手 $C^{\mathrm{op}}\to C'^{\mathrm{op}}$ と考えたものも F で表す．関手の図式

$$\begin{array}{ccc} C^{\mathrm{op}}\times C' & \xrightarrow{F\times 1_{C'}} & C'^{\mathrm{op}}\times C' \\ {\scriptstyle 1_{C^{\mathrm{op}}}\times G}\big\downarrow & & \big\downarrow{\scriptstyle \mathrm{Mor}_{C'}} \\ C^{\mathrm{op}}\times C & \xrightarrow{\mathrm{Mor}_C} & \text{【集合】} \end{array} \tag{1.26}$$

を考える．右上まわりの合成関手 $\mathrm{Mor}_{C'}\circ(F\times 1_{C'})\colon C^{\mathrm{op}}\times C'\to$【集合】を $\mathrm{Mor}_{C'}(F(-), -)$ で表し，左下まわりの合成関手 $\mathrm{Mor}_C\circ(1_C\times G)\colon C^{\mathrm{op}}\times C'\to$【集合】を $\mathrm{Mor}_C(-, G(-))$ で表す．

定義 1.6.2　$F\colon C \to C'$ と $G\colon C' \to C$ を関手とする．関手 $C^{\mathrm{op}} \times C' \to$【集合】の同形

$$\varphi\colon \mathrm{Mor}_{C'}(F(-), -) \to \mathrm{Mor}_C(-, G(-)) \tag{1.27}$$

が存在するとき，F は G の左**随伴** (adjoint) **関手**であるといい，G は F の右随伴関手であるという．F が G の左随伴関手であることを，$F \dashv G$ のように表す．■

関手 $\mathrm{Mor}_C\colon C^{\mathrm{op}} \times C \to$【集合】と $\mathrm{Mor}_{C'}\colon C'^{\mathrm{op}} \times C' \to$【集合】を非退化双線形形式 $V \times V \to K$ と $W \times W \to K$ のように考え，関手 $G\colon C' \to C$ を線形写像 $f\colon W \to V$ のように考えると，(1.27) は f の右随伴写像 $f^*\colon V \to W$（『線形代数の世界』定義 5.1.8）を定義する式の左右をいれかえたものに似ているので，F は G の左随伴関手とよばれる．

関手 $G\colon C' \to C$ の左随伴関手が存在するための判定法を命題 1.6.5 で与える．

例 1.6.3　A を集合とし，集合 X を $A \times X$ にうつす関手を $A \times -\colon$【集合】$\to$【集合】で表す．X, Y を集合とし，$f\colon A \times X \to Y$ を写像とする．$x \in X$ に対し，$a \in A$ を $f(a, x) \in Y$ にうつすことで写像 $f(-, x)\colon A \to Y$ が定まる．よって，写像 $g\colon X \to \mathrm{Map}(A, Y)$ が $x \in X$ を $f(-, x) \in \mathrm{Map}(A, Y)$ にうつす写像として定まる．

$f \in \mathrm{Map}(A \times X, Y)$ を $g \in \mathrm{Map}(X, \mathrm{Map}(A, Y))$ にうつす写像

$$\varphi_{X,Y}\colon \mathrm{Map}(A \times X, Y) \to \mathrm{Map}(X, \mathrm{Map}(A, Y)) \tag{1.28}$$

は可逆である．$\varphi(X, Y) = \varphi_{X,Y}$ で定まる関手の射

$$\varphi\colon \mathrm{Map}(A \times -, -) \to \mathrm{Map}(-, \mathrm{Map}(A, -)) \tag{1.29}$$

は可逆であり，関手 $A \times -\colon$【集合】$\to$【集合】は A が表現する関手 $h^A\colon$【集合】$\to$【集合】の左随伴関手である．■

$F\colon C \to C'$ が $G\colon C' \to C$ の左随伴関手であるとし，$\varphi\colon \mathrm{Mor}_{C'}(F(-), -) \to \mathrm{Mor}_C(-, G(-))$ を関手の同形とする．C の対象 A に対し，α（アルファ）$(A)\colon A \to GF(A)$ を $\varphi(A, F(A))\colon \mathrm{Mor}_{C'}(F(A), F(A)) \to \mathrm{Mor}_C(A, G(F(A)))$ による $1_{F(A)}$ の像とする．A を $\alpha(A)$ にうつすことで関手の射

$$\alpha\colon 1_C \to GF \tag{1.30}$$

が定まる．同様に C' の対象 B に対し，$\varphi(G(B), B)\colon \mathrm{Mor}_{C'}(F(G(B)), B) \to \mathrm{Mor}_C(G(B), G(B))$ による $1_{G(B)}$ の逆像を $\beta(B)\colon FG(B) \to B$ とおくことで関手の射

$$\beta\colon FG \to 1_{C'} \tag{1.31}$$

が定まる．

$F\colon C \to C'$ と $G\colon C' \to C$ を関手とする．共変関手の圏の関手 $G^*\colon C^{\mathrm{op}\wedge} \to C'^{\mathrm{op}\wedge}$ を (1.22) のように定め，関手 $h_{C^{\mathrm{op}}}\colon C^{\mathrm{op}} \to C^{\mathrm{op}\wedge}, h_{C'^{\mathrm{op}}}\colon C'^{\mathrm{op}} \to C'^{\mathrm{op}\wedge}$ を (1.24) のように定める．関手の図式

$$\begin{array}{ccc} C^{\mathrm{op}} & \xrightarrow{F} & C'^{\mathrm{op}} \\ {\scriptstyle h_{C^{\mathrm{op}}}}\downarrow & & \downarrow{\scriptstyle h_{C'^{\mathrm{op}}}} \\ C^{\mathrm{op}\wedge} & \xrightarrow{G^*} & C'^{\mathrm{op}\wedge} \end{array} \tag{1.32}$$

を考える．図式 (1.32) の右上まわりの合成関手から左下まわりの合成関手への射の集合から，図式 (1.26) の右上まわりの合成関手から左下まわりの合成関手への射の集合への，写像

$$\begin{aligned} &\{\text{ 関手の射 } h_{C'^{\mathrm{op}}} \circ F \to G^* \circ h_{C^{\mathrm{op}}}\} \\ &\quad \to \{\text{ 関手の射 } \mathrm{Mor}_{C'}(F(-), -) \to \mathrm{Mor}_C(-, G(-))\} \end{aligned} \tag{1.33}$$

を定義する，$\psi\colon h_{C'^{\mathrm{op}}} \circ F \to G^* \circ h_{C^{\mathrm{op}}}$ を関手の射とする．A を C の対象とすると，$\psi(A)$ は共変関手 $C' \to$【集合】の射 $h_{C'^{\mathrm{op}}}(F(A)) = h^{F(A)} \to G^*(h_{C^{\mathrm{op}}}(A)) = h^A \circ G$ である．よって C' の対象 B に対し，$\psi(A)(B)$ は写像 $h^{F(A)}(B) = \mathrm{Mor}_{C'}(F(A), B) \to h^A \circ G(B) = \mathrm{Mor}_A(A, G(B))$ である．$\psi(A)(B) = \varphi(A, B)$ とおいて，関手の射 $\varphi\colon \mathrm{Mor}_{C'}(F(-), -) \to \mathrm{Mor}_C(-, G(-))$ を定める．

命題 1.6.4 $F\colon C \to C'$ と $G\colon C' \to C$ を関手とする．

1. 写像 (1.33) は可逆である．

2. 関手の射 $\psi\colon h_{C'^{\mathrm{op}}} \circ F \to G^* \circ h_{C^{\mathrm{op}}}$ が同形であることと，対応する射 $\varphi\colon \mathrm{Mor}_{C'}(F(-), -) \to \mathrm{Mor}_C(-, G(-))$ が同形であることは同値である． ■

証明 1. 逆向きの写像を定義する．φ を関手の射 $\mathrm{Mor}_{C'}(F(-), -) \to \mathrm{Mor}_C(-, G(-))$ とする．A を C の対象とすると，$\varphi(A, -)$ は関手の射

$\mathrm{Mor}_{C'}(F(A),-) = h^{F(A)} = (h_{C'^{\mathrm{op}}} \circ F)(A) \to \mathrm{Mor}_C(A, G(-)) = h^A \circ G = (G^* \circ h_{C^{\mathrm{op}}})(A)$ である．$\psi(A) = \varphi(A,-)$ とおくと，関手の射 $\psi\colon h_{C'^{\mathrm{op}}} \circ F \to G^* \circ h_{C^{\mathrm{op}}}$ が定まる．こうして定まる写像は (1.33) の写像の逆写像である．

2. ψ が同形であることと φ が同形であることは，どちらも C の任意の対象 A と C' の任意の対象 B に対し $\psi(A)(B) = \varphi(A,B)\colon \mathrm{Mor}_{C'}(F(A),B) \to \mathrm{Mor}_C(A, G(B))$ が可逆写像であることと同値である． □

命題 1.6.5　$G\colon C' \to C$ を関手とする．次の条件 (1)–(3) はすべて同値である．

(1) G の左随伴関手 $F\colon C \to C'$ が存在する．

(2) 関手 $F\colon C \to C'$ と関手の同形射 $\psi\colon h_{C'^{\mathrm{op}}} \circ F \to G^* \circ h_{C^{\mathrm{op}}}$ が存在する．

(3) 写像 $F\colon C \to C'$ と圏 C の射の集合 M への写像 $\alpha\colon C \to M$ で，C の任意の対象 A に対し次の条件をみたすものが存在する．

(3-1) $\alpha(A)$ は射 $A \to GF(A)$ である．

(3-2) 合成関手 $h^A \circ G\colon C' \to$【集合】は，$\alpha(A) \in \mathrm{Hom}_C(A, GF(A)) = (h^A \circ G)(F(A))$ を普遍元として $F(A) \in C'$ で表現される． ■

証明　(1)⇔(2)：命題 1.6.4 からしたがう．

(2)⇒(3)：A を C の対象とする．$\psi(A)$ は $C'^{\mathrm{op}\wedge}$ の同形射 $h^{F(A)} = h_{C'^{\mathrm{op}}} \circ F(A) \to G^* \circ h_{C^{\mathrm{op}}}(A) = h^A \circ G$ である．可逆写像 $\psi(A)(F(A))\colon \mathrm{Hom}_{C'}(F(A), F(A)) = h^{F(A)}(F(A)) \to h^A \circ G(F(A)) = \mathrm{Hom}_C(A, GF(A))$ による $1_{F(A)}$ の像を $\alpha(A)\colon A \to GF(A)$ とする．

$\alpha\colon C \to M$ を，C の対象 A を C の射 $\alpha(A)$ にうつす写像として定めると，(3-1) がみたされる．$\psi(A)\colon h^{F(A)} \to h^A \circ G$ は同形だから，$h^A \circ G$ は普遍元 $\alpha(A) \in h^A \circ G(F(A))$ によって $F(A)$ で表現される．よって (3-2) もみたされる．

(3)⇒(2)：$A \in C$ に対し，普遍元 $\alpha(A) \in (h^A \circ G)(F(A))$ が定める $C'^{\mathrm{op}\wedge}$ の同形射 $h^{F(A)} \to h^A \circ G$ を ψ_A で表す．$f\colon A \to A'$ を C の射とする．$\psi_A, \psi_{A'}$ は同形射だから，図式

$$\begin{array}{ccc} h^{F(A)} & \xleftarrow{\;g\;} & h^{F(A')} \\ {\scriptstyle \psi_A}\downarrow & & \downarrow{\scriptstyle \psi_{A'}} \\ h^A \circ G & \xleftarrow{\;f_*\;} & h^{A'} \circ G \end{array}$$

を可換にする射 $g\colon h^{F(A')} \to h^{F(A)}$ がただ 1 つ存在する．系 1.5.5.3 より，$g = k^*$ をみたす射 $k\colon F(A) \to F(A')$ がただ 1 つ存在する．$k = F(f)$ とおくことで関手 $F\colon C \to C'$ が定まり，$\psi_A = \psi(A)$ とおくことで関手の同形 $\psi\colon h_{C'^{\mathrm{op}}} \circ F \to G^* \circ h_{C^{\mathrm{op}}}$ が定まる． □

1.7 逆極限

定義 1.7.1 C を圏とし，順序集合 I を圏と考える．

1. 関手 $I \to C$ を I 上の C の**逆系** (inverse system) とよぶ．A, B が I 上の C の逆系であるとき，I から C への関手の射 $A \to B$ を，逆系の**射** $A \to B$ という．I 上の C の逆系のなす圏を $\mathrm{Fun}(I, C)$ で表す．

2. $A\colon I \to C$ を I 上の C の逆系とし，$i, j \in I$, $i \leqq j$ に対し，C の射 $A_i \to A_j$ を f_{ij} で表す．B を C の対象とする．C の射 $p_i\colon B \to A_i$ の族 $(p_i)_{i \in I}$ で $i \leqq j$ ならば $f_{ij} \circ p_i = p_j$ となるものを，B から A への C の**射の逆系**とよび，$B \to A$ で表す．B から A への C の射の逆系全体のなす集合を $\mathrm{Mor}_{C,I}(B, A)$ で表す．

3. $A\colon I \to C$ を I 上の C の逆系とする．C の対象 B を射の逆系の集合 $\mathrm{Mor}_{C,I}(B, A)$ にうつす C の前層

$$\mathrm{Mor}_{C,I}(-, A)\colon C^{\mathrm{op}} \to 【集合】 \tag{1.34}$$

が表現可能であるとき，関手 $\mathrm{Mor}_{C,I}(-, A)$ を表現する C の対象を A の**逆極限** (inverse limit) とよび，$\varprojlim_{i \in I} A_i$ で表す． ■

逆極限を単に**極限**とよぶこともある．**射影極限** (projective limit) とよぶこともある．このときは逆系を**射影系** (projective system) とよぶ．I を明示する必要のないときは単に C の逆系とよぶ．関手 $I \to C$ の代わりに反変関手を考えることも多いので，逆系とよぶ．

C の逆系 A とは，I の各元 $i \in I$ に対し定まる C の対象 A_i の族と，$i \leqq j$ をみたす I の元に対し定まる C の射 $f_{ij}\colon A_i \to A_j$ の族で，$f_{ii} = 1_{A_i}$ と $f_{jk} \circ f_{ij} = f_{ik}$ をみたすもののことである．A を C の対象とすると，すべての $i \in I$ に対し $A_i = A$ とおき，すべての $i \leqq j$ に対し $f_{ij}\colon A \to A$ は 1_A であるとして C の逆系が定まる．これを**定数** (constant) **逆系**とよび，A_I で表す．C

の射の逆系 $B \to A$ は，逆系の圏 $\mathrm{Fun}(I, C)$ での定数逆系からの射 $B_I \to A$ のこととも考えられる．

逆系 $A\colon I \to C$ の逆極限 $\varprojlim_{i\in I} A_i$ とは，射の逆系 $\varprojlim_{i\in I} A_i \to A$ で，C の任意の対象 B に対し写像

$$\mathrm{Mor}_C(B, \varprojlim_{i\in I} A_i) \to \mathrm{Mor}_{C,I}(B, A) \tag{1.35}$$

が可逆になるものが与えられている C の対象である．これを逆極限の**普遍性**という．$j \in I$ に対し，標準射の逆系 $\varprojlim_{i\in I} A_i \to A$ の成分 $p_j\colon \varprojlim_{i\in I} A_i \to A_j$ を**射影**という．

C の任意の逆系に対し逆極限が存在するならば，C の逆系を逆極限にうつす関手 $\mathrm{Fun}(I, C) \to C$ は，C の対象を定数逆系にうつす関手の右随伴関手である．I が空集合 $\varnothing$ のときは，空な族の逆極限 $\varprojlim_{i\in\varnothing} A_i$ は C の終対象である．

例 1.7.2　I を順序集合とする．

1. A を集合の逆系とすると，積集合 $\prod_{i\in I} A_i$ の部分集合 $\{(x_i) \in \prod_{i\in I} A_i \mid i \leqq j$ ならば $x_j = f_{ij}(x_i)\}$ は，逆極限 $\varprojlim_{i\in I} A_i$ である．

A を圏 C の逆系，B を C の対象とすると，

$$\mathrm{Mor}_{C,I}(B, A) = \varprojlim_{i\in I} \mathrm{Mor}_C(B, A_i) \tag{1.36}$$

である．

2. M を可換群の逆系とする．集合としての逆極限 $\varprojlim_{i\in I} M_i$ は，成分ごとの演算が定める積群 $\prod_{i\in I} M_i$ の部分群であり，可換群としての逆極限である．

■

異なる順序集合上の逆系を比較する．$f\colon J \to I$ が順序写像であるとき，関手 (1.18) の構成を関手 $f\colon J \to I$ に適用して逆系のなす圏の関手

$$f^*\colon \mathrm{Fun}(I, C) \to \mathrm{Fun}(J, C) \tag{1.37}$$

を定める．$A\colon I \to C$ を逆系とすると，関手 (1.37) は C の前層の射

$$\mathrm{Mor}_{C,I}(-, A) \to \mathrm{Mor}_{C,J}(-, f^*A) \tag{1.38}$$

を定める．A の逆極限 $\varprojlim_{i\in I} A_i$ と f^*A の逆極限 $\varprojlim_{j\in J} A_{f(j)}$ が存在すれば，(1.38) は逆極限の普遍性より射

$$\varprojlim_{i\in I} A_i \to \varprojlim_{j\in J} A_{f(j)} \tag{1.39}$$

を定める．J が I の部分集合で f が包含写像のときは，f^*A を $A|_J$ で表し，$\varprojlim_{i\in I} A_i \to \varprojlim_{j\in J} A_j$ (1.39) を射影とよぶ．

逆極限の性質を調べるために，順序集合について用語を定める．

定義 1.7.3 I を順序集合とする．

1. $I \neq \varnothing$ であり，任意の $i, j \in I$ に対し $k \leqq i, k \leqq j$ をみたす $k \in I$ が存在するとき，I は**有向** (filtered) であるという．

2. $J \subset I$ を部分集合とする．任意の $i \in I$ に対し $j \in J$ で $j \leqq i$ をみたすものが存在するとき，J は**共終** (cofinal) であるという． ■

例 1.7.4 X を位相空間とし，$x \in X$ とする．x の**近傍** (neighborhood)（『集合と位相』定義 4.3.1.2）全体のなす集合 $N(X, x)$ は，包含関係により有向順序集合である．部分集合 $M \subset N(X, x)$ が近傍の基本系（『集合と位相』定義 4.3.5）であるとは，M が共終なことである．x の**開近傍**（『集合と位相』定義 4.1.5）全体のなす集合 $M(X, x)$ は，$N(X, x)$ の共終な部分集合である． ■

命題 1.7.5 I を有向順序集合とし，$J \subset I$ を共終な部分集合とする．

1. J は有向である．

2. 任意の $i \in I$ に対し，部分順序集合 $J_i = \{j \in J \mid j \leqq i\}$ は I の共終な部分集合であり，有向である． ■

証明 1. I が有向だから，$i \in I \neq \varnothing$ がある．J は共終だから $j \leqq i$ をみたす $j \in J$ があり，$J \neq \varnothing$ である．$j, j' \in J$ とすると，I は有向だから $i \leqq j, j'$ をみたす $i \in I$ がある．J は共終だから $k \leqq i \leqq j, j'$ をみたす $k \in J$ がある．

2. $k \in I$ とする．I は有向だから $l \leqq i, k$ をみたす $l \in I$ がある．J は共終だから，$j \leqq l$ をみたす $j \in J$ がある．$j \leqq l \leqq i$ だから $j \in J_i$ であり，$j \leqq l \leqq k$ である．よって J_i は I の共終な部分集合であり，1. より有向である． □

命題 1.7.6 C を圏とし，A を有向順序集合 I 上の C の逆系とする．J が I の共終部分集合ならば，C 上の前層の射 $\mathrm{Mor}_{C,I}(-,A)\to\mathrm{Mor}_{C,J}(-,A|_J)$ (1.38) は同形である．したがって逆極限 $\varprojlim_{j\in J} A_j$ が存在すれば，$\varprojlim_{i\in I} A_i$ も存在し，射影 $\varprojlim_{i\in I} A_i\to\varprojlim_{j\in J} A_j$ (1.39) は同形である． ■

証明 C 上の前層の射 $\mathrm{Mor}_{C,I}(-,A)\to\mathrm{Mor}_{C,J}(-,A|_J)$ の逆射を構成する．B を C の対象とし，$q\colon B\to A|_J$ を J 上の C の逆系の射とする．$i\in I$ とすると，命題 1.7.5 より J_i は有向だから，$j\leqq i$ をみたす $j\in J$ が存在し，$j'\in J$ も $j'\leqq i$ をみたすならば $k\leqq j,j'$ をみたす $k\in J$ が存在する．このとき図式

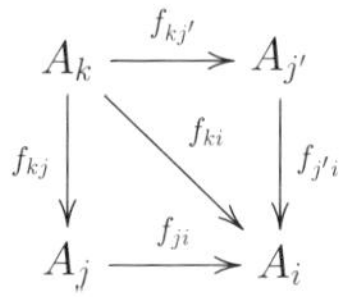

$$\begin{array}{ccc} A_k & \xrightarrow{f_{kj'}} & A_{j'} \\ {\scriptstyle f_{kj}}\downarrow & \searrow^{f_{ki}} & \downarrow{\scriptstyle f_{j'i}} \\ A_j & \xrightarrow{f_{ji}} & A_i \end{array}$$

は可換だから，合成 $p_i=f_{ji}\circ q_j\colon B\to A_i$ は $j\in J_i$ のとりかたによらずに定まる．さらに $i\leqq i'$ とすると図式

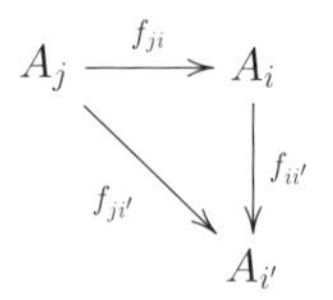

は可換だから，$(p_i)_{i\in I}$ は射の逆系 $p\colon B\to A$ を定める．q を p にうつす写像 $\mathrm{Mor}_{C,J}(B,A|_J)\to\mathrm{Mor}_{C,I}(B,A)$ は，前層の射 $\mathrm{Mor}_{C,I}(-,A)\to\mathrm{Mor}_{C,J}(-,A|_J)$ の逆射を定める． □

命題 1.7.7 I を有向順序集合とし，C を圏とする．

1. C の対象 A を定数逆系にうつす関手 $C\to\mathrm{Fun}(I,C)$ は充満忠実である．

2. C の逆系 $A\in\mathrm{Fun}(I,C)$ に対し次の条件は同値である．

(1) 任意の $i\leqq j$ に対し，$f_{ij}\colon A_i\to A_j$ は同形である．

(2) C の対象 B と定数逆系からの同形 $B_I\to A$ が存在する．

3. C の逆系 $A\in\mathrm{Fun}(I,C)$ が 2. の条件 (1) をみたすならば，逆極限 $\varprojlim_{i\in I} A_i$ が存在し，任意の $j\in I$ に対し射影 $\varprojlim_{i\in I} A_i\to A_j$ は同形である． ■

証明　1. $j \in I$ とし，A, B を C の対象とする．射の逆系 $(p_i\colon B \to A)_i$ を $p_j\colon B \to A$ にうつす写像 $\mathrm{Mor}_{C,I}(B, A_I) \to \mathrm{Mor}_C(B, A)$ が，射 $p\colon B \to A$ を射の逆系 $(p\colon B \to A)_i$ にうつす写像 $\mathrm{Mor}_C(B, A) \to \mathrm{Mor}_{C,I}(B, A_I)$ の逆写像であることを示せばよい．

命題 1.7.5 より $I_j = \{i \in I \mid i \leqq j\} \subset I$ は共終部分集合だから，命題 1.7.6 より $\mathrm{Mor}_{C,I}(B, A_I) \to \mathrm{Mor}_{C,I_j}(B, A_{I_j})$ は可逆である．$(p_i)_{i \in I_j} \in \mathrm{Mor}_{C,I_j}(B, A_{I_j})$ を射の逆系とすると，任意の $i \in I_j$ に対し $p_i = p_j$ である．

2. (2)⇒(1)：定数逆系は (1) をみたす．

(1)⇒(2)：$j \in J$ とし，$B = A_j$ とおく．$i \in I_j$ に対し $p_i\colon A_j \to A_i$ を同形 $f_{ij}\colon A_i \to A_j$ の逆射とすることで，I_j 上の射の逆系 $p\colon B \to A|_{I_j}$ を定める．1. の証明と同様に命題 1.7.5 と命題 1.7.6 より，射の逆系 $p\colon B \to A|_{I_j}$ は射の逆系 $p\colon B \to A$ を定める．

$i \in I$ とし，共終な部分集合の元 $k \in I_j$ が $k \leqq i$ をみたすとすると，図式

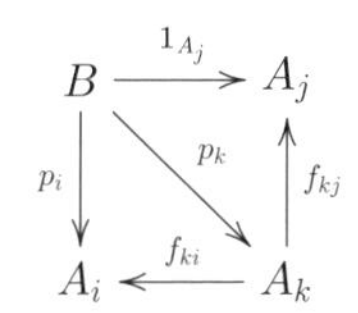

は可換だから，$p_i\colon B \to A_i$ も同形である．

3. 2. より A は定数逆系であるとしてよい．このときは 1. より $A = \varprojlim_{i \in I} A$ である．□

第2章 環と加群

環の定義は，数の世界と式の世界で加法と乗法が共通にみたす性質を抽象化したものである．商環を通して数の世界と式の世界を直接結びつけることができる．この方法を使って，素数 $p > 2$ について，p が 2 つの自然数の 2 乗の和になる**ピタゴラス素数** (Pythagorean prime) であることと，p を 4 でわるとあまりは 1 であることが同値であることを証明することを，この章での目標とする．

2.4 節までの前半で，環と加群の基礎を解説する．環の加法と乗法を記述するために 2.1 節で可換単系と可換群のことばを用意したあと，環とその射を 2.2 節で定義する．加群は，体上の線形空間を一般の環上に拡張したものである．加群という線形代数的なものを使うことで環の性質が調べられる．第 7 章以降で幾何的な対象をその上の層を使って調べるように，環とその環上の加群とは切り離せない．

続く 2.3 節と 2.4 節では，イデアルによる商環や多項式環などの環論の基本的な構成を圏論的視点から解説する．これらは関手を表現するものとして普遍性によって定義される．商環はこの章の目標とした素数の性質の証明の主役である．

2.5 節以降の後半では，環の中でもとくに扱いやすい性質をみたすユークリッド整域を中心に解説する．まず，有理数体 $\mathbf{Q}$ や整数環 $\mathbf{Z}$ の一般化として体や整域を 2.5 節で定義する．整域の分数体の構成も普遍性としてとらえる．

整数環 $\mathbf{Z}$ や $\mathbf{Z}[\sqrt{-1}]$ と体上の多項式環 $\mathbf{F}_p[X]$ はユークリッド整域であり，整域の中でもすべてのイデアルが 1 つの元で生成されるという特別な性質をみたす単項イデアル整域である．このような環では素因数分解の存在と一意性にあたる性質がなりたつことを 2.6 節で示す．

単因子論とよばれる，単項イデアル整域上の有限生成加群の理論を 2.7 節で解説する．単因子論は有限アーベル群の構造定理を含む．この定理は次章で体の乗法群の有限部分群は巡回群であることの証明の中でも使う．

p を素数とすると，自然数 a を p でわったあまりと，a^p を p でわったあまりは等しい．このフェルマーの小定理を $\mathbf{F}_p$ 上の環では p 乗写像が環の射になるという性質から最後の 2.8 節で導き，素数 p を 4 でわるとあまりが 1 になるための条件は多項式 $X^2+1 \in \mathbf{F}_p[X]$ が相異なる 1 次式の積に分解することであることを示す．素数がピタゴラス素数であるための条件を環 $\mathbf{Z}[\sqrt{-1}]$ での素因数分解のことばで表し，目標の同値性を商環の同形から導く．

2.1 可換単系と可換群

可換単系の定義と可換群の定義（例 1.2.3, 1.2.4）を復習する．可換単系 M の演算をここでは乗法 $\cdot$ で表す．M が**可換単系**であるとは，集合 M と写像 $\cdot\colon M \times M \to M$ と M の元 1 の組 $(M, \cdot, 1)$ が次の条件をみたすことである．

(1) M の任意の元 x, y, z に対し，$(x \cdot y) \cdot z = x \cdot (y \cdot z)$ がなりたつ．

(2) M の任意の元 x, y に対し，$x \cdot y = y \cdot x$ がなりたつ．

(3) M の任意の元 x に対し，$1 \cdot x = x$ がなりたつ．

条件 (1) は結合則，(2) は交換則を表す．(3) は 1 が単位元であることを表す．

M, N を可換単系とする．写像 $f\colon M \to N$ が可換単系の**射**であるとは，次の条件をみたすことである．

(1) M の任意の元 x, y に対し，$f(x \cdot y) = f(x) \cdot f(y)$ がなりたつ．

(2) $f(1) = 1$ である．

f が条件 (1) をみたすとき f は乗法を保つという．(1) の式の左辺の $\cdot$ は M の演算であり，右辺の $\cdot$ は N の演算である．条件 (2) では，左辺の 1 は M の単位元を表し，右辺の 1 は N の単位元を表す．$f\colon M \to N, g\colon N \to L$ が可換単系の射ならば，合成写像 $g \circ f\colon M \to L$ も可換単系の射である．

可換単系 M の部分集合 N が，任意の $x, y \in N$ に対し $x \cdot y \in N$ であり，$1 \in N$ であるという条件をみたすとき，N は M の**部分単系** (submonoid) であるという．N が M の部分単系であるとき，包含写像 $N \to M$ は可換単系の射である．

$x \in M$ とする．$x \cdot y = 1$ をみたす $y \in M$ が存在するとき，x は**可逆**であるという．x が可逆なとき，$x \cdot y = 1$ をみたす $y \in M$ を x の**逆元**とよび，x^{-1} で表す．x の逆元は一意的である．

命題 1.6.5 の典型的な適用例として，可換単系のなす圏から集合の圏への忘却関手の左随伴関手を構成する．

命題 2.1.1　忘却関手 U:【可換単系】→【集合】（例 1.5.9）の左随伴関手【集合】→【可換単系】が存在する．■

証明　X を集合とする．合成関手 $h^X \circ U$:【可換単系】→【集合】を表現する可換単系を構成する．$\mathrm{Map}(X, \mathbf{N})$ の部分集合 $\mathbf{N}^{(X)}$ を

$$\mathbf{N}^{(X)} = \{a \in \mathrm{Map}(X, \mathbf{N}) \mid \text{補集合 } X - a^{-1}(0) \text{ は有限集合 }\}$$

で定める．$a, b \in \mathbf{N}^{(X)}$ に対し，和 $a+b \in \mathbf{N}^{(X)}$ を $(a+b)(x) - a(x)+b(x)$ で定めることで，$\mathbf{N}^{(X)}$ は可換単系になる．$x \in X$ に対し，部分集合 $\{x\} \subset X$ の特性関数 $[x]\colon X \to \mathbf{N}$ は $\mathbf{N}^{(X)}$ の元である．$x \in X$ を $[x] \in \mathbf{N}^{(X)}$ にうつす写像を $i_X\colon X \to \mathbf{N}^{(X)}$ とする．命題 1.6.5 (3)⇒(1) より，M を可換単系として，$i_X\colon X \to \mathbf{N}^{(X)}$ との合成が定める写像 $i_X^*\colon \mathrm{Mor}(\mathbf{N}^{(X)}, M) \to \mathrm{Map}(X, M)$ が可逆であることを示せばよい．

$f\colon X \to M$ を写像とする．$x \in X$ とすると $f(x) \in M$ であり，例 1.5.9 より忘却関手は 1 を普遍元として単系 $\mathbf{N}$ によって表現されるから，n を $f(x)^n$ にうつす単系の射 $\mathbf{N} \to M$ が一意的に定まる．$a \in \mathbf{N}^{(X)}$ とし $S_a = X - a^{-1}(0)$ とすると，M は可換単系で S_a は有限集合だから，$\prod_{x \in S_a} f(x)^{a(x)} \in M$ が定まる．写像 $\tilde{f}\colon \mathbf{N}^{(X)} \to M$ を $\tilde{f}(a) = \prod_{x \in S_a} f(x)^{a(x)}$ で定めると，$\tilde{f}$ は単系の射である．さらに，$\tilde{f}$ は $\tilde{f} \circ i_X = f$ をみたすただ 1 つの射だから，$i_X^*\colon \mathrm{Mor}(\mathbf{N}^{(X)}, M) \to \mathrm{Map}(X, M)$ は可逆である．□

集合 X に対し，合成関手 $h^X \circ U$:【可換単系】→【集合】を表現する可換単系 $\mathbf{N}^{(X)}$ を X で生成される**自由** (free) **可換単系**という．

0 でない自然数全体のなす集合 $\mathbf{N}^* = \{n \in \mathbf{N} \mid n \neq 0\}$ は乗法に関して可換単系をなす．$P \subset \mathbf{N}^*$ を素数全体のなす部分集合とすると，包含写像 $P \to \mathbf{N}^*$ が定める単系の射 $\mathbf{N}^{(P)} \to \mathbf{N}^*$ は同形である．これは素因数分解の存在と一意性とよばれる整数の基本的な性質である．これは自然数の乗法に関する性質だが，一意性の証明には加法もあわせた整数の環論的性質が必要になるので，定理 2.6.8 で証明する．ここではそのために使う補題を証明しておく．

補題 2.1.2 M を可換単系とし，$P \subset M$ をその部分集合とする．次の条件 (1) と (2) がなりたてば，包含写像 $P \to M$ が定める単系の射 $\mathbf{N}^{(P)} \to M$ は単射である．

(1) M の元 x と P の元 $p, p_1, \ldots, p_n$ が $px = p_1 \cdots p_n$ をみたすならば，$p = p_i$ をみたす $i = 1, \ldots, n$ が存在する．

(2) P の任意の元 p に対し，$x \in M$ を px にうつす写像 $p\cdot\colon M \to M$ は単射であり，全射ではない． ■

証明 P の元 $p_1, \ldots, p_n$ と $q_1, \ldots, q_m$ に対し，$p_1 \cdots p_n = q_1 \cdots q_m$ ならば，$n = m$ であり，添字を適当につけかえれば $p_1 = q_1, \ldots, p_n = q_n$ となることを示せばよい．

n と m の少なくとも一方が 0 のときは，(2) より P の元は可逆でないから，$n = m = 0$ である．$n \geqq 1, m \geqq 1$ とし，n に関する帰納法で証明する．(1) より $p_1 = q_j$ をみたす j が存在し，(2) より $p_2 \cdots p_n = q_1 \cdots q_{j-1} \cdot q_{j+1} \cdots q_m$ となる．よって帰納法の仮定より，$n-1 = m-1$ であり，添字を適当につけかえれば $p_2 = q_1, \ldots, p_j = q_{j-1}, p_{j+1} = q_{j+1}, \ldots, p_n = q_n$ となる．よって n に関する帰納法によりしたがう． □

可換群 A の演算をここでは加法 $+$ で表し，単位元を 0 で表す．A が**可換群**であるとは，集合 A と写像 $+\colon A \times A \to A$ と A の元 0 の組 $(A, +, 0)$ が次の条件をみたすことである．

(1) A は可換単系である．

(2) A の任意の元 x は可逆である．

A の演算を加法で表しているので，x の逆元は $-x$ で表す．可換群の同義語として，**アーベル群**ということばもよく使われる．

A, B を可換群とする．可換単系の射 $f\colon A \to B$ を可換群の**射**とよぶ．f が可換群の射であるとは，次の条件をみたすことである．

(1) A の任意の元 x, y に対し，$f(x+y) = f(x) + f(y)$ がなりたつ．

可換単系の射についてと異なり，可換群の射については，単位元を保つという条件 $f(0) = 0$ は，加法を保つという条件 (1) から導かれる．$f\colon A \to B$, $g\colon B \to C$ が可換群の射ならば，合成写像 $g \circ f\colon A \to C$ も可換群の射である．

可換群 A の部分集合 B が，任意の $x, y \in B$ に対し $x + y \in B$ であり，$0 \in B$ であり，任意の $x \in B$ に対し $-x \in B$ であるという条件をみたすとき，

B は A の**部分群** (subgroup) であるという．B が A の部分群であるとき，包含写像 $B \to A$ は可換群の射である．

命題 2.1.3 【可換単系】の充満部分圏【可換群】の包含関手【可換群】$\to$【可換単系】の左随伴関手が存在する． ■

証明 M を可換単系とし，演算を乗法の記号で表す．可換群 M^{gp} を構成する．$M \times M$ の同値関係 $\sim$ を，$(a, s) \sim (b, t)$ とは $uta = usb$ をみたす $u \in M$ が存在することとして定義する．同値関係であることの証明は省略する．$(a, s) \cdot (b, t) = (ab, st)$ と定めると，これは同値関係 $\sim$ と両立し，商集合 $M^{\mathrm{gp}} = (M \times M)/\sim$ の演算を定める．これは結合則と交換則をみたす．$(1, 1)$ は単位元であり，(a, s) の逆元は (s, a) だから M^{gp} は可換群である．M^{gp} の元 (a, s) を $\dfrac{a}{s}$ で表す．標準写像 $i_M \colon M \to M^{\mathrm{gp}}$ を $i_M(a) = \dfrac{a}{1}$ で定める．i_M は可換単系の射である．

命題 1.6.5 (3)$\Rightarrow$(1) より，可換群 A に対し $i_M^* \colon \mathrm{Mor}_{\text{可換群}}(M^{\mathrm{gp}}, A) \to \mathrm{Mor}_{\text{可換単系}}(M, A)$ が可逆であることを示せばよい．A の演算も乗法で表す．$f \colon M \to A$ を可換単系の射とする．$(a, s) \sim (b, t)$ とし $uta = usb$ とすると，$f(ta) = f(sb)$ であり，$f(a)f(s)^{-1} = f(b)f(t)^{-1}$ である．よって，写像 $g \colon M^{\mathrm{gp}} \to A$ が $g(\dfrac{a}{s}) = f(a)f(s)^{-1}$ で定まる．

$g(\dfrac{a}{s})g(\dfrac{b}{t}) = f(a)f(s)^{-1}f(b)f(t)^{-1} = f(ab)f(st)^{-1} = g(\dfrac{ab}{st})$ だから，g は可換群の射である．$g(\dfrac{a}{1}) = f(a)f(1)^{-1} = f(a)$ だから $f = g \circ i_M$ である．可換群の射 $h \colon M^{\mathrm{gp}} \to A$ も $f = h \circ i_M$ をみたすならば，$h(\dfrac{a}{s}) = h(\dfrac{a}{1})h(\dfrac{s}{1})^{-1} = f(a)f(s)^{-1} = g(\dfrac{a}{s})$ だから $h = g$ である． □

可換単系 M に対し，命題 2.1.3 の左随伴関手による像 M^{gp} を M の**群化** (associated group) という．

系 2.1.4 忘却関手 U:【可換群】$\to$【集合】の左随伴関手【集合】$\to$【可換群】が存在する． ■

証明 命題 2.1.1 の左随伴関手【集合】$\to$【可換単系】と命題 2.1.3 の左随伴関手【可換単系】$\to$【可換群】の合成関手【集合】$\to$【可換群】は，忘却関手【可換群】$\to$【可換単系】$\to$【集合】の左随伴関手である． □

集合 X に対し，系 2.1.4 の左随伴関手による像を X を基底とする**自由加群** (free module) とよび，$\mathbf{Z}^{(X)}$ で表す．$\mathbf{Z}^{(X)} = \{a \in \mathrm{Map}(X, \mathbf{Z}) \mid X - a^{-1}(0)$ は有限集合$\}$ である．

2.2 環と加群

定義 2.2.1 1. 集合 A と写像 $+\colon A \times A \to A, \cdot\colon A \times A \to A$ と A の元 $0, 1 \in A$ の組 $(A, +, \cdot, 0, 1)$ が次の条件をみたすとき，A は**環** (ring) であるという．

(1) $(A, +, 0)$ は可換群である．

(2) $(A, \cdot, 1)$ は可換単系である．

(3) A の任意の元 a, b, c に対し，$a \cdot (b + c) = a \cdot b + a \cdot c$ がなりたつ．

2. A, B を環とする．写像 $f\colon A \to B$ が次の条件をみたすとき，f は環の**射**であるという．

(1) $f\colon A \to B$ は加法に関して可換群の射である．

(2) $f\colon A \to B$ は乗法に関して可換単系の射である． ■

ここで定義した環は，単位元をもつ可換環とよばれるものである．この本では，環として単位元をもつ可換環だけを扱うのでそのように定義した．写像 $+\colon A \times A \to A, \cdot\colon A \times A \to A$ による値をそれぞれ $+(a, b) = a + b, \cdot(a, b) = a \cdot b$ で表している．乗法を表す記号 $\cdot$ は省略することが多い．

定義 2.2.1.1 の条件 (1)–(3) を（単位元をもつ可換）環の公理という．(3) は加法と乗法に関する**分配則** (distributive law) を表す．A の任意の元 a に対し，$0a = 0$ であることなどが環の公理からしたがうが省略する．$0 = 1$ のときは A は**零環** (zero ring) $\{0\}$ である．定義 2.2.1.2 の条件 (1), (2) を環の射の公理という．$f(0) = 0$ であることなどが環の射の公理からしたがうがこれも省略する．

環 A の元 a に対し，$ab = 1$ をみたす元 $b \in A$ を a の逆元とよぶ．逆元は存在すれば一意的であり，a^{-1} で表す．a の逆元が存在するとき，a は**可逆**であるという．A の可逆元全体の集合 $A^\times$ は乗法に関して可換群をなす．これを A の**乗法群** (multiplicative group) という．$A^\times$ の単位元は 1 である．

A を環とし，$A' \subset A$ を加法に関する部分群とする．写像 $\cdot$ による $A' \times A'$ の像が A' に含まれるとき，A' は A の乗法について閉じているという．部分群 A' が乗法について閉じていて単位元 1 を含むとき，A' は A の加法と乗法

を A' に制限したものについて環の公理をみたす．こうして得られる環 A' を，A の**部分環**という．A' が A の部分環ならば，包含写像 $i\colon A' \to A$ は環の射である．$f\colon A \to B$ が環の射ならば，その像 $f(A) = \{f(a) \mid a \in A\}$ は B の部分環である．

環を対象とし，環の射を射とすることで環の圏【環】が定まる．環の射 $A \to B$ 全体のなす集合を $\mathrm{Mor}(A, B)$ で表す．A と B が環であるとき，積集合 $A \times B$ に加法と乗法を成分ごとに定めることにより，$A \times B$ は環になる．$A \times B$ の単位元は $(1, 1)$ である．積環 $A \times B$ は環の圏での積である．

A が環であるとき，環の圏【環】$= C$ に対し圏 C^A として **A 上の環**の圏【A 上の環】を定義する．A 上の環とは環の射 $f\colon A \to B$ のことだが，ふつう f を省略して B を A 上の環とよぶ．A 上の環 $f\colon A \to B$ から A 上の環 $g\colon A \to C$ への射とは，環の射 $h\colon B \to C$ で $g = h \circ f$ をみたすものである．A 上の環の射 $B \to C$ 全体の集合を $\mathrm{Mor}_A(B, C)$ で表す．環の圏での $A \to B$ と $A \to C$ のファイバー和は A 上のテンソル積 $B \otimes_A C$ だが，この本では扱わない．

例 2.2.2 整数全体の集合 $\mathbf{Z}$ は通常の加法と乗法に関して環である．任意の環 A に対し，環の射 $f\colon \mathbf{Z} \to A$ がただ1つ存在する．したがって，**有理整数環** $\mathbf{Z}$ (rational integer ring) は圏【環】の始対象である．整数 $n \in \mathbf{Z}$ の像 $f(n)$ も n で表す．$\mathbf{Z}$ の乗法群 $\mathbf{Z}^\times$ は $\{1, -1\}$ である． ■

可換群の射の和を定義する．$f, g\colon M \to N$ が可換群の射ならば，対角写像（『集合と位相』2.1 節）$\delta\colon M \to M \times M$ と積写像 $f \times g\colon M \times M \to N \times N$ と N の加法 $+\colon N \times N \to N$ の合成写像 $+ \circ (f \times g) \circ \delta\colon M \to N$ は可換群の射である．これを f と g の和とよび，$f + g\colon M \to N$ で表す．

定義 2.2.3 A を環とする．

1. 集合 M と写像 $+\colon M \times M \to M, \cdot\colon A \times M \to M$ と M の元 0 の組 $(M, +, \cdot, 0)$ が次の条件をみたすとき，M は **A 加群** (module) であるという．A の元 a に対し，$x \in M$ を $a \cdot x \in M$ にうつす写像を a によるスカラー倍とよび，$a \cdot\colon M \to M$ で表す．

(1) $(M, +, 0)$ は可換群である．

(2) A の任意の元 a に対し，スカラー倍 $a \cdot\colon M \to M$ は可換群の射である．

(3) A の単位元 1 によるスカラー倍 $1 \cdot\colon M \to M$ は，M の恒等写像 1_M で

ある．

(4) A の任意の元 a,b に対し，$(a\cdot)\circ(b\cdot)=(ab)\cdot$ であり，$(a\cdot)+(b\cdot)=(a+b)\cdot$ である．

2. M,N を A 加群とする．写像 $f\colon M\to N$ が次の条件をみたすとき，f は A 加群の**射**であるという．A **線形写像** (linear mapping) ともいう．

(1) $f\colon M\to N$ は可換群の射である．

(2) A の任意の元 a に対し，$f\circ(a\cdot)=(a\cdot)\circ f$ である．■

環 A は，A の乗法により A 加群になる．A が実数体 $\mathbf{R}$ のときは，A 加群とは $\mathbf{R}$ 線形空間のことである．A が整数環 $\mathbf{Z}$ のときは，スカラー倍を忘れることで圏の同形【$\mathbf{Z}$ 加群】→【可換群】が定まる．この同形により，$\mathbf{Z}$ 加群と可換群を同一視することが多い．

定義 2.2.3.1 の条件 (1)–(4) を A 加群の公理という．条件 (2), (3), (4) はそれぞれ次のことを表す．

(2) A の任意の元 a と M の任意の元 x,y に対し，$a\cdot(x+y)=a\cdot x+a\cdot y$ がなりたつ．

(3) M の任意の元 x に対し，$1\cdot x=x$ がなりたつ．

(4) A の任意の元 a,b と M の任意の元 x に対し，$a\cdot(b\cdot x)=(a\cdot b)\cdot x$ と $a\cdot x+b\cdot x=(a+b)\cdot x$ がなりたつ．

条件 (2) と (4) は，スカラー倍に関する分配則と結合則がなりたつことを表す．

定義 2.2.3.2 の条件 (1), (2) を A 加群の射の公理という．条件 (2) の左辺の $a\cdot$ は M のスカラー倍であり，右辺の $a\cdot$ は N のスカラー倍である．これは次のことを表す．

(2) A の任意の元 a と M の任意の元 x に対し，$f(a\cdot x)=a\cdot f(x)$ がなりたつ．

f が条件 (2) をみたすとき f はスカラー倍を保つという．

M を A 加群とし，N をその部分集合とする．加法 $+$ による $N\times N$ の像とスカラー倍 $\cdot$ による $A\times N$ の像がそれぞれ N に含まれるとき，N はそれぞれ加法とスカラー倍について閉じているという．N が加法とスカラー倍について閉じていて，0 を含むとき，N は M の加法とスカラー倍を N に制限したものについて A 加群の公理をみたす．こうして得られる A 加群 N を，M の**部分** A **加群**という．

N と N' が M の部分 A 加群ならば，和 $N+N'=\{x+x' \mid x\in N, x'\in N'\}$ と共通部分 $N\cap N'$ も M の部分 A 加群である．M の部分集合 S に対し，M の部分 A 加群 $N=\{\sum_{i=1}^{n} a_i s_i | n\in \mathbf{N}, a_i\in A, s_i\in S\}$ を S によって生成される部分 A 加群とよび，$\langle s \mid s\in S\rangle$ で表す．

N が M の部分 A 加群ならば，包含写像 $i\colon N\to M$ は A 加群の射である．$f\colon M\to N$ が A 加群の射ならば，その像 $f(M)=\{f(x)\mid x\in M\}=\mathrm{Im}(f\colon M\to N)$ は N の部分 A 加群である．$x\in M$ ならば，$a\in A$ を $a\cdot x$ にうつす写像 $A\to M$ は A 線形写像であり，その像 Ax は M の部分 A 加群である．

A 加群を対象とし，A 線形写像を射とすることで A 加群の圏【A 加群】が定まる．A 線形写像 $M\to N$ 全体の集合を $\mathrm{Hom}_A(M,N)$ で表す．

$f\colon A\to B$ を A 上の環とすると，$a\in A, b\in B$ に対し $a\cdot b=f(a)b$ とおくことにより，B は A 加群と考えられる．A 上の環 B を A 加群 B にうつすことにより，忘却関手【A 上の環】$\to$【A 加群】が定まる．$f\colon A\to B$ を A 上の環とすると，B 加群 M を A 加群と考えることで，関手【B 加群】$\to$【A 加群】も定まる．

M,N を A 加群とすると，積集合 $M\times N$ は成分ごとの演算により A 加群になる．これを M と N の**直和**とよび，$M\oplus N$ で表す．直和 $M\oplus N$ は射影 $M\oplus N\to M, M\oplus N\to N$ により A 加群の圏での M と N の積である．また，$x\in M$ を $(x,0)\in M\oplus N$ にうつす A 加群の射 $i\colon M\to M\oplus N$ と $y\in N$ を $(0,y)\in M\oplus N$ にうつす A 加群の射 $j\colon N\to M\oplus N$ により，A 加群の圏での M と N の直和でもある．

N と N' が M の部分 A 加群ならば和 $N+N'$ は包含写像がひきおこす A 加群の射 $N\oplus N'\to M$ の像である．この射 $N\oplus N'\to M$ が同形であるとき，M は N と N' の直和であるといい，$M=N\oplus N'$ で表す．

$f,g\colon M\to N$ が A 加群の射ならば，和 $f+g\colon M\to N$ も A 加群の射になる．$a\in A$ と A 加群の射 $f\colon M\to N$ に対し，f の a 倍をスカラー倍 $a\cdot$ との合成写像として定める．この加法とスカラー倍により $\mathrm{Hom}_A(M,N)$ は A 加群になる．$f\colon L\to M$ が A 加群の射ならば，$g\colon M\to N$ を $g\circ f\colon L\to N$ にうつす写像 $f^*\colon \mathrm{Hom}_A(M,N)\to \mathrm{Hom}_A(L,N)$ は A 加群の射である．同様に，$f\colon N\to W$ が A 加群の射ならば，$f_*\colon \mathrm{Hom}_A(M,N)\to \mathrm{Hom}_A(M,W)$ は

A 加群の射である．よって，関手 Hom_A: 【A 加群】$^{\mathrm{op}}\times$【A 加群】$\to$【A 加群】が定まる．

$x\in M$ と $f\in \mathrm{Hom}_A(M,N)$ に対し $f(x)\in N$ を $\mathrm{ev}_x(f)$ で表し，A 線形写像 $\mathrm{ev}_x\colon \mathrm{Hom}_A(M,N)\to N$ を定める．$M=A, x=1$ のとき，$\mathrm{ev}_1\colon \mathrm{Hom}_A(A,N)\to N$ は A 加群の同形である．$N=A$ のとき，A 加群 $\mathrm{Hom}_A(M,A)$ を M の**双対** (dual) **加群**といい，$M^\vee$ で表す．M をその双対 $M^\vee$ にうつすことで，反変関手 $\vee$: 【A 加群】$^{\mathrm{op}}\to$【A 加群】が定まる．

補題 2.2.4 A を環とし，$f\colon M\to N$ を A 加群の射とする．

1. f の**核** (kernel)

$$\mathrm{Ker}(f\colon M\to N)=\{x\in M\mid f(x)=0\}$$

は M の部分 A 加群である．

2. f が単射であることは $\mathrm{Ker}(f\colon M\to N)=0$ と同値である． ■

証明 1. $M'=\{x\in M\mid f(x)=0\}$ とおく．$x,y\in M'$ ならば，$f(x+y)=f(x)+f(y)=0+0=0$ だから $x+y\in M'$ である．$a\in A, x\in M'$ ならば，$f(ax)=f(a)f(x)=f(a)0=0$ だから $ax\in M'$ である．$f(0)=0$ だから $0\in M'$ もなりたつ．

2. $f(0)=0$ だから，f が単射ならば $\mathrm{Ker}(f\colon M\to N)=0$ である．逆を示す．$\mathrm{Ker}\, f=0$ とする．$x,y\in M$ が $f(x)=f(y)$ をみたすとすると，$f(x-y)=f(x)-f(y)=0$ だから $x-y\in \mathrm{Ker}\, f=0$ であり，$x=y$ である． □

N と N' が M の部分 A 加群ならば，共通部分 $N\cap N'$ は包含写像の和が定める A 線形写像 $N\oplus N'\to M$ の核と同一視できる．

$f\colon M\to N$ を A 加群の射とする．M が表現する関手 h_M: 【A 加群】$^{\mathrm{op}}\to$【集合】の部分関手 $\mathrm{Ker}(f_*\colon h_M\to h_N)$ を，A 加群 W に対し $\mathrm{Ker}(f_*\colon h_M\to h_N)(W)=\mathrm{Ker}(f_*\colon \mathrm{Hom}_A(W,M)\to \mathrm{Hom}_A(W,N))$ で定めると，核 $\mathrm{Ker}(f\colon M\to N)$ は関手 $\mathrm{Ker}(f_*\colon h_M\to h_N)$ を表現する．双対的に次のことがなりたつ．

命題 2.2.5 $f\colon M\to N$ を A 加群の射とする．N が表現する関手 h^N: 【A 加群】$\to$【集合】の部分関手 $\mathrm{Ker}(f^*\colon h^N\to h^M)$ が，A 加群 W に対し

$$\mathrm{Ker}(f^*\colon h^N \to h^M)(W) = \mathrm{Ker}(f^*\colon \mathrm{Hom}_A(N,W) \to \mathrm{Hom}_A(M,W))$$

とおくことで定まる．関手 $\mathrm{Ker}(f^*\colon h^N \to h^M)$ は表現可能である． ■

証明　$f\colon M \to N$ を A 加群の射とする．A 加群の射 $g\colon N \to V$, $k\colon V \to W$ に対し，$g \circ f = 0$ なら $k \circ g \circ f = 0$ だから，$\mathrm{Ker}(f^*\colon h^N \to h^M)$ は h^N の部分関手を定める．関手 $\mathrm{Ker}(f^*\colon h^N \to h^M)$ を F で表す．

N の同値関係 $\equiv_f$ を，$x \equiv_f y$ とは $x - y \in \mathrm{Im}(f\colon M \to N)$ として定義する．同値関係 $\equiv_f$ による N の商集合を N' とする．N の加法とスカラー倍は N' の加法とスカラー倍をひきおこし，N' は A 加群になる．標準全射 $p\colon N \to N'$ は A 加群の射である．

$p \circ f = 0$ だから，$p \in F(N')$ である．命題 1.5.4 より，$p \in F(N')$ は関手の射 $p^*\colon h^{N'} \to F$ を定める．$p^*\colon h^{N'} \to F$ が同形なことを示す．A 加群 W に対し，写像 $p^*\colon h^{N'}(W) = \mathrm{Hom}_A(N',W) \to F(W)$ が可逆なことを示せばよい．

$g \in F(W)$ を $g \circ f = 0$ をみたす A 加群の射 $g\colon N \to W$ とする．例 1.5.7.2 より $g = h \circ p$ をみたす写像 $h\colon N' \to W$ がただ 1 つ存在する．g は A 加群の射だから，h も A 加群の射になる．よって写像 $p^*\colon \mathrm{Hom}_A(N',W) \to F(W)$ は可逆である． □

関手 $\mathrm{Ker}(f^*\colon h^N \to h^M)$ を表現する A 加群 N' を $f\colon M \to N$ の**余核** (cokernel) とよび，$\mathrm{Coker}(f\colon M \to N)$ で表す．普遍元 $p\colon N \to \mathrm{Coker}(f\colon M \to N)$ を**標準全射** (canonical surjection) とよぶ．余核 $\mathrm{Coker}(f\colon M \to N)$ が関手 $\mathrm{Ker}(f^*\colon h^N \to h^M)$ を表現することを，余核の**普遍性**という．f が全射であることは $\mathrm{Coker}(f\colon M \to N) = 0$ と同値である．

M が N の部分 A 加群のときは，包含写像 $i\colon M \to N$ の余核 $\mathrm{Coker}(i\colon M \to N)$ を，M による N の**商加群**とよび，N/M で表す．商加群 N/M が関手 $\mathrm{Ker}(i^*\colon h^N \to h^M)$ を表現することを，商加群の**普遍性**という．

命題 2.2.6　A を環とし，$f\colon M \to N$ を A 加群の射とする．$M' = \mathrm{Ker}(f\colon M \to N)$ とする．

1. (**準同形定理** (isomorphism theorem)) f がひきおこす A 加群の射 $g\colon M/M' \to f(M)$ は同形である．
2. N' を M の部分 A 加群とし，f の制限 $f'\colon N' \to N$ が同形であるとす

る．$M = M' \oplus N'$ である． ■

準同形定理（命題 2.2.6.1）は『線形代数の世界』命題 7.3.4 の一般化であり，命題 2.2.6.2 は『線形代数の世界』命題 2.4.6 の一般化である．命題 2.2.6.1 を準同形定理とよぶのは，A 加群の射を準同形ともよぶからである．準同形という用語は，射は同形に準ずるものであるという同形を中心にした視点に基づいている．圏論的視点では，同形は射のうちで特別なものと考えるので，この本では準同形という用語は使わない．しかし，準同形定理という用語は定着してしまっているので，これだけは例外とする．

証明　1. $x, y \in M$ に対し $f(x) = f(y)$ は $x - y \in M'$ と同値だから，g は A 加群の全単射である．g の逆写像も A 加群の射だから，同形である．

2. $g\colon M \to N'$ を f と f' の逆写像 $f'^{-1}\colon N \to N'$ の合成とする．$x \in M$ とすると，$fg(x) = f(x)$ だから $x - g(x) \in M'$ であり，$x = (x - g(x)) + g(x)$ である．$x \in M' \cap N'$ ならば，$x = f'^{-1}(f'(x)) = f'^{-1}(f(x)) = 0$ である．よって $M = M' \oplus N'$ である． □

A 加群の射 $f\colon M \to N$ が同形であることは，$\mathrm{Ker}(f\colon M \to N) = 0$ かつ $\mathrm{Coker}(f\colon M \to N) = 0$ と同値である．

2.3　イデアルと商環

A を環とする．A 加群 A の部分 A 加群を A の**イデアル** (ideal) という．A の部分集合 $I \subset A$ が A のイデアルであるとは次の条件をみたすことである．

(1) I の任意の元 a, b に対し，$a + b \in I$ である．

(2) A の任意の元 a と I の任意の元 b に対し，$ab \in I$ である．

(3) $0 \in I$ である．

A と $0 = \{0\}$ は A のイデアルである．A の部分集合 S に対し，A のイデアル $I = \{\sum_{i=1}^{n} a_i s_i \mid n \in \mathbf{N}, a_i \in A, s_i \in S\}$ を S によって生成されるイデアルとよび，$\langle s \mid s \in S\rangle$ で表す．

例 2.3.1　A を環とし，$a \in A$ とする．$I = \{ax \mid x \in A\}$ は A のイデアルである．これを a によって生成される A のイデアルとよび，aA や (a) で表す．$I = aA$ となる $a \in A$ が存在するとき，I を A の**単項イデアル** (principal ideal) という．主イデアルということもある．

$a, b \in A$ に対し，イデアルの包含関係 $(a) \supset (b)$ がなりたつとき，a は b をわりきるといい，$a|b$ と書く．$a, b \in A$ に対し，$a|b$ は $b \in (a)$ と同値である．

■

$a \in A$ に対し，$aA = A$ とは a が可逆ということである．環 $\mathbf{Z}$ のイデアルはすべて単項イデアルであることを，命題 2.6.3 で示す．

$f\colon A \to B$ を環の射とすると，その**核**

$$\mathrm{Ker}(f\colon A \to B) = \{x \in A \mid f(x) = 0\}$$

は，補題 2.2.4.1 を A 加群の射 $f\colon A \to B$ に適用すれば，A のイデアルである．

命題 2.3.2　A を環とし，I を A のイデアルとする．環 B に対し，$\mathrm{Mor}(A, B)$ の部分集合 $F(B)$ を

$$F(B) = \{f \in \mathrm{Mor}(A, B) \mid I \subset \mathrm{Ker}(f\colon A \to B)\}$$

で定める．環 B を集合 $F(B)$ にうつすことで，A が表現する関手 h^A:【環】→【集合】の部分関手 F:【環】→【集合】が定まる．関手 F は表現可能である．

■

証明　$f\colon A \to B, g\colon B \to C$ を環の射とする．$\mathrm{Ker}(f\colon A \to B) \subset \mathrm{Ker}(g \circ f\colon A \to C)$ だから，F は h^A の部分関手を定める．

A' を商加群 A/I とする．$a, b, a', b' \in A$ とすると $a'b' - ab = a'(b' - b) + b(a' - a)$ だから A の乗法は A' の乗法をひきおこし，A' は環になる．標準全射 $p\colon A \to A'$ は環の射である．p による $a \in A$ の像 $p(a)$ を $\bar{a}$ で表す．

$\mathrm{Ker}(p\colon A \to A') = I$ だから，$p \in F(A')$ である．$p \in F(A')$ を普遍元として F が A' で表現されることを示す．B を環とする．写像 $p^*\colon h^{A'}(B) = \mathrm{Mor}(A', B) \to F(B)$ が可逆なことを示せばよい．

$f \in F(B)$ を $I \subset \mathrm{Ker}(f\colon A \to B)$ をみたす環の射 $f\colon A \to B$ とする．商加群の普遍性より $f = g \circ p$ をみたす A 線形写像 $g\colon A' \to B$ がただ 1 つ存在する．f は環の射だから，g も環の射になる．よって写像 $p^*\colon \mathrm{Mor}(A', B) \to F(B)$ は可逆である．

□

命題 2.3.2 の関手 F:【環】→【集合】を表現する環 A' を，環 A のイデア

ル I による**商環** (quotient ring) とよび，A/I で表す．包含射 $F \to h^A$ に対応する環の射 $p\colon A \to A/I$ を**標準全射**とよぶ．$a, b \in A$ に対し，商環での等式 $p(a) = p(b)$ がなりたつことを，合同式 $a = b \bmod I$ で表す．

環 B に対し，写像

$$p^*\colon \mathrm{Mor}(A/I, B) \to \{f \in \mathrm{Mor}(A, B) \mid I \subset \mathrm{Ker}(f\colon A \to B)\} \tag{2.1}$$

は可逆である．これを商環 A/I の**普遍性**という．環の射 $f\colon A \to B$ が $I \subset \mathrm{Ker}(f\colon A \to B)$ をみたすとき，対応する環の射 $g\colon A/I \to B$ を f がひきおこす射という．

系 2.3.3 環 A の部分集合 I について，次の条件は同値である．

(1) I は A のイデアルである．

(2) $I = \mathrm{Ker}(f\colon A \to B)$ をみたす環の射が存在する． ■

証明 (1)⇒(2)：$f\colon A \to B$ を標準全射 $p\colon A \to A/I$ とすればよい．

(2)⇒(1)：補題 2.2.4.1 よりしたがう． □

例 2.3.4 $n \geqq 1$ を自然数とする．標準全射 $\mathbf{Z} \to \mathbf{Z}/n\mathbf{Z}$ の部分集合 $[n] = \{1, 2, \ldots, n\} \subset \mathbf{Z}$ への制限 $[n] \to \mathbf{Z}/n\mathbf{Z}$ は全単射だから，商環 $\mathbf{Z}/n\mathbf{Z}$ の元の個数は n である．自然数 a, n の最大公約数を (a, n) で表す．n 以下で n と**たがいに素** (relatively prime) な自然数全体の集合

$$[n]^* = \{a \subset [n] \mid (a, n) = 1\} \tag{2.2}$$

の元の個数 $\#[n]^*$ を，$\varphi(n)$ で表し，**オイラーの関数** (Euler's function) とよぶ．$\varphi(1) = 1$, $\varphi(2) = 1$, $\varphi(3) = 2$, $\varphi(4) = 2$, $\varphi(5) = 4$, $\varphi(6) = 2$, $\varphi(7) = 6, \ldots$ である．p が素数，$e \geqq 1$ が自然数なら $\varphi(p^e) = (p-1)p^{e-1}$ である．

$a \in \mathbf{Z}$ に対し，$\bar{a} \in \mathbf{Z}/n\mathbf{Z}$ が可逆となるための条件は，$ab + nx = 1$ をみたす整数 b, x が存在することだから，最大公約数 (a, n) が 1 となることである．したがって，乗法群 $(\mathbf{Z}/n\mathbf{Z})^\times$ の位数は $\varphi(n)$ である．

$a \in [n]$ を $(a, n) \in [n]$ にうつす写像 $c\colon [n] \to [n]$ の像は，$\{d \in [n] \mid d$ は n の約数$\}$ である．n の約数 $d \in [n]$ に対し，逆像 $c^{-1}(d)$ は，d 倍写像 $[\frac{n}{d}]^* \to [n]$ の像である．よって，$n = \sum_{d|n} \varphi(\frac{n}{d}) = \sum_{d|n} \varphi(d)$ がなりたつ． ■

命題 2.3.5（**準同形定理**）　A, B を環とし，$f\colon A \to B$ を環の射とする．$I = \mathrm{Ker}(f\colon A \to B)$ とすると，f がひきおこす環の射 $g\colon A/I \to f(A)$ は同形である．■

証明　命題 2.2.6.1 より，g は A 加群の同形であり，したがって環の全単射である．g の逆写像も環の射だから，同形である．□

命題 2.3.6　A を環，I を A のイデアルとし，$A' = A/I$ を商環，$p\colon A \to A'$ を標準全射とする．

1. J' を A' のイデアルとする．逆像 $J = p^{-1}(J')$ は A のイデアルであり，I を部分集合として含む．$J' = p(J)$ であり，合成射 $A \to A' \to A'/J'$ がひきおこす環の射 $A/J \to A'/J'$ は同形である．

2. A' のイデアル J' をその逆像 $p^{-1}(J')$ にうつす写像

$$p^*\colon \{A' \text{のイデアル}\} \to \{I \text{を含む } A \text{ のイデアル}\}$$

は可逆である．■

証明　1. 合成射 $A \to A' \to A'/J'$ の核は $p^{-1}(J')$ だから，補題 2.2.4.1 より $J = p^{-1}(J')$ は A のイデアルである．$A \to A'$ は全射だから，$J' = p(p^{-1}(J'))$ である．さらに準同形定理（命題 2.3.5）より，ひきおこされる射 $A/J \to A'/J'$ は同形である．

2. J を I を含む A のイデアルとする．$I \subset J = \mathrm{Ker}(A \to A/J)$ だから，商環の普遍性 (2.1) より，環の射 $f\colon A/I \to A/J$ がひきおこされる．

J を $J' = \mathrm{Ker}(f\colon A/I \to A/J)$ にうつすことで，逆向きの写像 $p_*\colon \{I \text{ を含む } A \text{ のイデアル}\} \to \{A' \text{のイデアル}\}$ を定める．J は合成射 $A \to A/I \to A/J$ の核だから $J = p^{-1}(J')$ である．

逆に J' を A' のイデアルとすると，1. より $J' = p(p^{-1}(J'))$ である．よって p_* は p^* の逆写像である．□

A を環とし，I と J を A のイデアルとする．$I + J = \{x + y \mid x \in I, y \in J\}$ と $I \cap J$, $IJ = \langle xy \mid x \in I, y \in J\rangle$ は A のイデアルである．これらをそれぞれ I と J の和，共通部分，**積**という．$IJ \subset I \cap J$ である．$I + J = A$ であるとき，I と J は**たがいに素**であるという．$a, b \in A$ に対し，単項イデアル aA と bA がたがいに素なとき a と b はたがいに素であるという．a と

b がたがいに素であるとは，$ax+by=1$ をみたす $x,y\in A$ が存在することである．

命題 2.3.7（**中国の剰余定理** (Chinese remainder theorem)） A を環とし，I と J をたがいに素な A のイデアルとする．標準全射 $p\colon A\to A/I$ と $q\colon A\to A/J$ の積 $(p,q)\colon A\to A/I\times A/J$ は同形

$$A/IJ\to A/I\times A/J$$

をひきおこす． ■

証明 準同形定理（命題 2.3.5）より，$(p,q)\colon A\to A/I\times A/J$ は全射でその核 $I\cap J$ が IJ と等しいことを示せばよい．$A=I+J$ だから，$1=x+y$ をみたす $x\in I, y\in J$ がある．

$p(y)=p(1)=1, q(x)=q(1)=1$ だから，$a,b\in A$ とすると，$(p,q)(ay+bx)=(p(a),q(b))$ である．よって $(p,q)\colon A\to A/I\times A/J$ は全射である．

$a\in I\cap J$ とすると，$a=xa+ay\in IJ$ である．よって $I\cap J\subset IJ$ である．$IJ\subset I\cap J$ だから $IJ=I\cap J$ である． □

自然数 n,m がたがいに素ならば，$\mathbf{Z}/nm\mathbf{Z}\to\mathbf{Z}/n\mathbf{Z}\times\mathbf{Z}/m\mathbf{Z}$ は環の同形である．これは乗法群の同形 $(\mathbf{Z}/nm\mathbf{Z})^\times\to(\mathbf{Z}/n\mathbf{Z})^\times\times(\mathbf{Z}/m\mathbf{Z})^\times$ をひきおこすから，オイラーの関数の乗法性 $\varphi(nm)=\varphi(n)\varphi(m)$ がなりたつ．

系 2.3.8 A を環とする．

1. I と J_1,J_2 を A のイデアルとする．I と J_1, I と J_2 がたがいに素ならば，I と積 J_1J_2 もたがいに素である．

2. $I_1,\dots,I_n$ をどの 2 つもたがいに素な A のイデアルとする．標準全射 $A\to A/I_i$ $(i=1,\dots,n)$ の積は同形

$$A/I_1\cdots I_n\to A/I_1\times\cdots\times A/I_n$$

をひきおこす． ■

証明 1. $x_1+y_1=1$, $x_2+y_2=1$, $x_1,x_2\in I$, $y_1\in J_1$, $y_2\in J_2$ とすると，$(x_1x_2+x_1y_2+x_2y_1)+y_1y_2=1$ であり，$x_1x_2+x_1y_2+x_2y_1\in I$, $y_1y_2\in J_1J_2$ である．

2. 1. と n に関する帰納法より，積 $I_1 \cdots I_{n-1}$ と I_n はたがいに素である．よって中国の剰余定理（命題 2.3.7）と n に関する帰納法よりしたがう． □

2.4　自由加群と多項式環

命題 2.4.1　A 加群 M を集合 M にうつす忘却関手 U:【A 加群】→【集合】の，左随伴関手 F:【集合】→【A 加群】が存在する． ■

証明　X を集合とする．$A^{(X)}$ を $\mathrm{Map}(X, A)$ の部分集合として

$$A^{(X)} = \{s \in \mathrm{Map}(X, A) \mid X - s^{-1}(0) \text{ は有限集合 }\}$$

で定義する．$A^{(X)}$ の加法を $s, t \in A^{(X)}$ に対し $(s + t)(x) = s(x) + t(x)$ で定義し，スカラー倍を $s \in A^{(X)}, a \in A$ に対し $(a \cdot s)(x) = a \cdot s(x)$ で定義すると，$A^{(X)}$ は A 加群になる．$x \in X$ に対し $e_x \in A^{(X)}$ を $e_x(x) = 1$ と $y \neq x$ に対し $e_x(y) = 0$ で定め，写像 $i_X \colon X \to A^{(X)}$ を $i_X(x) = e_x$ で定める．

写像 $i_X \colon X \to A^{(X)}$ を普遍元として合成関手 $h^X \circ U$:【A 加群】→【集合】が $A^{(X)}$ で表現されることを示す．M を A 加群とする．A 線形写像 $f \colon A^{(X)} \to M$ を合成写像 $f \circ i_X \colon X \to M$ にうつすことで，写像 $i_X^* \colon \mathrm{Hom}_A(A^{(X)}, M) \to \mathrm{Map}(X, M)$ が定まる．命題 1.6.5 より，写像 i_X^* が可逆であることを示せばよい．

$f \colon X \to M$ を写像とする．$s \in A^{(X)}$ に対し，S を有限集合 $X - s^{-1}(0)$ とし，$s \in A^{(X)}$ を $\sum_{x \in S} s(x) f(x) \in M$ にうつすことで写像 $g \colon A^{(X)} \to M$ を定める．g は $f = g \circ i$ をみたすただ 1 つの A 線形写像である．よって i_X^* は可逆である． □

証明中の記号で，$s \in A^{(X)}$ を $\sum_{x \in S} s(x)[x]$ で表す．集合 X に対し A 加群 $A^{(X)}$ を，X を基底とする**自由** (free) A **加群**とよぶ．$A^{(X)}$ が A 加群 M を $\mathrm{Map}(X, M)$ にうつす関手を表現することを，自由加群の**普遍性**という．$X = [n] = \{1, \ldots, n\}$ のとき，$A^{([n])}$ を A^n で表す．A 加群 M に対し，A 加群の射 $A^n \to M$ は M^n の元と 1 対 1 に対応する．さらに $M = A^m$ のとき，A 線形写像 $A^n \to A^m$ は A を成分とする $m \times n$ 行列と 1 対 1 に対応する．これを A 線形写像の**行列表示**という．

X を集合，M を A 加群とし，$f\colon X \to M$ を写像とする．f が定める A 加群の射 $A^{(X)} \to M$ が同形であるとき，$f\colon X \to M$ は A 加群 M の**基底** (basis) であるという．標準写像 $i_X\colon X \to A^{(X)}$ を標準基底という．$A^{(X)} \to M$ が全射であるとき，$f\colon X \to M$ は M の**生成系** (system of generators) であるという．A 加群 M の生成系 $f\colon X \to M$ で X が有限集合であるものが存在するとき，M は**有限生成** (finitely generated) であるという．$x_1, \ldots, x_n \in M$ とし，写像 $x\colon [n] = \{1, \ldots, n\} \to M$ を $x(i) = x_i$ $(i = 1, \ldots, n)$ で定めたとき，$A^n \to M$ の像を $Ax_1 + \cdots + Ax_n$ で表す．

A 加群 M の基底が存在するとき，M は自由 A 加群であるという．自由 A 加群 M の基底 $f\colon X \to M$ で X が有限集合であるものが存在するとき，M は有限階数であるといい，X の元の個数を自由 A 加群 M の**階数** (rank) という．M の階数を $\operatorname{rank} M$ で表す．この本では証明しないが，A が零環でなければ自由加群 M の階数は M の生成系の元の個数の最小値である．これは M の外積を使えば示せる．M が有限階数の自由加群ならば，双対加群 $M^\vee$ も有限階数の自由加群であり，$\operatorname{rank} M = \operatorname{rank} M^\vee$ である．

A のイデアル I と A 加群 M に対し，M の部分 A 加群 IM を，$IM = \langle ax \mid a \in I, x \in M\rangle$ で定める．

補題 2.4.2 A を環とし，M を有限階数自由 A 加群とする．$M^\vee$ で双対加群 $\operatorname{Hom}_A(M, A)$ を表す．I を A のイデアルとすると，

$$IM = \{x \in M \mid \text{すべての } f \in M^\vee \text{ に対し } f(x) \in I\} \tag{2.3}$$

である．とくに $I = 0$ とすれば，$x \in M$ に対し，$x = 0$ であるための必要十分条件は，すべての $f \in M^\vee$ に対し $f(x) = 0$ となることである． ■

証明 包含関係 $\subset$ を示す．$x \in IM$ とすると，$x = \sum_{i=1}^{n} a_i x_i$ をみたす自然数 $n \geqq 0$ と $a_1, \ldots, a_n \in I$, $x_1, \ldots, x_n \in M$ がある．$f \in M^\vee$ とすれば，$f(x) = \sum_{i=1}^{n} a_i f(x_i) \in I$ である．

逆向きの包含関係 $\supset$ を示す．$M = A^n$ として示せばよい．$e_1, \ldots, e_n$ を A^n の標準基底とし，$f_1, \ldots, f_n$ を $f_i(e_j) = 1$ ($i = j$ のとき)，$= 0$ ($i \neq j$ のとき) で定まる $(A^n)^\vee$ の双対基底とする．x を (2.3) の右辺の元とすると，$f_1(x), \ldots, f_n(x) \in I$ だから，$x = \sum_{i=1}^{n} f_i(x) e_i \in IM$ である． □

命題 2.4.3　A を環とする．A 上の環 B を集合 B にうつす忘却関手 U:【A 上の環】→【集合】は表現可能である． ■

命題 2.4.3 の証明のため，忘却関手 U を表現する A 上の環を構成する．

補題 2.4.4　$A^{(\mathbf{N})}$ を自由 A 加群とし，(e_n) でその標準基底を表す．

1. $A^{(\mathbf{N})}$ の乗法で，任意の自然数 $n \geqq 0, m \geqq 0$ に対し $e_n \cdot e_m = e_{n+m}$ であり，$A^{(\mathbf{N})}$ が A 上の環となるものがただ 1 つ存在する．

2. $A^{(\mathbf{N})}$ の乗法を 1. で定めたものとする．B を A 上の環とし，$b \in B$ とする．自由 A 加群 $A^{(\mathbf{N})}$ の基底 e_n を $b^n \in B$ にうつすことで定まる A 線形写像 $f_b\colon A^{(\mathbf{N})} \to B$ は，e_1 を b にうつすただ 1 つの A 上の環の射である． ■

証明　1. 自由加群 $A^{(\mathbf{N})}$ の普遍性より，任意の自然数 $n \geqq 0$ に対し，A 線形写像 $e_n\cdot\colon A^{(\mathbf{N})} \to A^{(\mathbf{N})}$ で，任意の自然数 $m \geqq 0$ に対し $e_n \cdot e_m = e_{n+m}$ をみたすものがただ 1 つ定まる．したがって，さらに自由加群 $A^{(\mathbf{N})}$ の普遍性より，A 線形写像 $f\colon A^{(\mathbf{N})} \to \mathrm{Hom}_A(A^{(\mathbf{N})}, A^{(\mathbf{N})})$ で，任意の自然数 $n \geqq 0$ に対し $f(e_n) = e_n\cdot$ をみたすものがただ 1 つ定まる．

$A^{(\mathbf{N})}$ の乗法 $\cdot$ を $a \cdot b = f(a)(b)$ で定める．乗法 $\cdot$ は分配則 $(a+b)\cdot c = a\cdot c + b\cdot c$ と $a\cdot(b+c) = a\cdot b + a\cdot c$ をみたす．これと，自然数の和が結合則と交換則をみたすことから乗法 $\cdot$ も結合則と交換則をみたすことがしたがう．e_0 は $A^{(\mathbf{N})}$ の単位元である．

2.　f_b が乗法を保つことを示す．f_b が加法を保つことと，分配則より，$f_b(e_n \cdot e_m) = f_b(e_n) \cdot f_b(e_m)$ を示すことに帰着される．これは指数法則 $b^{n+m} = b^n \cdot b^m$ よりしたがう．

A 上の環の射 $g\colon A^{(\mathbf{N})} \to B$ が $g(e_1) = b$ をみたすならば，任意の自然数 $n \geqq 0$ に対し $g(e_n) = g(e_1)^n = b^n = f_b(e_n)$ である．よって $g = f_b$ である．

□

補題 2.4.4 で定義した乗法により，$A^{(\mathbf{N})}$ を A 上の環と考えたものを $A[T]$ で表し，e_n を T^n で表す．文字 T はほかの文字で置き換えてもよい．

命題 2.4.3 の証明　$T \in U(A[T]) = A[T]$ を普遍元として関手 U は $A[T]$ で表現されることを示す．A 上の環 $f\colon A \to B$ に対し，写像

$$\mathrm{ev}_T\colon \mathrm{Mor}_A(A[T], B) \to B \tag{2.4}$$

を，A 上の環の射 $g\colon A[T] \to B$ を $g(T) \in B$ にうつすことで定める．

写像 ev_T が可逆であることを示せばよい．$b \in B$ に対し，補題 2.4.4.2 で定めた $f_b \in \mathrm{Mor}_A(A[T], B)$ は，$f_b(T) = \mathrm{ev}_T(f_b) = b$ をみたすただ 1 つの A 上の射である．よって ev_T は可逆である． □

忘却関手 U:【A 上の環】→【集合】を表現する A 上の環 $A[T]$ を，A 上の 1 変数**多項式環** (polynomial ring of one variable) とよび，普遍元 T を**不定元** (indeterminate) とよぶ．A 上の環 $f\colon A \to B$ に対し，値写像 ev_T (2.4) が可逆であることを，多項式環の**普遍性**という．$b \in B$ に対応する A 上の環の射 $f_b\colon A[T] \to B$ による多項式 $P \in A[T]$ の像 $f_b(P) \in B$ を，T の多項式 P への b の**代入** (substitution) とよび，$P(b)$ で表す．$f_b\colon A[T] \to B$ の像を $A[b]$ で表す．$A[b]$ は B の部分環である．$P = \sum_{k=0}^{n} a_k T^k \in A[T]$ かつ $a_n \neq 0$ であるとき，多項式 P の**次数** (degree) は n であるという．0 の次数は $-\infty$ とする．

系 2.4.5 A を環とし，$P \in A[T]$ を多項式とする．多項式環の商環 $A[T]/(P)$ は，忘却関手 U:【A 上の環】→【集合】の $\{b \in B \mid P(b) = 0\} \subset B$ で定まる部分関手を表現する． ■

証明 $f\colon A \to B$ を A 上の環とする．B の元 b が定める A 上の環の射 $f_b\colon A[T] \to B$ に対し，$(P) \subset \mathrm{Ker}(f_b\colon A[T] \to B)$ は $P(b) = 0$ と同値である．よって商環の普遍性からしたがう． □

M を有限階数自由 A 加群とし，$f\colon M \to M$ を A 線形写像とする．M の基底をとって得られる f の行列表示の固有多項式 $P \in A[T]$ は，次数が M の階数と等しく最高次係数が 1 の多項式であり，『線形代数の世界』命題 3.6.3 と同様に，M の基底のとりかたによらない．これを f の**固有多項式** (characteristic polynomial) という．

命題 2.4.6 A を環とし，$P \in A[T]$ を最高次係数が 1 の n 次多項式とする．商環 $A[T]/(P)$ は階数 n の自由 A 加群であり，$1, T, \ldots, T^{n-1}$ は $A[T]/(P)$ の基底である．T 倍が定める A 線形写像 $T\cdot\colon A[T]/(P) \to A[T]/(P)$ の，基底 $1, T, \ldots, T^{n-1}$ に関する行列表示は P の**同伴行列** (companion matrix)（『線形代数の世界』定義 3.1.6）であり，固有多項式は P である． ■

証明 $e_1, \ldots, e_n$ を A^n の標準基底とし，A 加群の射 $f\colon A^n \to A[T]/(P)$ を

$f(e_k) = T^{k-1}$ で定める．これが全単射であることを示す．$(a_0, \ldots, a_{n-1}) \in \operatorname{Ker} f$ とすると，$\sum_{k=0}^{n-1} a_k T^k = PQ$ をみたす $Q \in A[T]$ がある．$Q \neq 0$ だったとすると，P の最高次係数は 1 だから，$n-1 \geqq \deg PQ = \deg P + \deg Q \geqq \deg P = n$ となり矛盾である．よって $Q = 0$ であり，$a_{n-1} = \cdots = a_0 = 0$ である．したがって f は単射である．

$F \in A[T]$ とし，$F = QP + R$ と $\deg R < n$ をみたす $Q, R \in A[T]$ が存在することを F の次数に関する帰納法で示す．$\deg F = m$ とする．$m < n$ ならば $Q = 0$, $F = R$ とすればよい．$m \geqq n$ とし F の m 次の係数を a_m とすると，P の最高次係数は 1 だから $G = F - a_m T^{m-n} P$ の次数は $< m$ である．よって，帰納法の仮定より，$G = HP + R$ と $\deg R < n$ をみたす $H, R \in A[T]$ が存在する．$Q = a_m T^{m-n} + H$ とすればよい．よって $1, T, \ldots, T^{n-1}$ は階数 n の自由 A 加群 $A[T]/(P)$ の基底である．

$P = T^n + \sum_{k=1}^{n} a_k T^{k-1}$ とすると，$k = 1, \ldots, n-1$ に対し $T \cdot T^{k-1} = T^k$ であり，$T \cdot T^{n-1} = T^n = \sum_{k=1}^{n} -a_k T^{k-1}$ だから，$T\cdot\colon A[T]/(P) \to A[T]/(P)$ の，基底 $1, T, \ldots, T^{n-1}$ に関する行列表示は P の同伴行列であり，したがってその固有多項式は P である．□

命題 2.4.7　A, B を環とし，$f\colon A \to B$ を環の射とする．$b \in B$ とする．

1. $T \in M(n, A)$ を n 次正方行列とし，$S \in M(n, A)$ を T の余因子行列（『線形代数の世界』定義 3.5.8）とする．ST と TS はスカラー行列 $\det T \cdot 1_n$ である．T の逆行列が存在するための条件は，$\det T$ が可逆なことである．

2. （**ケイリー–ハミルトンの定理**）M を B 加群とし，M は A 加群として有限生成であるとする．$x_1, \ldots, x_n$ を A 加群 M の生成系とする．$i = 1, \ldots, n$ に対し $bx_i = \sum_{j=1}^{n} t_{ij} x_j$, $t_{ij} \in A$ とおき，行列 $T = (t_{ij}) \in M(n, A)$ の固有多項式を $P = \det(X \cdot 1_n - T) \in A[X]$ とすると，B 加群 M の $P(b)$ 倍写像は零写像である．

3. B が A 加群として有限生成自由加群であるとする．b の**ノルム** (norm) $N_{B/A} b \in A$ を b 倍が定める A 線形写像 $b\cdot\colon B \to B$ の行列式と定義する．$b \in B^\times$ と $N_{B/A} b \in A^\times$ は同値である．■

証明　1. A が体（定義 2.5.1）のときは，『線形代数の世界』命題 3.5.9 より $ST = TS = \det T \cdot 1_n$ である．一般の場合も同様である．

T^{-1} を T の逆行列とすると，$\det T \cdot \det T^{-1} = \det 1_n = 1$ だから，$\det T \in A^\times$ である．$\det T \in A^\times$ とすると，$T \cdot \dfrac{1}{\det T} S = \dfrac{1}{\det T} S \cdot T = 1_n$ である．

2. $\boldsymbol{x} \in M^n$ でたてベクトル $\begin{pmatrix} x_1 \\ \vdots \\ x_n \end{pmatrix}$ を表すと，$b\boldsymbol{x} = T\boldsymbol{x}$ である．$S \in M(n, B)$ を $b \cdot 1_n - T$ の余因子行列とすると，1. より，$S(b \cdot 1_n - T)$ はスカラー行列 $P(b) \cdot 1_n$ である．$P(b)\boldsymbol{x} = S(b \cdot 1_n - T)\boldsymbol{x} = S(b\boldsymbol{x} - T\boldsymbol{x}) = 0$ であり，$i = 1, \ldots, n$ に対し $P(b)x_i = 0$ である．$x_1, \ldots, x_n$ は A 加群 M の生成系だから $P(b) \cdot M = 0$ である．

3. $b \in B$ が可逆ならば，1. より $N_{B/A} b \in A^\times$ である．$N_{B/A} b \in A^\times$ とすると，1. より b 倍写像 $B \to B$ は可逆であり，$b \in B^\times$ である．□

$T \in M(n, A)$ とする．不定元 $T \in A[T]$ の作用を行列 T の作用とすることで $M = A^n$ を多項式環 $A[T]$ 上の加群と考えて，$b = T \in B = A[T]$ に命題 2.4.7.2 を適用すれば，通常のケイリー–ハミルトンの定理 $P(T) = 0 \in M(n, A)$ が得られる．

2.5　体と整域

環の複雑さを，イデアルがいくつあるかではかることができる．環 A と 0 は A のイデアルだから，イデアルが 1 つしかない環は零環だけである．イデアルがちょうど 2 つある環を考える．

定義 2.5.1　1. 環 K が**体** (field) であるとは，K のイデアルが $K \neq 0$ と 0 のちょうど 2 つであることをいう．

K と L が体であるとき，環の射 $K \to L$ を**体の射**という．

2. A を環とし，I を A のイデアルとする．商環 A/I が体であるとき，I は A の**極大イデアル** (maximal ideal) であるという．■

自然数 p に対し，(p) が $\mathbf{Z}$ の極大イデアルであることは，p が素数であることと同値であることを命題 2.6.5 で示す．極大イデアル I, J について，$I \neq J$

と，I と J がたがいに素であることは同値である．K が体のとき，K 加群とは K 線形空間のことである．圏【K 加群】を【K 線形空間】で表す．

命題 2.5.2 1. 環 A とそのイデアル I に対し，次の条件は同値である．

(1) I は A の極大イデアルである．

(2) I を部分集合として含む A のイデアルは，A と I のちょうど2つである．

2. 環 K に対し，次の条件は同値である．

(1) K は体である．

(2) K のイデアル 0 は K の極大イデアルである．

(3) K の乗法群 $K^\times$ は $K - \{0\}$ である．

3. K, L を体とする．$f\colon K \to L$ が体の射ならば，f は単射である． ■

証明 1. 命題2.3.6よりしたがう．

2. (1)⇔(2)：標準全射 $K \to K/0$ は同形だから，定義2.5.1よりしたがう．

(1)⇒(3)：$a \in K$ が可逆ならば $(a) = (1) = K \neq (0)$ だから，$a \neq 0$ である．$a \in K, a \neq 0$ とすると，$a \in (a) \neq (0)$ だから，$(a) = K$ である．よって $ab = 1$ をみたす $b \in K$ があり，a は可逆である．

(3)⇒(1)：$1 \in K - \{0\}$ だから $0 \neq K$ である．I を K の 0 でないイデアルとする．$a \in I, a \neq 0$ とすると，a は可逆だから $1 \in (a) \subset I$ であり，$I = K$ である．

3. f の核 $I = \mathrm{Ker}(f\colon K \to L)$ は K のイデアルだから，$I = 0$ か $I = K$ である．$f(1) = 1 \neq 0$ だから，$I \neq K$ であり，$I = 0$ である．よって f は単射である． □

K が体であるとは，$1 \neq 0$ であり，K の 0 でない元はすべて可逆であるということである．

例題 2.5.3 K を体とし，$K[X]$ を多項式環とする．

1. $a \in K$ ならば，$(X - a)$ は $K[X]$ の極大イデアルであることを示せ．$a \neq b \in K$ ならば，$X - a$ と $X - b$ はたがいに素であることを示せ．

2. $P \in K[X]$ を 0 でない多項式とし，$d = \deg P$ とする．$S = \{x \in K \mid P(x) = 0\}$ は有限集合であり，$\prod_{a \in S}(X - a)$ は P をわりきり，S の元の個数 $\#S$

は d 以下であることを示せ. ■

解 1. $a \in K$ とすると，命題 2.4.6 より商環 $K[X]/(X-a)$ は K と同形であり体である．よって $(X-a)$ は極大イデアルである．

$a \neq b$ ならば $1 = \dfrac{1}{b-a}((X-a)-(X-b))$ だから，$X-a$ と $X-b$ はたがいに素である．

2. $a_1, \ldots, a_n \in S$ を相異なる元とする．1. と中国の剰余定理（系 2.3.8.2）より，P は $(X-a_1)\cdots(X-a_n)$ でわりきれる．よって $n \leqq d$ だから，S は有限集合であり，$\#S \leqq d$ である． □

例 2.5.4 K を体, $K[X,Y]=K[X][Y]$ を 2 変数多項式環とし，$f \in K[X,Y]$ とする．A を商環 $K[X,Y]/(f)$ とし，$V = \{(x,y) \in K \mid f(x,y)=0\}$ とおく．

$P=(s,t) \in V$ は，多項式環と商環の普遍性より K 上の環の射 $\mathrm{ev}_P\colon A \to K$ を定める．ev_P は全射だから，その核 $\mathfrak{m}_P = (X-s, Y-t)$ は A の極大イデアルであり，準同形定理（命題 2.3.5）より同形 $A/\mathfrak{m}_P \to K$ をひきおこす．この同形は合成射 $K \to A \to A/\mathfrak{m}_P$ の逆写像である．多項式環と商環の普遍性より，P を ev_P にうつす写像

$$V \to \mathrm{Mor}_K(A,K) \tag{2.5}$$

は可逆である．

合成射 $K \to A \to A/\mathfrak{m}$ が同形ならば，その逆写像と標準全射 $A \to A/\mathfrak{m}$ の合成は K 上の射 $A \to K$ を定めるから，P を $\mathfrak{m}_P$ にうつす写像

$$V \to \{\mathfrak{m} \in P(A) \mid \mathfrak{m} \text{ は } A \text{ の極大イデアルで } K \to A/\mathfrak{m} \text{ は同形}\} \tag{2.6}$$

も可逆である． ■

定義 2.5.5 A を環とする．

1. A が**整域** (integral domain) であるとは，$A - \{0\}$ が乗法に関して A の部分単系であることをいう．

2. A のイデアル I が**素イデアル** (prime ideal) であるとは，商環 A/I が整域であることをいう． ■

A が整域であるとは，$1 \neq 0$ であり，$a, b \in A, a \neq 0, b \neq 0$ ならば $ab \neq 0$ となることである．環 A のイデアル I に対し，I が素イデアルであるとは，

$A - I$ が乗法について A の部分単系であることである．

整数環 $\mathbf{Z}$ は整域である．体は整域であり，したがって極大イデアルは素イデアルである．整域の部分環は整域である．A が整域ならば，A 上の多項式環 $A[X]$ も整域である．A が整域で I が A の 0 でないイデアルならば，I が単項イデアルであることと，A 加群 I が A と同形であることは同値である．

整域のなす圏【整域】を，対象は整域，射は環の単射として定義する．体のなす圏【体】は，命題 2.5.2.3 より圏【整域】の充満部分圏である．

命題 2.5.6　包含関手【体】→【整域】の左随伴関手【整域】→【体】が存在する．■

証明　A を整域とする．$A \times (A - \{0\})$ の同値関係 $\sim$ を，$(a,s) \sim (b,t)$ とは $sb = ta$ であることとして定義する．$A \times (A - \{0\})$ の $\sim$ による商集合を K で表し，(a,s) の同値類を $\dfrac{a}{s} \in K$ で表す．命題 2.1.3 の証明と同様に，K の加法と乗法を $\dfrac{a}{s} + \dfrac{b}{t} = \dfrac{at+bs}{st}$, $\dfrac{a}{s} \cdot \dfrac{b}{t} = \dfrac{ab}{st}$ で定義することができて，K は体になる．写像 $i\colon A \to K$ を $i(a) = \dfrac{a}{1}$ で定義すると，i は環の単射である．

L を体とする．命題 1.6.5 より，体の射 $f\colon K \to L$ を合成射 $f \circ i\colon A \to L$ にうつす写像 $i^*\colon \mathrm{Mor}_{体}(K,L) \to \mathrm{Mor}_{整域}(A,L)$ が可逆であることを示せばよい．$f\colon A \to L$ を環の単射とする．写像 $g\colon K \to L$ を $g(\dfrac{a}{s}) = f(a)f(s)^{-1}$ で定義することができて，g は体の射になる．これは $g \circ i = f$ をみたすただ 1 つの体の射だから，$i^*\colon \mathrm{Mor}_{体}(K,L) \to \mathrm{Mor}_{整域}(A,L)$ は可逆である．□

左随伴関手による整域 A の像 K を A の**分数体** (fraction field) とよび，$\mathrm{Frac}\,A$ で表す．普遍元 $A \to \mathrm{Frac}\,A$ を標準単射とよぶ．分数体の乗法群 $K^\times$ は可換単系 $A - \{0\}$ の群化である．整数環 $\mathbf{Z}$ の分数体を**有理数体** (rational number field) とよび，$\mathbf{Q}$ で表す．K が体であるとき，K 上の多項式環 $K[X]$ の分数体を K 上の**有理関数体** (rational function field) とよび，$K(X)$ で表す．

系 2.5.7　1. 環 A に対し，次の条件は同値である．

(1) A は整域である．

(2) 体 K と環の単射 $A \to K$ が存在する．

(3) 整域 B と環の単射 $A \to B$ が存在する．

2. $f\colon A \to B$ を環の射とする．J が B の素イデアルならば，$I = f^{-1}(J)$

は A の素イデアルである. ■

証明 1. (1)⇒(2):K を A の分数体とし,$A \to K$ を標準単射とすればよい.

(2)⇒(3):体は整域だから,$K = B$ とすればよい.

(3)⇒(1):環の単射 $A \to B$ により,A は整域 B の部分環と同一視される.$A - \{0\} = A \cap (B - \{0\})$ は A の部分単系である.

2. $f\colon A \to B$ がひきおこす射 $\bar{f}\colon A/I \to B/J$ は単射である.B/J は整域だから,1.(3)⇒(1) よりしたがう. □

A を整域とし,K を A の分数体とする.標準単射 $i\colon A \to K$ は環の射だから,K 線形空間を A 加群と考えることで関手 U:【K 線形空間】→【A 加群】が定まる.

命題 2.5.8 A を整域とし,K を A の分数体とする.関手 U:【K 線形空間】→【A 加群】の左随伴関手が存在する. ■

証明 M を A 加群とする.$M \times (A - \{0\})$ の同値関係 $\sim$ を $(x, s) \sim (y, t)$ とは $usy = utx$ をみたす $u \in A - \{0\}$ が存在することとして定義する.$M \times (A - \{0\})$ の $\sim$ による商集合を V で表し,(x, s) の同値類を $\dfrac{x}{s} \in V$ で表す.V の加法と K によるスカラー倍を $\dfrac{x}{s} + \dfrac{y}{t} = \dfrac{tx + sy}{st}$, $\dfrac{a}{s} \cdot \dfrac{x}{t} = \dfrac{ax}{st}$ で定義することができて,V は K 線形空間になる.写像 $i\colon M \to V$ を $i(x) = \dfrac{x}{1}$ で定義すると,i は A 加群の射である.

W を K 線形空間とする.命題 1.6.5 より,K 線形写像 $f\colon V \to W$ を A 線形写像 $f \circ i\colon M \to W$ にうつす写像 $i^*\colon \mathrm{Hom}_K(V, W) \to \mathrm{Hom}_A(M, W)$ が可逆であることを示せばよい.$f\colon M \to W$ を A 線形写像とする.写像 $g\colon V \to W$ を $g(\dfrac{x}{s}) = s^{-1}f(x)$ で定義することができて,g は K 線形写像になる.これは $g \circ i = f$ をみたすただ 1 つの K 線形写像だから,$i^*\colon \mathrm{Hom}_K(V, W) \to \mathrm{Hom}_A(M, W)$ は可逆である. □

定義 2.5.9 A を整域とし,M を A 加群とする.K を A の分数体とする.

1. 忘却関手【K 線形空間】→【A 加群】の左随伴関手による M の像 V を M の K への**係数拡大** (base change) とよび,M_K で表す.普遍元 $M \to M_K$ を標準写像という.

2. 標準写像 $M \to M_K$ が単射であるとき,A 加群 M は**ねじれなし** (torsion

free) であるという．$M_K = 0$ であるとき，A 加群 M は**ねじれ加群** (torsion module) であるという．標準写像の核 $\mathrm{Ker}(M \to M_K)$ を，M の**ねじれ部分** (torsion part) という． ■

$M = A^{(X)}$ ならば $M_K = K^{(X)}$ だから，自由 A 加群はねじれなしである．

例 2.5.10　A を整域とし K を A の分数体とする．V を K 線形空間とし，M を V の部分 A 加群とする．$\dfrac{x}{s} \in M_K$ が包含写像 $M \to V$ がひきおこす射 $M_K \to V$ の核に含まれたとすると $x = s \cdot (s^{-1}x) = 0$ だから，$M_K \to V$ は単射である．この単射の像 $\{s^{-1}x \mid s \in A - \{0\}, x \in M\}$ は $KM = \{ax \mid a \in K, x \in M\}$ である． ■

2.6　ユークリッド整域

定義 2.6.1　A を整域とする．

1.　下の条件 (E) をみたす写像 $u\colon A - \{0\} \to \mathbf{N}$ を**ユークリッド関数** (Euclidean function) という．ユークリッド関数 $u\colon A - \{0\} \to \mathbf{N}$ が存在するとき，A は**ユークリッド整域** (Euclidean domain) であるという．

(E) $a, b \in A$, $a \neq 0$ とする．$b \notin aA$ ならば，$b = aq + r$ かつ $u(r) < u(a)$ をみたす $q, r \in A, r \neq 0$ が存在する．

2. A の任意のイデアル I に対し，$a \in A$ で $I = (a)$ をみたすものが存在するとき，A は**単項イデアル整域** (principal ideal domain) であるという．

A を単項イデアル整域とする．A の元 a, b に対し，$aA + bA = dA$ をみたす元 $d \in A$ を a, b の**最大公約元** (greatest common divisor) という． ■

例 2.6.2　1. $\mathbf{Z}$ はユークリッド整域である．絶対値 $|\cdot|\colon \mathbf{Z} - \{0\} \to \mathbf{N}$ はユークリッド関数である．

2. K を体とすると，命題 2.4.6 より多項式の次数 $\deg\colon K[T] - \{0\} \to \mathbf{N}$ はユークリッド関数であり，多項式環 $K[T]$ はユークリッド整域である． ■

環の定義はもともと，数と式の加法と乗法が共通にみたす性質を抽象化したものだが，整数環と体上の多項式環はどちらもユークリッド整域となることから，さらに密接な類似がなりたつ．

A がユークリッド整域で $u\colon A - \{0\} \to \mathbf{N}$ がユークリッド関数であるとき，A のイデアル $I \neq 0$ に対し

$$u(I) = \min(u(a) \mid a \in I,\ a \neq 0) \in \mathbf{N} \tag{2.7}$$

とおく．

命題 2.6.3 A をユークリッド整域とする．

1. $I \neq 0$ を A のイデアルとし，$u\colon A - \{0\} \to \mathbf{N}$ をユークリッド関数とする．$a \in I - \{0\}$ が $u(a) = u(I)$ をみたすならば，$I = aA$ である．

2. A は単項イデアル整域である． ■

証明 1. $a \in I$ だから $(a) \subset I$ である．$I = (a)$ を示す．$b \in I - (a)$ とすると，$b = aq + r, u(r) < u(a)$ をみたす $q, r \in A, r \neq 0$ がある．$r = b - aq \in I$ だから $u(a)$ の最小性に矛盾する．よって $I \subset (a)$ が示された．

2. I を A のイデアルとする．$I = 0$ は単項イデアルであり，$I \neq 0$ ならば I は 1. より単項イデアルである． □

系 2.6.4 A をユークリッド整域とし，$u\colon A - \{0\} \to \mathbf{N}$ をユークリッド関数とする．A のイデアル I, J に対し，$I \supsetneqq J \neq 0$ ならば，$u(I) < u(J)$ である． ■

証明 $I - \{0\} \supset J - \{0\}$ だから $u(I) \leqq u(J)$ である．$u(I) = u(J)$ だったとすると，$u(a) = u(J) = u(I)$ をみたす $a \in J - \{0\} \subset I - \{0\}$ が存在し，命題 2.6.3.1 より $J = I = aA$ となり矛盾である． □

命題 2.6.5 A を単項イデアル整域とする．A の 0 でない元 p に対し，次の条件は同値である．

(1) (p) は A の極大イデアルである．

(1′) p は A の可逆元ではなく，$a, b \in A$ が $p = ab$ をみたすならば，a と b のどちらかは可逆である．

(2) (p) は A の素イデアルである．

(2′) p は A の可逆元ではなく，$a, b \in A$ に対し p が ab をわりきるならば，p は a と b のどちらかをわりきる． ■

単項イデアル整域 A の元 $p \neq 0$ が命題 2.6.5 の同値な条件をみたすとき，p

は A の**素元** (prime element) であるという．

証明　(1)⇒(2)：$A/(p)$ が体ならば，$A/(p)$ は整域である．

(1)⇔(1′)：A のイデアル I が $(p) \subset I \subset A$ をみたすとする．A は単項イデアル整域だから，$I = (a)$ とおくと，条件 (1′) の結論は $I = A$ または $I = (p)$ を表す．

(2)⇔(2′)：条件 (2′) は $A - (p)$ が乗法について A の部分単系であることを表す．

(2′)⇒(1′)：$p = ab$ とする．$a = pc$ をみたす $c \in A$ があるとすると，$p = pcb$ となる．A は整域で $p \neq 0$ だから $cb = 1$ であり，b は可逆である．同様に $b = pc$ をみたす $c \in A$ があるとすると，a が可逆である．□

例 2.6.6　1. 自然数 $p > 1$ が**素数** (prime number) であるとは，p が $\mathbf{Z}$ の素元であることである．p が素数であるとき，体 $\mathbf{Z}/p\mathbf{Z}$ を**位数** (order) p の**有限体** (finite field) とよび，$\mathbf{F}_p$ で表す．

2. K を体とし，A を K 上の多項式環 $K[X]$ とする．最高次係数が 1 の多項式で $K[X]$ の素元であるものを，**既約** (irreducible) **多項式**という．■

$K[X]$ の既約多項式がすべて 1 次式であるとき，体 K は**代数閉体** (algebraically closed field) であるという．複素数体が代数閉体であることを，第 6 章で証明する．

例題 2.6.7　1. $X^2 + 1$ は $\mathbf{R}[X]$ の既約多項式であることを示せ．

2. $X^2 + 1$ は $\mathbf{Q}[X]$ の既約多項式であることを示せ．

3. $\mathbf{Z}[\sqrt{-1}] = \mathbf{Z}[X]/(X^2 + 1)$ は整域であることを示せ．乗法群 $\mathbf{Z}[\sqrt{-1}]^\times$ も求めよ．

4. $u\colon \mathbf{Z}[\sqrt{-1}] - \{0\} \to \mathbf{N}$ を $u(a + b\sqrt{-1}) = N_{\mathbf{Z}[\sqrt{-1}]/\mathbf{Z}}(a + b\sqrt{-1}) = a^2 + b^2 = (a + b\sqrt{-1})(a - b\sqrt{-1})$ で定めると，u はユークリッド関数であり，したがって $\mathbf{Z}[\sqrt{-1}]$ はユークリッド整域であり，単項イデアル整域であることを示せ．

5. $A = \mathbf{Z}[\sqrt{-5}] = \mathbf{Z}[X]/(X^2 + 5)$ のイデアル $(2, 1 + \sqrt{-5}) = 2A + (1 + \sqrt{-5})A$ は単項イデアルでなく，したがって A はユークリッド整域でないことを示せ．■

解 1. $x \in \mathbf{R}$ ならば $x^2+1>0$ だから $x^2+1\neq 0$ である．よって $X^2+1\in\mathbf{R}[X]$ は既約である．

2. $X^2+1\in\mathbf{R}[X]$ は既約だから，$X^2+1\in\mathbf{Q}[X]$ も既約である．

3. 2. より，$\mathbf{Q}(\sqrt{-1}) = \mathbf{Q}[X]/(X^2+1)$ は体である．命題 2.4.6 より $\mathbf{Z}[X]/(X^2+1)$ は $\mathbf{Q}[X]/(X^2+1)$ の部分環だから，$\mathbf{Z}[\sqrt{-1}]=\mathbf{Z}[X]/(X^2+1)$ は整域である．命題 2.4.7.3 より，$a+b\sqrt{-1}\in\mathbf{Z}[\sqrt{-1}]$ が可逆なことと，ノルム $N_{\mathbf{Z}[\sqrt{-1}]/\mathbf{Z}}(a+b\sqrt{-1})=\det\begin{pmatrix} a & -b \\ b & a\end{pmatrix}=a^2+b^2\in\mathbf{Z}$ が可逆なことは同値である．よって $\mathbf{Z}[\sqrt{-1}]^\times=\{1,-1,\sqrt{-1},-\sqrt{-1}\}$ である．

4. $\alpha\in\mathbf{Z}[\sqrt{-1}]$ を 0 でない元とする．$\alpha,\sqrt{-1}\alpha$ は自由 $\mathbf{Z}$ 加群 $\alpha\mathbf{Z}[\sqrt{-1}]$ の基底である．よって，$\beta\in\mathbf{Z}[\sqrt{-1}]$ とすると，$q,r\in\mathbf{Z}[\sqrt{-1}]$ で $\beta=q\alpha+r$ かつ，r は原点を中心とし $\dfrac{1+\sqrt{-1}}{2}\alpha$ を頂点とする正方形 D（の内部または辺）に含まれるものが存在する．$r\in D\cap\mathbf{Z}[\sqrt{-1}]$ ならば，$u(r)\leqq\dfrac{1}{2}u(\alpha)<u(\alpha)$ である．

$\alpha\in\mathbf{Z}[\sqrt{-1}]$ に対し $u(\alpha)\in\mathbf{N}$ は 0 と α をとなりあう頂点とする正方形の面積である．

5. $(a)=(2,1+\sqrt{-5})$ だったとすると，$(\bar{a})=(2,1-\sqrt{-5})$ であり，$(a\cdot\bar{a})=(4,6)=(2)$ となる．よって $a\cdot\bar{a}=2$ となるが，これをみたす $a\in A$ は存在しない． □

整数環 $\mathbf{Z}$ は，その定義からは環の中でもっとも単純なものにみえるが，そのイデアルのようすが環の複雑さを表していると考えれば，$\mathbf{Z}$ の分数体として構成される有理数体 $\mathbf{Q}$ の方がはるかに単純である．$\mathbf{Q}$ 係数の既約多項式には，次章で証明する円分多項式の既約性や次節で証明するアイゼンシュタインの既約性判定法からもわかるように，いくらでも次数が高いものがある．一方，$\mathbf{R}$ 係数の既約多項式の次数は，代数学の基本定理（定理 6.4.1）によれば 1 か 2 である．実数体 $\mathbf{R}$ の定義は有理数体の定義よりもはるかに複雑だが，ここでも定義の複雑さと代数的な簡単さは逆転している．さらに -1 の平方根を付け加えて得られる複素数体では，代数学の基本定理より既約多項式は 1 次式だけになる．このように，数の体系の拡張には，定義の複雑さを代償として代数的な簡単さを得るという側面がある．

A を整域とする．$I(A)$ で A の 0 でないイデアル全体が積に関してなす可換単系を表す．A が単項イデアル整域であるとは，A の 0 でない元 a をイデアル (a) にうつす写像 $A - \{0\} \to I(A)$ は単系の全射であるということである．

整域 A の 0 でない極大イデアル全体の集合 $P(A) \subset I(A)$ で生成される自由可換単系 $\mathbf{N}^{(P(A))}$ を $\mathrm{Div}^+(A)$ で表す．包含写像 $P(A) \to I(A)$ が定める可換単系の射を

$$\mathrm{Div}^+(A) \to I(A) \tag{2.8}$$

とする．(2.8) は $\sum_{i=1}^{p} n_i[\mathfrak{m}_i] \in \mathrm{Div}^+(A)$ をイデアルの積 $\mathfrak{m}_1^{n_1} \cdots \mathfrak{m}_p^{n_p} \in I(A)$ にうつす射である．

定理 2.6.8 A がユークリッド整域ならば，(2.8) は単系の同形である． ■

この定理の系として，ユークリッド整域 A の 0 でない元は，項の順序を無視すれば素元と可逆元の積としてただ1とおりに表せるという，素因数分解の存在と一意性の一般化がなりたつ（系 2.6.10.3）．これは単項イデアル整域について一般になりたつが，その証明には任意に与えられたイデアルを含む極大イデアルの存在が必要になるので，ここではユークリッド整域に対してだけ証明する．

定理 2.6.8 の一意性の部分は可換単系に関する補題 2.1.2 を適用して証明する．これを適用するための極大イデアルに関する命題をまず証明する．

命題 2.6.9 A を環とし，$\mathfrak{m}$ と $\mathfrak{n}_1, \ldots, \mathfrak{n}_n$ を A の極大イデアルとする．$\mathfrak{m} \supset \mathfrak{n}_1 \cdots \mathfrak{n}_n$ ならば，$\mathfrak{m} = \mathfrak{n}_i$ をみたす $i = 1, \ldots, n$ が存在する． ■

証明 対偶を示す．$i = 1, \ldots, n$ に対し，$\mathfrak{m} \neq \mathfrak{n}_i$ とすると，$\mathfrak{m}$ と $\mathfrak{n}_i$ は極大だから，$\mathfrak{m} + \mathfrak{n}_i = A$ である．よって，系 2.3.8.1 と n に関する帰納法により，$\mathfrak{m} + \mathfrak{n}_1 \cdots \mathfrak{n}_n = A$ である．よって $\mathfrak{m} \supset \mathfrak{n}_1 \cdots \mathfrak{n}_n$ とはならない． □

定理 2.6.8 の証明 (2.8) が全射であることを示す．$u\colon A - \{0\} \to \mathbf{N}$ をユークリッド関数とする．$I \subset A$ を 0 でないイデアルとし，$u(I) \in \mathbf{N}$ に関する帰納法で I が (2.8) の像に含まれることを示す．$I = A$ または I が極大イデアルのときはよいから，I は A でも極大イデアルでもないとする．

a を I の生成元とする．a は可逆元でも素元でもないから，命題 2.6.5 より，$a = bc$ をみたす $b, c \in A$ で b も c も可逆でないものが存在する．b

も c も可逆でないから，$I = aA \subsetneqq bA, cA$ である．よって系 2.6.4 より，$u(I) > u(bA), u(I) > u(cA)$ である．帰納法の仮定より $bA = \mathfrak{m}_1 \cdots \mathfrak{m}_n$, $cA = \mathfrak{m}'_1 \cdots \mathfrak{m}'_m$ をみたす極大イデアル $\mathfrak{m}_1, \ldots, \mathfrak{m}_n, \mathfrak{m}'_1, \ldots, \mathfrak{m}'_m$ が存在する．よって，$I = bA \cdot cA = \mathfrak{m}_1 \cdots \mathfrak{m}_n \cdot \mathfrak{m}'_1 \cdots \mathfrak{m}'_m$ であり，$\mathrm{Div}^+(A) \to I(A)$ は全射である．

単射を補題 2.1.2 を適用して示す．$\mathfrak{m} \cdot I = \mathfrak{m}_1 \cdots \mathfrak{m}_n$ とすると，$\mathfrak{m} \supset \mathfrak{m}_1 \cdots \mathfrak{m}_n$ だから命題 2.6.9 より，$\mathfrak{m} = \mathfrak{m}_i$ となる $i = 1, \ldots, n$ が存在する．よって補題 2.1.2 の条件 (1) がみたされる．$\mathfrak{m} \in P(A)$ を A の 0 でない極大イデアルとする．A のイデアル I, J が $\mathfrak{m}I = \mathfrak{m}J$ をみたすとする．$\mathfrak{m}$ は単項イデアルであり，$\mathfrak{m} = (a)$ とおくと $I = J = \{b \in A \mid ab \in \mathfrak{m}I\}$ である．I が A のイデアルならば $\mathfrak{m}I \subset \mathfrak{m} \subsetneqq A$ である．よって補題 2.1.2 の条件 (2) もみたされるから，$\mathrm{Div}^+(A) \to I(A)$ は単射であり，同形である． □

A をユークリッド整域とする．可換単系 $\mathrm{Div}^+(A)$ の群化を A の**イデアル群**とよび $\mathrm{Div}(A)$ で表す．$\mathrm{Div}(A)$ は自由加群 $\mathbf{Z}^{(P(A))}$ である．A の 0 でない元 a をイデアル (a) にうつす単系の全射を $A - \{0\} \to I(A)$ とし，可換単系の同形 $\mathrm{Div}^+(A) \to I(A)$ (2.8) の逆写像との合成 $A - \{0\} \to \mathrm{Div}^+(A)$ の群化が定める可換群の射を

$$\mathrm{div}_A \colon K^\times \to \mathrm{Div}(A) \tag{2.9}$$

で表す．

系 2.6.10 A をユークリッド整域とする．

1. $a \in K^\times$ に対し，$a \in A - \{0\}$ と $\mathrm{div}_A a \in \mathrm{Div}^+(A)$ は同値である．
2. $\mathrm{div}_A \colon K^\times \to \mathrm{Div}(A)$ (2.9) は全射であり，核は $A^\times$ である．
3. A の 0 でない元 a をイデアル (a) にうつす単系の全射を $A - \{0\} \to I(A)$ とし，写像 $p \colon P(A) \to A - \{0\}$ を合成 $P(A) \to I(A)$ が包含写像となるものとする．p がひきおこす可換単系の射 $p_* \colon \mathrm{Div}^+(A) \to A - \{0\}$ と包含射 $A^\times \to A - \{0\}$ が定める射

$$\mathrm{Div}^+(A) \times A^\times \to A - \{0\} \tag{2.10}$$

は可換単系の同形である． ■

証明 1. $a \in A - \{0\}$ ならば，$(a) \in I(A)$ だから $\mathrm{div}_A a \in \mathrm{Div}^+(A)$ である．$a = \dfrac{b}{c} \in K^\times$ とし，$\mathrm{div}_A a \in \mathrm{Div}^+(A)$ に対応するイデアルを $I \in I(A)$ とす

る．$(b) = cI$ だから，$b \in cI$ であり，$a = \dfrac{b}{c} \in A$ である．

2. 可換単系の全射 $A - \{0\} \to I(A)$ は，可換群の全射 $K^\times \to \mathrm{Div}(A)$ をひきおこす．$a \in A^\times$ ならば $(a) = A$ である．$a \in K^\times$ とし $\mathrm{div}_A a = 0$ とすると，1. より $a, a^{-1} \in A - \{0\}$ だから $a \in A^\times$ である．

3. $a \in A$, $a \neq 0$ とすると，イデアル (a) は極大イデアルの積 $(a) = \mathfrak{m}_1 \cdots \mathfrak{m}_n$ として順序をのぞき一意的に分解される．$\pi_i = p(\mathfrak{m}_i)$ とおくと，$(a) = (\pi_1 \cdots \pi_n)$ だから，$a = u\pi_1 \cdots \pi_n$ をみたす可逆元 $u \in A^\times$ がただ1つ存在する．□

例題 2.6.11　K を体とし，$K[X]$ を多項式環とする．$a_1, \ldots, a_n \in K$ とし，最高次の係数が1の d 次多項式 $P \in K[X]$ が積 $(X - a_1) \cdots (X - a_n)$ をわりきるとする．$a_1, \ldots, a_n$ の番号をつけかえて $P = (X - a_1) \cdots (X - a_d)$ となるようにできることを示せ．■

解　$PQ = (X - a_1) \cdots (X - a_n)$ とおき，P, Q を既約多項式の積 $P = P_1 \cdots P_m, Q = Q_1 \cdots Q_l$ の積に分解する．素元分解の一意性より，$a_1, \ldots, a_n$ の番号をつけかえれば，$P_i = X - a_i, i = 1, \ldots, m = d$ である．□

2.7　単因子論

単項イデアル整域上の有限生成加群の理論を単因子論という．ここでは選択公理を避けるため，おもにユークリッド整域の場合を扱う．

命題 2.7.1　A を単項イデアル整域とし，K を分数体とする．有限生成 A 加群 M がねじれなしならば，M は有限階数の自由 A 加群であり，その階数は K 線形空間 M_K の次元である．■

証明　$V = M_K$ とする．V は有限次元 K 線形空間である．次元 $n = \dim V$ に関する帰納法で証明する．M はねじれなしだから，標準射 $M \to M_K$ は単射である．この単射により $M \subset V$ と同一視する．

$\dim V = 0$ のときは，$M \subset M_K = 0$ であり $M = 0$ である．$\dim V = 1$ のときに，A 加群 M が A と同形なことを示す．V の基底をとって，$M \subset V = K$ としてよい．M は有限生成だから，生成元の分母をはらって $M \subset A$ としてよい．このとき，M は A のイデアルである．仮定より A は単項イデアル整域だから，M は単項イデアルである．$V = M_K \neq 0$ より $M \neq 0$ だから，M は A 加群 A と同形である．

$W \subset V$ を $n-1$ 次元部分空間とし，$N = M \cap W$ とする．$M/N \subset V/W$ は有限生成 A 加群でねじれなしであり，$\dim V/W = 1$ だから，すでに示したように，M/N は A 加群 A と同形である．$x \in M$ を $\bar{x}$ が自由 A 加群 M/N の基底となる元とすると，命題 2.2.6.2 より $M = N \oplus Ax$ であり，Ax は A と同形である．N は M の商加群と同形だから有限生成であり，$N \subset W$ はねじれなしである．例 2.5.10 より $N_K \to W = KN$ は同形である．帰納法の仮定より N は階数 $n-1$ の自由 A 加群である．よって $M = N \oplus Ax$ は階数 n の自由 A 加群である． □

系 2.7.2 A を単項イデアル整域とし，$P \in A[X]$ を最高次係数が 1 の多項式とする．

1. K を A の分数体とし，最高次係数が 1 の多項式 $Q \in K[X]$ が $P \in K[X]$ をわりきるとすると，$Q \in A[X]$ であり，$\dfrac{P}{Q} \in A[X]$ である．
2. $a \in K$ が $P(a) = 0$ をみたすならば，$a \in A$ である． ■

系 2.7.2.2 の性質をみたす整域は，**整閉**であるという．

証明 1. A 上の環の射 $A[X]/(P) \to K[X]/(P) \to K[X]/(Q)$ の合成射の像 B は A 加群として有限生成だから，命題 2.7.1 より有限階数の自由 A 加群である．A 加群 B の基底は K 線形空間 $B_K = K[X]/(Q)$ の基底であり，B の X 倍が定める A 線形写像の固有多項式 $R \in A[X]$ は，B_K の X 倍が定める K 線形写像の固有多項式と等しい．命題 2.4.6 よりこれは Q だから，$Q = R \in A[X]$ である．$\dfrac{P}{Q} \in K[X]$ も P をわりきる最高次係数が 1 の多項式だから $\dfrac{P}{Q} \in A[X]$ である．

2. 1. を $Q = X - a$ に適用すればよい． □

系 2.7.3（アイゼンシュタインの既約性判定法） A を単項イデアル整域とし，K を A の分数体とする．$P \in A[X]$ を最高次係数が 1 の n 次多項式とし，p を A の素元とする．$P \equiv X^n \bmod p,\ n \geqq 1$ であり，P の定数項 $P(0)$ が p^2 でわりきれないとする．このとき $P \in K[X]$ は既約である． ■

証明　P が最高次係数が 1 の多項式 $Q, R \in K[X]$ の積 $P = Q \cdot R$ に分解したとし，$l, m \geqq 0$ を Q, R の次数とする．系 2.7.2.1 より $Q, R \in A[X]$ である．$A/pA[X]$ では $P \equiv X^n \bmod p$ だから，例題 2.6.11 より $Q \equiv X^l$, $R \equiv X^m \bmod p$ となる．$l, m > 0$ だったとすると，$P(0) = Q(0)R(0)$ が p^2 でわりきれることになり矛盾である．よって，l, m のどちらかは 0 であり，P は既約である．□

定理 2.7.4　A をユークリッド整域とする．

1. M を有限階数の自由 A 加群とし，$N \subset M$ を部分 A 加群とする．M の基底 $x_1, \ldots, x_n$ と A の元 $d_1, \ldots, d_n$ で，$N = Ad_1x_1 + \cdots + Ad_nx_n$ と $(d_1) \subset \cdots \subset (d_n)$ をみたすものが存在する．

2. M を有限生成 A 加群とする．A のイデアルの増大列 $I_1 \subset \cdots \subset I_n \subsetneqq A$ と A 加群の同形

$$M \leftarrow A/I_1 \oplus \cdots \oplus A/I_n \tag{2.11}$$

が存在する．■

証明　1. $u\colon A - \{0\} \to \mathbf{N}$ をユークリッド関数とする．$n = \dim_K M_K$ に関する帰納法で示す．$N = 0$ のときは明らかだから，$N \neq 0$ とする．A の部分集合 $M^\vee \cdot N$ を

$$M^\vee \cdot N = \{f(x) \mid f \in M^\vee, x \in N\} \subset A$$

で定める．補題 2.4.2 より $M^\vee \cdot N \supsetneqq \{0\}$ だから，$u(f(x))$ の最小値をとる $g \in M^\vee, y \in N$ が存在する．$d = g(y) \in A$ とおく．

$g(N)$ と $\mathrm{ev}_y(M^\vee)$ は d を含む A のイデアルであり，$d \in g(N) \subset M^\vee \cdot N$, $d \in \mathrm{ev}_y(M^\vee) \subset M^\vee \cdot N$ だから，$u(d)$ の最小性と命題 2.6.3.1 より，$dA = g(N) = \mathrm{ev}_y(M^\vee)$ である．M は自由加群だから，補題 2.4.2 と $\mathrm{ev}_y(M^\vee) = dA$ より，$y \in (d)M$ であり，$y = dx$ をみたす $x \in M$ が存在する．$g(x) = 1$ だから，$M_1 = \mathrm{Ker}\, g$ とおけば，命題 2.2.6.2 より $M = M_1 \oplus Ax$ である．$g(N) = dA$ だから $N_1 = N \cap M_1$ とすると，さらに命題 2.2.6.2 より $N = N_1 \oplus Ay$ である．

命題 2.7.1 より M_1 は階数 $n-1$ の自由 A 加群である．帰納法の仮定より，M_1 の基底 $x_1, \ldots, x_{n-1}$ と A の元 $d_1, \ldots, d_{n-1}$ で，$N_1 = Ad_1x_1 + \cdots + Ad_{n-1}x_{n-1}$ かつ $(d_1) \subset \cdots \subset (d_{n-1})$ をみたすものが存在する．$x_1, \ldots, x_{n-1}, x$ は M の

基底であり，$N = N_1 \oplus Ay = Ad_1x_1 + \cdots + Ad_{n-1}x_{n-1} + Adx$ である．

$(d_{n-1}) \subset (d)$ を示す．$d_{n-1}A + dA \subset M^\vee \cdot N$ を示す．$d_{n-1}a + db \in d_{n-1}A + dA$ とし，$f_1, \ldots, f_n \in M^\vee$ を $x_1, \ldots, x_n \in M$ の双対基底とすると $d_{n-1}a + db = (f_{n-1} + f_n)(ad_{n-1}x_{n-1} + bdx) \in M^\vee \cdot N$ である．よって $d \in d_{n-1}A + dA \subset M^\vee \cdot N$ だから，$u(d)$ の最小性と系 2.6.4 より $(d_{n-1}) \subset d_{n-1}A + dA = (d)$ である．$x_n = x, d_n = d$ とおけばよい．

2. M は有限生成だから，自由 A 加群 $L = A^n$ からの全射 $L \to M$ が存在する．L の部分 A 加群 $N = \mathrm{Ker}(L \to M)$ に 1. を適用すれば，L の基底 $x_1, \ldots, x_n$ と A の元 $d_1, \ldots, d_n$ で，$N = Ad_1x_1 + \cdots + Ad_nx_n$ と $(d_1) \subset \cdots \subset (d_n)$ をみたすものが存在する．このとき，$(d_i) \neq A$ となる最大の i を m とし，$i = 1, \ldots, m$ に対し $I_i = (d_i)$ とおけば，$I_1 \subset \cdots \subset I_m \subsetneqq A$ であり，準同形定理（命題 2.3.5）より M は $L/N \simeq A/I_1 \oplus \cdots \oplus A/I_m$ と同形である． □

命題 2.7.5 A をユークリッド整域，$I_1 \subset \cdots \subset I_n \subsetneqq A$ を A のイデアルの増大列とし，$M \to A/I_1 \oplus \cdots \oplus A/I_n$ を A 加群の同形とする．

1. n は A 加群 M の生成系の元の個数の最小値である．
2. $k = 1, \ldots, n$ とする．I_k は IM が $k-1$ 個の元で生成される A のイデアル I のうちで最大のものである． ■

証明 1. $n > 0$ のときに示せばよい．$I_n \subsetneqq A$ であり，A はユークリッド整域だから，定理 2.6.8 より I_n を含む A の極大イデアル $\mathfrak{m}$ が存在する．$A/\mathfrak{m}$ 線形空間 $M/\mathfrak{m}M$ の次元は n だから，『線形代数の世界』定理 1.5.7.2 より M の生成系の元の個数は n 以上である．

2. I を A のイデアルとする．包含写像 $I \to A$ がひきおこす線形写像 $I \to A/I_k$ の核は $I \cap I_k$ だから，準同形定理（定理 2.2.6.1）より，同形 $I/(I \cap I_k) \to I(A/I_k)$ が得られる．$I \neq 0$ とし，A のイデアル J_k を $IJ_k = I \cap I_k$ で定めると，IM は $A/J_1 \oplus \cdots \oplus A/J_n$ と同形である．$J_1 \subset \cdots \subset J_n$ だから，1. より IM が $k-1$ 個の元で生成されるための条件は $J_k = A$ である．これは $I = I \cap I_k$ と同値であり，$I \subset I_k$ と同値である． □

系 2.7.6 A をユークリッド整域とし，$T \in M(n, A)$ とする．$I_1 \subset \cdots \subset I_n \subset A$ を余核 $\mathrm{Coker}(T\colon A^n \to A^n)$ が $A/I_1 \oplus \cdots \oplus A/I_n$ と同形となるイデアルの列とすると，$I_1 \cdots I_n = \det T \cdot A$ である． ■

証明　定理 2.7.4 を $N' = \mathrm{Im}(T\colon A^n \to A^n) \subset M' = A^n$ に適用すれば，M' の基底 $e'_1, \ldots, e'_n$ と $a_1, \ldots, a_n \in A$ で，$a_1 = \cdots = a_m = 0$ かつ $a_{m+1}e'_{m+1}, \ldots, a_n e'_n$ は N' の基底で，$I_i = (a_i)$ となるものが存在する．$e_{m+1}, \ldots, e_n \in M$ を $Te_i = a_i e'_i$ をみたす元とし，$L = Ae_{m+1} + \cdots + Ae_n \subset M$ とおく．$N = \mathrm{Ker}(T\colon A^n \to A^n) \subset M = A^n$ とおくと，T は同形 $M/N \to N'$ を定めるから，命題 2.2.6.2 より $M = N \oplus L$ である．定理 2.7.4 を $N \subset M$ に適用すれば，N の基底 $e_1, \ldots, e_m$ が存在し，$e_1, \ldots, e_n$ は M の基底である．よって，$\det T$ は $a_1 \cdots a_n$ の可逆元倍である．□

系 2.7.7（有限アーベル群の構造定理 (structure theorem of finite abelian groups)**）**　M を有限アーベル群とすると，2 以上の自然数の列 $d_1, d_2, \ldots, d_n$ で，M は $\mathbf{Z}/d_1\mathbf{Z} \oplus \mathbf{Z}/d_2\mathbf{Z} \oplus \cdots \oplus \mathbf{Z}/d_n\mathbf{Z}$ と同形であり，$(d_1) \subset (d_2) \subset \cdots \subset (d_n)$ をみたすものがただ 1 つ存在する．■

証明　定理 2.7.4.2 と命題 2.7.5 を $A = \mathbf{Z}$ に適用すればよい．□

2.8　ピタゴラス素数

はじめに $\mathbf{F}_p$ 上の環特有の環の射を定義し，それを使ってフェルマーの小定理を導く．

p を素数とする．$\mathbf{F}_p$ の元として $p = 0$ だから，$\mathbf{F}_p$ 上の環でも $p = 0$ である．逆に環 A の元として $p = 0$ なら，ただ 1 つの環の射 $\mathbf{Z} \to A$ は環の射 $\mathbf{F}_p \to A$ をひきおこすから，$\mathbf{F}_p$ 上の環のなす圏【$\mathbf{F}_p$ 上の環】は $p = 0$ をみたす環のなす【環】の充満部分圏と同形である．

$\mathbf{F}_p$ 上の環に対しては，その各元を p 乗する写像は環の射になる．

命題 2.8.1　A を $\mathbf{F}_p$ 上の環とし，p 乗写像 $F\colon A \to A$ を $F(x) = x^p$ で定める．$F\colon A \to A$ は環の射である．■

証明　$x, y \in A$ とすると，2 項定理より $(x+y)^p = \displaystyle\sum_{k=0}^{p} \binom{p}{k} x^{p-k} y^k$ である．$0 < k < p$ なら 2 項係数 $\displaystyle\binom{p}{k}$ は p の倍数であり，$k = 0, p$ なら $\displaystyle\binom{p}{k} = 1$ である．よって $F\colon A \to A$ は加法を保つ．乗法を保ち，1 を 1 にうつすことは

明らかだから，F は環の射である． □

$\mathbf{F}_p$ 上の環 A に対し，p 乗写像 $F\colon A \to A$ を**フロベニウス射**という．

系 2.8.2 1.（フェルマーの小定理）$a \in \mathbf{Z}$ を整数とし，p を素数とすると $a^p - a$ は p の倍数である．

2. $\mathbf{F}_p[X]$ で $X^p - X = \prod_{a=0}^{p-1}(X-a)$ がなりたつ． ■

証明 1. 環の射 $\mathbf{F}_p \to \mathbf{F}_p$ の源は $\mathbf{Z}$ の商環だから，$\mathrm{Mor}(\mathbf{F}_p, \mathbf{F}_p)$ の元は恒等射だけである．よって，フロベニウス射 $F\colon \mathbf{F}_p \to \mathbf{F}_p$ も恒等射である．したがって任意の $a \in \mathbf{Z}$ に対し，$a^p \equiv a \bmod p$ である．

2. 1. より，$a = 0, 1, \ldots, p-1 \in \mathbf{F}_p$ を $X^p - X$ に代入すると 0 である．よって例題 2.5.3 より，右辺は左辺をわりきる．両辺とも次数は p だから等号がなりたつ． □

素数 $p > 2$ がピタゴラス素数であるための条件は，4 でわったあまりが 1 になることであることを証明する．

定理 2.8.3 p を素数とする．次の条件はすべてたがいに同値である．

(1) $p = a^2 + b^2$ をみたす自然数 a, b が存在する．

(1′) p は $\mathbf{Z}[\sqrt{-1}]$ の素元でない．

(2) p を 4 でわるとあまりは 1 か 2 である．

(2′) $X^2 + 1 \in \mathbf{F}_p[X]$ は既約でない． ■

奇数 a の 2 乗 a^2 を 4 でわるとあまりは 1 であり，偶数 a の 2 乗 a^2 は 4 でわりきれるから，自然数の 2 乗 2 つの和を 4 でわったあまりが 3 になることはない．ここではこのことは使わずに同値性を証明する．

証明 (1)⇒(1′)：$p = a^2 + b^2 = (a + b\sqrt{-1})(a - b\sqrt{-1})$ とすると，例題 2.6.7.3 より $a + b\sqrt{-1}, a - b\sqrt{-1}$ は可逆でないから，命題 2.6.5 より p は素元でない．

(1′)⇒(1)：$u\colon \mathbf{Z}[\sqrt{-1}] - \{0\} \to \mathbf{N}$ を例題 2.6.7.4 で定めたユークリッド関数とする．p は $\mathbf{Z}[\sqrt{-1}]$ の可逆元でないから，定理 2.6.8 より p をわりきる素元 $\pi = a + b\sqrt{-1}$ が存在する．$p = \pi\alpha$ とおく．$p^2 = u(p) = u(\pi)u(\alpha)$ である．素元 π は可逆でないから，$u(\pi) = \pi\bar{\pi} \neq 1$ である．よって $u(\pi) = p$ か $u(\pi) = p^2$ のどちらかである．

$u(\pi) = p^2$ とすると，$\alpha\bar{\alpha} = 1$ だから α は可逆であり，π は素元だから $p = \pi\alpha$ も素元である．対偶をとれば，(1′) ならば $u(\pi) = a^2 + b^2 = p$ であり，(1) がなりたつ．

(2)⇔(2′)：$p = 2$ のときは $X^2 + 1 = (X + 1)^2$ は既約でない．

$p \neq 2$ の場合に示す．このとき，$X^2 + 1 \in \mathbf{F}_p[X]$ は重根をもたない．系 2.8.2.2 より $X^p - X = \prod_{a \in \mathbf{F}_p} (X - a)$ だから，例題 2.6.11 より，条件 (2′) は $X^2 + 1$ が $X^p - X$ をわりきることと同値である．商環 $\mathbf{F}_p[X]/(X^2 + 1)$ で $X^p - X = (X^{2\cdot(p-1)/2} - 1)X = ((-1)^{(p-1)/2} - 1)X$ だから，命題 2.4.6 よりこれはさらに $\mathbf{F}_p$ での等式 $(-1)^{(p-1)/2} = 1$ と同値である．

左辺は $p \equiv 1 \bmod 4$ のとき 1 で，$p \equiv 3 \bmod 4$ のとき $-1 \neq 1$ だから，等式 $(-1)^{(p-1)/2} = 1$ は条件 (2) と同値である．

(1′)⇔(2′)：条件 (1′) は環 $\mathbf{Z}[\sqrt{-1}]/p\mathbf{Z}[\sqrt{-1}]$ が体でないということであり，条件 (2′) は環 $\mathbf{F}_p[X]/(X^2+1)$ が体でないということである．したがって，環 $\mathbf{Z}[\sqrt{-1}]/p\mathbf{Z}[\sqrt{-1}]$ と $\mathbf{F}_p[X]/(X^2 + 1)$ が同形であることを示せばよい．

$\mathbf{Z}[\sqrt{-1}] = \mathbf{Z}[X]/(X^2+1)$ であり，$\mathbf{F}_p[X] = \mathbf{Z}[X]/p\mathbf{Z}[X]$ だから，命題 2.3.6.1 よりどちらも $\mathbf{Z}[X]/(p, X^2 + 1)$ と同形である． □

第3章 ガロワ理論

未知数が１つの方程式の解は，多項式環と商環の普遍性により１変数の多項式環の商環からの環の射に対応する．多項式が既約な場合が基本的であり，この場合の商環はもとの体の有限次拡大体になる．拡大体を，方程式の解の置換を考えることで定まる群が作用する集合にうつす反変関手が圏の同値であり，この関手によって方程式の解のようすがガロワ群のことばにそっくり翻訳できるというのが，ガロワ理論の核心である．

円分多項式 Φ_n（ファイ）は，

$$X^n - 1 = \prod_{d|n} \Phi_d$$

をみたす整数係数の多項式として命題 3.5.5 で帰納的に定義される．ζ_n（ゼータ）で１の原始 n 乗根 $\cos\dfrac{2\pi}{n} + \sqrt{-1}\sin\dfrac{2\pi}{n} \in \mathbf{C}$ を表すと，Φ_n は複素数係数の多項式として１次式の積 $\displaystyle\prod_{1\leqq a\leqq n,(a,n)=1} (X - \zeta_n^a)$ に分解する．Φ_n が有理数係数の多項式としては既約であることを，ガロワ理論の応用として証明することを，この章の目標とする．

3.2 節までの前半で体の基礎を解説し，ガロワ理論の要（かなめ）となる２つの不等式を線形代数的な方法で証明する．体とその射の定義を復習し，標数や拡大体の代数的な元の最小多項式を，整数環や体上の多項式環の素イデアルの生成元として定義する．ガロワ理論の１つの要が，3.1 節で証明する体の拡大次数と体の射の個数に関する不等式 (3.3) である．ガロワ理論のもう１つの要は，3.2 節で証明する体の拡大次数と自己同形群の位数に関する (3.3) とは逆向きの不等式 (3.8) である．この２つの不等式を使って，有限群の作用による不変部分体上，もとの体はガロワ拡大であるという定理 3.2.6 を証明する．

ガロワ理論の基本定理はふつう中間体と部分群の対応（系 3.4.3）として定

式化されるが，3.4 節ではガロワ群の作用する集合の圏と中間体のなす圏の間の反同値（定理 3.4.2）としてまず証明する．そのために群と作用の用語を 3.3 節で用意する．

3.5 節ではガロワ理論を使って円分多項式の既約性を導く．有理数体 $\mathbf{Q}$ 上 1 の原始 n 乗根 ζ_n で生成される円分体 $\mathbf{Q}(\zeta_n)$ のガロワ群 $G = \mathrm{Gal}(\mathbf{Q}(\zeta_n)/\mathbf{Q})$ を乗法群 $(\mathbf{Z}/n\mathbf{Z})^\times$ の部分群と同一視したときに，G は n と素なすべての素数の類をフロベニウス置換として含むことを示して，円分多項式の既約性を導く．有限体のガロワ群はフロベニウス写像で生成される巡回群であることも示す．

3.1 体と拡大次数

体の定義（定義 2.5.1）を復習する．単位元 1 をもつ可換環 K が**体**であるとは，K のイデアルが K 全体と 0 のちょうど 2 つだけであるということである．したがって零環は体でない．

K と L が体であるとき，単位元をもつ可換環の射 $\overset{\text{シグマ}}{\sigma}: K \to L$ を体の**射**という．$\sigma: K \to L$ が体の射ならば，σ の核は K のイデアルで 1 を含まないから 0 であり，σ は単射である（命題 2.5.2.3）．

例 3.1.1 1. A を可換環とし $\mathfrak{m}$ を A の極大イデアルとすると，商環 $A/\mathfrak{m}$ は体である（定義 2.5.1.2）．$A = \mathbf{Z}$ とすると，その極大イデアルは素数 p で生成される単項イデアル $p\mathbf{Z}$ であり，商環 $\mathbf{F}_p = \mathbf{Z}/p\mathbf{Z}$ は体である．K を体とし，$A = K[X]$ を多項式環とすると，その極大イデアルは既約多項式 P で生成される単項イデアル (P) であり，商環 $K[X]/(P)$ は体である．

2. A を整域とすると，その分数体は体である．$A = \mathbf{Z}$ の分数体は有理数体 $\mathbf{Q}$ である．K を体とし，$A = K[X]$ を多項式環とするとその分数体は **1 変数有理関数体** $K(X)$ である． ■

この章では以下，K は体を表すとする．$\mathbf{Z}$ は環の圏の始対象だから，環の射 $\mathbf{Z} \to K$ がただ 1 つ存在する．射 $\mathbf{Z} \to K$ の核 $\mathfrak{p}_K = \mathrm{Ker}(\mathbf{Z} \to K)$ は系 2.5.7.2 より素イデアルだから，$\mathbf{Z} \to K$ が単射でなければ，核 $\mathfrak{p}_K$ は命題 2.6.5 より素数によって生成される単項イデアルである．$\mathbf{Z} \to K$ が単射のとき，体 K は**標数** (characteristic) 0 であるという．$\mathbf{Z} \to K$ が単射でなければ，核 $\mathfrak{p}_K$

を生成する素数 p を K の標数という．

p を素数とし，K を標数が p の体とする．写像 $\varphi\colon K \to K$ を $\varphi(x) = x^p$ で定めると，命題 2.8.1 より φ は体の射である．$\varphi\colon K \to K$ を**フロベニウス写像**という．

定義 3.1.2 K と L を体とする．

1. 体の射 $\sigma\colon K \to L$ が与えられているとき，L を K の**拡大体** (extension) という．拡大ともいう．

2. K が L の部分環であるとき，K は L の**部分体** (subfield) であるという．

3. K が L の部分体であるとき，L の部分体 M で K を含むものを K と L の**中間体** (intermediate extension) という． ■

L が K の拡大体であるとき，単射 $\sigma\colon K \to L$ によって K を L の部分体 $\sigma(K)$ と同一視することが多い．K の標数が 0 ならば $\mathbf{Z} \to K$ は単射だから，分数体の普遍性 (命題 2.5.6) より K は有理数体 $\mathbf{Q}$ の拡大体である．実数体 $\mathbf{R}$ の標数は 0 であり，$\mathbf{R}$ は $\mathbf{Q}$ の拡大体である．標数が素数 p ならば，K は有限体 $\mathbf{F}_p = \mathbf{Z}/p\mathbf{Z}$ の拡大体であり，フロベニウス写像 φ の像 $K^p = \{x^p \mid x \in K\}$ は K の部分体である．

K の拡大体のなす圏【K 上の体】が定まる．L と K' を K の拡大体とすると，K 上の体の射 $L \to K'$ とは，体の射 $\sigma\colon L \to K'$ で図式

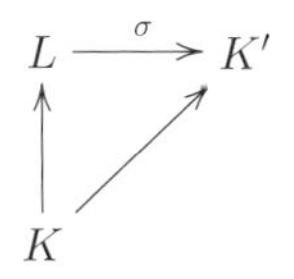

が可換になるものである．K 上の体の射 $L \to K'$ 全体の集合を $\mathrm{Mor}_K(L, K')$ で表す．K 上の体の射 $L \to K'$ について L と K' の役割は対称的であるようにもみえるが，体の射はいつも単射なのでそうではない．命題 3.1.8 でみるように，L が主で K' は補助的になることが多い．

体の射と方程式の解の関係を調べる．

例 3.1.3 K を体とし，$P \in K[X]$ を最高次係数が 1 の既約多項式とする．商環 $L = K[X]/(P)$ は K の拡大体である．$X \in K[X]$ の像を $a \in L$ とする．

K' を K の拡大体とする．多項式環と商環の普遍性（系 2.4.5）により K

上の体の射 $\sigma\colon L \to K'$ を $\sigma(a) \in K'$ にうつす写像

$$\mathrm{Mor}_K(L, K') \to \{x \in K' \mid P(x) = 0\} \tag{3.1}$$

は可逆である．$x \in K', P(x) = 0$ とすると，$f \in K[X]$ の像 $f(a) \in L$ を $f(x) \in K'$ にうつす K 上の体の射 $\sigma_x\colon L \to K'$ が定まる．(3.1) の逆写像は x を σ_x にうつす写像である．■

L を K の拡大体とし，a を L の元とする．多項式環の普遍性 (2.4) より，K 上の環の射 $\varphi_a\colon K[X] \to L$ が $\varphi_a(f) = f(a)$ で定まる．核 $\mathrm{Ker}\ \varphi_a$ は系 2.5.7.2 より $K[X]$ の素イデアルだから，命題 2.6.5 より 0 かまたは既約多項式で生成される単項イデアルである．$\varphi_a\colon K[X] \to L$ が単射でないとき a は K 上**代数的** (algebraic) であるといい，$\varphi_a\colon K[X] \to L$ が単射のとき a は K 上**超越的** (transcendental) であるという．

a は K 上代数的とする．核 $\mathrm{Ker}\ \varphi_a \subset K[X]$ の生成元で最高次係数が 1 である既約多項式を，a の K 上の**最小多項式** (minimal polynomial) という．$P \in K[X]$ を a の最小多項式とし φ_a の像を $K(a) \subset L$ とおくと，準同形定理（命題 2.3.5）より同形 $K[X]/(P) \to K(a)$ が得られる．よって $K(a)$ は K と L の中間体である．これを K 上 a によって生成される L の部分体とよぶ．最小多項式 P の次数を n とすると，a 倍写像 $m_a\colon K(a) \to K(a)$ の K 線形空間としての基底 $1, a, \ldots, a^{n-1}$ に関する行列表示は，命題 2.4.6 より最小多項式 P の同伴行列であり，その固有多項式は P である．

a が K 上超越的なときは，$\varphi_a\colon K[X] \to L$ は K 上の整域の単射である．分数体の普遍性（命題 2.5.6）より，これは K 上の体の射 $\tilde{\varphi}_a\colon K(X) \to L$ を定める．$\tilde{\varphi}_a$ の像を K 上 a によって生成される L の部分体とよび，これも $K(a)$ で表す．

定義 3.1.4　L を K の拡大体とする．L が K 線形空間として有限次元であるとき，L は K の**有限次拡大** (finite extension) であるという．K 線形空間としての次元 $\dim_K L$ を L の K 上の**拡大次数** (degree) とよび $[L : K]$ で表す．

L が有限次拡大でないとき，L は**無限次拡大**であるといい，$[L : K] = \infty$ とする．■

K の拡大体 L の元 a が K 上代数的ならば，$K(a)$ は K の有限次拡大であり，拡大次数 $[K(a):K]$ は a の最小多項式の次数である．K 上超越的ならば，無限次拡大である．

例 3.1.5　K を体とする．

1. $P \in K[X]$ を最高次係数が 1 の既約多項式とする．単項イデアル (P) は $K[X]$ の極大イデアルだから，$L = K[X]/(P)$ は K の拡大体である．$X \in K[X]$ の像を $a \in L$ とし，$n = \deg P$ を P の次数とすると，命題 2.4.6 より，$1, a, \ldots, a^{n-1}$ は L の K 上の基底であり，拡大次数 $[L:K]$ は $n = \deg P$ と等しい．

K を実数体 $\mathbf{R}$ とすると，例題 2.6.7.1 より $X^2+1 \in \mathbf{R}[X]$ は既約である．$\mathbf{R}$ の 2 次拡大 $\mathbf{R}[X]/(X^2+1)$ として複素数体 $\mathbf{C}$ が定義される．

2. 多項式環 $K[X]$ の分数体 $K(X)$ は K の無限次拡大体である．■

補題 3.1.6　L を K の拡大体とし，M を L と K の中間体とする．次の条件は同値である．

(1) L は K の有限次拡大である．

(2) L は M の有限次拡大であり，M は K の有限次拡大である．

さらにこのとき，

$$[L:K] = [L:M] \cdot [M:K] \tag{3.2}$$

がなりたつ．■

証明　(1)⇒(2)：L の K 線形空間としての生成系は，M 線形空間としての生成系である．『線形代数の世界』命題 1.5.9.1 より，有限次元 K 線形空間 L の部分空間 M も有限次元である．

(2)⇒(1) と (3.2)：M 線形空間 L が M^n と同形で，K 線形空間 M が K^m と同形ならば，K 線形空間 L は $(K^m)^n = K^{mn}$ と同形である．□

等式 (3.2) を，拡大次数の**連鎖律** (chain rule) という．

命題 3.1.7　K を体とし，$f = \dfrac{P}{Q}$, $P, Q \in K[T]$ を有理関数体 $K(T)$ の元で，K の元ではないものとする．P と Q はたがいに素であるとし，$n = \deg P$, $m = \deg Q$ とする．f は K 上超越的であり，拡大次数 $[K(T):K(f)]$ は $\max(n,m)$ である．■

証明　$m = n$ のときは，P を Q でわったあまりで P をおきかえて $m \neq n$ としてよい．$m > n$ のときは，f を $\dfrac{1}{f}$ でおきかえて $n = \max(n, m) > m$ としてよい．P を定数倍して，P の最高次係数を 1 とする．

$M = K(f) \subset L = K(T)$ とおく．$T \in L$ を n 次多項式 $P - fQ \in M[T]$ に代入すると 0 だから，T は M 上代数的である．f が K 上代数的だったとすると，M は K の有限次拡大となり，補題 3.1.6 より $L = K(T)$ も K の有限次拡大となって矛盾するから，f は K 上超越的である．部分環 $K[f] \subset M$ は K 上の多項式環と同形だからユークリッド環である．

$F \in M[X]$ を $T \in L = M(T)$ の M 上の最小多項式とする．F は 2 変数 f, X の多項式 $P - fQ \in K[f][X]$ をわりきる．$n > m$ だから 2 変数多項式 $P - fQ$ の X に関する最高次係数は 1 である．よって系 2.7.2 より，$F \in K[f][X]$ であり，$G = \dfrac{P - fQ}{F}$ とおくと $G \in K[f][X]$ である．

$P - fQ = FG$ の f に関する次数は 1 だから，$F \in K[X]$ または $G \in K[X]$ である．$F \in K[X]$ とすると，F は P, Q をわりきり，P, Q はたがいに素だから $F \in K$ となる．これは矛盾だから，$G \in K[X]$ であり，同様に $G \in K$ となる．よって $F = P - fQ$ であり，$[L : M] = \deg F = n$ である．　□

命題 3.1.8　K を体とし，L を K の有限次拡大，K' を K の拡大体とする．

$$\#\mathrm{Mor}_K(L, K') \leqq [L : K] \tag{3.3}$$

である．　■

K 上の環 A と K の拡大体 K' に対し，K 線形写像 $A \to K'$ 全体のなす集合 $\mathrm{Hom}_K(A, K')$ に加法と K' の元によるスカラー倍を『線形代数の世界』命題 4.4.1 のように定め，K' 線形空間とする．K 上の環の射 $A \to K'$ 全体のなす集合 $\mathrm{Mor}_K(A, K')$ は $\mathrm{Hom}_K(A, K')$ の部分集合である．A が K の有限次拡大 L のとき，L の K 線形空間としての基底の双対基底は K' 線形空間 $\mathrm{Hom}_K(L, K')$ の基底を定めるから，$[L : K] = \dim_{K'} \mathrm{Hom}_K(L, K')$ である．よって次の補題を示せばよい．

補題 3.1.9（デデキントの定理）　A を K 上の環とし，K' を K の拡大体とする．K 上の環の射全体のなす部分集合

$$\mathrm{Mor}_K(A, K') \subset \mathrm{Hom}_K(A, K')$$

は，K' 上線形独立である． ■

証明 $\sigma_1, \ldots, \sigma_m \in \mathrm{Mor}_K(A, K')$ が K 上の相異なる射 $A \to K'$ であるとして，$\sigma_1, \ldots, \sigma_m \in \mathrm{Hom}_K(A, K')$ が K' 上線形独立であることを m に関する帰納法で示す．$m = 0$ のときは明らかである．

$m \geqq 1$ とする．帰納法の仮定より，$\sigma_1, \ldots, \sigma_{m-1}$ は K' 上線形独立である．$\sigma_1, \ldots, \sigma_m$ が K' 上線形独立なことを背理法で証明する．『線形代数の世界』命題 1.5.2 より，$\sigma_m \colon A \to K'$ が $\sigma_1, \ldots, \sigma_{m-1}$ の K' 係数の線形結合だったとして矛盾を導けばよい．

$$\sigma_m = \sum_{i=1}^{m-1} a_i \sigma_i, \tag{3.4}$$

$a_1, \ldots, a_{m-1} \in K'$ とおく．$x, y \in A$ とすると，

$$\begin{aligned} \sigma_m(xy) &= \sigma_m(x)\sigma_m(y) \\ &= \sum_{i=1}^{m-1} a_i \sigma_i(xy) = \sum_{i=1}^{m-1} a_i \sigma_i(x)\sigma_i(y) \end{aligned}$$

である．よって K 線形写像 $A \to K'$ の等式

$$\sigma_m(x)\sigma_m = \sum_{i=1}^{m-1} a_i \sigma_i(x)\sigma_i \tag{3.5}$$

が得られる．(3.4) の両辺に $\sigma_m(x) \in K'$ をかけたものと (3.5) をくらべれば，K' 線形空間 $\mathrm{Hom}_K(A, K')$ の元の等式

$$\sum_{i=1}^{m-1} a_i \sigma_m(x)\sigma_i = \sum_{i=1}^{m-1} a_i \sigma_i(x)\sigma_i$$

が得られる．

$\sigma_1, \ldots, \sigma_{m-1} \in \mathrm{Hom}_K(A, K')$ は帰納法の仮定より K' 上線形独立だから，任意の $x \in A$ と $i = 1, \ldots, m-1$ に対し $a_i\sigma_m(x) = a_i\sigma_i(x) \in K'$ である．よって $a_i\sigma_m = a_i\sigma_i \in \mathrm{Hom}_K(A, K')$ である．$\sigma_i \neq \sigma_m$ だから，$a_1 = \cdots = a_{m-1} = 0$ であり，$\sigma_m = \sum_{i=1}^{m-1} a_i\sigma_i = 0$ となる．両辺の 1 での値を考えると $1 = 0$ となり矛盾が得られる． □

テンソル積を既習の読者は，$[L : K] = \dim_{K'}(L \otimes_K K')$ だから，次の補題を示してもよい．

補題 3.1.10 A を K 上の環とし, K' を K の拡大体とする. $f_1, \ldots, f_n\colon A \to K'$ を K 上の相異なる環の射とすると, $f_1, \ldots, f_n$ がひきおこす K' 上の環の射

$$A \otimes_K K' \to \prod_{i=1}^{n} K'\colon a \otimes x \mapsto (f_i(a)x)_i$$

は, 全射である. ■

証明 f_i が定める K' 上の環の全射 $A \otimes_K K' \to K'$ の核を I_i とする. 商環 $(A \otimes_K K')/I_i$ は体 K' と同形であり, I_i は極大イデアルである. $A \otimes_K K' = K' \oplus I_i$ だから, $f_i \neq f_j$ と $I_i \neq I_j$ は同値である. よって中国の剰余定理 (系 2.3.8) より, $A \otimes_K K' \to \prod_{i=1}^{n}(A \otimes_K K')/I_i \to \prod_{i=1}^{n} K'$ は全射である. □

定義 3.1.11 K を体とし, L を K の有限次拡大とする.

1. K の拡大体 K' に関する $\#\mathrm{Mor}_K(L, K') \leqq [L : K]$ の最大値を, L の K 上の**分離次数** (separable degree) とよび $[L : K]_s$ で表す. $[L : K]_s = [L : K]$ であるとき, L は K の**分離拡大** (separable extension) であるという.

2. K' を K の拡大体とする. $\#\mathrm{Mor}_K(L, K') = [L : K]_s$ であるとき, L の K 上の**共役** (conjugate) はすべて K' に含まれるという. ■

3.2 ガロワ拡大

K を体とし, L を K の拡大体とする. L の K 上の体としての自己同形全体のなす群を $\mathrm{Aut}_K(L)$ で表す. 群とその部分群の定義は 3.3 節のはじめで復習する.

命題 3.2.1 L が K の有限次拡大ならば, $\mathrm{Aut}_K(L) = \mathrm{Mor}_K(L, L)$ である. ■

証明 包含関係 $\mathrm{Aut}_K(L) \subset \mathrm{Mor}_K(L, L)$ が等号であることをいえばよい. $\sigma\colon L \to L$ を K 上の射とする. 命題 2.5.2.3 より σ は単射で, σ の源と的は次元が等しい有限次元 K 線形空間だから,『線形代数の世界』命題 2.1.10 より K 線形写像 σ は同形である. σ の逆写像も体の射だから, σ は体の同形である. □

定義 3.2.2 K を体とし，L を K の有限次拡大とする．

1. L が K の分離拡大であり，L の K 上の共役はすべて L に含まれるとき，L は K の**ガロワ拡大** (Galois extension) であるという．

2. L が K のガロワ拡大であるとき，$\mathrm{Aut}_K(L)$ を L の K 上の**ガロワ群** (Galois group) とよび，$\mathrm{Gal}(L/K)$ で表す． ■

命題 3.2.3 体 K の有限次拡大 L に対し，次の条件 (1) と (2) は同値である．

(1) L は K のガロワ拡大である．

(2) $\#\mathrm{Aut}_K(L) = [L : K]$ である． ■

証明 命題 3.2.1 より $\mathrm{Aut}_K(L) = \mathrm{Mor}_K(L, L)$ である．したがって定義 3.1.11 と命題 3.1.8 より，$\#\mathrm{Aut}_K(L) = \#\mathrm{Mor}_K(L, L) \leqq [L : K]_s \leqq [L : K]$ である．(1) は不等号が 2 つとも等号ということだから，(2) と同値である． □

例 3.2.4 1. L を K の有限次拡大とし，$n = [L : K]$ とする．$L = K(a)$ とし，a の最小多項式を $P \in K[X]$ とする．L が K のガロワ拡大であるための条件は，例題 2.5.3.2 と命題 3.2.3 より，$\#\{x \in L \mid P(x) = 0\} = n$ である．これは P が $L[X]$ で相異なる 1 次式の積 $\prod_{i=1}^{n}(X - a_i)$ に分解するということである．

このとき K 上の同形 $\sigma\colon L \to L$ を $\sigma(a) \in L$ にうつす写像

$$\mathrm{Gal}(L/K) \to \{a_1, \ldots, a_n\} = \{x \in L \mid P(x) = 0\} \tag{3.6}$$

は可逆である．各 a_i に対し，多項式環と商環の普遍性より K 上の同形 $\sigma_i\colon L \to L$ で任意の $f \in K[X]$ に対し $\sigma_i(f(a)) = f(a_i)$ となるものが定まる．(3.6) の逆写像は，a_i を σ_i にうつす写像である．

2. 複素数体 $\mathbf{C}$ は実数体 $\mathbf{R}$ のガロワ拡大である．ガロワ群 $\mathrm{Gal}(\mathbf{C}/\mathbf{R})$ の元は，恒等写像 $1_{\mathbf{C}}$ と複素共役 $^{-}\colon \mathbf{C} \to \mathbf{C}$ の 2 つである．

K を標数が 2 でない体とし，L を K の 2 次拡大とする．$a \in L - K$ とすると $L = K(a)$ である．a の最小多項式を $P = X^2 + pX + q \in K[X]$ とする．$X^2 + pX + q$ は $L[X]$ で 1 次式の積 $(X - a)(X - b)$ に分解する．$a = b$ だったとすると，$a = b = -\dfrac{p}{2} \in K$ となって $P \in K[X]$ が既約なことに矛盾するから，$a \neq b$ である．よって 1. より L は K のガロワ拡大である．ガロワ群 $\mathrm{Gal}(L/K)$ は，L の恒等射と，a を b にうつす K 上の射の 2 元から

なる． ■

補題 3.2.5　L を K の拡大体とし，$G \subset \mathrm{Aut}_K(L)$ を部分群とする．

$$M = \{x \in L \mid \sigma \in G \text{ ならば } \sigma(x) = x\} \tag{3.7}$$

は K と L の中間体である． ■

証明　$\sigma \in G$ は L の K 上の自己同形だから，$x \in K$ ならば $\sigma(x) = x$ である．よって，$K \subset M$ である．$x, y \in M$ ならば，$\sigma(x+y) = \sigma(x) + \sigma(y) = x + y$，$\sigma(xy) = \sigma(x)\sigma(y) = xy$ だから，$x + y, xy \in M$ である．$1 \in K$ だから $1 \in M$ である．$x \in M, x \neq 0$ ならば，命題 1.4.2.1 より $\sigma(x^{-1}) = \sigma(x)^{-1} = x^{-1}$ であり，$x^{-1} \in M$ である．よって M は L の部分体である． □

(3.7) の M を L の G による**不変部分体** (fixed subfield) とよび，L^G で表す．

定理 3.2.6（アルティンの定理）　L を K の拡大体とし，$G \subset \mathrm{Aut}_K(L)$ を有限部分群とする．次の条件 (1) と (2) は同値である．

(1) L は K の有限次ガロワ拡大であり，$G = \mathrm{Gal}(L/K)$ である．

(2) $K = L^G$ である． ■

証明　(1)⇒(2)：$M = L^G$ とおく．補題 3.2.5 より M は K と L の中間体であり，$G \subset \mathrm{Mor}_M(L, L)$ である．よって，命題 3.1.8 と補題 3.1.6 より

$$\#G \leq \#\mathrm{Mor}_M(L, L) \leq [L : M] \leq [L : M] \cdot [M : K] = [L : K]$$

である．命題 3.2.3 より $\#G = [L : K]$ だから，不等号はすべて等号であり，$[M : K] = 1$ となる．よって $M = K$ である．

(2)⇒(1)：まず L が K の有限次拡大であり，不等式

$$[L : K] \leqq \#G \tag{3.8}$$

がなりたつことを示す．写像

$$F \colon L \to \prod_{\sigma \in G} L \tag{3.9}$$

を $F(x) = (\sigma(x))_\sigma$ で定める．F は K 線形写像である．$\dim_L \prod_{\sigma \in G} L = \#G$ だから，$y_1, \ldots, y_m \in L$ が K 上線形独立ならば $F(y_1), \ldots, F(y_m) \in \prod_{\sigma \in G} L$ が L

上線形独立なことを示せばよい．

m に関する帰納法で示す．$m=0$ なら明らかである．恒等写像 1_L は G の元だから F は単射である．よって $m=1$ の場合がなりたつ．$m \geqq 2$ とする．帰納法の仮定より，$F(y_1),\ldots,F(y_{m-1})$ は L 上線形独立である．『線形代数の世界』命題 1.5.2 より，$F(y_m)$ が $F(y_1),\ldots,F(y_{m-1})$ の L 係数の線形結合だったとして，矛盾を導けばよい．

$$F(y_m)=\sum_{i=1}^{m-1} a_i F(y_i), \tag{3.10}$$

$a_1,\ldots,a_{m-1}\in L$ とおく．$\sigma\in G$ ならば $\sigma(y_m)=\sum_{i=1}^{m-1} a_i\sigma(y_i)$ である．よって $\tau\in G$ とすると，$\tau\sigma(y_m)=\sum_{i=1}^{m-1}\tau(a_i)\tau\sigma(y_i)$ である．$\tau\sigma$ を改めて σ とおけば，$\sigma\in G$ ならば $\sigma(y_m)=\sum_{i=1}^{m-1}\tau(a_i)\sigma(y_i)$ である．よって，

$$F(y_m)=\sum_{i=1}^{m-1}\tau(a_i)F(y_i) \tag{3.11}$$

である．

$F(y_1),\ldots,F(y_{m-1})$ は L 上線形独立だから，(3.10) と (3.11) とをみくらべれば，$i=1,\ldots,m-1$ に対し $\tau\in G$ ならば $a_i=\tau(a_i)$ である．したがって，$a_1,\ldots,a_{m-1}\in L^G=K$ である．F は K 線形写像だから (3.10) より $F(y_m)=F\left(\sum_{i=1}^{m-1} a_i y_i\right)$ となる．F は単射だから，$y_m=\sum_{i=1}^{m-1} a_i y_i$ となり，$y_1,\ldots,y_m$ が K 上線形独立という仮定に矛盾する．よって L は K の有限次拡大であり，$[L:K]\leqq \#G$ である．

$G\subset \mathrm{Aut}_K(L)\subset \mathrm{Mor}_K(L,L)$ だから，命題 3.1.8 と (3.8) より

$$\#G \leqq \#\mathrm{Aut}_K(L) \leqq \#\mathrm{Mor}_K(L,L) \leqq [L:K] \leqq \#G$$

である．よって，すべて等号がなりたつ．命題 3.2.3(2)⇒(1) より L は K のガロワ拡大であり，$G=\mathrm{Aut}_K(L)=\mathrm{Gal}(L/K)$ である． □

系 3.2.7 L を K の有限次ガロワ拡大とし，$G=\mathrm{Gal}(L/K)$ をそのガロワ群とする．H を G の部分群とし，$M=L^H$ を不変部分体とする．L は M のガ

ロワ拡大であり，H はガロワ群 $\mathrm{Gal}(L/M) = \{\sigma \in G \mid x \in M$ ならば $\sigma(x) = x\}$ と等しい． ■

証明　定理 3.2.6(2)⇒(1) より，L は $M = L^H$ のガロワ拡大であり，$H = \mathrm{Gal}(L/M)$ である．$\mathrm{Gal}(L/M) = \mathrm{Aut}_M L$ は $\{\sigma \in G \mid x \in M$ ならば $\sigma(x) = x\}$ である． □

$y_1, \ldots, y_m \in L$ が K 上線形独立ならば $F(y_1), \ldots, F(y_m) \in \prod_{\sigma \in G} L$ が L 上線形独立という定理 3.2.6 で示した K 線形写像 $F\colon L \to \prod_{\sigma \in G} L$ (3.9) の性質は，テンソル積を既習の読者にとっては，F がひきおこす L 線形写像

$$L \otimes_K L \to \prod_{\sigma \in G} L\colon x \otimes y \mapsto (x\sigma(y))_\sigma \tag{3.12}$$

が単射ということである．補題 3.1.10 より (3.12) は全射だから，同形である．

3.3　群と作用

群の定義（例 1.2.3.2, 1.3.4.2）を復習する．G が**群**であるとは，集合 G と写像 $\cdot\colon G \times G \to G$ と G の元 $e \in G$ の組 $(G, \cdot, e)$ が次の条件をみたすことである．

(1) G の任意の元 g, h, k に対し，$(g \cdot h) \cdot k = g \cdot (h \cdot k)$ がなりたつ．

(2) G の任意の元 g に対し，$g \cdot e = e \cdot g = g$ がなりたつ．

(3) G の任意の元 g に対し，$g \cdot h = h \cdot g = e$ をみたす $h \in G$ が存在する．

e を G の**単位元**という．G の元 g に対し，条件 (3) をみたす元 $h \in G$ は一意的である．この h を g の**逆元**とよび g^{-1} で表す．

G と H を群とする．写像 $f\colon G \to H$ が群の**射**であるとは，次の条件をみたすことである．

(1) G の任意の元 g, h に対し，$f(g \cdot h) = f(g) \cdot f(h)$ がなりたつ．

群を対象，群の射を射とすることで，群の圏【群】が定まる．G を群とし，$H \subset G$ を部分集合とする．写像 $\cdot$ による $H \times H$ の像が H に含まれるとき，H は G の演算について閉じているという．H が G の演算について閉じていて，単位元 e を含み，H の任意の元についてその逆元を含むとき，H は G の演算を H に制限したものについて群の公理をみたす．こうして得られる群

H を，G の**部分群**という．H が G の部分群ならば，包含写像 $i\colon H \to G$ は群の射である．$f\colon G \to H$ が群の射ならば，その像 $f(G) = \{f(g) \mid g \in G\}$ は H の部分群である．

忘却関手【群】$\to$【集合】は $1 \in \mathbf{Z}$ を普遍元として，加法群 $\mathbf{Z}$ によって表現される．$g \in G$ が定める群の射 $\mathbf{Z} \to G$ の像を g によって生成される G の部分群とよび $\langle g \rangle$ で表す．G が 1 つの元によって生成されるとき，G は**巡回群** (cyclic group) であるという．巡回群は可換群である．

群の集合への作用の定義（例 1.3.4.3, 1.3.7）を復習する．G を群とする．G が定める圏を $[G]$ で表し，圏 G のただ 1 つの対象を I とする．関手 $F\colon [G] \to$【集合】を集合 $X = F(I)$ への G の**作用**とよぶ．X への G の作用が与えられているとき，X を **G 集合**とよぶ．集合 X が G 集合であるとは，X と写像 $\cdot\colon G \times X \to X$ の組 $(X, \cdot)$ が次の条件をみたすことである．

(1) G の任意の元 g, h と X の任意の元 x に対し，$(g \cdot h) \cdot x = g \cdot (h \cdot x)$ がなりたつ．

(2) X の任意の元 x に対し，$e \cdot x = x$ がなりたつ．

任意の $g \in G$ に対し $g \cdot x = x$ で定まる作用を**自明**な作用という．

関手 $F, H\colon [G] \to$【集合】の射 $\varphi\colon F \to H$ に対し，$\varphi(I)\colon X = F(I) \to Y = H(I)$ を **G 写像**とよぶ．G 集合 X と Y に対し写像 $f\colon X \to Y$ が G 写像であるとは，次の条件をみたすことである．

(1) G の任意の元 g と X の任意の元 x に対し $f(g \cdot x) = g \cdot f(x)$ がなりたつ．

圏 $[G]^{\mathrm{op}\wedge}$ を G 集合の圏とよび，【G 集合】で表す．圏【G 集合】の対象は G 集合であり，射は G 写像である．G 写像 $X \to Y$ 全体の集合を $\mathrm{Map}_G(X, Y)$ で表す．$f\colon X \to Y$ を G 写像とすると，その像 $f(X)$ は G の Y への作用の制限により G 集合である．

例 3.3.1　G を群とする．

1. G の演算 $G \times G \to G$ は，群 G の集合 G への作用である．これを G の**左移動** (translation) による作用という．G 集合 X を集合 X にうつす忘却関手【G 集合】$\to$【集合】は，$e \in G$ を普遍元として G 集合 G で表現される．

同様に，右移動により逆転群 G^{op}（例 1.2.4）の作用が定まる．

$g \in G$ と $x \in G$ に対し $g \cdot x = gxg^{-1}$ とおくことで，群 G の集合 G への作用が定まる．これを G の**共役** (conjugation) による作用という．

2. X を G 集合とする．X が定める関手 $[G] \to$【集合】と巾集合が定める関手 P_*:【集合】$\to$【集合】(例 1.3.2) の合成により，巾集合 $P(X)$ は G 集合になる．X の部分集合 A と $g \in G$ に対し，$g \cdot A = \{gx \mid x \in A\}$ である．

$X = G$ とする．G の左移動による巾集合 $P(G)$ への作用は，$g \in G$ と $S \subset G$ に対し $gS = \{gs \mid s \in S\}$ で定まる．G の共役による巾集合 $P(G)$ への作用は，$g \in G$ と $S \subset G$ に対し $g \cdot S = gSg^{-1} = \{gsg^{-1} \mid s \in S\}$ である．■

H を G の部分群とする．巾集合 $P(G)$ を左移動による作用により G 集合と考える．$g \in G$ を $gH \in P(G)$ にうつす G 写像 $q\colon G \to P(G)$ の像 $\{gH \mid g \in G\}$ として定まる G 集合を G/H で表し，$q\colon G \to G/H$ を標準全射とよぶ．

命題 3.3.2　G を群とする．

1. $H \subset G$ を部分群とし，$q\colon G \to G/H$ を標準全射とする．$q(e) = \bar{e} = H \in G/H$ に対し，$H = \{g \in G \mid g \cdot \bar{e} = \bar{e}\}$ である．

2. X を G 集合，x を X の元とする．G 写像 $f\colon G \to X$ を $f(g) = gx$ で定める．G の部分集合 $H = \{g \in G \mid f(g) = f(e)\}$ は G の部分群である．f は単射 G 写像 $G/H \to X$ をひきおこす．■

証明　1. $g \in G$ に対し，$gH = H$ ならば $g = ge \in gH = H$ である．$g \in H$ ならば，$gH \subset H$ である．$g \in H$ を $g^{-1} \in H$ でおきかえれば $g^{-1}H \subset H$ だから，$H \subset gH$ であり $gH = H$ である．

2. $g, h \in H$ ならば，$(gh)x = g(hx) = gx = x$ であり，$gh \in H$ である．単位元 e についても，$ex = x$ だから $e \in H$ である．$g \in H$ ならば，$g^{-1}x = g^{-1}(gx) = (g^{-1}g)x = ex = x$ だから $g^{-1} \in H$ である．よって H は G の部分群である．

$g, g' \in G$ に対し，$f(g) = f(g')$ は $gx = g'x$ と同値であり，$g'^{-1}gx = x$ と同値である．これは $g'^{-1}g \in H$ と同値であり，1. の証明と同様に $gH = g'H$ と同値である．よって『集合と位相』命題 2.8.1.3 より f は単射 $\bar{f}\colon G/H \to X$ をひきおこす．$\bar{f}$ は G 写像である．□

定義 3.3.3　G を群とし，X を G 集合とする．

1. $x \in X$ とする．G の部分群 $H = \{g \in G \mid gx = x\}$ を，x の固定部分群

(stabilizer) といい G_x で表す．

2. H を G の部分群とする．X の部分集合 $X^H = \{x \in X \mid H \subset G_x\}$ を H 不変部分 (fixed part) という． ■

命題 3.3.4 G を群とし, H を G の部分群とする．忘却関手の部分関手 F^H:【G 集合】→【集合】が，G 集合 X を H 不変部分 $X^H \subset X$ にうつすことで定まる．関手 F^H は，単位元の類 $\bar{e} \in F^H(G/H) = (G/H)^H$ を普遍元として，G 集合 G/H で表現される． ■

証明 $f\colon X \to Y$ を G 写像とし，$x \in X$ とすると $G_x \subset G_{f(x)}$ であり，$f(X^H) \subset Y^H$ である．よって，$X^H = F^H(X)$ とおくことで忘却関手 F:【G 集合】→【集合】の部分関手 F^H が定まる．

命題 3.3.2.2 より $q(e) = \bar{e} \in F^H(G/H)$ である．よって G 集合 X に対し，G 写像 $f\colon G/H \to X$ を $f(\bar{e}) \in X^H$ にうつす写像

$$\mathrm{ev}_{\bar{e}}\colon \mathrm{Mor}_G(G/H, X) \to X^H \tag{3.13}$$

が定まる．(3.13) が可逆であることを示せばよい．逆写像を定める．$x \in X^H$ とする．写像 $f\colon G \to X$ を $f(g) = g \cdot x$ で定める．$q(g) = q(g')$ とすると $g = g'h$ をみたす $h \in H$ があり $f(g) = g \cdot x = g'h \cdot x = g' \cdot x = f(g')$ である．よって f は写像 $p\colon G/H \to X$ をひきおこす．$f\colon G \to X$ は G 写像だから，$p\colon G/H \to X$ も G 写像である．$x \in X^H$ を G 写像 $p\colon G/H \to X$ にうつすことで，逆向きの写像が得られる．$p(\bar{e}) = f(e) = e \cdot x = x$ であり，$p(\bar{g}) = g \cdot p(\bar{e}) = g \cdot x$ だから，これは逆写像である． □

定義 3.3.5 G を群とし，X を G 集合とする．

1. $Y \subset X$ を部分集合とする．G の作用 $\cdot\colon G \times X \to X$ が写像 $G \times Y \to Y$ をひきおこすとき，Y は G の作用で**安定** (stable) であるという．

2. $X \neq \varnothing$ とする．G の作用で安定な X の部分集合が X と $\varnothing$ のちょうど 2 つであるとき，X は**連結** (connected) であるという． ■

Y が G の作用で安定なとき，Y は G の作用を Y に制限したものについて G 集合の公理をみたす．こうして得られる G 集合 Y を，X の**部分 G 集合**という．

命題 3.3.6 G を群とする．

1. $H \subset G$ を部分群とする．G 集合 G/H は連結である．

2. X を連結 G 集合，$x \in X$ とし，$H = G_x \subset G$ を x の固定部分群とする．$x \in F^H(X)$ が定める G 写像 $G/H \to X$（命題 3.3.4）は同形である． ■

証明 1. $X \subset G/H$ を空でない部分 G 集合として，$X = G/H$ をいえばよい．$g \in q^{-1}(X) \neq \varnothing$ とすると，任意の $g' \in G$ に対し，$q(g') = (g'g^{-1})q(g) \in X$ である．よって $X = q(G) = G/H$ である．

2. 命題 3.3.2.1 より，$f(\bar{e}) = x$ をみたす単射 G 写像 $f\colon G/H \to X$ が定まる．X は連結で，$f(G/H)$ は X の部分 G 集合であり空でないから，f は全射である．よって f は可逆である．逆写像も G 写像である． □

命題 3.3.7 G を群とする．H を G の部分群とし，$q\colon G \to G/H$ を標準全射とする．G 集合 G/H の自己同形群を $\mathrm{Aut}_G(G/H)$ とする．次の条件は同値である．

(1) G/H の演算で，$q\colon G \to G/H$ が群の射となるものが存在する．

(2) $\bar{e} = q(e) \in G/H$ での値写像 $\mathrm{ev}_{\bar{e}}\colon \mathrm{Aut}_G(G/H) \to G/H$ は全射である．

(3) G の $P(G)$ への共役による作用（例 3.3.1.2）に関して，$H \in P(G)$ の固定部分群は G である． ■

証明 (1)⇒(2)：$\bar{g} \in G/H$ とする．群 G/H の右移動 $\cdot\bar{g}\colon G/H \to G/H$ は可逆 G 写像だから，$\mathrm{Aut}_G(G/H) \to G/H$ は全射である．

(2)⇒(3)：命題 3.3.4 より，$\mathrm{ev}_{\bar{e}}\colon \mathrm{Mor}_G(G/H, G/H) \to (G/H)^H$ は可逆だから，$\mathrm{ev}_{\bar{e}}\colon \mathrm{Aut}_G(G/H) \to G/H$ が全射ならば $G/H = (G/H)^H$ である．

任意の $h \in H$ と $g \in G$ に対し，$hgH = gH$ だから $hg \in gH$ であり，$g^{-1}hg \in H$ である．よって $g^{-1}Hg \subset H$ であり，$H \subset gHg^{-1}$ である．g を g^{-1} でおきかえれば，$gHg^{-1} \subset H$ だから $gHg^{-1} = H$ である．

(3)⇒(1)：条件 (3) は，任意の $g \in G$ に対し $gHg^{-1} = H$ がなりたつということであり，$gH = Hg$ がなりたつということである．G の部分集合 A, B に対し，AB で部分集合 $\{gh \mid g \in A, h \in B\}$ を表す．$S, T \in G/H$ とし，$S = q(g) = gH, T = q(g') = g'H$ とすると，$Hg' = g'H$ より $ST = gHg'H = gg'H = q(gg') \in G/H$ である．よって G/H に演算が定まり，$q\colon G \to G/H$ は群の射である． □

G の部分群 H が命題 3.3.7 の同値な条件をみたすとき，H は G の**正規部分群** (normal subgroup) であるという．N が G の正規部分群であるとき，群 G/N を G の N による**商群** (quotient group) という．群の射 $f\colon G \to H$ の**核** $\mathrm{Ker}(f\colon G \to H) = \{g \in G \mid f(g) = e\}$ は，G の正規部分群である．群 G の元 $g \in G$ が定める群の射 $\mathbf{Z} \to G$ の核が自然数 $n \geqq 1$ で生成されるとき，g の**位数**は n であるという．核が 0 であるとき，g は位数無限であるという．

有限群 G の元の個数を G の**位数**とよび，$|G|$ で表す．部分群 $H \subset G$ に対し，G/H の元の個数を H の**指数** (index) とよび，$[G:H]$ で表す．

命題 3.3.8 G を有限群とし，H をその部分群とする．

1. (ラグランジュの定理)

$$|G| = [G:H] \cdot |H| \tag{3.14}$$

である．

2.

$$\#\mathrm{Aut}_G(G/H) \leqq [G:H] \tag{3.15}$$

であり，等号がなりたつことは H が G の正規部分群であることと同値である．H が G の正規部分群ならば，商群 G/H の元による右移動は群の同形 $(G/H)^{\mathrm{op}} \to \mathrm{Aut}_G(G/H)$ を定める． ■

証明 1. $q\colon G \to G/H$ を標準全射とする．$g \in G$ とすると，$q^{-1}(q(g)) = gH$ であり，左移動 $g\cdot\colon H \to gH$ は可逆写像である．よって q による G/H の各元の逆像の個数は $|H|$ であり，(3.14) が得られる．

2. 命題 3.3.4 より，値写像 $\mathrm{ev}_{\bar{e}}\colon \mathrm{Mor}_G(G/H, G/H) \to (G/H)^H$ は可逆である．よって不等式 (3.15) がなりたつ．

$\mathrm{ev}_{\bar{e}}\colon \mathrm{Aut}_G(G/H) \to G/H$ は単射だから，(3.15) の等号は命題 3.3.7 の条件 (2) と同値である．このとき $\mathrm{ev}_{\bar{e}}\colon \mathrm{Aut}_G(G/H) \to G/H$ は可逆であり，命題 3.3.7(1)⇒(2) の証明より，右移動が定める群の射 $(G/H)^{\mathrm{op}} \to \mathrm{Aut}_G(G/H)$ と $\mathrm{ev}_{\bar{e}}\colon \mathrm{Aut}_G(G/H) \to G/H$ の合成も全射だから可逆である． □

有限アーベル群が巡回群であるための条件を与える．

補題 3.3.9 M を位数 n の有限アーベル群とする．次の条件は同値である．

(1) M は巡回群である．

(2) d が n の約数ならば，$\{x \in M \mid x^d = 1\}$ の元の個数は d 以下である．

■

証明 (1)⇒(2)：$M = \mathbf{Z}/n\mathbf{Z}$ とする．$\mathrm{Ker}(d\colon M \to M)$ は $\{x \in \mathbf{Z} \mid dx \in n\mathbf{Z}\} = \dfrac{n}{d}\mathbf{Z}$ の $\mathbf{Z} \to \mathbf{Z}/n\mathbf{Z}$ による像 $\dfrac{n}{d}\mathbf{Z}/n\mathbf{Z} \subset M$ である．よってその元の個数は d である．

(2)⇒(1)：有限アーベル群の構造定理（系 2.7.7）より，n の約数の列 $1 < d_m|\cdots|d_1$ と同形 $M \to \mathbf{Z}/d_1\mathbf{Z} \oplus \cdots \oplus \mathbf{Z}/d_m\mathbf{Z}$ が存在する．$d = d_m > 1$ とすると，$\{x \in M \mid x^d = 1\}$ の元の個数は d^m である．$d^m \leqq d$ ならば $m = 1$ であり，M は巡回群である．

(2)⇒(1) の別証明：$t \in M$ とし，$\langle t \rangle \subset M$ の位数を d とすると，命題 3.3.8.1 より，d は n の約数である．よって，$\{x \in M \mid x^d = 1\} = \langle t \rangle$ であり，$\{x \in M \mid x \text{ の位数は } d\} = \{t^a \mid a \in [d]^*\}$ である．したがって，例 2.3.4 より

$$\#M = \sum_{d|n} \#\{x \in M \mid x \text{ の位数は } d\} \leqq \sum_{d|n} \varphi(d) = n$$

であり，等号がなりたつ．よって，$\#\{x \in M \mid x \text{ の位数は } n\} = \varphi(n) \neq 0$ であり，$s \in M$ の位数を n とすると，$M = \langle s \rangle$ は巡回群である． □

3.4 基本定理

L を K の有限次ガロワ拡大とし，G をそのガロワ群とする．反変関手

$$\mathbf{A}\colon【G \text{ 集合}】^{\mathrm{op}} \to【K \text{ 上の環}】,\quad \mathbf{X}\colon【K \text{ 上の環}】\to【G \text{ 集合}】^{\mathrm{op}} \tag{3.16}$$

を定義する．

X を G 集合とする．$\mathrm{Map}(X, L)$ の加法と乗法を，写像 $a, b\colon X \to L$ に対し，$(a+b)(x) = a(x) + b(x)$, $(a \cdot b)(x) = a(x) \cdot b(x)$ で定義すると，$\mathrm{Map}(X, L)$ は K 上の環になる．単位元は定値写像 1 である．G 写像のなす部分集合 $\mathrm{Map}_G(X, L) \subset \mathrm{Map}(X, L)$ は K 上の部分環である．G 集合 X を K 上の環 $\mathbf{A}(X) = \mathrm{Map}_G(X, L)$ にうつすことにより，反変関手 $\mathbf{A}\colon【G$ 集合】$^{\mathrm{op}} \to$【K

上の環】を定める.

A を K 上の環とする. K 上の環の射の集合 $\mathrm{Mor}_K(A,L)$ に G の作用を, K 上の環の射 $f\colon A\to L$ と $\sigma\in G$ に対し $\sigma\cdot f=\sigma\circ f$ で定める. K 上の環 A を G 集合 $\mathbf{X}(A)=\mathrm{Mor}_K(A,L)$ にうつすことにより反変関手 $\mathbf{X}$:【K 上の環】→【G 集合】^{op} を定める.

命題 3.4.1 L を K の有限次ガロワ拡大とし, G をそのガロワ群とする. 関手 $\mathbf{X}$ は関手 $\mathbf{A}$ の左随伴関手である. ■

証明 G 集合 X と K 上の環 A に対し可逆写像

$$\mathrm{Map}_G(X,\mathbf{X}(A))\to\mathrm{Mor}_K(A,\mathbf{A}(X)) \tag{3.17}$$

を定義する. 例 1.6.3 より, 可逆写像

$$\mathrm{Map}(X,\mathrm{Map}(A,L))\leftarrow\mathrm{Map}(X\times A,L)\to\mathrm{Map}(A,\mathrm{Map}(X,L))$$

が定まる. $f\colon X\to\mathrm{Map}(A,L)$ に対応する写像を $g\colon A\to\mathrm{Map}(X,L)$ とする. $x\in X$ と $a\in A$ に対し, $f(x)(a)=g(a)(x)$ である. f が G 写像 $f\colon X\to\mathrm{Mor}_K(A,L)=\mathbf{X}(A)$ であることと, g が K 上の環の射 $g\colon A\to\mathrm{Map}_G(X,L)=\mathbf{A}(X)$ であることが同値であることを示す.

$f\colon X\to\mathrm{Mor}_K(A,L)$ が G 写像であるとする. $a\in A$, $x\in X$, $\sigma\in G$ に対し, $g(a)(\sigma\cdot x)=f(\sigma\cdot x)(a)=(\sigma\cdot f(x))(a)=\sigma(f(x)(a))=\sigma(g(a)(x))$ だから, g は写像 $g\colon A\to\mathrm{Map}_G(X,L)$ を定める. さらに $a,b\in A$, $x\in X$ に対し, $g(a+b)(x)=f(x)(a+b)=f(x)(a)+f(x)(b)=g(a)(x)+g(b)(x)$ だから $g(a+b)=g(a)+g(b)$ である. 同様に g は乗法を保つ. $g(1)(x)=f(x)(1)=1$ だから, $g(1)\colon X\to L$ は定値写像 1 であり, 環 $\mathrm{Mor}_K(A,L)$ の単位元である. よって, g は K 上の環の射 $g\colon A\to\mathrm{Map}_G(X,L)$ である.

$g\colon A\to\mathrm{Map}_G(X,L)$ が K 上の環の射であるとする. $a,b\in A$, $x\in X$ に対し, $f(x)(a+b)=g(a+b)(x)=g(a)(x)+g(b)(x)=f(x)(a)+f(x)(b)$ であり, 同様に $f(x)\colon A\to L$ は乗法も保つ. $g(1)\colon X\to L$ は定値写像 1 だから, $f(x)(1)=g(1)(x)=1$ である. よって, f は写像 $f\colon X\to\mathrm{Mor}_K(A,L)$ を定める. さらに $\sigma\in G$ に対し, $f(\sigma\cdot x)(a)=g(a)(\sigma\cdot x)=\sigma(g(a)(x))=\sigma(f(x)(a))=\sigma(f(x))(a)$ だから, $f\colon X\to\mathrm{Mor}_K(A,L)$ は G 写像である.

よって，可逆写像 (3.17) が得られる．これは関手の同形 $\mathrm{Map}_G(-, \mathbf{X}(-)) \to \mathrm{Mor}_K(-, \mathbf{A}(-))$ を定めるから，$\mathbf{X}$ は $\mathbf{A}$ の左随伴関手である． □

$\mathbf{X}$ は $\mathbf{A}$ の左随伴関手だから，関手の射 $1_{【K上の環】} \to \mathbf{AX}$ (1.30) と $1_{【G集合】} \to \mathbf{XA}$ (1.31) が定まる．$\mathbf{X}$ と $\mathbf{A}$ は反変関手なので，(1.31) の射の向きが逆になる．したがって，K 上の環 A に対し，K 上の環の射

$$A \to \mathbf{AX}(A) = \mathrm{Map}_G(\mathrm{Mor}_K(A, L), L) \tag{3.18}$$

が定まり，G 集合 X に対し，G 写像

$$X \to \mathbf{XA}(X) = \mathrm{Mor}_K(\mathrm{Map}_G(X, L), L) \tag{3.19}$$

が定まる．

L を K の有限次ガロワ拡大とし，G をそのガロワ群とする．K 上の体 M に対し，K 上の体の射 $M \to L$ が存在するとき，K の拡大体 M は L で**分解** (split) するという．テンソル積を既習の読者むけのこの用語の説明としては，次の定理 3.4.2.1 から L 上の環の同形 $M \otimes_K L \to \prod_{\sigma \in \mathrm{Mor}_K(M,L)} L$ がしたがうことである．

定理 3.4.2　L を K の有限次ガロワ拡大とし，G をそのガロワ群とする．

1. K の拡大体 M が L で分解するとする．G 集合 $\mathbf{X}(M) = \mathrm{Mor}_K(M, L)$ は連結であり，$\#\mathbf{X}(M) = [M : K]$ である．M は K の分離拡大であり，M の K 上の共役はすべて L に含まれる．K 上の環の射 $M \to \mathbf{AX}(M)$ (3.18) は同形である．L は M のガロワ拡大である．

2. X を連結 G 集合とする．K 上の環 $\mathbf{A}(X) = \mathrm{Map}_K(X, L)$ は L で分解する K の拡大体であり，$[\mathbf{A}(X) : K] = \#X$ である．G 写像 $X \to \mathbf{XA}(X)$ (3.19) は可逆である．

3. 関手 $\mathbf{X}$ の制限は充満部分圏の同値

$$\mathbf{Y}\colon【L\text{ で分解する }K\text{ の拡大体}】 \to 【\text{連結 }G\text{ 集合}】^{\mathrm{op}} \tag{3.20}$$

を定める．$\mathbf{A}$ の制限は準逆関手である． ■

証明　1. M を L で分解する K の拡大体とし，$X = \mathbf{X}(M) = \mathrm{Mor}_K(M, L) \neq \varnothing$ とおく．$\sigma \in X$ とし，σ の固定部分群を $H \subset G$ とおく．命題 3.3.2.1 より，σ は単射 G 写像 $G/H \to X$ を定める．命題 3.1.8 より

$$[G:H] \leqq \#X = \#\mathrm{Mor}_K(M,L) \leqq [M:K] \tag{3.21}$$

である．

命題 3.3.4 より，G の単位元の像 $\bar{e} \in G/H$ での値写像は，不変部分体への同形 $\mathrm{ev}_{\bar{e}}\colon \mathbf{A}(G/H) = \mathrm{Map}_G(G/H, L) \to L^H$ を定める．$\sigma \in X$ が定める単射 G 写像 $G/H \to X = \mathbf{X}(M)$ と (3.18) は K 上の体の射 $M \to \mathbf{AX}(M) = \mathbf{A}(X) \to \mathbf{A}(G/H) \to L^H$ をひきおこす．体の射 $M \to L^H$ は命題 2.5.2.3 より単射だから，命題 3.1.8 と補題 3.1.6 より

$$|H| \leqq |\mathrm{Aut}_{L^H} L| \leqq [L:L^H] \leqq [L:L^H][L^H:M] = [L:M] \tag{3.22}$$

である．

命題 3.3.8.1 より $|G| = [G:H]\cdot|H|$ であり，補題 3.1.6 より $[L:K] = [M:K]\cdot[L:M]$ であり，命題 3.2.3(1)⇒(2) より $|G| = [L:K]$ だから，(3.21) と (3.22) の不等号はすべて等号である．

(3.21) の 1 つめの不等号が等号だから，命題 3.3.6 より G 集合 $X = \mathrm{Mor}_K(M,L)$ は連結である．2 つめの不等号が等号だから，$\#\mathbf{X}(M) = \#\mathrm{Mor}_K(M,L) = [M:K]$ である．よって M は K の分離拡大であり，M の K 上の共役はすべて L に含まれる．

(3.22) の 3 つめの不等号が等号で G 写像 $G/H \to X$ は可逆だから，$M \to \mathbf{A}(X) \to \mathbf{A}(G/H) = L^H$ (3.18) は同形である．(3.22) の 2 つめの不等号が等号だから，命題 3.2.3(2)⇒(1) より，L は M のガロワ拡大である．さらに 1 つめの不等号が等号だから，$H = \mathrm{Gal}(L/M)$ である．

2. X を連結 G 集合とする．命題 3.3.6 より，$X = G/H$ としてよい．$\mathbf{A}(X)$ は命題 3.3.4 より不変部分体 $L^H \subset L$ と同形だから，L で分解する K の拡大体である．L^H を M とおく．1. より G 集合 $\mathbf{X}(M)$ も連結だから，連結 G 集合の G 写像 $X \to \mathbf{XA}(X) = \mathbf{X}(M)$ (3.19) は全射である．

定理 3.2.6(2)⇒(1) より L は M のガロワ拡大であり，$H = \mathrm{Gal}(L/M)$ である．よって 1. と補題 3.1.6 と命題 3.2.3 と命題 3.3.8.1 より

$$\#\mathbf{X}(M) = [M:K] = [L:K]/[L:M] = |G|/|H| = [G:H] = \#X \tag{3.23}$$

であり，$[\mathbf{A}(X):K] = [M:K] = \#X$ である．

(3.23) より，全射 G 写像 $X \to \mathbf{X}(M)$ (3.19) は同形である．

3. 充満部分圏をそれぞれ $C=$【L で分解する K の拡大体】と $C'=$【連結 G 集合】で表す．1. と 2. より関手 $\mathbf{X}$ と $\mathbf{A}$ の制限は関手 $\mathbf{Y}\colon C\to C'^{\mathrm{op}}$ と $\mathbf{B}\colon C'^{\mathrm{op}}\to C$ を定める．さらに 1. と 2. より，(3.18) と (3.19) は関手の同形 $1_C\to\mathbf{BY}$ と $1_{C'^{\mathrm{op}}}\to\mathbf{YB}$ を定める． □

ガロワ理論の基本定理を導く．

系 3.4.3 L を K の有限次ガロワ拡大とし，$G=\mathrm{Gal}(L/K)$ とする．

1. （**ガロワ理論の基本定理**）G の部分群 H に不変部分体 $M=L^H$ を対応させる写像

$$\{G \text{ の部分群 }\}\to\{K \text{ と } L \text{ の中間体 }\} \tag{3.24}$$

は可逆である．逆写像は中間体 M をガロワ群 $\mathrm{Gal}(L/M)=\{\sigma\in G\mid x\in M$ ならば $\sigma(x)=x\}\subset G$ にうつす写像である．

2. H を G の部分群とし，$M=L^H$ を可逆写像 (3.24) により対応する中間体とする．M は K の分離拡大であり，$[M:K]=[G:H]$ である．K 上の体の同形 $\sigma\colon L\to L$ を M への制限 $\sigma|_M\colon M\to L$ にうつす写像 $G=\mathrm{Aut}_K(L)\to\mathrm{Mor}_K(M,L)$ は可逆写像 $G/H\to\mathrm{Mor}_K(M,L)$ をひきおこす．

3. M,M' を K と L の中間体とし，可逆写像 (3.24) により対応する G の部分群を H,H' とすると，$M\subset M'$ と $H\supset H'$ は同値である．

4. M を K と L の中間体とし，可逆写像 (3.24) により対応する G の部分群を H とする．

M が K のガロワ拡大であるための条件は H が G の正規部分群であることである．このとき，K 上の同形 $\sigma\colon L\to L$ をその制限 $\sigma|_M\colon M\to\sigma(M)=M$ にうつす写像 $G\to\mathrm{Gal}(M/K)$ は，群の同形 $G/H\to\mathrm{Gal}(M/K)$ をひきおこす． ■

証明 1. M を中間体とすると，定理 3.4.2.1 より，L は M のガロワ拡大である．$H=\mathrm{Gal}(L/M)\subset G$ とおけば，定理 3.2.6(1)⇒(2) より，$M=L^H$ である．よって系 3.2.7 より，M を $H=\mathrm{Gal}(L/M)$ にうつす写像は逆写像であり，(3.24) は可逆である．

2. 定理 3.4.2.1 より $M=L^H$ は K の分離拡大である．(3.21) は等号だから，$[M:K]=[G:H]$ である．K の拡大体の同形 $M=L^H\to\mathbf{A}(G/H)$ は，

G 集合の同形 $G/H \to \mathbf{X}(M) = \mathrm{Mor}_K(M, L)$ をひきおこす.

3. $M \subset M'$ ならば $H = \{\sigma \in G \mid x \in M$ ならば$\sigma(x) = x\} \supset H' = \{\sigma \in G \mid x \in M'$ ならば$\sigma(x) = x\}$ である. $H \supset H'$ ならば $M = \{x \in L \mid \sigma \in H$ ならば$\sigma(x) = x\} \subset M' = \{x \in L \mid \sigma \in H'$ ならば$\sigma(x) = x\}$ である.

4. 圏の同値 (定理 3.4.2.3) より $\mathrm{Aut}_K(M)^{\mathrm{op}} = \mathrm{Aut}_G(G/H)$ であり, 2. より $[M : K] = [G : H]$ である. よって命題 3.2.3 より M が K のガロワ拡大であるための条件は $[G : H] = \#\mathrm{Aut}_G(G/H)$ である. 命題 3.3.8.2 より, これは H が G の正規部分群であることと同値であり, そのとき $\mathrm{Aut}_G(G/H) = (G/H)^{\mathrm{op}}$ である. □

3.5　円分体

はじめに, 有限体のガロワ群を調べる.

命題 3.5.1　K を有限体とする.

1. K の標数は素数である. p を K の標数とすると, K の元の個数は p の巾(べき)である.

2. p を素数とし, K の元の個数を p^n とする. K は $\mathbf{F}_p$ のガロワ拡大であり, ガロワ群 $\mathrm{Gal}(K/\mathbf{F}_p)$ はフロベニウス写像 φ で生成される位数 n の巡回群である. ■

証明　1. $\mathbf{Z}$ は無限集合だから, 環の射 $\mathbf{Z} \to K$ は単射ではない. よって, K の標数は素数である. p を K の標数とする. K は $\mathbf{F}_p$ の有限次拡大だから, $n = [K : \mathbf{F}_p]$ とおくと K の元の個数は p^n である.

2. $G = \mathrm{Aut}_{\mathbf{F}_p}(K)$ とおく. $\varphi \in G$ である. 自然数 $i \geqq 1$ に対し $\{x \in K \mid \varphi^i(x) = x\} = \{x \in K \mid x^{p^i} = x\}$ の元の個数は例題 2.5.3.2 より多項式 $X^{p^i} - X$ の次数 p^i 以下である. よって $1 \leqq i < n$ ならば $\varphi^i \neq 1_K$ であり, 巡回部分群 $\langle\varphi\rangle \subset G$ の位数は n 以上である. 命題 3.1.8 より

$$n \leqq \#\langle\varphi\rangle \leqq \#G \leqq [K : \mathbf{F}_p] = n$$

だから, すべて等号がなりたつ. 3 つめの不等号が等号だから命題 3.2.3(2)⇒(1) より, K は $\mathbf{F}_p$ のガロワ拡大であり, $G = \mathrm{Gal}(K/\mathbf{F}_p)$ である. 1 つめと 2 つ

めの不等号が等号だから G は φ で生成される位数 n の巡回群である. □

有限体 K の元の個数を K の**位数**という. 本節の最後で任意の素数巾 p^e に対し, 位数が p^e の有限体が存在することを証明する.

系 3.5.2 p を素数とし, K を位数が p^n の有限体とする.

1. K の元 a で $K = \mathbf{F}_p(a)$ をみたすものが存在する.
2. K' も位数が p^n の有限体とすると, 体の同形 $K \to K'$ が存在する. ■

証明 1. K の中間体はガロワ理論の基本定理（系 3.4.3）より位数 n の巡回群 $\mathrm{Gal}(K/\mathbf{F}_p)$ の部分群と 1 対 1 に対応するから, 命題 2.3.6.2 より n の約数 d に対し, 拡大次数が d のものがただ 1 つ存在する. $\displaystyle\sum_{d|n, d<n} p^d \leqq \sum_{d=1}^{n-1} p^d = \frac{p^n - p}{p-1} \leqq p^n - p < p^n$ だから, K の元 a で K 以外の中間体には含まれないものが存在する. この a に対し $\mathbf{F}_p(a) = K$ である.

2. $K = \mathbf{F}_p(a)$ とし, a の $\mathbf{F}_p$ 上の最小多項式を $P \in \mathbf{F}_p[X]$ とする. $K = \mathbf{F}_p[X]/(P)$ と同一視する. $\varphi \in \mathrm{Gal}(K/\mathbf{F}_p)$ の位数は n だから, $a \in K$ は $a^{p^n} - a = 0$ をみたす. よって P は $X^{p^n} - X$ をわりきる.

$\varphi \in \mathrm{Gal}(K'/\mathbf{F}_p)$ の位数は n だから, 任意の $x \in K'$ は $x^{p^n} = x$ をみたし, $X^{p^n} - X \in K'[X]$ は 1 次式の積 $\displaystyle\prod_{x \in K'}(X - x)$ に分解する. よって例題 2.6.11 より, $P(b) = 0$ をみたす $b \in K'$ が存在し, 体の射 $K = \mathbf{F}_p[X]/(P) \to K'$ が定まる. 命題 2.5.2.3 より, これは単射で, 源と的の元の個数は等しいから全単射であり同形である. □

命題 3.5.3 K を体とする. M を乗法群 $K^\times$ の有限部分群とし, 位数を $n \geqq 1$ とする. M は巡回群であり, $M = \{x \in K \mid x^n = 1\}$ である.

n は K の標数でわりきれない. ■

証明 d を n の約数とすると, $\{x \in K \mid x^d - 1 = 0\}$ の元の個数は d 以下である. よって補題 3.3.9 より M は巡回群である. $M \subset \{x \in K \mid x^n - 1 = 0\}$ で $n = \#M \leqq \#\{x \in K \mid x^n - 1 = 0\} \leqq n$ だから, 等号がなりたつ.

K の標数が $p > 0$ ならば, 命題 2.8.1 より $X^p - 1 = (X-1)^p$ だから, M の位数 p の元は存在しない. M は巡回群だから p は n をわりきらない. □

位数 n の巡回群 M は階数 1 の自由 $\mathbf{Z}/n\mathbf{Z}$ 加群だから，その自己同形群は標準的に乗法群 $(\mathbf{Z}/n\mathbf{Z})^\times$ と同一視される．体 K の乗法群の元 $\zeta \in K^\times$ の位数が $n \geqq 1$ のとき，ζ は 1 の**原始 n 乗根** (primitive n th root of unity) であるという．ζ が 1 の原始 n 乗根ならば，例題 2.5.3.2 より $X^n - 1$ は相異なる 1 次式の積 $\prod_{i=0}^{n-1}(X - \zeta^i)$ に分解する．

系 3.5.4 K を体とし，$n \geqq 1$ を自然数とする．K の拡大体 L が 1 の原始 n 乗根 $\zeta_n \in L$ で生成されるとする．

1. $L = K(\zeta_n)$ は K の有限次ガロワ拡大である．

2. L の K 上の自己同形 $\sigma: L \to L$ を巡回部分群 $M = \langle \zeta_n \rangle \subset L^\times$ への制限 $\sigma|_M \in \mathrm{Aut}\ M$ にうつす群の射

$$\mathrm{Gal}(L/K) \to \mathrm{Aut}\ M = (\mathbf{Z}/n\mathbf{Z})^\times \tag{3.25}$$

は単射である． ■

証明 1. $P \in K[X]$ を ζ_n の最小多項式とすると，P は相異なる 1 次式の積 $X^n - 1 = \prod_{i=0}^{n-1}(X - \zeta_n^i) \in L[X]$ をわりきるから，例題 2.6.11 より P も L で相異なる 1 次式の積に分解する．例 3.2.4 より L は K のガロワ拡大である．

2. $M = \{x \in L \mid x^n = 1\}$ だから，L の K 上の自己同形 $\sigma \in \mathrm{Gal}(L/K)$ は M の自己同形 $\sigma|_M$ をひきおこす．よって群の射 $\mathrm{Gal}(L/K) \to \mathrm{Aut}\ M: \sigma \mapsto \sigma|_M$ が定まる．$\sigma|_M = 1_M$ なら $\sigma(\zeta_n) = \zeta_n$ だから $\sigma = 1_L$ である． □

1 の原始 n 乗根は次の命題で定義する**円分多項式** (cyclotomic polynomial) Φ_n の根である．

命題 3.5.5 1. 最高次係数が 1 の多項式 $\Phi_n \in \mathbf{Z}[X]$ の列で，各自然数 $n \geqq 1$ に対し

$$X^n - 1 = \prod_{d|n} \Phi_d \tag{3.26}$$

をみたすものがただ 1 つ存在する．Φ_n の次数は $(\mathbf{Z}/n\mathbf{Z})^\times$ の位数 $\varphi(n)$ である．

$n \neq m$ を 1 以上の自然数とすると，Φ_n と $\Phi_m \in \mathbf{Q}[X]$ はたがいに素である．

2. p を素数とし，n を p と素な自然数とする．$e \geqq 1$ を自然数とすると，

$$\Phi_{p^e n} \equiv \Phi_n^{(p-1)p^{e-1}} \bmod p \tag{3.27}$$

である．

$m \neq n$ も p と素な自然数とすると，Φ_n と $\Phi_m \in \mathbf{F}_p[X]$ はたがいに素である． ■

証明 1. n に関して帰納的に (3.26) をみたす多項式 $\Phi_n \in \mathbf{Q}[X]$ の列を定め，$1 \leqq m < n$ ならば Φ_n と Φ_m はたがいに素であることを示す．$\Phi_1 = X - 1$ である．$n > 1$ とする．帰納法の仮定より n の約数 $1 \leqq d < n$ に対し $\Phi_d \in \mathbf{Q}[X]$ が定まり，(3.26) より Φ_d は $X^d - 1$ をわりきるから $X^n - 1$ もわりきる．帰納法の仮定より n の約数 $1 \leqq d < d' < n$ に対し Φ_d と $\Phi_{d'}$ はたがいに素だから，中国の剰余定理（系 2.3.8.2）より $\displaystyle\prod_{d|n, d<n} \Phi_d \in \mathbf{Q}[X]$ は $X^n - 1$ をわりきる．よって (3.26) をみたす $\Phi_n \in \mathbf{Q}[X]$ が定まる．

$1 \leqq m < n$ ならば $\Phi_m, \Phi_n \in \mathbf{Q}[X]$ がたがいに素であることを示す．n を m でわったあまりを $r \geqq 0$ とすると，$X^n - 1$ を $X^m - 1$ でわったあまりは $X^r - 1$ である．よって $d < n$ を n, m の最大公約数とすると，ユークリッドの互除法より $X^n - 1, X^m - 1$ の最大公約式は $X^d - 1$ である．

(3.26) より Φ_n, Φ_m は $X^n - 1, X^m - 1$ をわりきるから，Φ_n, Φ_m の最大公約式は $X^d - 1$ をわりきる．$n = kd$ とすると，$\dfrac{X^n - 1}{X^d - 1} = X^{(k-1)d} + \cdots + X^d + 1$ を $X^d - 1$ でわったあまりは $k \neq 0$ だから，$\dfrac{X^n - 1}{X^d - 1}$ と $X^d - 1$ はたがいに素である．(3.26) より Φ_n は $\dfrac{X^n - 1}{X^d - 1}$ をわりきるから，Φ_n と $X^d - 1$ もたがいに素である．よって Φ_n と Φ_m はたがいに素である．

Φ_n は $X^n - 1 \in \mathbf{Z}[X]$ をわりきり最高次係数は 1 だから，系 2.7.2.1 より $\Phi_n \in \mathbf{Z}[X]$ である．(3.26) より $\displaystyle\sum_{d|n} \deg \Phi_d = n$ だから，n に関する帰納法と例 2.3.4 により，$\deg \Phi_n = \varphi(n)$ である．

2. $\Psi_{p^e n}$（プサイ）$= \Phi_n^{(p-1)p^{e-1}} \in \mathbf{F}_p[X]$ とおく．$X^{p^e n} - 1 \equiv (X^n - 1)^{p^e} = (\displaystyle\prod_{d|n} \Phi_d)^{p^e} = \prod_{d|p^e n} \Psi_d \bmod p$ だから，$p^e n$ に関する帰納法により $\Psi_{p^e n} \equiv \Phi_{p^e n} \bmod p$ である．

1. の証明の記号で n の約数 k も p と素なことに注意すれば，$\mathbf{Q}[X]$ の場合と同じ証明により Φ_n と $\Phi_m \in \mathbf{F}_p[X]$ はたがいに素である． □

系 3.5.6 K を体とし，$n \geqq 1$ を K の標数でわりきれない自然数とする．$x \in K$ に対し，次の条件は同値である．

(1) x は 1 の原始 n 乗根である．

(2) $\Phi_n(x) = 0$ である． ■

証明 (1) は次の条件と同値である．

(1′) $x^n - 1 = 0$ であり，$1 \leqq d < n$ が n の約数ならば $x^d - 1 \neq 0$ である．

(1′)⇒(2)：(3.26) より $x^n - 1 = \prod_{d|n} \Phi_d(x) = 0$ である．Φ_d は $X^d - 1$ をわりきるから，$1 \leqq d < n$ ならば $\Phi_d(x) \neq 0$ である．よって $\Phi_n(x) = 0$ である．

(2)⇒(1′)：Φ_n は $X^n - 1$ をわりきるから，$x^n - 1 = 0$ である．命題 3.5.5 より $1 \leqq d < n$ が n の約数ならば Φ_d は Φ_n とたがいに素だから，$\Phi_d(x) \neq 0$ である．よって，$x^d - 1 = \prod_{c|d} \Phi_c(x) \neq 0$ である． □

3・5

例題 3.5.7 小さい自然数 n に対し，円分多項式 $\Phi_n \in \mathbf{Z}[X]$ を求めよ． ■

解 $\Phi_2 = X+1, \Phi_3 = X^2+X+1$ である．p が素数なら $\Phi_p = (X^p-1)/(X-1) = X^{p-1} + \cdots + X + 1$ である．

$\Phi_4 = X^2 + 1$ である．p が素数で，$e \geqq 1$ が自然数ならば，$\Phi_{p^e} = \Phi_p(X^{p^{e-1}})$ である．

$\Phi_6 = X^2 - X + 1$ である．$m > 1$ が奇数ならば $\Phi_{2m} = \Phi_m(-X)$ である．

$\Phi_{12} = X^4 - X^2 + 1$ である．d の素因数がすべて m の約数ならば $\Phi_{md} = \Phi_m(X^d)$ である． □

複素数係数の多項式として Φ_n は 1 次式の積 $\prod_{a \in [n]^*} \left(X - \exp\left(\frac{2a\pi\sqrt{-1}}{n}\right)\right)$ である．

円分多項式 $\Phi_n \in \mathbf{Q}[X]$ が既約なことを証明する．

定理 3.5.8 $n \geqq 1$ を自然数とし，$\Phi_n \in \mathbf{Q}[X]$ を円分多項式とする．

1. $P \in \mathbf{Q}[X]$ を Φ_n をわりきる既約多項式とし，$\mathbf{Q}(\zeta_n) = \mathbf{Q}[X]/(P)$ とし，X の類を ζ_n とする．標準単射

$$\mathrm{Gal}(\mathbf{Q}(\zeta_n)/\mathbf{Q}) \to (\mathbf{Z}/n\mathbf{Z})^\times \tag{3.28}$$

は同形である．

2. 円分多項式 $\Phi_n \in \mathbf{Q}[X]$ は既約であり，**円分体** (cyclotomic field) $\mathbf{Q}(\zeta_n)$ の拡大次数 $[\mathbf{Q}(\zeta_n) : \mathbf{Q}]$ は有限群 $(\mathbf{Z}/n\mathbf{Z})^\times$ の位数 $\varphi(n)$ と等しい． ■

証明　1. P は $X^n-1 \in \mathbf{Z}[X]$ をわりきるから，系 2.7.2.1 より $\mathbf{Z}$ 係数である．商環 $\mathbf{Z}[X]/(P)$ は命題 2.4.6 より $\mathbf{Z}$ 加群として有限階数の自由加群だから，部分環 $A=\mathbf{Z}[\zeta_n] \subset \mathbf{Q}(\zeta_n)$ と同一視される．$M=\langle \zeta_n \rangle$ は A の部分集合である．

p を n と素な素数とし，$p \in (\mathbf{Z}/n\mathbf{Z})^\times$ が $G=\mathrm{Gal}(\mathbf{Q}(\zeta_n)/\mathbf{Q}) \to (\mathbf{Z}/n\mathbf{Z})^\times$ (3.28) の像に含まれることを示す．$Q \in \mathbf{F}_p[X]$ を $P \bmod p$ をわりきる既約多項式とする．A/pA を $\mathbf{Z}[X]/(p,P)=\mathbf{F}_p[X]/(P)$ と同一視する．Q は $\mathbf{F}_p[X]/(P)$ の極大イデアルの生成元だから，命題 2.3.6 より pA を含む A の極大イデアル $\mathfrak{m}$ を定める．$E=A/\mathfrak{m}=\mathbf{F}_p[X]/(Q)$ は標数 p の有限体である．

補題 3.5.9　写像 $M=\langle \zeta_n \rangle \to E$ を $z \mapsto z \bmod \mathfrak{m}$ で定める．これは単射で，その像は $M_E=\{x \in E \mid x^n=1\}$ である．■

証明　$\zeta=\zeta_n$ とおく．$X^{n-1}+\cdots+X+1=\displaystyle\prod_{i=1}^{n-1}(X-\zeta^i) \in A[X]$ だから，$X=1$ を代入すれば $n=\displaystyle\prod_{i=1}^{n-1}(1-\zeta^i)$ である．$p \nmid n$ としているから E の元 n は可逆で，したがって $i=1,\ldots,n-1$ なら $\zeta^i \not\equiv 1 \bmod \mathfrak{m}$ である．よって $M \to E^\times$ の核は $\{1\}$ であり，$M \to E^\times \subset E$ は単射である．

$X^n-1 \in E[X]$ は相異なる 1 次式の積 $X^n-1=\displaystyle\prod_{i=1}^{n}(X-\zeta^i)$ に分解するから，写像 $M \to E$ の像 $\{\zeta^i \bmod \mathfrak{m} \mid i=1,\ldots,n\}$ は $M_E=\{x \in E \mid x^n-1=0\}$ である．□

（定理 3.5.8 の証明の続き）有限体のガロワ群 $D=\mathrm{Gal}(E/\mathbf{F}_p)$ はフロベニウス写像 φ で生成される巡回群である．$E=\mathbf{F}_p(\zeta_n)$ だから，系 3.5.4 より，標準単射 $D \to (\mathbf{Z}/n\mathbf{Z})^\times$ が定まる．$\varphi(\zeta_n)=\zeta_n^p$ だから $\varphi \in D$ の像は p である．次の図式を考える．

$$
\begin{array}{ccccc}
G & \longrightarrow & (\mathbf{Z}/n\mathbf{Z})^\times & \longrightarrow & M \\
 & & \| & & \downarrow{\scriptstyle (z \mapsto z \bmod \mathfrak{m})} \\
D & \longrightarrow & (\mathbf{Z}/n\mathbf{Z})^\times & \longrightarrow & M_E.
\end{array}
$$

右のよこの写像は $i \in (\mathbf{Z}/n\mathbf{Z})^\times$ をそれぞれ ζ_n^i と $\zeta_n^i \bmod \mathfrak{m}$ にうつす写像で，右の 4 角は可換である．左のよこの射はそれぞれ標準単射である．よこの写像はすべて単射である．

上の行の合成写像は $\sigma \in G$ を $\sigma(\zeta_n) \in M$ にうつし，その像は $\{x \in \mathbf{Q}(\zeta_n) \mid P(x) = 0\}$ である．下の行の合成写像は $\tau \in D$ を $\tau(\zeta_n \bmod \mathfrak{m}) \in M_E$ にうつし，その像は $\{x \in E \mid Q(x) = 0\} \subset \{x \in E \mid P(x) = 0\}$ である．

補題 3.5.9 より右のたての射 $M \to M_E$ は可逆である．これは部分集合 $\{x \in \mathbf{Q}(\zeta_n) \mid P(x) = 0\} \subset M$ を $\{x \in E \mid P(x) = 0\} \subset M_E$ にうつすから，$\varphi \in D$ の像 $p \in (\mathbf{Z}/n\mathbf{Z})^\times$ は $G \to (\mathbf{Z}/n\mathbf{Z})^\times$ の像に含まれる．

a を n と素な自然数とする．a の任意の素因数 p の $(\mathbf{Z}/n\mathbf{Z})^\times$ での類は，上で示したように G の像に含まれる．したがってそれらの積である a も G の像に含まれる．よって単射 $G \to (\mathbf{Z}/n\mathbf{Z})^\times$ は同形である．

2. 1. より $\deg P = [\mathbf{Q}(\zeta_n) : \mathbf{Q}]$ は $\deg \Phi_n = \varphi(n)$ と等しいから，$P = \Phi_n$ であり，$\mathbf{Q}(\zeta_n) = \mathbf{Q}[X]/(\Phi_n)$ である． □

定理 2.8.3 の証明で使った同形 $\mathbf{Z}[\sqrt{-1}]/p\mathbf{Z}[\sqrt{-1}] = \mathbf{Z}[X]/(p, X^2+1) = \mathbf{F}_p[X]/(X^2+1)$ は，上の証明で使った同一視 $A/pA = \mathbf{Z}[X]/(p, \Phi_n) = \mathbf{F}_p[X]/(\Phi_n)$ の $n = 4$ の場合である．

命題 3.5.10 p を素数とし，$e \geqq 1$ を自然数とする．位数が p^e の体が存在する． ■

証明 $n = p^e - 1$ とし，$E = A/\mathfrak{m}$ を定理 3.5.8 の証明のとおりとする．E は $\mathbf{F}_p$ のガロワ拡大で，ガロワ群 $\mathrm{Gal}(E/\mathbf{F}_p)$ は $(\mathbf{Z}/n\mathbf{Z})^\times$ の部分群 $\langle p \rangle$ である．$0 \leqq i < e$ なら $p^i < p^e - 1 = n$ だから，$p \in (\mathbf{Z}/n\mathbf{Z})^\times$ の位数は e である．よって $\#\langle p \rangle = [E : \mathbf{F}_p] = e$ であり，E の位数は p^e である． □

第4章 ホモロジー

幾何学の対象は古くは平面や 3 次元空間内の図形だったが，現代の幾何学の主な対象はユークリッド空間におさまらない空間である．このような空間を幾何学の対象とするための 1 つの方法が，位相を定めて位相空間として扱うことである．位相空間は，連続写像を射として圏をなす．

この幾何学の対象を理解するために導入されたのが，幾何学の対象を線形代数的な対象で近似するホモロジーである．位相空間のホモロジー群は，一般次元の立方体からの連続写像によって線形代数的に構成される特異鎖複体のホモロジー群として定義され，位相空間の圏から加群の圏への関手を定める．

2 つの位相空間が位相空間としては同じものであることを示すには，その間に同相写像を構成すれば十分である．しかし違うものであることを示すには，同相写像が存在しないことを証明する必要がある．ホモロジー群が同形でないことを示せば，ホモロジー群の関手性から位相空間が同相でないことを導ける．この方法により，ユークリッド空間は次元が異なれば同相でなく，球面とトーラスも同相でないことを証明することをこの章での目標とする．

4.2 節で位相空間と連続写像を導入する．このような抽象的な対象に慣れていない読者は，ユークリッド空間，とくに平面や 3 次元空間の部分空間だけを想定して読み進めることもできる．4.1 節では，ユークリッド空間の空でない有界閉集合で定義された連続関数に関する最大値の定理を証明する．

位相空間のホモロジー群を 4.5 節で定義する準備として，加群を扱う線形代数と複体を扱うホモロジー代数について必要となる内容を 4.3 節と 4.4 節でそれぞれ解説する．ホモロジー群の基本的な性質であるホモトピー不変性を 4.6 節で証明し，マイヤー–ヴィートリス完全系列を 4.7 節で構成する．

ホモトピー不変性は，連続写像を連続的に変形してもホモロジー群にひきおこされる写像は変わらないという性質である．マイヤー–ヴィートリス完全系列により，位相空間のホモロジー群はより簡単な部分空間のホモロジー群を組み合わせて計算できるようになる．

マイヤー–ヴィートリス完全系列の構成は，ホモロジー群の長完全系列に関するホモロジー代数的な部分と，立方体の細分に関する幾何的な部分からなる．ホモロジー代数的な部分の基礎が 4.3 節で証明するへびの補題である．4.7 節で証明する幾何的な部分では，立方体からの連続写像と位相空間の開被覆に対し立方体を細分すればそれぞれの像が開集合に含まれることを示すことと，立方体の細分が定める特異鎖複体の自己射と恒等射の間のホモトピーの構成が核心である．前半は最大値の定理の帰結である．

4.8 節では，ユークリッド空間から 1 点をのぞいて得られる空間のホモロジー群を求め，次元が異なるユークリッド空間がたがいに同相でないことを導く．球面とトーラスが同相でないことも示す．

4.1 最大値の定理

$n \geqq 0$ を自然数とする．高次元空間に慣れていない読者は $n = 2, 3$ として読み進めてもかまわない．$\mathbf{R}$ で実数全体の集合を表し，$\mathbf{R}^n = \{(x_1, \ldots, x_n) \mid x_1, \ldots, x_n \in \mathbf{R}\}$ で n 次元**ユークリッド空間** (Euclidean space) を表す．$\mathbf{R}^n$ の 2 点 $x = (x_1, \ldots, x_n)$, $y = (y_1, \ldots, y_n)$ の**距離** (distance) $d(x, y) \geqq 0$ は $d(x, y) = \sqrt{\sum_{i=1}^{n} (x_i - y_i)^2}$ で定義される．原点との距離 $d(x, 0)$ はベクトル x の**長さ** (length) $|x| = \sqrt{\sum_{i=1}^{n} x_i^2}$ である．3 点 $x, y, z \in \mathbf{R}^n$ に対し，**3 角不等式** (trigonometric inequality) $d(x, z) \leqq d(x, y) + d(y, z)$（『集合と位相』命題 3.2.2）がなりたつ．

定義 4.1.1 $n \geqq 0$ を自然数とする．

1. $a \in \mathbf{R}^n$ とし，$r > 0$ を実数とする．a を中心とする半径 r の球の内部 $\{x \in \mathbf{R}^n \mid d(x, a) < r\}$ を，**開球** (open ball) とよび $U_r(a)$ で表す．

2. A を $\mathbf{R}^n$ の部分集合とし，$f(x)$ を A で定義された実数値関数とする．任意の $a \in A$ と任意の実数 $q > 0$ に対し，実数 $r > 0$ で，$x \in U_r(a) \cap A$ ならば $|f(x) - f(a)| < q$ をみたすものが存在するとき，$f(x)$ は**連続関数** (continuous function) であるという． ■

空でない部分集合 $A \subset \mathbf{R}^n$ と $x \in \mathbf{R}^n$ に対し，$d(x, A) = \inf_{a \in A} d(x, a) \geqq 0$ とおく．$x \in A$ ならば，$d(x, A) \leqq d(x, x) = 0$ だから $d(x, A) = 0$ である．

定義 4.1.2 A を $\mathbf{R}^n$ の部分集合とする．

1. A が $\mathbf{R}^n$ の**閉集合** (closed subset) であるとは，A が空集合であるかまたは $A = \{x \in \mathbf{R}^n \mid d(x, A) = 0\}$ であることをいう．

2. A が**有界** (bounded) であるとは，$A \subset [a_1, b_1] \times \cdots \times [a_n, b_n]$ をみたす実数 $a_1 < b_1, \cdots, a_n < b_n$ が存在することをいう． ■

$\mathbf{R}^n$ の空でない任意の部分集合 A に対し $A \subset \{x \in \mathbf{R}^n \mid d(x, A) = 0\}$ だから，閉集合の定義の条件は $A \supset \{x \in \mathbf{R}^n \mid d(x, A) = 0\}$ ということである．

命題 4.1.3 A を $\mathbf{R}^n$ の部分集合とする．

1. $A \neq \varnothing$ とする．$x \in \mathbf{R}^n$ を $d(x, A)$ にうつす関数 $d(-, A) \colon \mathbf{R}^n \to \mathbf{R}$ は連続である．

2. 次の条件 (1) と (2) は同値である．

(1) A は $\mathbf{R}^n$ の閉集合である．

(2) 連続関数 $f \colon \mathbf{R}^n \to \mathbf{R}$ で，$A = \{x \in \mathbf{R}^n \mid f(x) \leqq 0\}$ であるものが存在する． ■

証明 1. $x, y \in \mathbf{R}^n$ に対し $|d(x, A) - d(y, A)| \leqq d(x, y)$ を示す．$a \in A$ とすると 3 角不等式より，$d(x, a) \leqq d(x, y) + d(y, a)$ である．下限を左辺，右辺の順にとれば $d(x, A) \leqq d(x, y) + d(y, A)$ であり，$d(x, A) - d(y, A) \leqq d(x, y)$ である．同様に $d(y, A) - d(x, A) \leqq d(y, x)$ だから，$|d(x, A) - d(y, A)| \leqq d(x, y)$ である．よって，$d(x, y) < r$ ならば $|d(x, A) - d(y, A)| < r$ である．

2. (1)⇒(2)：A が空集合のときは，$f(x)$ を定数関数 1 とすればよい．

A が空集合でないときは，$d(-, A)$ は 1. より連続関数であり，$A = \{x \in \mathbf{R}^n \mid d(x, A) \leqq 0\}$ である．

(2)⇒(1)：$f \colon \mathbf{R}^n \to \mathbf{R}$ を連続関数とし，$A = \{x \in \mathbf{R}^n \mid f(x) \leqq 0\}$ とする．$a \in \{x \in \mathbf{R}^n \mid d(x, A) = 0\} - A$ だったとして矛盾を導く．$f(a) > 0$ となるので，$q = f(a) > 0$ とおけば，実数 $r > 0$ で，$x \in U_r(a)$ ならば $|f(x) - f(a)| < q$ となるものがある．この r に対し，$x \in U_r(a)$ ならば $f(x) > f(a) - q = 0$ となるから，$d(a, A) \geqq r > 0$ である．これは矛盾だから，A は $\mathbf{R}^n$ の閉集合である． □

$r > 0, c \in \mathbf{R}^n$ とする．半径 r の**閉球** (closed ball) $D_r(c) = \{x \in \mathbf{R}^n \mid d(x,c) \leqq r\}$ は，命題 4.1.3 より $\mathbf{R}^n$ の閉集合である．A, B が $\mathbf{R}^n$ の閉集合ならば $A \cap B$ も $\mathbf{R}^n$ の閉集合である．

定理 4.1.4（**最大値の定理** (extreme value theorem)） A を $\mathbf{R}^n$ の空でない有界閉集合とする．$f\colon A \to \mathbf{R}$ が連続関数ならば，A の点 t で任意の $x \in A$ に対し $f(x) \leqq f(t)$ をみたすものが存在する． ■

証明 A は有界だから，$A \subset D = [a_1, b_1] \times \cdots \times [a_n, b_n]$ をみたす実数 $a_1 < b_1, \cdots, a_n < b_n$ がある．数列 (c_k) で，任意の $k \geqq 1$ に対し $c_k = 0$ または 1 であるものを次のように帰納的に定める．$c_1, \ldots, c_{k-1}$ まで定まっているとし，$k = mn + l,\ m \geqq 0,\ 1 \leqq l \leqq n$ とおく．

$i = 1, \ldots, n$ に対し

$$a_{i,k-1} = a_i + (b_i - a_i) \cdot \begin{cases} \displaystyle\sum_{j=0}^{m} \frac{c_{jn+i}}{2^{j+1}} & i < l \text{ のとき,} \\ \displaystyle\sum_{j=0}^{m-1} \frac{c_{jn+i}}{2^{j+1}} & l \leqq i \text{ のとき} \end{cases} \tag{4.1}$$

$$b_{i,k-1} = a_{i,k-1} + (b_i - a_i) \cdot \begin{cases} \dfrac{1}{2^{m+1}} & i < l \text{ のとき,} \\ \dfrac{1}{2^m} & l \leqq i \text{ のとき} \end{cases}$$

とおく．$D_{k-1} = [a_{1,k-1}, b_{1,k-1}] \times \cdots \times [a_{n,k-1}, b_{n,k-1}]$ を 2 等分して

$$D_k^- = \left\{x = (x_1, \ldots, x_n) \in D_{k-1} \mid x_l \leqq \frac{a_{l,k-1} + b_{l,k-1}}{2}\right\},$$
$$D_k^+ = \left\{x = (x_1, \ldots, x_n) \in D_{k-1} \mid x_l \geqq \frac{a_{l,k-1} + b_{l,k-1}}{2}\right\}$$

とおき，$A_{k-1} = A \cap D_{k-1}$, $A_k^- = A \cap D_k^-$，$A_k^+ = A \cap D_k^+$ とする．条件

(I)：A_k^+ の点 u で，A_k^- の任意の点 v に対し，$f(v) < f(u)$ をみたすものが存在する．

がなりたつとき，$c_k = 1$ とおく．そうでないとき，つまり条件

(O)：A_k^+ の任意の点 v に対し，A_k^- の点 u で，$f(v) \leqq f(u)$ をみたすものが存在する．

がなりたつとき，$c_k = 0$ とおく．D_k と $A_k = A \cap D_k$ を A_{k-1} と同様に定めると，(I) がなりたてば $A_k = A_k^+$ であり，(O) がなりたてば $A_k = A_k^-$ である．

補題 4.1.5 $k \geqq 1$ を自然数とする．

1. A_{k-1} の任意の点 v に対し，A_k の点 u で，$f(v) \leqq f(u)$ をみたすものが存在する．

2. $A = A_0$ の任意の点 x に対し，A_k の点 u で，$f(x) \leqq f(u)$ をみたすものが存在する． ■

証明 1. (I) がなりたつとする．$v \in A_{k-1}$ とする．$v \in A_k = A_k^+$ ならば，$u = v$ とすればよい．$v \in A_{k-1} - A_k \subset A_k^-$ ならば，(I) より $A_k^+ = A_k$ の点 u で，$f(v) < f(u)$ をみたすものが存在する．

(O) がなりたつとする．$v \in A_{k-1}$ とする．$v \in A_k = A_k^-$ ならば，$u = v$ とすればよい．$v \in A_{k-1} - A_k \subset A_k^+$ ならば，(O) より $A_k^- = A_k$ の点 u で，$f(v) \leqq f(u)$ をみたすものが存在する．

2. k に関する帰納法により，1. よりしたがう． □

（定理 4.1.4 の証明の続き）$i = 1, \ldots, n$ に対し，2 進小数 $\displaystyle\sum_{j=0}^{\infty} \frac{c_{jn+i}}{2^{j+1}}$ は収束するから極限 $\displaystyle\lim_{k\to\infty} a_{i,k}$, $\displaystyle\lim_{k\to\infty} b_{i,k}$ は収束する．この共通の値を t_i とおく．任意の k に対し，$t = (t_1, \ldots, t_n) \in D_k$ である．$t \in A$ を示す．$A \neq \varnothing$ だから，補題 4.1.5.2 より $A_k \neq \varnothing$ である．$d = \sqrt{(b_1 - a_1)^2 + \cdots + (b_n - a_n)^2} > 0$ とおくと，$t \in D_k$ だから $k = mn + l$ より $d(t, A) \leqq d(t, A_k) \leqq \dfrac{1}{2^m} d$ である．よって $d(t, A) = 0$ であり，A は閉集合だから $t \in A$ である．

任意の $x \in A$ に対し $f(x) \leqq f(t)$ を示す．$q > 0$ を実数とする．$f(x)$ は連続で $A_k \subset D_{\frac{d}{2^m}}(t)$ だから，自然数 k で，$u \in A_k$ ならば $|f(u) - f(t)| < q$ となるものがある．$x \in A$ とする．補題 4.1.5.2 より，$f(x) \leqq f(u)$ をみたす $u \in A_k$ がある．この u に対し $f(x) \leqq f(u) < f(t) + q$ である．$q > 0$ は任意だから，$f(x) \leqq f(t)$ である． □

定理 4.1.4 の証明で使った D を次々に半分にしていく方法を **2 分法** (bisection method) という．これはグリーンの定理（命題 5.3.1）の証明でも使う．

4.2 位相空間と連続写像

定義 4.2.1 1. X を集合とする．X の巾集合 $P(X)$ の部分集合 $O \subset P(X)$ が X の**位相** (topology) であるとは，次の条件 (1) と (2) がみたされることをいう．

(1) $(U_i)_{i\in I}$ が O の元の族ならば，合併 $\bigcup_{i\in I} U_i$ も O の元である．

(2) $(U_i)_{i\in I}$ が O の元の有限族ならば，共通部分 $\bigcap_{i\in I} U_i$ も O の元である．

集合 X にその位相 O が指定されているとき，X は**位相空間** (topological space) であるといい，O をその**開集合系** (system of open sets) とよび，$\mathrm{Op}(X)$ で表す．$\mathrm{Op}(X)$ の元を X の**開集合** (open set) という．

2. X と Y を位相空間とし，$\mathrm{Op}(X)$ と $\mathrm{Op}(Y)$ をその開集合系とする．写像 $f\colon X \to Y$ が**連続写像** (continuous mapping) であるとは，$f^*(B) = f^{-1}(B)$ で定まる写像 $f^*\colon P(Y) \to P(X)$ による $\mathrm{Op}(Y)$ の像が $\mathrm{Op}(X)$ に含まれることをいう． ■

X を位相空間とすると，開集合の空な族の合併 $\varnothing = \bigcup_{i\in\varnothing} U_i$ と共通部分 $X = \bigcap_{i\in\varnothing} U_i$ は，X の開集合である．

位相空間 X, Y に対し，連続写像 $X \to Y$ 全体の集合を $C(X, Y)$ で表す．$Y = \mathbf{R}$ のときは，$C(X, \mathbf{R}) = C(X)$ とおく．$C(X)$ は関数の和と積を演算として，$\mathbf{R}$ 上の環になる．位相空間を対象とし，連続写像を射とすることで圏【位相空間】が定まる．【位相空間】での同形を**同相写像** (homeomorphism) とよび，同形な位相空間は**同相** (homeomorphic) であるという．この章での目標は，ホモロジー群を使っていくつかの空間が同相でないことを判定できるようになることである．

例 4.2.2 1. 2 点集合 $2 = \{0, 1\}$ の部分集合の集合 $\{\varnothing, \{1\}, 2\}$ は 2 の位相である．2 をこの位相について位相空間と考えたものを $\mathbf{S}$ で表す．X を位相空間とすると，写像 $f\colon X \to \mathbf{S}$ が連続であるための条件は $f^{-1}(1)$ が X の開集合であることである．よって，位相空間 X を開集合系 $\mathrm{Op}(X)$ にうつす反変関手 $\mathrm{Op}\colon$【位相空間】$^{\mathrm{op}} \to$【集合】は，$\{1\} \in \mathrm{Op}(\mathbf{S})$ を普遍元として $\mathbf{S}$ で表現される．

2. 任意の集合 X に対し，$O = P(X)$ は X の位相である．これを X の**離散位相** (discrete topology) という．集合 X を離散位相空間 X にうつす関手【集合】$\to$【位相空間】は，位相空間 X を集合 X にうつす忘却関手【位相空間】$\to$【集合】の左随伴関手である．

位相空間 X から離散位相空間 A への写像 $f\colon X \to A$ が連続であるための条件は，任意の $a \in A$ に対し逆像 $f^{-1}(a)$ が X の開集合となることである．

このとき，f は**局所定数** (locally constant) **写像**であるという．

3. 1点だけからなる集合 $P = \{p\}$ の位相は離散位相 $P(P)$ だけである．P を離散位相により位相空間と考える．ただ1つの写像 $p\colon X \to P$ による逆像 $p^{-1}(\varnothing) = \varnothing$ と $p^{-1}(P) = X$ は X の開集合だから，p は連続である．よって，P は圏【位相空間】の終対象である．

位相空間 X を集合 X にうつす忘却関手【位相空間】→【集合】はただ1つの元 $p \in P$ を普遍元として P によって表現される． ■

位相空間を未修の読者は，これから定義する $\mathbf{R}^n$ の部分空間だけを考えることにしてもしばらくはかまわない．

命題 4.2.3 $n \geqq 0$ を自然数とする．

1. $\mathbf{R}^n$ の部分集合 U について次の条件は同値である．

(1) 補集合 $\mathbf{R}^n - U$ は $\mathbf{R}^n$ の閉集合である．

(2) U の任意の点 x に対し，実数 $r > 0$ で $U_r(x) \subset U$ をみたすものが存在する．

2. 巾集合 $P(\mathbf{R}^n)$ の部分集合

$$\{U \in P(\mathbf{R}^n) \mid \mathbf{R}^n - U \text{ は } \mathbf{R}^n \text{ の閉集合 }\} \tag{4.2}$$

は $\mathbf{R}^n$ の位相である． ■

証明 1. $A = \mathbf{R}^n - U$ とおく．$A \neq \varnothing$ として示せばよい．

(1)⇒(2)：A が $\mathbf{R}^n$ の閉集合であるとする．$x \in U$ とすると $r = d(x, A) > 0$ であり，$U_r(x) \cap A = \varnothing$ だから $U_r(x) \subset U$ である．

(2)⇒(1)：$U_r(x) \subset U$ ならば $d(x, A) \geqq r$ だから，$U \subset \{x \in \mathbf{R}^n \mid d(x, A) > 0\}$ である．これの補集合をとれば $A \supset \{x \in \mathbf{R}^n \mid d(x, A) \leqq 0\}$ である．

2. 1. より『集合と位相』命題 3.2.5 からしたがう． □

以下，$\mathbf{R}^n$ は位相 (4.2) により位相空間と考える．

例 4.2.4 X を位相空間とし，A を X の部分集合とする．

1. (『集合と位相』命題 4.1.6.1) $\mathrm{Op}(X)$ を X の開集合系とすると，$\mathrm{Op}(A) = \{U \cap A \mid U \in \mathrm{Op}(X)\}$ は A の位相を定める．この位相に関して A を位相空間と考えるとき，A を X の**部分位相空間** (topological subspace) という．

A を X の部分位相空間とする．包含写像 $i\colon A \to X$ は連続である．位相空

間 T と写像 $f\colon T \to A$ に対し, f が連続であるためには, 合成写像 $i \circ f\colon T \to X$ が連続であることが必要十分である.

2. $a \in A$ とする. $U \cap A = \{a\}$ をみたす X の開集合 U が存在するとき, a は A の**孤立点** (isolated point) であるという. X の部分空間 A が離散位相空間であるとは, A の任意の点が A の孤立点であることである. X がハウスドルフ空間（『集合と位相』定義 6.1.1）で A が有限部分集合ならば, A は離散位相空間である. ■

ここからは, $\mathbf{R}^n$ の部分集合は例 4.2.4.1 のように $\mathbf{R}^n$ の部分位相空間と考える. 集合を考えることの 1 つの意味は, 部分集合を全体から切り離して独立した対象として考えられるようにすることである. ここでは $\mathbf{R}^n$ の部分集合に対しその位相を定義することで, これらを位相空間の圏の対象と扱えるようにしている.

例 4.2.5 1.（『集合と位相』命題 5.3.2）X と Y を位相空間とする. $X \times Y$ の積位相を

$$\left\{ W \in P(X \times Y) \,\middle|\, \begin{array}{l} W \text{ の任意の点 } (x, y) \text{ に対し, } X \text{ の開集合 } x \in U \text{ と } Y \text{ の} \\ \text{開集合 } y \in V \text{ で } U \times V \subset W \text{ をみたすものが存在する} \end{array} \right\}$$

で定める. $X \times Y$ を積位相により位相空間と考える. 位相空間 T と写像 $f\colon T \to X,\, g\colon T \to Y$ に対し, f と g が連続であることと $(f, g)\colon T \to X \times Y$ が連続であることは同値である. したがって, $X \times Y$ は圏【位相空間】での X と Y の**積**である.

$f\colon X \to S$ と $g\colon Y \to S$ が連続写像のとき, 積空間 $X \times Y$ の部分空間 $\{(x, y) \in X \times Y \mid f(x) = g(y)\}$ は位相空間の圏での**ファイバー積** $X \times_S Y$ である. $X \times_S Y$ は $f \times g\colon X \times Y \to S \times S$ による対角集合 $\Delta_S \subset S \times S$ の逆像である.

2. $\mathbf{R}^n$ の位相は $\mathbf{R} \times \cdots \times \mathbf{R}$ の積位相である. ■

命題 4.2.6 $n \geqq 0, m \geqq 0$ を自然数とし, $X \subset \mathbf{R}^n, Y \subset \mathbf{R}^m$ を部分集合とする. $f\colon X \to Y$ を写像とし, $i = 1, \ldots, m$ に対し, 関数 $f_i\colon X \to \mathbf{R}$ を $f(x) = (f_1(x), \ldots, f_m(x))$ で定める. 次の条件は同値である.

(1) f は連続写像である.

(2) X の任意の点 x と任意の実数 $q > 0$ に対し, 実数 $r > 0$ で $f(U_r(x) \cap X) \subset U_q(f(x)) \cap Y$ をみたすものが存在する.

(3) $i=1,\ldots,m$ に対し，関数 $f_i\colon X\to\mathbf{R}$ は連続である． ■

条件 (2) はイプシロン・デルタ論法による連続性の定義である．

証明 (1)⇔(2)：Y は $\mathbf{R}^m$ の部分位相空間だから，(1) は f を写像 $X\to\mathbf{R}^m$ と考えたものが連続なことと同値である．条件 (2) も $U_q(f(x))\cap Y$ を $U_q(f(x))$ でおきかえたものと同値である．よって $Y=\mathbf{R}^m$ としてよく，この場合は『集合と位相』命題 3.3.3.2 である．

(1)⇔(3)：(1)⇔(2) の証明と同様に，$Y=\mathbf{R}^m$ としてよい．よって例 4.2.5 よりしたがう． □

命題 4.2.7 円周 (circle) $S^1=\{(x,y)\in\mathbf{R}^2\mid x^2+y^2=1\}$ を $\mathbf{R}^2$ の部分位相空間と考え，$GL(2,\mathbf{R})=\{A\in M(2,\mathbf{R})\mid\det A\neq 0\}$ を $\mathbf{R}^4$ の部分位相空間と考える．連続写像 $f\colon\{1,-1\}\times S^1\times\mathbf{R}^3\to GL(2,\mathbf{R})$ を $f(s,u,v,p,q,t)=\begin{pmatrix}u & -sv\\ v & su\end{pmatrix}\begin{pmatrix}e^p & t\\ 0 & e^q\end{pmatrix}$ で定めると，f は同相写像である． ■

証明 グラム–シュミットの直交化（『集合と位相』問題 5.3.7）により逆写像を構成する．$A\in GL(2,\mathbf{R})$ を $\mathbf{R}^2$ の基底 $\boldsymbol{a},\boldsymbol{b}$ をならべて得られる行列 $A=\begin{pmatrix}\boldsymbol{a} & \boldsymbol{b}\end{pmatrix}$ とする．$k=|\boldsymbol{a}|>0$, $\boldsymbol{u}=\dfrac{1}{k}\boldsymbol{a}=\begin{pmatrix}u\\ v\end{pmatrix}$, $t=\boldsymbol{u}\cdot\boldsymbol{b}$ とおく．$\boldsymbol{a},\boldsymbol{b}$ は線形独立だから，$\boldsymbol{b}-t\boldsymbol{u}\neq 0$ である．$l=|\boldsymbol{b}-t\boldsymbol{u}|>0$, $\boldsymbol{v}=\dfrac{1}{l}(\boldsymbol{b}-t\boldsymbol{u})$ とおく．$\boldsymbol{u},\boldsymbol{v}$ は正規直交基底であり，$U=\begin{pmatrix}\boldsymbol{u} & \boldsymbol{v}\end{pmatrix}$ は直交行列である．

$\boldsymbol{a}=k\boldsymbol{u}$, $\boldsymbol{b}=t\boldsymbol{u}+l\boldsymbol{v}$ だから，$A=U\begin{pmatrix}k & t\\ 0 & l\end{pmatrix}$ である．$\det A=\det U\cdot kl$ で $k,l>0$ だから，$s=\det U=\pm 1$ は $\det A$ の符号 $\operatorname{sgn}\det A$ である．U は直交行列だから，$(u,v)\in S^1$ であり $\boldsymbol{v}=s\begin{pmatrix}-v\\ u\end{pmatrix}$ である．したがって f の逆写像 $g\colon GL(2,\mathbf{R})\to\{1,-1\}\times S^1\times\mathbf{R}^3$ が $g(A)=(s,u,v,\log k,\log l,t)$ で定まる．g も連続だから f は同相写像である． □

例題 4.2.8 $A,B\in GL(2,\mathbf{R})$ とし，$\det A,\det B>0$ とする．連続写像 γ（ガンマ）$\colon I=[0,1]\to GL(2,\mathbf{R})$ で $\gamma(0)=A$, $\gamma(1)=B$ をみたすものが存在することを示せ． ■

解 $f(1, \cos\alpha, \sin\alpha, p, q, s) = A$, $f(1, \cos\beta, \sin\beta, p', q', s') = B$ とする．$\gamma(t) = f(1, \cos((1-t)\alpha + t\beta), \sin((1-t)\alpha + t\beta), (1-t)p + tp', (1-t)q + tq', (1-t)s + ts')$ とすればよい． □

定義 4.2.9 X を位相空間とする．X の開集合の族 $(U_i)_{i\in I}$ が $X = \bigcup_{i\in I} U_i$ をみたすとき，$(U_i)_{i\in I}$ は X の**開被覆** (open covering) であるという． ■

命題 4.2.10 X, Y を位相空間とし，$(U_i)_{i\in I}$ を X の開被覆とする．写像 $f\colon X \to Y$ について，次の条件 (1) と (2) は同値である．

(1) $f\colon X \to Y$ は連続である．

(2) すべての $i \in I$ に対し，f の制限 $f_i\colon U_i \to Y$ は連続である． ■

第 7 章ではこれを一般化して，層を定義する．

証明 $V \subset Y$ を開集合とする．$f^{-1}(V) = \bigcup_{i\in I}(f^{-1}(V) \cap U_i)$ だから，$f^{-1}(V)$ が X の開集合であることは，任意の $i \in I$ に対し $f^{-1}(V) \cap U_i$ が U_i の開集合であることと同値である． □

命題 4.2.10 のように，X の 1 つの開被覆でなりたてば X 全体でなりたつような性質を，X 上**局所的** (local) な性質という．X で定義された写像の連続性はその典型的な例である．命題 8.1.7.1 では，命題 4.2.10 の類似が多様体の C^∞ 写像についてなりたつことを示す．4.7 節では，2 つの開集合からなる X の開被覆を使って，X のホモロジー群を計算する．これは局所的なものを総合して**大域的** (global) な性質を導くという方法の典型的な例である．その証明では大域的な性質を導くために，最大値の定理の帰結である次の命題の形で立方体のコンパクト性が使われる．

命題 4.2.11 X を位相空間，A を $\mathbf{R}^n$ の有界閉集合とし，$f\colon A \to X$ を連続写像とする．$(U_i)_{i\in I}$ を X の開被覆とすると，次の条件をみたす実数 $r > 0$ が存在する：任意の $t \in A$ に対し，$i \in I$ で $f(A \cap U_r(t)) \subset U_i$ をみたすものが存在する． ■

証明 $T = \{(t, r) \in A \times (0, \infty) \mid f(A \cap U_r(t)) \subset U_i$ をみたす $i \in I$ が存在する$\}$ とおく．$A \times \{r\} \subset T$ をみたす実数 $r > 0$ の存在を示せばよい．

$(t,r) \in T$ に対し，$A \times [0,\infty) \subset \mathbf{R}^{n+1}$ の開集合 $V_{t,r}$ を $V_{t,r} = \{(s,p) \in A \times [0,\infty) \mid d(s,t) + p < r\}$ で定め，$V = \bigcup_{(t,r)\in T} V_{t,r} \subset A \times [0,\infty)$ とおく．

$V \cap (A \times (0,\infty)) \subset T$ を示す．$(s,p) \in V$, $p > 0$ ならば，$(s,p) \in V_{t,r}$ をみたす $(t,r) \in T \subset A \times (0,\infty)$ があり，$d(s,t) + p < r$ だから $U_p(s) \subset U_r(t)$ である．$(t,r) \in T$ だから，$f(A \cap U_p(s)) \subset f(A \cap U_r(t)) \subset U_i$ をみたす $i \in I$ が存在し，$(s,p) \in T$ である．よって $V \cap (A \times (0,\infty)) \subset T$ が示された．

$A \times \{0\} \subset V$ を示す．$t \in A$ とすると，$(U_i)_{i\in I}$ は X の開被覆だから $f(t) \in U_i$ をみたす $i \in I$ があり，さらに f は連続だから $f(A \cap U_r(t)) \subset U_i$ をみたす $r > 0$ がある．この r に対し，$(t,r) \in T$ であり，$(t,0) \in V_{t,r} \subset V$ である．よって $A \times \{0\} \subset V$ である．

$V \supset A \times [0,1]$ ならば，$A \times \{1\} \subset V \cap (A \times (0,\infty)) \subset T$ である．

$V \not\supset A \times [0,1]$ とする．$B = A \times [0,1] - (V \cap (A \times [0,1]))$ は $\mathbf{R}^{n+1}$ の空でない有界閉集合だから，最大値の定理（定理 4.1.4）より B で定義された連続関数 r の最小値 m が存在する．$B \cap (A \times \{0\}) = \varnothing$ だから $m > 0$ であり，$A \times \left\{\dfrac{m}{2}\right\} \subset A \times [0,m) \subset V \cap (A \times (0,\infty)) \subset T$ である．□

4.3　へびの図式

可換群の演算を加法で表し，**加群**とよぶ．加群の射を線形写像とよぶ．忘却関手【$\mathbf{Z}$ 加群】→【加群】は同形だから，加群は $\mathbf{Z}$ 加群と同じものと考えることができる．A を環とすると，この節と次節の内容は A 加群についても同様になりたつが，ここでは加群について定式化し証明する．

加群の射 $f\colon M \to N$ に対し，**核** $\mathrm{Ker}(f\colon M \to N)$ と**余核** $\mathrm{Coker}(f\colon M \to N)$ がそれぞれ M の部分加群，N の商加群として定まる．余核の普遍性（命題 2.2.5）より，$\mathrm{Coker}(f\colon M \to N)$ は加群 L を $\mathrm{Ker}(f^*\colon \mathrm{Hom}(N,L) \to \mathrm{Hom}(M,L))$ にうつす関手を表現する．f が同形であるための条件は，$\mathrm{Ker}(f\colon M \to N) = 0$ かつ $\mathrm{Coker}(f\colon M \to N) = 0$ である．

$$\begin{array}{ccc} M & \xrightarrow{f} & N \\ {\scriptstyle g}\downarrow & & \downarrow{\scriptstyle h} \\ M' & \xrightarrow{f'} & N' \end{array} \tag{4.3}$$

を加群の射の可換図式とすると，g の制限は $g_0\colon \mathrm{Ker}(f\colon M \to N) \to \mathrm{Ker}(f'\colon M' \to N')$ を定め，h は $\bar{h}\colon \mathrm{Coker}(f\colon M \to N) \to \mathrm{Coker}(f'\colon M' \to N')$ をひきおこす．対象を加群の射，射を加群の射の可換図式とすることで，圏【加群の射】が定まる．Ker と Coker は関手【加群の射】→【加群】を定める．

加群の射

$$M' \xrightarrow{\ f\ } M \xrightarrow{\ g\ } M'' \tag{4.4}$$

に対し，M の部分加群の等式 $\mathrm{Ker}(g\colon M \to M'') = \mathrm{Im}(f\colon M' \to M)$ がなりたつとき，(4.4) は**完全系列** (exact sequence) であるという．$\mathrm{Ker}(g\colon M \to M'')$ を求めることは，M の元に関する連立 1 次方程式を解くことである．それを $\mathrm{Im}(f\colon M' \to M)$ として表すことは，解のパラメータ表示を与えることにあたる．

命題 4.3.1

$$\begin{array}{ccccc} M' & \xrightarrow{\ g'\ } & M & \xrightarrow{\ g\ } & M'' \\ {\scriptstyle f'}\downarrow & & \downarrow{\scriptstyle f} & & \downarrow{\scriptstyle f''} \\ N' & \xrightarrow{\ h'\ } & N & \xrightarrow{\ h\ } & N'' \end{array} \tag{4.5}$$

を加群の可換図式とする．$g_0\colon \mathrm{Ker}\, f \to \mathrm{Ker}\, f''$, $g'_0\colon \mathrm{Ker}\, f' \to \mathrm{Ker}\, f$ を g, g' の制限とし，$\bar{h}\colon \mathrm{Coker}\, f \to \mathrm{Coker}\, f''$, $\overline{h'}\colon \mathrm{Coker}\, f' \to \mathrm{Coker}\, f$ を h, h' がひきおこす射とする．

1. (4.5) の 1 行めが完全で，h' が単射ならば，

$$\mathrm{Ker}\, f' \xrightarrow{\ g'_0\ } \mathrm{Ker}\, f \xrightarrow{\ g_0\ } \mathrm{Ker}\, f'' \tag{4.6}$$

は完全である．

2. (4.5) の 2 行めが完全で，g が全射ならば，

$$\mathrm{Coker}\, f' \xrightarrow{\ \overline{h'}\ } \mathrm{Coker}\, f \xrightarrow{\ \bar{h}\ } \mathrm{Coker}\, f'' \tag{4.7}$$

は完全である．

3. (**へびの補題** (snake lemma)) (4.5) のよこの行が完全で，g が全射かつ h' が単射とする．$x'' \in \mathrm{Ker}\, f''$ に対し，$z' \in \mathrm{Coker}\, f'$ で，次の条件 (S) をみたすものがただ 1 つ存在する．

(S) $x'' = g(x)$, $f(x) = h'(y')$, $z' = \overline{y'}$ をみたす $x \in M$, $y' \in N'$ が存在する．

x'' を z' にうつす写像 $\delta\colon \operatorname{Ker} f'' \to \operatorname{Coker} f'$ は加群の射であり,

$$\operatorname{Ker} f \xrightarrow{g_0} \operatorname{Ker} f'' \xrightarrow{\delta} \operatorname{Coker} f' \xrightarrow{\overline{h'}} \operatorname{Coker} f \tag{4.8}$$

は完全である. ■

図式 (4.5) に (4.6), (4.7) と (4.8) を書き加えるとアルファベットの Z の形にへびが絡みついているようにみえるので, それをへびの図式とよび, 命題 4.3.1.3 をへびの補題という. (4.8) の射 δ(デルタ) を**連結射** (connecting morphism) あるいは**境界射** (boundary mapping) という.

証明　1. $\operatorname{Im}(g'_0\colon \operatorname{Ker} f' \to \operatorname{Ker} f) = \operatorname{Ker}(g_0\colon \operatorname{Ker} f \to \operatorname{Ker} f'')$ を示す. $g \circ g' = 0$ だから, $\subset$ むきの包含関係がなりたつ.

包含関係 $\supset$ を示す. $x \in \operatorname{Ker}(g_0\colon \operatorname{Ker} f \to \operatorname{Ker} f'')$ とする. $x \in \operatorname{Ker} g = \operatorname{Im} g'$ だから $x = g'(x')$ をみたす $x' \in M'$ がある. $h'(f'(x')) = f(g'(x')) = f(x) = 0$ で h' は単射だから, $f'(x') = 0$ であり $x' \in \operatorname{Ker} f'$ である. よって $x = g'(x') \in \operatorname{Im}(g'_0\colon \operatorname{Ker} f' \to \operatorname{Ker} f)$ である.

2. $\operatorname{Im}(\overline{h'}\colon \operatorname{Coker} f' \to \operatorname{Coker} f) = \operatorname{Ker}(\bar{h}\colon \operatorname{Coker} f \to \operatorname{Coker} f'')$ を示す. $h \circ h' = 0$ だから, $\subset$ むきの包含関係がなりたつ.

包含関係 $\supset$ を示す. $z \in \operatorname{Ker}(\bar{h}\colon \operatorname{Coker} f \to \operatorname{Coker} f'')$ とする. $z = \bar{y}$ をみたす元 $y \in N$ をとる. $\bar{h}(z) = \overline{h(y)} \in \operatorname{Coker} f''$ は 0 だから, $h(y) = f''(x'')$ をみたす $x'' \in M''$ がある. g は全射だから, $x'' = g(x)$ をみたす $x \in M$ がある. $h(y - f(x)) = h(y) - f''(g(x)) = h(y) - f''(x'') = 0$ で $\operatorname{Ker} h = \operatorname{Im} h'$ だから, $y - f(x) = h'(y')$ をみたす $y' \in N'$ がある. $\overline{f(x)} = 0$ だから, $z = \bar{y} = \overline{h'(y')} = \overline{h'}(\overline{y'}) \in \operatorname{Im}(\overline{h'}\colon \operatorname{Coker} f' \to \operatorname{Coker} f)$ である.

3. $x'' \in \operatorname{Ker} f''$ とし, 条件 (S) をみたす $z' \in \operatorname{Coker} f'$ の存在を示す. g が全射だから $x'' = g(x)$ をみたす $x \in M$ がある. $h(f(x)) = f''(g(x)) = f''(x'') = 0$ で $\operatorname{Ker} h = \operatorname{Im} h'$ だから, $f(x) = h'(y')$ をみたす $y' \in N'$ が存在する. $z' = \overline{y'} \in \operatorname{Coker} f'$ は条件 (S) をみたす.

z' の一意性を示す. $z'_1 \in \operatorname{Coker} f'$ も条件 (S) をみたすとし, $x'' = g(x_1)$, $f(x_1) = h'(y'_1)$, $z'_1 = \overline{y'_1}$ とする. $g(x - x_1) = 0$ で $\operatorname{Ker} g = \operatorname{Im} g'$ だから, $x - x_1 = g'(x')$ をみたす $x' \in M'$ が存在する. $h'(y') = f(x) = f(x_1) + f(g'(x')) = h'(y'_1) + h'(f'(x'))$ で h' は単射だから, $y' = y'_1 + f'(x')$ である. よって $z' = \overline{y'} = \overline{y'_1 + f'(x')} = z'_1$ であり, 一意性が示された.

$\delta\colon \operatorname{Ker} f'' \to \operatorname{Coker} f'$ が加群の射であることを示す．$x_1'' = g(x_1)$, $f(x_1) = h'(y_1')$, $z_1' = \overline{y_1'}$, $x_2'' = g(x_2)$, $f(x_2) = h'(y_2')$, $z_2' = \overline{y_2'}$ とすると，$x_1'' + x_2'' = g(x_1 + x_2)$, $f(x_1 + x_2) = h'(y_1' + y_2')$, $z_1' + z_2' = \overline{y_1' + y_2'}$ だから，$\delta(x_1'' + x_2'') = z_1' + z_2'$ である．

$\operatorname{Im}(g_0\colon \operatorname{Ker} f \to \operatorname{Ker} f'') = \operatorname{Ker}(\delta\colon \operatorname{Ker} f'' \to \operatorname{Coker} f')$ を示す．包含関係 $\subset$ を示す．$x'' \in \operatorname{Im}(g_0\colon \operatorname{Ker} f \to \operatorname{Ker} f'')$ とする．$x'' = g(x)$, $x \in \operatorname{Ker} f$ とすると $f(x) = 0 = h'(0)$ だから $\delta(x'') = 0$ である．

包含関係 $\supset$ を示す．$x'' \in \operatorname{Ker}(\delta\colon \operatorname{Ker} f'' \to \operatorname{Coker} f')$ とする．$x'' = g(x)$, $f(x) = h'(y')$ とし，$\overline{y'} = 0$ とする．$y' = f'(x')$ をみたす $x' \in M'$ が存在する．$f(x - g'(x')) = h'(y') - h'(f'(x')) = 0$ だから，$x - g'(x') \in \operatorname{Ker} f$ である．$g \circ g' = 0$ だから，$x'' = g(x) = g(x - g'(x')) \in \operatorname{Im}(g_0\colon \operatorname{Ker} f \to \operatorname{Ker} f'')$ である．

$\operatorname{Im}(\delta\colon \operatorname{Ker} f'' \to \operatorname{Coker} f') = \operatorname{Ker}(\overline{h'}\colon \operatorname{Coker} f' \to \operatorname{Coker} f)$ を示す．包含関係 $\subset$ を示す．$z' \in \operatorname{Im}(\delta\colon \operatorname{Ker} f'' \to \operatorname{Coker} f')$ とする．$z' = \delta(x'')$, $x'' \in \operatorname{Ker} f''$ とし，$x \in M$, $y' \in N'$ が $x'' = h(x), f(x) = h'(y'), z' = \overline{y'}$ をみたすとする．$\overline{h'}(z') = \overline{h'(y')} = \overline{f(x)} = 0$ だから，$z' \in \operatorname{Ker}(\overline{h'}\colon \operatorname{Coker} f' \to \operatorname{Coker} f)$ である．

包含関係 $\supset$ を示す．$z' \in \operatorname{Ker}(\overline{h'}\colon \operatorname{Coker} f' \to \operatorname{Coker} f)$ とする．$\overline{y'} = z'$ をみたす $y' \in N'$ をとる．$\overline{h'(y')} = \overline{h'}(z') = 0$ だから，$h'(y') = f(x)$ をみたす $x \in M$ がある．$f''(g(x)) = h(f(x)) = h(h'(y')) = 0$ だから，$g(x) \in \operatorname{Ker} f''$ である．$z' = \delta(g(x)) \in \operatorname{Im}(\delta\colon \operatorname{Ker} f'' \to \operatorname{Coker} f')$ である． □

系 4.3.2

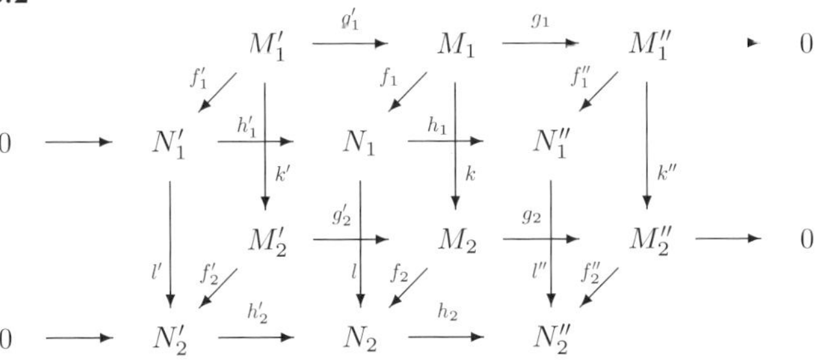

を加群の可換図式とし，よこの行は完全とする．このとき，連結射の図式

$$
\begin{array}{ccc}
\operatorname{Ker}(f_1''\colon M_1'' \to N_1'') & \xrightarrow{\delta_1} & \operatorname{Coker}(f_1'\colon M_1' \to N_1') \\
{\scriptstyle k_0''}\downarrow & & \downarrow{\scriptstyle \overline{l'}} \\
\operatorname{Ker}(f_2''\colon M_2'' \to N_2'') & \xrightarrow{\delta_2} & \operatorname{Coker}(f_2'\colon M_2' \to N_2')
\end{array}
$$

は可換である. ■

証明　$x_1'' \in \mathrm{Ker}(f_1''\colon M_1'' \to N_1'')$ とし, $x_1 \in M_1$ と $y_1' \in N_1'$ が $g_1(x_1) = x_1''$, $h_1'(y_1) = f_1(x_1)$ をみたすとする. $\delta_1(x_1'') = \overline{y_1'}$ である.

$x_2'' = k''(x_1'')$ とすると, $x_2 = k(x_1) \in M_2$ と $y_2' = l'(y_1') \in N_2'$ は $g_2(x_2) = x_2''$, $h_2'(y_2') = f_2(x_2)$ をみたす. よって $\delta_2(x_2'') = \overline{y_2'} = \overline{l}'(\overline{y_1'})$ である. □

命題 4.3.3　1. 加群の射

$$M_1 \xrightarrow{g_1} M_2 \xrightarrow{g_2} M_3 \xrightarrow{g_3} M_4 \xrightarrow{g_4} M_5 \tag{4.9}$$

について次の条件 (1) と (2) は同値である.

(1) (4.9) は完全系列である.

(2) g_2, g_3 は加群の射 $\mathrm{Coker}(g_1\colon M_1 \to M_2) \to M_3$, $M_3 \to \mathrm{Ker}(g_4\colon M_4 \to M_5)$ をひきおこし,

$$0 \longrightarrow \mathrm{Coker}(M_1 \to M_2) \longrightarrow M_3 \longrightarrow \mathrm{Ker}(M_4 \to M_5) \longrightarrow 0 \tag{4.10}$$

は完全系列である.

2. (5 **項補題** (five lemma))

$$\begin{array}{ccccccccc} M_1 & \xrightarrow{g_1} & M_2 & \xrightarrow{g_2} & M_3 & \xrightarrow{g_3} & M_4 & \xrightarrow{g_4} & M_5 \\ {\scriptstyle f_1}\downarrow & & {\scriptstyle f_2}\downarrow & & {\scriptstyle f_3}\downarrow & & {\scriptstyle f_4}\downarrow & & {\scriptstyle f_5}\downarrow \\ N_1 & \xrightarrow{h_1} & N_2 & \xrightarrow{h_2} & N_3 & \xrightarrow{h_3} & N_4 & \xrightarrow{h_4} & N_5 \end{array}$$

を加群の完全系列の可換図式とする. f_1, f_2, f_4, f_5 が同形ならば, f_3 も同形である. ■

証明　1. 余核の普遍性より, $g_2 \circ g_1 = 0$ と, g_2 が加群の射 $\mathrm{Coker}(g_1\colon M_1 \to M_2) \to M_3$ をひきおこすことは同値である. さらにこのとき, $\mathrm{Im}(g_1\colon M_1 \to M_2) = \mathrm{Ker}(g_2\colon M_2 \to M_3)$ と, $\mathrm{Coker}(g_1\colon M_1 \to M_2) \to M_3$ が単射であることは同値である. 同様に, $\mathrm{Im}(g_3\colon M_3 \to M_4) = \mathrm{Ker}(g_4\colon M_4 \to M_5)$ と, g_3 が加群の全射 $M_3 \to \mathrm{Ker}(g_4\colon M_4 \to M_5)$ をひきおこすことは同値である.

$\mathrm{Im}(g_2\colon M_2 \to M_3) = \mathrm{Im}(\mathrm{Coker}(g_1\colon M_1 \to M_2) \to M_3)$, $\mathrm{Ker}(g_3\colon M_3 \to M_4) = \mathrm{Ker}(M_3 \to \mathrm{Ker}(g_4\colon M_4 \to M_5))$ だから, (4.9) が M_3 で完全なことと (4.10) が M_3 で完全なことは同値である.

2. f_1, f_2 が同形ならば，f_2 がひきおこす射 $\bar{f}_2\colon \mathrm{Coker}(g_1\colon M_1 \to M_2) \to \mathrm{Coker}(h_1\colon N_1 \to N_2)$ は同形である．f_4, f_5 が同形ならば，f_4 がひきおこす射 $f_{4,0}\colon \mathrm{Ker}(g_4\colon M_4 \to M_5) \to \mathrm{Ker}(h_4\colon N_4 \to N_5)$ も同形である．2 行とも完全系列だから，1. より完全系列の可換図式

$$\begin{array}{ccccccccc}
0 \to & \mathrm{Coker}(g_1\colon M_1 \to M_2) & \to & M_3 & \to & \mathrm{Ker}(g_4\colon M_4 \to M_5) & \to 0 \\
& \bar{f}_2 \downarrow & & f_3 \downarrow & & f_{4,0} \downarrow & \\
0 \to & \mathrm{Coker}(h_1\colon N_1 \to N_2) & \to & N_3 & \to & \mathrm{Ker}(h_4\colon N_4 \to N_5) & \to 0
\end{array}$$

が得られる．$\bar{f}_2, f_{4,0}$ が同形なら，$\mathrm{Ker}\,\bar{f}_2$, $\mathrm{Coker}\,\bar{f}_2$, $\mathrm{Ker}\,f_{4,0}$, $\mathrm{Coker}\,f_{4,0}$ はすべて 0 だから，命題 4.3.1.1 と 2. より，$\mathrm{Ker}\,f_3$ と $\mathrm{Coker}\,f_3$ も 0 である．よって，f_3 も同形である． □

4.4 複体

定義 4.4.1 1. 加群の列 $C_\bullet = (C_q)_{q \geqq 0}$ と加群の射 $d_q\colon C_q \to C_{q-1}$ の列 $d_\bullet = (d_q)_{q>0}$ が任意の自然数 $q > 1$ に対し $d_{q-1} \circ d_q = 0$ をみたすとき，対 $C = (C_\bullet, d_\bullet)$ を**複体** (complex) という．

2. $C = (C_\bullet, d_\bullet)$ と $C' = (C'_\bullet, d'_\bullet)$ を複体とし，$f = (f_q)_{q \geqq 0}$ を加群の射 $f_q\colon C_q \to C'_q$ の列とする．任意の自然数 $q > 0$ に対し，図式

$$\begin{array}{ccc}
C_q & \xrightarrow{d_q} & C_{q-1} \\
f_q \downarrow & & \downarrow f_{q-1} \\
C'_q & \xrightarrow{d'_q} & C'_{q-1}
\end{array}$$

が可換であるとき，f は複体の**射**であるといい，$f\colon C \to C'$ で表す．

$f = (f_q)$ が複体の射 $f\colon C \to C'$ で $g = (g_q)$ が複体の射 $g\colon C' \to C''$ であるとき，$g_q \circ f_q\colon C_q \to C''_q$ の列 $g \circ f = (g_q \circ f_q)_{q \geqq 0}$ を f と g の合成とよぶ． ■

複体全体のなす圏を【複体】で表す．C が複体であるとき，便宜上 $C_{-1} = 0$ とおき零射 $0\colon C_0 \to C_{-1} = 0$ を d_0 で表す．

定義 4.4.2 C を複体とする．

1. 自然数 $q \geqq 0$ に対し，C_q の部分加群を

$$B_q(C) = \mathrm{Im}(d_{q+1}\colon C_{q+1} \to C_q) \subset Z_q(C) = \mathrm{Ker}(d_q\colon C_q \to C_{q-1}) \subset C_q$$

で定め，q 次**ホモロジー群** (homology group)$H_q(C)$ を

$$H_q(C) = Z_q(C)/B_q(C) \tag{4.11}$$

で定義する．$H_0(C) = \mathrm{Coker}(d_1\colon C_1 \to C_0)$ である．

2. $f\colon C \to C'$ を複体の射とする．自然数 $q \geqq 0$ に対し，$f_q\colon C_q \to C'_q$ がひきおこす射 $H_q(C) \to H_q(C')$ を f_* で表す． ■

複体 C を q 次ホモロジー群 $H_q(C)$ にうつすことで，関手 H_q:【複体】→【加群】が定まる．包含写像と商写像の合成写像 $\mathrm{Ker}\, d_q \to C_q \to \mathrm{Coker}\, d_{q+1}$ がひきおこす写像 $H_q(C) \to \mathrm{Im}(\mathrm{Ker}\, d_q \to \mathrm{Coker}\, d_{q+1})$ は準同形定理（命題 2.2.6）より同形である．d_q がひきおこす射 $\mathrm{Coker}\, d_{q+1} \to \mathrm{Ker}\, d_{q-1}$ の核は $H_q(C)$ であり，余核は $H_{q-1}(C)$ である．

複体の射 $f, g\colon C \to C'$ がホモロジー群に同じ射をひきおこすための十分条件を与える．

定義 4.4.3　C, C' を複体とし，$f\colon C \to C'$ を複体の射とする．

1. $g\colon C \to C'$ も複体の射とする．加群の射 $s_q\colon C_q \to C'_{q+1}$ の列 $s = (s_q)_{q \geqq -1}$ が f を g につなぐ**ホモトピー** (homotopy) であるとは，任意の自然数 $q \geqq 0$ に対し

$$f_q - g_q = d'_{q+1} \circ s_q + s_{q-1} \circ d_q \tag{4.12}$$

をみたすことをいう．f を g につなぐホモトピーが存在するとき，f と g は**ホモトピック** (homotopic) であるという．

2. 複体の射 $g\colon C' \to C$ が f の**ホモトピー逆射** (homotopy inverse) であるとは，恒等射 1_C と $g \circ f$ がホモトピックかつ $1_{C'}$ と $f \circ g$ もホモトピックなことをいう．f のホモトピー逆射が存在するとき，f は**ホモトピー同値** (homotopy equivalence) であるという． ■

命題 4.4.4　$f\colon C \to C'$ を複体の射とする．

1. 複体の射 $g\colon C \to C'$ が f とホモトピックならば，すべての自然数 $q \geqq 0$

に対し $f_*\colon H_q(C) \to H_q(C')$ は g_* と等しい．

2. f がホモトピー同値ならば，すべての自然数 $q \geqq 0$ に対し $f_*\colon H_q(C) \to H_q(C')$ は同形である． ■

証明 1. $q \geqq 0, x \in H_q(C)$ とし，$H_q(C')$ での等式 $f_*(x) = g_*(x)$ を示せばよい．$z \in Z_q(C)$ とし $x = \bar{z}$ とする．$f_q(z) - g_q(z) = d'_{q+1}(s_q(z)) + s_{q-1}(d_q(z)) = d'_{q+1}(s_q(z)) \in B_q(C')$ だから，$f_*(x) = g_*(x)$ である．

2. $g\colon C' \to C$ を f のホモトピー逆射とする．1. より，$g_*\colon H_q(C') \to H_q(C)$ は $f_*\colon H_q(C) \to H_q(C')$ の逆写像である．よって f_* は同形である． □

定義 4.4.5 C, C', C'' を複体とし，$f\colon C' \to C$, $g\colon C \to C''$ を複体の射とする．すべての自然数 $q \geqq 0$ に対し $0 \to C'_q \xrightarrow{f_q} C_q \xrightarrow{g_q} C''_q \to 0$ が加群の完全系列であるとき，

$$0 \longrightarrow C' \xrightarrow{\ f\ } C \xrightarrow{\ g\ } C'' \longrightarrow 0 \tag{4.13}$$

は複体の**完全系列**であるという． ■

命題 4.4.6 (4.13) を複体の完全系列とする．

1. $q > 0$ を自然数とする．f, g と d_q, d'_q, d''_q がひきおこす射が定める加群の可換図式

$$\begin{array}{ccccccc} & \mathrm{Coker}(d'_{q+1}) & \to & \mathrm{Coker}(d_{q+1}) & \to & \mathrm{Coker}(d''_{q+1}) & \to 0 \\ & \downarrow & & \downarrow & & \downarrow & \\ 0 \to & \mathrm{Ker}(d'_{q-1}) & \to & \mathrm{Ker}(d_{q-1}) & \to & \mathrm{Ker}(d''_{q-1}) & \end{array} \tag{4.14}$$

において，よこの行は完全系列である．

2. 命題 4.3.1 を (4.14) に適用して得られる連結射

$$\delta\colon H_q(C'') \to H_{q-1}(C') \tag{4.15}$$

と f, g がひきおこす射が定める列

$$\begin{aligned} \cdots \to H_{q+1}(C'') \xrightarrow{\delta} H_q(C') \to H_q(C) \to H_q(C'') \xrightarrow{\delta} H_{q-1}(C') \to \cdots \\ \cdots \to H_1(C'') \xrightarrow{\delta} H_0(C') \to H_0(C) \to H_0(C'') \to 0 \end{aligned} \tag{4.16}$$

は完全である． ■

加群の射 $\delta\colon H_q(C'') \to H_{q-1}(C')$ (4.15) を複体の完全系列 (4.13) が定める**連結射**あるいは**境界射**という．加群の完全系列 (4.16) を，複体の完全系列 (4.13) が定める**長完全系列** (long exact sequence) という．

証明　1. 命題 4.3.1.1 と 2. からしたがう．

2. (4.14) のたての射 $\mathrm{Coker}(d_{q+1}) \to \mathrm{Ker}(d_{q-1})$ の，核は $H_q(C)$ で余核は $H_{q-1}(C)$ である．C', C'' についても同様である．よって命題 4.3.1.3 を (4.14) に適用して連結射 $\delta\colon H_q(C'') \to H_{q-1}(C')$ (4.15) が得られる．さらに命題 4.3.1 を (4.14) に適用すれば完全系列 (4.16) が得られる．□

$$\begin{array}{ccccccccc} 0 & \longrightarrow & C_1' & \xrightarrow{f_1} & C_1 & \xrightarrow{g_1} & C_1'' & \longrightarrow & 0 \\ & & \downarrow & & \downarrow & & \downarrow & & \\ 0 & \longrightarrow & C_2' & \xrightarrow{f_2} & C_2 & \xrightarrow{g_2} & C_2'' & \longrightarrow & 0 \end{array} \tag{4.17}$$

が複体の完全系列の可換図式であるとき，関手 H_q と系 4.3.2 より，長完全系列の可換図式

$$\begin{array}{ccccccccccc} \cdots \to & H_{q+1}(C_1'') & \xrightarrow{\delta} & H_q(C_1') & \to & H_q(C_1) & \to & H_q(C_1'') & \xrightarrow{\delta} & H_{q-1}(C_1') & \to \cdots \\ & \downarrow & & \downarrow & & \downarrow & & \downarrow & & \downarrow & \\ \cdots \to & H_{q+1}(C_2'') & \xrightarrow{\delta} & H_q(C_2') & \to & H_q(C_2) & \to & H_q(C_2'') & \xrightarrow{\delta} & H_{q-1}(C_2') & \to \cdots \end{array} \tag{4.18}$$

が得られる．これを長完全系列の**関手性**という．

$C = (C_\bullet, d_\bullet)$ を複体とする．部分加群 $C_q' \subset C_q$ の列 $(C_q')_{q \geqq 0}$ がすべての自然数 $q > 0$ に対し $d_q(C_q') \subset C_{q-1}'$ をみたすとする．$d_q'\colon C_q' \to C_{q-1}'$ を d_q の制限とすると，$C' = (C_\bullet', d_\bullet')$ は複体である．これを C の**部分複体** (subcomplex) という．$C_q'' = C_q/C_q'$ とおき，$d_q''\colon C_q'' \to C_{q-1}''$ を d_q がひきおこす射とすると，$C'' = (C_\bullet'', d_\bullet'')$ も複体である．これを C の**商複体** (quotient complex) とよび，C/C' で表す．$0 \to C' \to C \to C/C' \to 0$ は複体の完全系列であり，長完全系列 (4.16) が得られる．

$C' = (C_\bullet', d_\bullet'), C'' = (C_\bullet'', d_\bullet'')$ が C の部分複体であるとき，和 $C_q' + C_q'' \subset C_q$ と共通部分 $C_q' \cap C_q'' \subset C_q$ も C の部分複体を定める．これらを $C' + C''$ と $C' \cap C''$ で表す．直和 $C_q' \oplus C_q''$ が定める複体を $C' \oplus C''$ とする．和 $+\colon C_q' \oplus C_q'' \to (C' + C'')_q$ と差 $-\colon (C' \cap C'')_q \to C_q' \oplus C_q''$ が定める複体の完全系列 $0 \to C' \cap C'' \to C' \oplus C'' \to C' + C'' \to 0$ に命題 4.4.6 を適用すれ

ば，長完全系列

$$\cdots \to H_q(C' \cap C'') \to H_q(C') \oplus H_q(C'') \to H_q(C' + C'') \to \cdots \tag{4.19}$$

が得られる．

複体 C の部分複体 C' に対し，包含射 $C' \to C$ が定める射 $H_q(C') \to H_q(C)$ が同形となるための十分条件を 2 つ与える．

4.4

命題 4.4.7 C を複体とし，C' を C の部分複体とする．(f_n) を複体の射 $f_n\colon C \to C$ の列とし，(h_n) を恒等射 1_C を f_n につなぐホモトピー h_n の列とする．(f_n) と (h_n) が次の条件 (1) と (2) をみたすとする．

(1) 任意の n に対し，$f_n\colon C \to C$ は複体の射 $f'_n\colon C' \to C'$ をひきおこし，h_n も任意の自然数 $q \geqq 0$ に対し加群の射 $C'_q \to C'_{q+1}$ をひきおこす．

(2) 任意の自然数 $q \geqq 0$ と任意の $x \in C_q$ に対し，$f_n(x) \in C'_q$ をみたす n が存在する．

このとき，任意の自然数 $q \geqq 0$ に対し，包含射 $C' \to C$ がホモロジー群にひきおこす射 $H_q(C') \to H_q(C)$ は同形である． ■

証明 $C'' = C/C'$ を商複体とする．長完全系列 (4.16) より，任意の $q \geqq 0$ に対し $H_q(C'') = 0$ を示せばよい．条件 (1) より，f_n は複体の射 $f''_n\colon C'' \to C''$ をひきおこし，h_n は $1_{C''}$ を f''_n につなぐホモトピーの列をひきおこす．よって，任意の $q \geqq 0$ に対し $f''_{n*}\colon H_q(C'') \to H_q(C'')$ は恒等射 $1_{H_q(C'')}$ である．

$x \in H_q(C'')$ とする．$z \in Z_q(C'')$ で $x = \bar{z}$ となるものをとる．条件 (2) より $f''_{n,q}(z) = 0$ となる n がある．したがって，$x = f''_{n*}(x) = \overline{f''_{n,q}(z)} = 0$ である． □

命題 4.4.8 C を複体とし，C' を C の部分複体とする．$F_0C \subset F_1C \subset \cdots$ を C の部分複体の列で，任意の自然数 $q \geqq 0$ に対し $C_q = \bigcup_{n=0}^{\infty} F_nC_q$ をみたすものとする．任意の自然数 $q \geqq 0$ と $n \geqq 0$ に対し，包含射 $F_nC' = F_nC \cap C' \to F_nC$ がホモロジー群にひきおこす射 $H_q(F_nC') \to H_q(F_nC)$ は同形であるとする．

このとき，任意の自然数 $q \geqq 0$ に対し，包含射 $C' \to C$ がホモロジー群にひきおこす射 $H_q(C') \to H_q(C)$ は同形である． ■

証明 はじめに $C' = 0$ の場合を示す．任意の自然数 $q \geqq 0$ と $n \geqq 0$ に対し，$H_q(F_nC) = 0$ であるとして，任意の $q \geqq 0$ に対し $H_q(C) = 0$ を示す．

$q \geqq 0$ とする．任意の $n \geqq 0$ に対し，$H_q(F_nC) = 0$ だから $Z_q(F_nC) = B_q(F_nC)$ である．$Z_q(F_nC) = Z_q(C) \cap F_nC_q$ だから，$C_q = \bigcup_{n=0}^{\infty} F_nC_q$ より $Z_q(C) = \bigcup_{n=0}^{\infty} Z_q(F_nC)$ である．よって $C_{q+1} = \bigcup_{n=0}^{\infty} F_nC_{q+1}$ より，$B_q(C) = \bigcup_{n=0}^{\infty} B_q(F_nC) = \bigcup_{n=0}^{\infty} Z_q(F_nC) = Z_q(C)$ であり，$H_q(C) = 0$ である．

一般の場合を示す．$C'' = C/C'$ とおき，C'' の部分複体の列を $F_nC'' = F_nC/F_nC'$ で定める．任意の $q \geqq 0$ と $n \geqq 0$ に対し $H_q(F_nC') \to H_q(F_nC)$ が同形だから，長完全系列 (4.16) より任意の $q \geqq 0$ と $n \geqq 0$ に対し $H_q(F_nC'') = 0$ である．任意の $q \geqq 0$ に対し，$C_q = \bigcup_{n=0}^{\infty} F_nC_q$ だから $C''_q = \bigcup_{n=0}^{\infty} F_nC''_q$ である．よって，すでに示したことより任意の $q \geqq 0$ に対し $H_q(C'') = 0$ である．したがって長完全系列 (4.16) より，任意の $q \geqq 0$ に対し $H_q(C') \to H_q(C)$ は同形である． □

次節で使う双線形写像についての用語を，複体とは直接関係ないがほかに適当な場所がないので，ここにまとめておく．

定義 4.4.9 L, M, N を加群とする．写像 $b\colon L \times M \to N$ が**双線形写像** (bilinear mapping) であるとは，次の条件 (1) と (2) をみたすことをいう．

(1) 任意の $x \in L$ に対し，$y \in M$ を $b(x, y) \in N$ にうつす写像 $b(x, -)\colon M \to N$ は線形写像である．

(2) 任意の $y \in M$ に対し，$x \in L$ を $b(x, y) \in N$ にうつす写像 $b(-, y)\colon L \to N$ は線形写像である． ■

$b\colon L \times M \to N$ が双線形写像であるとは，任意の $x, x' \in L$, $y \in M$ に対し**分配則** $b(x + x', y) = b(x, y) + b(x', y)$ がなりたち，任意の $x \in L$, $y, y' \in M$ に対しても分配則 $b(x, y + y') = b(x, y) + b(x, y')$ がなりたつことである．L, M, N を加群とすると，合成 $\circ\colon \mathrm{Hom}(M, N) \times \mathrm{Hom}(L, M) \to \mathrm{Hom}(L, N)$ は双線形写像である．

命題 4.4.10 L, M, N を加群とする．$b\colon L \times M \to N$ を写像とし，可逆写像 (1.28) により b に対応する写像を $b_l\colon M \to \mathrm{Map}(L, N)$ とする．b が双線形写像であるための条件は，b_l が線形写像 $M \to \mathrm{Hom}(L, N)$ を定めることである． ■

証明 定義 4.4.9 の条件 (2) は，b_l の像が $\mathrm{Hom}(L, N)$ に含まれることと同値である．さらに条件 (1) は b_l が加群の射であることと同値である． □

X, Y, Z を集合とする．写像 $f\colon X \times Y \to Z$ がひきおこす双線形写像

$$b_f\colon \mathbf{Z}^{(X)} \times \mathbf{Z}^{(Y)} \to \mathbf{Z}^{(Z)} \tag{4.20}$$

を定める．可逆写像 (1.28) により $f\colon X \times Y \to Z$ は $Y \to \mathrm{Map}(X, Z)$ を定める．自由加群の関手性より写像 $\mathrm{Map}(X, Z) \to \mathrm{Hom}(\mathbf{Z}^{(X)}, \mathbf{Z}^{(Z)})$ が定まる．合成を $Y \to \mathrm{Hom}(\mathbf{Z}^{(X)}, \mathbf{Z}^{(Z)})$ とすると，さらに自由加群の普遍性より線形写像 $\mathbf{Z}^{(Y)} \to \mathrm{Hom}(\mathbf{Z}^{(X)}, \mathbf{Z}^{(Z)})$ が定まる．よって命題 4.4.10 より，双線形写像 (4.20) が得られる．$x \in X, y \in Y$ に対し，$b_f([x], [y]) = [f(x, y)]$ である．

4.5 ホモロジー群

位相空間 X と Y に対し，$C(X, Y)$ は連続写像 $X \to Y$ 全体の集合を表す．$C(X, Y)$ は線形代数的な対象ではないので，$C(X, Y)$ を基底とする自由加群 $\mathbf{Z}^{(C(X,Y))}$ を考え $S(X, Y)$ で表す．標準写像 $C(X, Y) \to S(X, Y)$ により，$C(X, Y)$ を $S(X, Y)$ の部分集合と同一視する．

Z も位相空間とする．連続写像の合成 $\circ\colon C(Y, Z) \times C(X, Y) \to C(X, Z)$ がひきおこす双線形写像 (4.20) を $\circ\colon S(Y, Z) \times S(X, Y) \to S(X, Z)$ とする．対象を位相空間，$S(X, Y)$ の元を射，合成を $\circ$ とすることで圏が得られる．位相空間 X, Y に対し，$C(X, Y)$ の元 $f\colon X \to Y$ を連続写像とよび，$S(X, Y)$ の元 $f\colon X \to Y$ を**射**とよんで区別する．射 $f\colon X \to Y$ は連続写像 $X \to Y$ の形式的な $\mathbf{Z}$ 係数の線形結合である．$C(X, Y)$ を $S(X, Y)$ の部分集合と同一視しているから，連続写像は射である．

Z も位相空間とし，$g\colon Y \to Z$ を射とすると，f を $g \circ f$ にうつす写像 $g_*\colon S(X, Y) \to S(X, Z)$ は線形写像である．同様に W を位相空間とし，$h\colon W \to X$ を射とすると，$h^*\colon S(X, Y) \to S(W, Y)$ も線形写像である．

$q \geqq 0$ を自然数とする．$I^q = \{(x_1, \ldots, x_q) \in \mathbf{R}^q \mid x_1, \ldots, x_q \in [0, 1]\}$ を q 次元**立方体** (cube) とする．$q \geqq 1$ とする．自然数 $k = 1, \ldots, q$ に対し，連続写像 $a_k, b_k\colon I^{q-1} \to I^q$ と $p_k\colon I^q \to I^{q-1}$ を

$$a_k(t_1,\ldots,t_{q-1}) = (t_1,\ldots,t_{k-1},0,t_k,\ldots,t_{q-1}), \tag{4.21}$$
$$b_k(t_1,\ldots,t_{q-1}) = (t_1,\ldots,t_{k-1},1,t_k,\ldots,t_{q-1}),$$
$$p_k(t_1,\ldots,t_q) = (t_1,\ldots,t_{k-1},t_{k+1},\ldots,t_q) \tag{4.22}$$

で定める．射 ∂^q（ディー）$: I^{q-1} \to I^q$ を

$$\partial^q = \sum_{k=1}^{q}(-1)^k(a_k - b_k) \tag{4.23}$$

で定める．

例 4.5.1 $q=1$ のときは，$a_1, b_1 \colon \{0\} \to I = [0,1]$ は $a_1(0) = 0$, $b_1(0) = 1$ で定まり，$\partial^1 = b_1 - a_1$ である．

$q = 2$ のときは，$a_1, a_2, b_1, b_2 \colon I \to I^2$ は $a_1(t) = (0,t)$, $a_2(t) = (t,0)$, $b_1(t) = (1,t)$, $b_2(t) = (t,1)$ で定まり，$\partial^2 = a_2 + b_1 - b_2 - a_1$ である．

I と $\partial^1 = b_1 - a_1$　　I^2 と $\partial^2 = a_2 + b_1 - b_2 - a_1$

図 4.1

■

補題 4.5.2 $k, l \in \{1,\ldots,q\}$ とし，s, t で a, b のどちらかを表す．

1. $k \leqq l$ ならば

$$s_k \circ t_l = t_{l+1} \circ s_k$$

である．

2.

$$p_k \circ s_l = \begin{cases} 1_{I^{q-1}} & k = l \text{ のとき}, \\ s_{l-1} \circ p_k & k < l \text{ のとき}, \\ s_l \circ p_{k-1} & k > l \text{ のとき} \end{cases}$$

である．

3. 合成射 $\partial^{q+1} \circ \partial^q \colon I^{q-1} \to I^{q+1}$ は 0 である． ■

証明 1. 合成写像 $a_k \circ b_l = b_{l+1} \circ a_k \colon I^{q-1} \to I^{q+1}$ は $(t_1, \ldots, t_{q-1})$ を $(t_1, \ldots, t_{k-1}, 0, t_k, \ldots, t_{l-1}, 1, t_l, \ldots, t_{q-1})$ にうつす写像である．ほかの組み合わせも同様である．

2. は 1. と同様だから省略する．3. は 1. からしたがう． □

位相空間 X に対し，加群 $Q_q(X)$ と線形写像 $\partial_q \colon Q_q(X) \to Q_{q-1}(X)$ を

$$Q_q(X) = S(I^q, X), \qquad \partial_q = \partial^{q*} \tag{4.24}$$

4・5

で定める．$Q_q(X)$ の部分加群 $D_q(X)$ と商加群 $C_q(X)$ を

$$D_q(X) = \sum_{k=1}^{q} \mathrm{Im}(p_k^* \colon Q_{q-1}(X) \to Q_q(X)), \quad C_q(X) = Q_q(X)/D_q(X) \tag{4.25}$$

で定める．$D_0(X) = 0, C_0(X) = Q_0(X) = \mathbf{Z}^{(X)}$ である．

例 4.5.3 X を位相空間とし，$\gamma \colon I \to X$ を連続写像とする．

1. $0 < c < 1$ とし，連続写像 $\gamma_0, \gamma_1 \colon I \to X$ と $\sigma \colon I^2 \to X$ を，

$$\begin{aligned} \gamma_0(t) &= \gamma(ct), \\ \gamma_1(t) &= \gamma(c + (1-c)t), \end{aligned} \qquad \sigma(s,t) = \begin{cases} \gamma(s+ct) & s + ct \leqq c \text{ のとき}, \\ \gamma\Big(\dfrac{s+ct-cs}{1+ct-c}\Big) & c \leqq s + ct \text{ のとき}, \end{cases}$$

で定める．$\gamma = \sigma \circ a_2, \gamma_0 = \sigma \circ a_1, \gamma_1 = \sigma \circ b_2$ であり，$\sigma \circ b_1 \in D_1(X)$ だから，$C_1(X)$ で $\gamma - (\gamma_0 + \gamma_1) = \partial\sigma$ である．

2. 連続写像 $\gamma' \colon I \to X$ と $\sigma \colon I^2 \to X$ を，

$$\gamma'(t) = \gamma(1-t), \qquad \sigma(s,t) = \begin{cases} \gamma(s-t) & t \leqq s \text{ のとき}, \\ \gamma(0) & s \leqq t \text{ のとき}, \end{cases}$$

で定める．$\gamma = \sigma \circ a_2, \gamma' = \sigma \circ b_1$ であり，$\sigma \circ a_1, \sigma \circ b_2 \in D_1(X)$ だから，$C_1(X)$ で $\gamma + \gamma' = \partial\sigma$ である． ■

命題 4.5.4 X を位相空間とする．$(Q_\bullet(X), \partial_\bullet)$ は複体であり，$(D_\bullet(X), \partial_\bullet)$ はその部分複体である． ■

証明 補題 4.5.2.3 は $(Q_\bullet(X), \partial_\bullet)$ が複体であることを表している．$(D_\bullet(X), \partial_\bullet)$ がその部分複体であることは，補題 4.5.2.2 からしたがう． □

命題 4.5.4 より，商複体 $(C_\bullet(X), \partial_\bullet)$ が得られる．

定義 4.5.5　X を位相空間とする．複体 $(C_\bullet(X), \partial_\bullet)$ を X の**立方特異鎖複体** (cubical singular chain complex) とよび，$C_\bullet(X)$ で表す．自然数 $q \geqq 0$ に対し，複体 $C_\bullet(X)$ の q 次ホモロジー群

$$H_q(X) = H_q(C_\bullet(X))$$

を X の q 次**特異ホモロジー群** (singular homology group) とよぶ．

$Z_q(X) = \mathrm{Ker}(\partial_q : C_q(X) \to C_{q-1}(X)) \subset C_q(X)$ の元 σ を**サイクル** (cycle) とよび，その類を $[\sigma] \in H_q(X)$ で表す．$\mathrm{Im}(\partial_{q+1} : C_{q+1}(X) \to C_q(X)) \subset C_q(X)$ を $B_q(X)$ で表す． ■

$H_q(X) = Z_q(X)/B_q(X)$ である．$C_\bullet$ は関手【位相空間】→【複体】を定める．$q \geqq 0$ に対し，H_q も関手【位相空間】→【加群】を定める．

特異ホモロジー群は，単体からの射を使って定義される特異鎖複体のホモロジー群として定義する本が多いが，ここで定義したものと標準的に同形である．この本では，ホモロジー群の性質として 4.6 節と 4.7 節で証明するホモトピー不変性と局所性しか使わず，その証明は立方特異鎖複体によるものの方がはるかにわかりやすいので，この定義を採用した．

ホモロジー群 $H_q(X)$ の定義は複雑にみえるが，X の中で q 次元的な部分をとりだしたものである．q 次元立方体 I^q は q 次元の対象のうちでもっとも単純なものであり，$Q_q(X) = S(I^q, X)$ は X から I^q と関係する部分をすべてとりだしたものである．しかしこれでは大きすぎるので，そこから $q-1$ 次元的な部分である $D_q(X)$ および $C_q(X)/Z_q(X)$ と $q+1$ 次元的な部分である $B_q(X)$ を捨てて，純粋に q 次元的な部分をとりだしたのが $H_q(X) = Z_q(X)/B_q(X)$ の定義である．加群 $Q_q(X)$ は $C_q(X)/Z_q(X), H_q(X), B_q(X), D_q(X)$ を積み重ねたものであり，$B_q(X) = \mathrm{Im}(\partial_{q+1} : C_{q+1}(X) \to C_q(X))$ は $q+1$ 次元的な部分からの像であり，$C_q(X)/Z_q(X)$ は $B_{q-1}(X)$ と同形である．

X のホモロジー群の元は，X の点を一般化したものと考えられる．

例題 4.5.6　1. $P = \{0\}$ を 1 点空間とする．複体 $Q_\bullet(P), C_\bullet(P)$ とホモロジー群 $H_q(P)$ を求めよ．

2. 空な空間 $\varnothing$ のホモロジー群 $H_q(\varnothing)$ を求めよ．位相空間 X に対し，$H_0(X) = 0$ ならば $X = \varnothing$ であることを示せ．

3. $f : X \to Y$ を同相写像とする．$f_* : H_q(X) \to H_q(Y)$ は同形であること

を示せ．

4. X を $\mathbf{R}^n$ の開集合とする．$x \in X$ をその類 $[x] \in H_0(X)$ にうつす写像 $X \to H_0(X)$ は $H_0(X)$ の離散位相に関して連続であることを示せ． ■

解 1. $C(I^q, P)$ の元は定数写像 1 つだけだから，$Q_q(P) = \mathbf{Z}$ である．a_k^*, b_k^* は恒等写像 $1_{\mathbf{Z}}$ だから，$q \geqq 1$ ならば $\partial_q \colon Q_q(P) = \mathbf{Z} \to Q_{q-1}(P) = \mathbf{Z}$ は 0 写像である．p_k^* も恒等写像 $1_{\mathbf{Z}}$ だから，$q \geqq 1$ ならば $Q_q(P) = D_q(P)$ であり，$C_q(P) = 0$ である．$C_0(P) = \mathbf{Z}$ である．よって $H_0(P) = Q_0(P) = \mathbf{Z}$ であり，$q > 0$ なら $H_q(P) = 0$ である．

2. $Q_q(\varnothing) = 0$ だから $C_\bullet(\varnothing)$ はすべての成分が 0 の複体である．よって任意の $q \geqq 0$ に対し $H_q(\varnothing) = 0$ である．

1 点空間 P は圏【位相空間】の終対象だから，X を位相空間とすると，1. より標準射 $H_0(X) \to H_0(P) = \mathbf{Z}$ が定まる．X が空でなければ，連続写像 $P \to X$ が存在するから標準射 $H_0(X) \to \mathbf{Z}$ は全射であり，$H_0(X) \neq 0$ である．これの対偶をとればよい．

3. H_q は関手だから，命題 1.4.2.1 からしたがう．

4. $x \in U_r(a) \subset X$ とする．連続微分可能な曲線 $\gamma_x \colon I \to X$ を $\gamma_x(t) = (1-t)a + tx$ で定めれば，$\partial\gamma_x = [x] - [a]$ だから $[x] = [a] \in H_0(X)$ である． □

定義 4.5.7 X を位相空間とする．P を 1 点空間とする．

1. 標準射 $H_0(X) \to H_0(P) = \mathbf{Z}$ が同形であるとき，X は**弧状連結** (arcwise connected) であるという．

2. X は弧状連結であるとする．任意の自然数 $q > 0$ に対し $H_q(X) = 0$ となるとき，X は**非輪状** (acyclic) であるという． ■

X が弧状連結かつ非輪状であるとは，例題 4.5.6.1 より，任意の自然数 $q \geqq 0$ に対し標準射 $H_q(X) \to H_q(P)$ が同形となることである．このための十分条件を次節で与える．

4.6 ホモトピー

X を位相空間とする．$I = [0, 1]$ との積空間への連続写像 $i_0, i_1 \colon X \to X \times I$

を $i_0(x)=(x,0)$, $i_1(x)=(x,1)$ で定める．$X=I^q$ のときは $I^q\times I=I^{q+1}$ と考えると，$i_0=a_{q+1}$, $i_1=b_{q+1}$ である．

定義 4.6.1 $f\colon X\to Y$ を連続写像とする．

1. $g\colon X\to Y$ も連続写像とする．連続写像 $h\colon X\times I\to Y$ が f を g につなぐ**ホモトピー**であるとは，$f=h\circ i_0$, $g=h\circ i_1$ となることをいう．f を g につなぐホモトピーが存在するとき，f と g は**ホモトピック**であるという．

2. 連続写像 $g\colon Y\to X$ が f の**ホモトピー逆射**であるとは，1_X と $g\circ f$ がホモトピックかつ 1_Y と $f\circ g$ もホモトピックなことをいう．

f のホモトピー逆射が存在するとき，f は**ホモトピー同値**であるという．

3. Y を1点からなる空間 $P=\{0\}$ とする．連続写像 $f\colon X\to P$ がホモトピー同値であるとき，X は**可縮** (contractible) であるという． ■

h が f を g につなぐホモトピーであるとし，$t\in I$ に対し連続写像 $h_t\colon X\to Y$ を $h_t(x)=h(t,x)$ で定義する．t を0から1まで動かすと，h_t は $f=h_0$ から $g=h_1$ まで連続的に動くことになる．複体のホモトピーについて定義 4.4.3 で定義した用語は，ここで定義した位相空間のホモトピーについての用語から派生したものである．X が可縮とは，X の恒等写像を，X 全体を1点につぶす写像にまで連続的に変形できるということである．可縮ということばを，もう少し強い条件をみたすときに限って使うこともある．

命題 4.6.2 1. X を位相空間とする．次の条件は同値である．

(1) X は可縮である．

(2) 連続写像 $h\colon X\times I\to X$ と点 $a\in X$ で，任意の $x\in X$ に対し $h(x,0)=x$, $h(x,1)=a$ をみたすものが存在する．

2. X を $\mathbf{R}^n$ の部分空間とし，$a\in X$ とする．任意の $x\in X$ に対し x と a を結ぶ線分が X の部分集合ならば，X は可縮である． ■

証明 1. $P=\{0\}$ を1点からなる位相空間とし，$p\colon X\to P$, $i\colon P\to X$ を連続写像とする．$p\circ i=1_P$ である．$i(0)=a\in X$ とおくと，連続写像 $h\colon X\times I\to X$ が恒等写像 1_X を定値写像 $i\circ p=a$ につなぐホモトピーであるための条件は，$x\in X$ ならば $h(x,0)=x$, $h(x,1)=a$ となることである．

2. $h\colon X\times I\to X$ を $h(x,t)=(1-t)x+ta$ で定めると，h は1. の条件 (2) をみたす． □

例題 4.6.3 1. $\mathbf{R}^n$ は可縮であることを示せ.

2. $a \in \mathbf{R}^n$ とし，$r > 0$ を実数とする．開球 $U_r(a)$ も可縮であることを示せ.

■

解 1. 任意の $x \in \mathbf{R}^n$ に対し，x と原点 0 を結ぶ線分は $\mathbf{R}^n$ の部分集合だから，命題 4.6.2.2 より $\mathbf{R}^n$ は可縮である.

2. 任意の $x \in U_r(a)$ に対し，x と a を結ぶ線分は $U_r(a)$ の部分集合だから，命題 4.6.2.2 より $U_r(a)$ は可縮である. □

命題 4.6.4 1. X を位相空間とする．積空間からの射影 $p\colon X \times \mathbf{R} \to X$ はホモトピー同値である．連続写像 $i\colon X \to X \times \mathbf{R}$ を $i(x) = (x, 0)$ で定めると，i は p のホモトピー逆射である.

2. $n \geqq 1$ とし，$S^{n-1} = \{x \in \mathbf{R}^n \mid d(x, 0) = 1\}$ を $n-1$ 次元**球面** (sphere) とする．包含写像 $i\colon S^{n-1} \to \mathbf{R}^n - \{0\}$ はホモトピー同値である．連続写像 $p\colon \mathbf{R}^n - \{0\} \to S^{n-1}$ を $p(x) = \dfrac{x}{|x|}$ で定めると，p は i のホモトピー逆射である. ■

証明 1. $p \circ i = 1_X$ である．連続写像 $h\colon X \times \mathbf{R} \times I \to X \times \mathbf{R}$ を $h(x, s, t) = (x, (1-t)s)$ で定めると，h は $1_{X \times \mathbf{R}}$ を $i \circ p$ につなぐホモトピーである.

2. $p \circ i = 1_{S^{n-1}}$ である．連続写像 $h\colon (\mathbf{R}^n - \{0\}) \times I \to \mathbf{R}^n - \{0\}$ を $h(x, t) = \dfrac{x}{|x|^t}$ で定めると，h は $1_{\mathbf{R}^n - \{0\}}$ を $i \circ p$ につなぐホモトピーである. □

微分可能な写像とその 1 次近似をつなぐホモトピーを構成する.

命題 4.6.5 U を $\mathbf{R}^2$ の開集合とし，$c \in U$ とする．$f\colon U \to \mathbf{R}^2$ を，$x = c$ で微分可能な連続写像とし，$f'(c) \in M(2, \mathbf{R})$ を微分係数とする．f の $x = c$ での 1 次近似 $g\colon U \to \mathbf{R}^2$ を，$g(x) = f(c) + f'(c)(x - c)$ で定める.

任意の $x \in U$ に対し，x と c をむすぶ線分は U に含まれるとし，写像 $h\colon U \times I \to \mathbf{R}^2$ を，$t \neq 0$ ならば $h(x, t) = f(c) + \dfrac{f(c + t(x - c)) - f(c)}{t}$ と $h(x, 0) = g(x)$ で定める．h は f に g をつなぐホモトピーである. ■

証明 h が連続なことを示す．$f(x)$ は $x = c$ で微分可能だから，$k\colon U \to \mathbf{R}^2$

を $x \neq c$ ならば $k(x) = \dfrac{f(x) - (f(c) + f'(c)(x-c))}{|x-c|}$ と $k(c) = 0$ で定義すると，k は連続である．$h(x,t) = f(c) + f'(c)(x-c) + |x-c| \cdot k(c + t(x-c))$ だから，h も連続である．$h(x,1) = f(x)$ だから h は f に g をつなぐホモトピーである． □

定理 4.6.6 $f, g \colon X \to Y$ を連続写像とする．f と g がホモトピックならば，$f_*, g_* \colon C_\bullet(X) \to C_\bullet(Y)$ はホモトピックであり，$f_*, g_* \colon H_q(X) \to H_q(Y)$ は等しい． ■

証明 f を g につなぐホモトピー $h \colon X \times I \to Y$ を使って，f_* を g_* につなぐホモトピー $h_q \colon C_q(X) \to C_{q+1}(Y)$ を構成する．I^{q+1} を $I^q \times I$ と同一視し，線形写像 $h_q \colon C_q(X) \to C_{q+1}(Y)$ を，射 $\sigma \colon I^q \to X$ に対し，合成

$$I^{q+1} = I^q \times I \xrightarrow{\sigma \times 1_I} X \times I \xrightarrow{\quad h \quad} Y$$

により

$$h_q(\sigma) = (-1)^{q+1} h \circ (\sigma \times 1_I) \tag{4.26}$$

とおいて定義する．$(h_q)_{q \geqq -1}$ が f_* を g_* につなぐホモトピーであることを示す．

(4.23) と $i_0 = a_{q+1}, i_1 = b_{q+1}$ より $S(I^q, I^{q+1})$ での等式

$$\partial^{q+1} = \partial^q \times 1_I + (-1)^{q+1}(i_0 - i_1) \tag{4.27}$$

がなりたつ．(4.26) と (4.27) より，

$$\begin{aligned}
&\partial_{q+1} h_q(\sigma) + h_{q-1} \partial_q(\sigma) \\
&= (-1)^{q+1} \Big(h \circ (\sigma \times 1_I) \circ \partial^{q+1} - h \circ (\sigma \times 1_I) \circ (\partial^q \times 1_I) \Big) \\
&= h \circ (\sigma \times 1_I) \circ (i_0 - i_1) = h \circ (i_0 - i_1) \circ \sigma = f_* \sigma - g_* \sigma
\end{aligned}$$

である．よって，(h_q) は複体の射 $f_* \colon C_\bullet(X) \to C_\bullet(Y)$ を $g_* \colon C_\bullet(X) \to C_\bullet(Y)$ につなぐホモトピーを定め，f_* と g_* はホモトピックである．命題 4.4.4.1 より，$f_* \colon H_q(X) \to H_q(Y)$ と $g_* \colon H_q(X) \to H_q(Y)$ は等しい． □

ホモロジー群がみたす定理 4.6.6 や次の系 4.6.7.1 と 2. の性質を，**ホモトピー不変性** (homotopy invariance) という．

系 4.6.7 X を位相空間とする．

1. 連続写像 $f\colon X \to Y$ がホモトピー同値ならば，$f_*\colon H_q(X) \to H_q(Y)$ は同形である．

2. $p\colon X \times \mathbf{R} \to X$ を射影とする．$p_*\colon H_q(X \times \mathbf{R}) \to H_q(X)$ は同形である．

3. X が可縮ならば，X は弧状連結であり非輪状である． ■

証明 1. $g\colon Y \to X$ を f のホモトピー逆射とすると，$g_*\colon C_\bullet(Y) \to C_\bullet(X)$ は定理 4.6.6 より $f_*\colon C_\bullet(X) \to C_\bullet(Y)$ のホモトピー逆射である．よって複体の射 $f_*\colon C_\bullet(X) \to C_\bullet(Y)$ はホモトピー同値であり，命題 4.4.4.2 よりしたがう．

2. 命題 4.6.4.1 より射影 $p\colon X \times \mathbf{R} \to X$ はホモトピー同値である．よって 1. よりしたがう．

3. P を 1 点空間とすると，1. より標準射 $H_q(X) \to H_q(P)$ は同形である．よって例題 4.5.6.1 よりしたがう． □

例題 4.6.8 1. ホモロジー群 $H_q(\mathbf{R}^n)$ を求めよ．開球 $U_r(a)$ のホモロジー群 $H_q(U_r(a))$ も求めよ．

2. 包含写像 $i\colon S^{n-1} \to \mathbf{R}^n - \{0\}$ がひきおこす写像 $i_*\colon H_q(S^{n-1}) \to H_q(\mathbf{R}^n - \{0\})$ は同形であることを示せ． ■

解 1. 例題 4.6.3.1 と系 4.6.7.3 より，$H_0(\mathbf{R}^n) = \mathbf{Z}$ であり，$q > 0$ ならば $H_q(\mathbf{R}^n) = 0$ である．$U_r(a)$ についても同様である．

2. 命題 4.6.4.2 と系 4.6.7.1 より，$i_*\colon H_q(S^{n-1}) \to H_q(\mathbf{R}^n - \{0\})$ は同形である． □

4.7 局所性

X を位相空間とし，U, V を X の開集合とする．$Q_\bullet(U), Q_\bullet(V)$ は $Q_\bullet(X)$ の部分複体であり，$D_\bullet(U) = D_\bullet(X) \cap Q_\bullet(U)$, $D_\bullet(V) = D_\bullet(X) \cap Q_\bullet(V)$ だから，$C_\bullet(U), C_\bullet(V)$ は $C_\bullet(X)$ の部分複体と同一視される．$C_\bullet(X)$ の部分複体 $C_\bullet(U)$ と $C_\bullet(V)$ の和を $C_\bullet(\mathcal{U})$ で表し，そのホモロジー群 $H_q(C_\bullet(\mathcal{U}))$ を $H_q(\mathcal{U})$ で表す．

定理 4.7.1 X を位相空間とし，U, V を X の開集合とする．$X = U \cup V$ な

らば，任意の自然数 $q \geqq 0$ に対し，包含射 $C_\bullet(\mathcal{U}) \to C_\bullet(X)$ が定めるホモロジー群の射

$$H_q(\mathcal{U}) \to H_q(X) \tag{4.28}$$

は同形である． ■

定理 4.7.1 は命題 4.4.7 を適用して証明する．立方体を N^q 等分することで，複体の射 $s_N\colon C_\bullet(X) \to C_\bullet(X)$ の列とそれに恒等射をつなぐホモトピーの列を，それぞれ補題 4.7.2 と補題 4.7.3 で構成する．これが命題 4.4.7 の条件 (1) をみたすことは，構成からただちにしたがう．条件 (2) をみたすことは，補題 4.7.4 で最大値の定理（定理 4.1.4）の帰結である命題 4.2.11 から導く．

$N \geqq 1$ を自然数とし，$[0,1)_N = \left\{0, \dfrac{1}{N}, \ldots, \dfrac{N-1}{N}\right\}$ とおく．$l \in [0,1)_N^q$ に対し，連続写像 $j_{N,l}^q\colon I^q \to I^q$ を $j_{N,l}^q(x) = \dfrac{x}{N} + l$ で定め，射 $s_N^q\colon I^q \to I^q$ を

$$s_N^q = \sum_{l \in [0,1)_N^q} j_{N,l}^q \tag{4.29}$$

で定義する．連続写像 $\sigma\colon I^q \to X$ の N^q **等分** $s_N(\sigma) \in S(I^q, X) = Q_q(X)$ を $s_N(\sigma) = \sigma \circ s_N^q = s_N^{q*}(\sigma) = \displaystyle\sum_{l \in [0,1)_N^q} \sigma \circ j_{N,l}^q$ で定める．

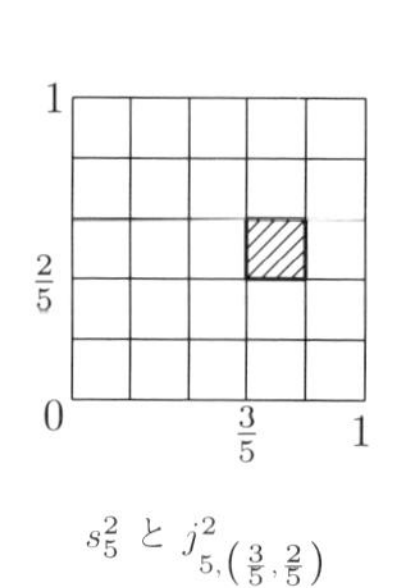

s_5^2 と $j^2_{5,(\frac{3}{5},\frac{2}{5})}$

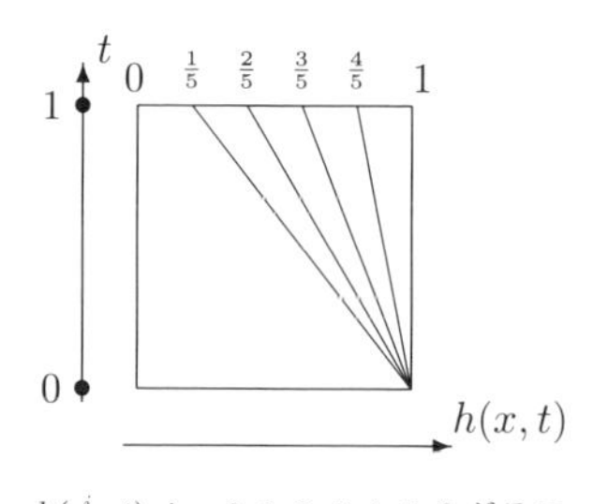

$h(\frac{i}{N}, t), i = 0,1,2,3,4,5$ のグラフ

図 4.2

補題 4.7.2　X を位相空間とし，$N \geqq 1$ を自然数とする．

1. $\sigma \in C(I^q, X)$ を $s_N(\sigma) \in S(I^q, X) = Q_q(X)$ にうつす線形写像 $s_N^{q*}\colon Q_q(X) \to Q_q(X)$ は，複体の射

$$s_N\colon C_\bullet(X) \to C_\bullet(X) \tag{4.30}$$

を定める．

2. $M \geqq 1$ も自然数とすると，$s_N \circ s_M = s_{NM}$ である．■

証明　1. (4.23) と (4.29) より射 $I^{q-1} \to I^q$ の等式

$$s_N^q \circ \partial^q = \partial^q \circ s_N^{q-1} \tag{4.31}$$

がなりたつ．(4.31) より $s_N^{q*}\colon Q_q(X) \to Q_q(X)$ は複体の射 $s_N\colon Q_\bullet(X) \to Q_\bullet(X)$ を定める．$s_N^{q*}\colon Q_q(X) \to Q_q(X)$ は $s_N^{q*}(D_q(X)) \subset D_q(X)$ をみたすから，複体の射 $s_N\colon Q_\bullet(X) \to Q_\bullet(X)$ は，複体の射 $s_N\colon C_\bullet(X) \to C_\bullet(X)$ をひきおこす．

2. $l \in [0,1)_N^q, k \in [0,1)_M^q$ とし，$h = l + \dfrac{k}{N} \in [0,1)_{NM}^q$ とおくと，$j_{N,l}^q \circ j_{M,k}^q = j_{NM,h}^q$ である．よって，$s_N \circ s_M = s_{NM}$ である．□

恒等射 $1_{C_\bullet(X)}$ を $s_N\colon C_\bullet(X) \to C_\bullet(X)$ につなぐホモトピーを構成する．連続写像 $f\colon I \to I$ と，f を恒等写像 $1_I\colon I \to I$ につなぐホモトピー $h\colon I \times I \to I$ を

$$f(x) = \min(Nx, 1), \quad h(x,t) = (1-t)f(x) + tx$$

で定める（図 4.2 右）．$q \geqq 0$ を自然数とし，$f^q\colon I^q \to I^q$ を各成分が f である連続写像とする．$l \in [0,1)_N^q$ に対し，$f^q \circ j_{N,0}^q = 1_{I^q}$ であり，$l \neq 0$ ならば $f^q \circ j_{N,l}^q \in D_q(I^q)$ だから，$C_q(I^q)$ での等式

$$f^q \circ s_N^q = 1_{I^q} \tag{4.32}$$

がなりたつ．

$f^q\colon I^q \to I^q$ を恒等写像 1_{I^q} につなぐホモトピー $h^q\colon I^q \times I \to I^q$ を

$$h^q(x_1, \ldots, x_q, t) = (h(x_1,t), \ldots, h(x_q,t))$$

で定める．射 $u_N^q\colon I^{q+1} = I^q \times I \to I^q$ を

$$u_N^q = h^q \circ (s_N^q \times 1_I) \tag{4.33}$$

で定める．線形写像 $h_{N,q}\colon Q_q(X) \to Q_{q+1}(X)$ を，$\sigma\colon I^q \to X$ に対し，合成

$$I^{q+1} \xrightarrow{u_N^q} I^q \xrightarrow{\sigma} X$$

によって

$$h_{N,q}(\sigma) = (-1)^{q+1}\sigma \circ u_N^q \tag{4.34}$$

とおくことで定義する．$h_{N,q}\colon Q_q(X) \to Q_{q+1}(X)$ は，$D_q(X)$ を $D_{q+1}(X)$ にうつし，線形写像 $h_{N,q}\colon C_q(X) \to C_{q+1}(X)$ をひきおこす．

補題 4.7.3　X を位相空間とし，$N \geqq 1$ を自然数とする．$h_{N,q}\colon C_q(X) \to C_{q+1}(X)$ は，恒等射 $1_{C_\bullet(X)}$ を $s_N\colon C_\bullet(X) \to C_\bullet(X)$ につなぐホモトピー h_N を定める．■

証明　(4.27) より $(s_N^q \times 1_I) \circ \partial^{q+1} = (s_N^q \circ \partial^q) \times 1_I + (-1)^{q+1} s_N^q \circ (i_0 - i_1)$ だから，(4.31) と $s_N^q \circ (i_0 - i_1) = (i_0 - i_1) \circ s_N^q$ より

$$(s_N^q \times 1_I) \circ \partial^{q+1} = (\partial^q \circ s_N^{q-1}) \times 1_I + (-1)^{q+1}(i_0 - i_1) \circ s_N^q \tag{4.35}$$

である．

$f(0) = 0, f(1) = 1$ だから，$h(0,t) = 0, h(1,t) = 1$ である．よって，$h^q \circ (\partial^q \times 1_I) = \partial^q \circ h^{q-1}$ である．さらに h^q は f^q を 1_{I^q} につなぐホモトピーだから，(4.35), (4.33), (4.31) と (4.32) より $C_q(I^q)$ での等式

$$\begin{aligned} u_N^q \circ \partial^{q+1} &= \partial^q \circ u_N^{q-1} + (-1)^{q+1}(f^q - 1_{I^q}) \circ s_N^q \\ &= \partial^q \circ u_N^{q-1} + (-1)^{q+1}(1_{I^q} - s_N^q) \end{aligned} \tag{4.36}$$

が得られる．(4.36) と (4.34) より，h_N は恒等射 $1_{C_\bullet(X)}$ を $s_N\colon C_\bullet(X) \to C_\bullet(X)$ につなぐホモトピーである．□

補題 4.7.3 より，$\sigma \in H_q(X)$ ならば自然数 $N \geqq 1$ に対し $s_N\sigma = \sigma$ である．

命題 4.4.7 の条件 (2) を，命題 4.2.11 から導く．

補題 4.7.4　X を位相空間とし，$q \geqq 0$ を自然数とする．

1. $\sigma\colon I^q \to X$ を連続写像とし，$(U_i)_{i\in I}$ を X の開被覆とする．次の条件をみたす自然数 $N \geqq 1$ が存在する：すべての $l \in [0,1)_N^q$ に対し，$i \in I$ で $\sigma \circ j_{N,l}^q(I^q) \subset U_i$ をみたすものが存在する．

2. $U, V \subset X$ を開集合とし，$\sigma \in S(I^q, U \cup V) = Q_q(U \cup V)$ とする．自然数 $N \geqq 1$ で，$s_N(\sigma) \in S(I^q, U) + S(I^q, V) \subset S(I^q, X)$ をみたすものが存在する．■

証明 1. I^q は $\mathbf{R}^q$ の有界閉集合だから，命題 4.2.11 よりしたがう．

2. 補題 4.7.2.2 より，$\sigma \in C(I^q, U \cup V)$ として示せばよい．1. を X として $U \cup V$ としたものに適用すればよい． □

定理 4.7.1 の証明 複体の射 $s_N \colon C_\bullet(X) \to C_\bullet(X)$ の列とホモトピー h_N の列が，部分複体 $C_\bullet(\mathcal{U}) \subset C_\bullet(X)$ に対し命題 4.4.7 の条件 (1) と (2) をみたすことを示せばよい．s_N は $C_\bullet(U), C_\bullet(V)$ をそれぞれ $C_\bullet(U), C_\bullet(V)$ にうつすから，$C_\bullet(\mathcal{U})$ も $C_\bullet(\mathcal{U})$ にうつす．同様に，$h_{N,q}$ も $C_q(\mathcal{U})$ を $C_{q+1}(\mathcal{U})$ にうつす．よって，条件 (1) がみたされる．補題 4.7.4.2 より，条件 (2) もみたされる．よって命題 4.4.7 を適用すればよい． □

U と V を X の開集合とし，$j_U \colon U \to X, j_V \colon V \to X$ と $i_U \colon U \cap V \to U, i_V \colon U \cap V \to V$ を包含写像とする．$Q_\bullet(U) \cap Q_\bullet(V) = Q_\bullet(U \cap V)$ だから，複体 $C_\bullet(X)$ の部分複体 $C_\bullet(U)$ と $C_\bullet(V)$ の共通部分 $C_\bullet(U) \cap C_\bullet(V)$ は $C_\bullet(U \cap V)$ と同一視される．$C_\bullet(U) + C_\bullet(V) = C_\bullet(\mathcal{U})$ だから，複体の完全系列

$$0 \longrightarrow C_\bullet(U \cap V) \xrightarrow{\ -\ } C_\bullet(U) \oplus C_\bullet(V) \xrightarrow{\ +\ } C_\bullet(\mathcal{U}) \longrightarrow 0 \tag{4.37}$$

が得られる．完全系列 (4.19) を (4.37) に適用すれば，長完全系列

$$\cdots \longrightarrow H_{q+1}(\mathcal{U}) \xrightarrow{\ \delta\ } H_q(U \cap V) \xrightarrow{\ -\ } H_q(U) \oplus H_q(V) \xrightarrow{\ +\ } H_q(\mathcal{U}) \longrightarrow \cdots \tag{4.38}$$

が得られる．

$U \cup V = X$ ならば，定理 4.7.1 より標準射 $H_q(\mathcal{U}) \to H_q(X)$(4.28) は同形である．この同形により (4.38) の $H_q(\mathcal{U})$ を $H_q(X)$ でおきかえると完全系列

$$\cdots \longrightarrow H_{q+1}(X) \xrightarrow{\ \delta\ } H_q(U \cap V) \xrightarrow{i_{U*} - i_{V*}} H_q(U) \oplus H_q(V) \xrightarrow{j_{U*} + j_{V*}} H_q(X) \longrightarrow \cdots \tag{4.39}$$

が得られる．完全系列 (4.39) を $X = U \cup V$ が定める**マイヤー–ヴィートリス完全系列** (Mayer–Vietoris exact sequence) といい，線形写像 $\delta \colon H_{q+1}(X) \to H_q(U \cap V)$ をその**境界射**という．

例題 4.7.5 1. 位相空間 X が開集合 U, V の無縁和であるとする．任意の自然数 $q \geqq 0$ に対し，包含写像がひきおこす写像 $H_q(U) \oplus H_q(V) \to H_q(X)$ は同形であることを示せ．

2. 位相空間 X が弧状連結ならば，離散空間 Y への連続写像 $f\colon X \to Y$ は定値写像であることを示せ． ■

解 1. $U \cap V = \varnothing$ だから，例題 4.5.6.2 より任意の自然数 $q \geqq 0$ に対し $H_q(U \cap V) = 0$ である．よってマイヤー–ヴィートリス完全系列からしたがう．

2. $B = f(X) \subset Y$ が 1 点からなることをいえばよい．$f\colon X \to B$ と 1 点空間 P への連続写像 $B \to P$ は全射 $H_0(X) = \mathbf{Z} \to H_0(B) \to H_0(P) = \mathbf{Z}$ をひきおこすから，$H_0(B) = \mathbf{Z}$ である．$b \in B$ とすると，離散空間 B は $U = \{b\}$ と $V = B - \{b\}$ の無縁和だから，1. より $H_0(B) = H_0(U) \oplus H_0(V)$ である．$H_0(B) = H_0(U) = \mathbf{Z}$ だから $H_0(V) = 0$ であり，例題 4.5.6.2 より $V = \varnothing$ である．よって $B = \{b\}$ であり，f は定値写像 b である． □

マイヤー–ヴィートリス完全系列には，次のような関手性がなりたつ．

命題 4.7.6 X, Y を位相空間とし，$f\colon X \to Y$ を連続写像とする．$U, V \subset X$ と $U', V' \subset Y$ を開集合で $U \subset f^{-1}(U'), V \subset f^{-1}(V')$ をみたすものとする．$X = U \cup V, Y = U' \cup V'$ ならば，完全系列の図式

$$\begin{array}{ccccccccc}
\cdots \longrightarrow & H_{q+1}(X) & \xrightarrow{\delta} & H_q(U \cap V) & \xrightarrow{-} & H_q(U) \oplus H_q(V) & \xrightarrow{+} & H_q(X) & \longrightarrow \cdots \\
& f_* \downarrow & & \downarrow & & \downarrow & & \downarrow f_* & \\
\cdots \longrightarrow & H_{q+1}(Y) & \xrightarrow{\delta} & H_q(U' \cap V') & \xrightarrow{-} & H_q(U') \oplus H_q(V') & \xrightarrow{+} & H_q(Y) & \longrightarrow \cdots
\end{array} \tag{4.40}$$

は可換である． ■

証明 部分複体 $C(\mathcal{U}) = C(U) + C(V) \subset C(X)$ と同様に，部分複体 $C(\mathcal{U}') = C(U') + C(V') \subset C(Y)$ を定義すれば，複体の完全系列の可換図式

$$\begin{array}{ccccccc}
0 \to & C(U \cap V) & \to & C(U) \oplus C(V) & \to & C(\mathcal{U}) & \to 0 \\
& \downarrow & & \downarrow & & \downarrow & \\
0 \to & C(U' \cap V') & \to & C(U') \oplus C(V') & \to & C(\mathcal{U}') & \to 0
\end{array}$$

が得られる．よって長完全系列の関手性 (4.18) より，(4.39) と同様に完全系列の可換図式 (4.40) が得られる． □

系 4.7.7 $f\colon X \to Y,\ U, V \subset X,\ U', V' \subset Y$ を命題 4.7.6 のとおりとし，q を自然数とする．f と f の制限がひきおこす射 $H_q(X) \to H_q(Y), H_{q+1}(X) \to$

$H_{q+1}(Y)$, $H_q(U \cap V) \to H_q(U' \cap V')$, $H_{q-1}(U \cap V) \to H_{q-1}(U' \cap V')$ がすべて同形ならば，f の制限がひきおこす射 $H_q(U) \to H_q(U')$, $H_q(V) \to H_q(V')$ も同形である． ■

証明 マイヤー–ヴィートリス完全系列の関手性（命題 4.7.6）より，完全系列の可換図式

$$\begin{array}{ccccccccc} H_{q+1}(X) & \to & H_q(U \cap V) & \xrightarrow{-} & H_q(U) \oplus H_q(V) & \xrightarrow{+} & H_q(X) & \to & H_{q-1}(U \cap V) \\ \downarrow & & \downarrow & & \downarrow & & \downarrow & & \downarrow \\ H_{q+1}(Y) & \to & H_q(U' \cap V') & \xrightarrow{-} & H_q(U') \oplus H_q(V') & \xrightarrow{+} & H_q(Y) & \to & H_{q-1}(U' \cap V') \end{array} \tag{4.41}$$

が得られる．仮定より，たての射はまん中をのぞき同形である．よって，5 項補題（命題 4.3.3.2）よりまん中の射 $H_q(U) \oplus H_q(V) \to H_q(U') \oplus H_q(V')$ も同形である．したがって，その成分 $H_q(U) \to H_q(U')$, $H_q(V) \to H_q(V')$ も同形である． □

例題 4.7.8 $c \in \mathbf{R}^n$ とし，W を c の近傍とする．W が弧状連結で非輪状ならば，任意の自然数 $q \geqq 0$ に対し，包含写像がひきおこす射 $H_q(W - \{c\}) \to H_q(\mathbf{R}^n - \{c\})$ は同形であることを示せ． ■

解 $r > 0$ を $U_r(c) \subset W$ をみたす実数とする．$\mathbf{R}^n = (\mathbf{R}^n - \{c\}) \cup U_r(c)$, $W = (W - \{c\}) \cup U_r(c)$ と包含写像に系 4.7.7 を適用する．W が弧状連結で非輪状だから，任意の自然数 $q \geqq 0$ に対し，包含写像がひきおこす射 $H_q(W) \to H_q(\mathbf{R}^n)$ は同形である．$U_r(c) \subset W$ だから，$(\mathbf{R}^n - \{c\}) \cap U_r(c) = (W - \{c\}) \cap U_r(c) = U_r(c) - \{c\}$ である．よって系 4.7.7 よりしたがう． □

マイヤー–ヴィートリス完全系列の境界射の計算法を与える．

命題 4.7.9 $f\colon W \to X$ を連続写像とする．X の開集合 U, V と，W の開集合 $U' \subset f^{-1}(U)$, $V' \subset f^{-1}(V)$ が $U \cup V = X$ と $U' \cup V' = W$ をみたすとする．$j'\colon U' \cap V' \to V'$ を包含写像とする．

$q \geqq 1$ を自然数とし，$\sigma' \in C_q(W)$, $\gamma' \in Z_{q-1}(V')$, $\alpha' \in H_{q-1}(U' \cap V')$ とする．$\gamma' = \partial\sigma' \in Z_{q-1}(W)$ であるとする．$j'_*\colon H_{q-1}(U' \cap V') \to H_{q-1}(V')$ は単射であり，$j'_*\alpha' = [\gamma']$ であるとする．

$\sigma = f_*\sigma' \in C_q(X)$ とおき，$f_*\gamma' = 0 \in C_{q-1}(V)$ とする．このとき

$\sigma \in Z_q(X)$ であり，$X = U \cup V$ が定めるマイヤー–ヴィートリス完全系列の境界射 $\delta\colon H_q(X) \to H_{q-1}(U \cap V)$ による $[\sigma] \in H_q(X)$ の像 $\delta([\sigma])$ は，$\alpha = f_*\alpha' \in H_{q-1}(U \cap V)$ と等しい． ■

証明　$\partial\sigma = f_*\partial\sigma' = f_*\gamma' = 0$ だから $\sigma \in Z_q(X)$ である．補題 4.7.3 と 4.7.4 より σ', γ' を $s_N\sigma', s_N\gamma'$ でおきかえて，$\sigma' = \sigma_{U'} + \sigma_{V'}$, $\sigma_{U'} \in C_q(U')$, $\sigma_{V'} \in C_q(V')$ としてよい．

$\gamma' = \partial\sigma' = \partial\sigma_{U'} + \partial\sigma_{V'} \in Z_{q-1}(V')$ だから，$\partial\sigma_{U'} = \gamma' - \partial\sigma_{V'} \in Z_{q-1}(U') \cap Z_{q-1}(V') = Z_{q-1}(U' \cap V')$ である．よって，$[\partial\sigma_{U'}] \in H_{q-1}(U' \cap V')$ の単射 $j'_*\colon H_{q-1}(U' \cap V') \to H_{q-1}(V')$ による像は $j'_*[\partial\sigma_{U'}] = [\gamma' - \partial\sigma_{V'}] = [\gamma'] = j'_*\alpha'$ だから，$\alpha' = [\partial\sigma_{U'}]$ である．$\sigma = f_*\sigma' = f_*\sigma_{U'} + f_*\sigma_{V'}$ であり，$\partial f_*\sigma_{U'} = -\partial f_*\sigma_{V'} \in Z_{q-1}(U \cap V)$ だから，命題 4.3.1 での境界射の構成より，$\delta([\sigma]) = [\partial f_*\sigma_{U'}] = [f_*\partial\sigma_{U'}] = f_*\alpha' = \alpha$ である． □

マイヤー–ヴィートリスの完全系列を使って，円周 $S^1 = \{(x,y) \in \mathbf{R}^2 \mid x^2 + y^2 = 1\}$ のホモロジー群を求める．

命題 4.7.10　1. 円周 S^1 は弧状連結であり，$H_1(S^1)$ は $\mathbf{Z}$ と同形である．$q > 1$ ならば $H_q(S^1) = 0$ である．

2. 連続写像 $e\colon I \to S^1$ を

$$e(t) = (\cos 2\pi t, \sin 2\pi t) \tag{4.42}$$

で定める．e の類 $[e] \in H_1(S^1)$ は自由加群 $H_1(S^1)$ の基底である． ■

証明　S^1 の開集合 U, V を $U = S^1 - \{(1,0)\}$, $V = S^1 - \{(-1,0)\}$ で定める．$U \cup V = S^1$ である．$Y = \{(x,y) \in S^1 \mid y > 0\}$, $Z = \{(x,y) \in S^1 \mid y < 0\}$ とおくと $U \cap V$ は無縁和 $Y \cup Z$ である．

1. $S^1 = U \cup V$ が定めるマイヤー–ヴィートリス完全系列と例題 4.7.5.1 より，完全系列

$$\cdots \to H_{q+1}(S^1) \to H_q(Y) \oplus H_q(Z) \to H_q(U) \oplus H_q(V) \to H_q(S^1) \to \cdots \tag{4.43}$$

が得られる．U, V, Y, Z は $\mathbf{R}$ と同相だから，例題 4.6.8.1 より，$H_q(U), H_q(V), H_q(Y), H_q(Z)$ は $q > 0$ ならば 0 であり，$q = 0$ ならば $\mathbf{Z}$ である．よって完全

系列 (4.43) より $q>1$ ならば $H_q(S^1)=0$ であり，完全系列

$$0 \to H_1(S^1) \to \mathbf{Z}^{\oplus 2} \to \mathbf{Z}^{\oplus 2} \to H_0(S^1) \to 0 \tag{4.44}$$

が得られる．射 $H_0(Y) \oplus H_0(Z) = \mathbf{Z}^{\oplus 2} \to H_0(U) \oplus H_0(V) = \mathbf{Z}^{\oplus 2}$ は，$H_0(U) = \mathbf{Z}$ の成分へは和であり，$H_0(V) = \mathbf{Z}$ の成分へはその -1 倍である．よって $H_0(S^1) = \mathbf{Z}$ であり，$H_1(S^1)$ も $\mathbf{Z}$ と同形である．

2. $\partial e = [(1,0)] - [(1,0)] = 0$ だから，e は $H_1(S^1)$ の元を定める．連続写像 $e\colon W = I = [0,1] \to S^1$ に命題 4.7.9 を適用する．

$\sigma'\colon I \to W$ を恒等写像 1_I とする．$U' = e^{-1}(U) = (0,1)$, $V' = e^{-1}(V) = [0,\frac{1}{2}) \cup (\frac{1}{2},1]$ とおく．$U' \cap V' = (0,\frac{1}{2}) \cup (\frac{1}{2},1)$ で，空でない区間は可縮だから，包含写像がひきおこす射 $H_q(U' \cap V') \to H_q(V')$ は同形である．$\gamma' = \partial\sigma' = [1] - [0] \in Z_0(V')$ である．$\alpha' = [\frac{3}{4}] - [\frac{1}{4}] \in H_0(U' \cap V')$ とおくと，同形 $H_0(U' \cap V') \to H_0(V')$ による α' の像は $[\gamma']$ である．

よって命題 4.7.9 より，$[e] = e_*[\sigma'] \in H_1(S^1)$ の境界射 $\delta\colon H_1(S^1) \to H_0(U \cap V)$ による像 $\delta[e]$ は，$\alpha = e_*\alpha' \in H_0(U \cap V) = H_0(Y) \oplus H_0(Z) = \mathbf{Z}^2$ である．$\alpha = (-1,1)$ は $\mathrm{Ker}(H_0(Y) \oplus H_0(Z) \to \mathbf{Z})$ の基底である．境界射 δ は同形 $H_1(S^1) \to \mathrm{Ker}(H_0(Y) \oplus H_0(Z) \to \mathbf{Z})$ を定めるから，$[e]$ も $H_1(S^1)$ の基底である． □

4.8 空間を見わける

マイヤー–ヴィートリス完全系列を使って，$\mathbf{R}^n$ から原点をのぞいた空間のホモロジー群を計算し，次元の異なるユークリッド空間はたがいに同相でないことを示す．

定理 4.8.1 $q \geqq 0, n \geqq 1$ を自然数とする．$n \geqq 2$ ならば，$H_0(\mathbf{R}^n - \{0\})$ と $H_{n-1}(\mathbf{R}^n - \{0\})$ は $\mathbf{Z}$ と同形である．$H_0(\mathbf{R} - \{0\})$ は $\mathbf{Z}^2$ と同形である．$q \neq 0, n-1$ ならば，$H_q(\mathbf{R}^n - \{0\}) = 0$ である． ■

証明 $n=1$ のときは，$\mathbf{R} - \{0\}$ は開集合 $(-\infty,0)$ と $(0,\infty)$ の無縁和である．$(-\infty,0)$ と $(0,\infty)$ は可縮だから，系 4.6.7.3 と例題 4.7.5.1 よりしたがう．

$n=2$ のときは，命題 4.7.10.1 と例題 4.6.8.2 の $n=2$ の場合よりしたがう．

$n \geqq 2$ の場合を n に関する帰納法で示す．

$\mathbf{R}^{n+1}$ から x_{n+1} 軸の負の部分をのぞいて得られる開集合を $U = \mathbf{R}^{n+1} - \{(0, \ldots, 0, x_{n+1}) \mid x_{n+1} \leqq 0\}$ とする．U の任意の点 x と $(0, \ldots, 0, 1)$ を結ぶ線分は U の部分集合だから，命題 4.6.2.2 より U は可縮である．同様に開集合 $V = \mathbf{R}^{n+1} - \{(0, \ldots, 0, x_{n+1}) \mid x_{n+1} \geqq 0\}$ も可縮である．

$\mathbf{R}^{n+1} - \{0\} = U \cup V$ が定めるマイヤー–ヴィートリス完全系列 (4.39) で，$H_q(U), H_q(V)$ を $q > 0$ なら 0 で $q = 0$ なら $\mathbf{Z}$ でおきかえると，$q > 0$ ならば境界射

$$H_{q+1}(\mathbf{R}^{n+1} - \{0\}) \to H_q(U \cap V) \tag{4.45}$$

は同形であり，完全系列

$$0 \to H_1(\mathbf{R}^{n+1} - \{0\}) \to H_0(U \cap V) \to \mathbf{Z}^2 \to H_0(\mathbf{R}^{n+1} - \{0\}) \to 0 \tag{4.46}$$

が得られる．

$U \cap V = (\mathbf{R}^n - \{0\}) \times \mathbf{R}$ だから，系 4.6.7.2 より $H_q(U \cap V)$ は $H_q(\mathbf{R}^n - \{0\})$ と同形である．よって帰納法の仮定と同形 (4.45) より，$H_n(\mathbf{R}^{n+1} - \{0\})$ は $\mathbf{Z}$ と同形であり，$q \geqq 2, q \neq n$ ならば $H_q(\mathbf{R}^{n+1} - \{0\}) = 0$ である．さらに $H_0(U \cap V) = \mathbf{Z} \to \mathbf{Z}^2$ は 1 を $(1, -1)$ にうつす単射であり，完全系列 (4.46) より $H_0(\mathbf{R}^{n+1} - \{0\}) = \mathbf{Z}$ と $H_1(\mathbf{R}^{n+1} - \{0\}) = 0$ が得られる． □

例題 4.8.2 $n \neq m$ ならば $\mathbf{R}^n$ と $\mathbf{R}^m$ は同相でないことを示せ． ■

解 $n \geq 1$ ならば $\mathbf{R}^n$ は無限集合であり，$\mathbf{R}^0$ は 1 点からなる．よって $n > m \geqq 1, a \in \mathbf{R}^n, b \in \mathbf{R}^m$ として，$\mathbf{R}^n - \{a\}$ と $\mathbf{R}^m - \{b\}$ が同相でないことを示せばよい．$\mathbf{R}^n - \{a\}$ は $\mathbf{R}^n - \{0\}$ と同相で，$\mathbf{R}^m - \{b\}$ も $\mathbf{R}^m - \{0\}$ と同相だから，$a = 0, b = 0$ として示せばよい．定理 4.8.1 より $H_{n-1}(\mathbf{R}^n - \{0\})$ は $\mathbf{Z}$ と同形であり，$H_{n-1}(\mathbf{R}^m - \{0\}) = 0$ だから，例題 4.5.6.3 より $\mathbf{R}^n - \{0\}$ と $\mathbf{R}^m - \{0\}$ は同相でない． □

高次元球面のホモロジー群が求められる．

系 4.8.3 $H_0(S^0)$ は $\mathbf{Z}^2$ と同形である．$n \geqq 1$ ならば，S^n は弧状連結であり，$H_n(S^n)$ も $\mathbf{Z}$ と同形である．$q \neq 0, n$ ならば，$H_q(S^n) = 0$ である． ■

証明 例題 4.6.8.2 より $H_q(S^n)$ は $H_q(\mathbf{R}^{n+1} - \{0\})$ と同形だから，定理 4.8.1 よりしたがう． □

$\mathbf{R}^n$ の 1 点コンパクト化が S^n であること（『集合と位相』例 6.6.2.2）と系 4.8.3 を使って，例題 4.8.2 を示すこともできる．

$T^2 = S^1 \times S^1 = \{(s,t,u,v) \in \mathbf{R}^4 \mid s^2+t^2 = u^2+v^2 = 1\}$ を 2 次元トーラス (torus) という．T^2 は

$$f(s,t,u,v) = (s(u+2), t(u+2), v)$$

で定まる写像 $f\colon T^2 \to \mathbf{R}^3$ により，円 $\{(x,y,z) \in \mathbf{R}^3 \mid (x-2)^2+z^2 = 1, y = 0\}$ を z 軸のまわりに回転して得られる曲面 $S = \{(x,y,z) \in \mathbf{R}^3 \mid (\sqrt{x^2+y^2}-2)^2 +z^2 = 1\}$ と同相である．逆写像 $g\colon S \to T^2$ は

$$g(x,y,z) = \Big(\frac{x}{\sqrt{x^2+y^2}}, \ \frac{y}{\sqrt{x^2+y^2}}, \ \sqrt{x^2+y^2}-2, \ z\Big)$$

で定まる．

命題 4.8.4 連続写像 $e\colon I \to S^1$ を (4.42) で定め，連続写像 $e_1, e_2\colon I \to T^2 = S^1 \times S^1$ を $e_1(t) = (e(t),(1,0))$, $e_2(t) = ((1,0),e(t))$ で定める．$[e_1],[e_2] \in H_1(T^2)$ で生成される部分加群 $M = \mathbf{Z}[e_1] + \mathbf{Z}[e_2] \subset H_1(T^2)$ は階数 2 の自由加群であり，$[e_1],[e_2]$ は M の基底である． ■

$M = H_1(T^2)$ を 8.7 節で示す．

証明 連続写像 $i_1, i_2\colon S^1 \to T^2$ を $i_1(x) = (x,(1,0))$, $i_2(x) = ((1,0),x)$ で定め，$p_1,p_2\colon T^2 \to S^1$ を射影とする．$p_1 \circ i_1, p_2 \circ i_2$ は S^1 の恒等写像であり，$p_2 \circ i_1, p_1 \circ i_2$ は 1 点空間 P への写像 $S^1 \to P$ と $(1,0) \in S^1$ が定める写像 $P \to S^1$ の合成である．よって $p_{1*} \circ i_{1*}, p_{2*} \circ i_{2*}$ は $H_1(S^1)$ の恒等写像であり，$H_1(P) = 0$ だから $p_{2*} \circ i_{1*}, p_{1*} \circ i_{2*}$ は 0 写像である．

したがって，$i_{1*}+i_{2*}\colon H_1(S^1) \oplus H_1(S^1) \to H_1(T^2)$ と $(p_{1*},p_{2*})\colon H_1(T^2) \to H_1(S^1) \oplus H_1(S^1)$ の合成写像は $H_1(S^1) \oplus H_1(S^1)$ の恒等写像である．よって $i_{1*}+i_{2*}\colon H_1(S^1) \oplus H_1(S^1) \to H_1(T^2)$ は単射であり，命題 4.7.10.2 より $[e_1] = i_{1*}[e]$, $[e_2] = i_{2*}[e]$ はその像 M の基底である． □

例題 4.8.5 球面 $S^2 = \{(x,y,z) \in \mathbf{R}^3 \mid x^2+y^2+z^2 = 1\}$ とトーラス T^2

は同相でないことを示せ. ■

解 系 4.8.3 より $H_1(S^2) = 0$ であり, 命題 4.8.4 より $H_1(T^2) \neq 0$ である. よって例題 4.5.6.3 より, S^2 と T^2 は同相でない. □

球面 S^2 とトーラス T^2 は, 第 9 章で装いを変えてそれぞれリーマン球面 $\mathbf{P}^1_{\mathbf{C}}$ と複素トーラス $\mathbf{C}/L$ として再登場する.

第5章 微分形式

数直線上の関数は各点での値が定まり，連続ならば積分もできる．平面では，曲線上の線積分は2変数関数の対に対して定義され，点に対して値が定まる関数とは役割が分化する．平面上の2変数関数の対を，微分形式として扱う．

前章では命題4.6.5をのぞき，関数の微積分は考えなかったが，本章では，微分形式の曲線上での積分としてホモロジー群の線形形式を定める．この定義の基礎にあるのが，線積分を重積分で表すグリーンの定理である．ホモロジー群の元を空間の点の一般化と考えるのに対応して，微分形式は関数の一般化と考えられる．

グリーンの定理に，曲線で囲まれる部分はすべて関数の定義域に含まれるという一見不便にみえる仮定が必要なことは，微分すると0になる閉形式が関数の微分として表される完全形式であるとは限らないことと結びついている．このことはさらに微分形式の積分で空間のホモロジーがとらえられることと関係している．

この章では，曲線が点のまわりを何回まわるかを表す回転指数を，微分形式の積分として定まるホモロジー群の線形形式として定義することを目標とする．この定義では，平面の極座標では偏角の値がただ1つに定まらないことを逆に利用している．

はじめの2つの節で，2変数の微分形式について基本的な操作を定義する．5.1節で微分形式とその外積や外微分を定義し，関手性も調べる．5.2節では微分形式の積分を定義する．

微分形式の積分についてのグリーンの定理は，微積分の基本定理の2変数版である．これは，定理そのものだけでなく，証明についてもそうである．1変数の連続関数の積分は，加法性と密度関数が被積分関数であるという2つの性質で定まることが微積分の基本定理からしたがう．2変数の連続関数の積分も同じ条件で特徴づけられる．グリーンの定理をこの性質の帰結として5.3節で証明する．

グリーンの定理をもとにして，5.5節で微分形式の積分とホモロジー群を結びつける．その準備として，ユークリッド空間の開集合のホモロジー群の定義で，立方体からの連続写像を連続微分可能な写像でおきかえても得られる群は変わらないことを5.4節で示す．最後の5.6節では，微分形式の積分を使って回転指数を定義する．

微分形式の理論は多変数でも同様に成立するが，ここでは2変数に限定する．多変数では記号が複雑になり，線形代数的な準備も必要になるが，その本質的な部分は2変数ですでに現れる．この本で扱う微分形式の主要な応用である正則関数やリーマン面への適用では，2変数の場合で十分である．

5.1　微分形式

U を $\mathbf{R}^2$ の開集合とする．$u(x,y)$, $v(x,y)$ が U 上の関数であるとき，記号 $u(x,y)dx + v(x,y)dy$ を U 上の **1形式**という．同様に，$w(x,y)$ が U 上の関数であるとき，記号 $w(x,y)dx \wedge dy$ を U 上の **2形式**という．U 上の1形式や2形式を φ（ファイ）$= u(x,y)dx + v(x,y)dy$ や ω（オメガ）$= w(x,y)dx \wedge dy$ などの記号で表す．これらを総称して U 上の**微分形式** (differential form) とよぶ．$u(x,y), v(x,y), w(x,y)$ などが連続なとき，微分形式 φ や ω は連続であるという．**微分可能**，連続微分可能などについても同様である．U 上の関数を0形式ともいう．

$f(x,y)$ が U で定義された微分可能な関数であるとき，U 上の1形式

$$df = f_x(x,y)dx + f_y(x,y)dy \tag{5.1}$$

を f の**微分** (derivative) とよぶ．$\varphi = u(x,y)dx + v(x,y)dy$ が U 上の微分可能な1形式であるとき，2形式

$$d\varphi = (-u_y(x,y) + v_x(x,y))dx \wedge dy \tag{5.2}$$

を φ の**外微分** (exterior derivative) とよぶ．

命題 5.1.1 U を $\mathbf{R}^2$ の開集合とする．

1. f を U 上の 2 回連続微分可能な関数とすると

$$ddf = 0 \tag{5.3}$$

である．

2. φ を U 上の連続微分可能な 1 形式とする．U 上の微分可能な関数 f が $df = \varphi$ をみたすならば，f は 2 回連続微分可能であり $d\varphi = 0$ である． ■

証明 1. 偏微分の順序交換（『微積分』命題 3.3.6）より，$ddf = d(f_x dx + f_y dy) = (-f_{xy} + f_{yx})dx \wedge dy = 0$ である．

2. $\varphi = udx + vdy = df$ とすると，$f_x = u$, $f_y = v$ は連続微分可能だから，f は 2 回連続微分可能である．よって 1. より $d\varphi = ddf = 0$ である． □

定義 5.1.2 U を $\mathbf{R}^2$ の開集合とし，φ を U 上の 1 形式とする．

φ が微分可能で $d\varphi = 0$ であるとき，φ は**閉形式** (closed form) であるという．

$\varphi = df$ をみたす U 上の微分可能な関数 f が存在するとき，φ は**完全形式** (exact form) であるという． ■

命題 5.1.1.2 は，連続微分可能な完全形式 φ は閉形式であることを表している．例題 5.2.3.2 でみるように，逆に閉形式が完全形式であるとは限らない．

$\varphi = u(x, y)dx + v(x, y)dy$ と ψ（プサイ）$= p(x, y)dx + q(x, y)dy$ が U 上の 1 形式であるとき，U 上の 2 形式 $\big(u(x, y)q(x, y) - v(x, y)p(x, y)\big)dx \wedge dy$ を φ と ψ の**外積** (exterior product) とよび，$\varphi \wedge \psi$ で表す．外積 $\varphi \wedge \psi$ の $dx \wedge dy$ の係数の部分は行列式 $\det \begin{pmatrix} u(x, y) & v(x, y) \\ p(x, y) & q(x, y) \end{pmatrix}$ である．行列式の性質より，

$$\varphi \wedge \varphi = 0, \quad \varphi \wedge \psi = -\psi \wedge \varphi \tag{5.4}$$

がなりたつ．

$f(x, y)$ が微分可能な関数で，φ が微分可能な 1 形式ならば，その積 $f\varphi$ も微分可能であり，**ライプニッツ則** (Leibniz's rule)

$$d(f\varphi) = df \wedge \varphi + fd\varphi \tag{5.5}$$

がなりたつ．$\varphi = u(x, y)dx + v(x, y)dy$ ならば，$ddx = ddy = 0$ だから

$$d\varphi = du \wedge dx + dv \wedge dy \tag{5.6}$$

である．

微分形式の関手性を調べる．U, V を $\mathbf{R}^2$ の開集合とし，$g\colon U \to V$ を写像 $g(x, y) = (p(x, y), q(x, y))$ とする．$p(x, y), q(x, y)$ が微分可能なとき，g は微分可能であるという．$f\colon V \to \mathbf{R}$ が V 上の関数のとき, 合成関数 $f \circ g\colon U \to \mathbf{R}$ を f の g によるひきもどしとよび，g^*f で表す．

$g(x, y) = (p(x, y), q(x, y))$ は微分可能であるとする．$\varphi = u(x, y)dx + v(x, y)dy$ が V 上の 1 形式のとき，U 上の 1 形式 $g^*u \cdot dp + g^*v \cdot dq$ を φ の g による**ひきもどし** (pull-back) とよび，$g^*\varphi$ で表す．

$$\begin{aligned} g^*\varphi =& \Big(u(p(x, y), q(x, y))p_x(x, y) + v(p(x, y), q(x, y))q_x(x, y)\Big)dx \\ &+ \Big(u(p(x, y), q(x, y))p_y(x, y) + v(p(x, y), q(x, y))q_y(x, y)\Big)dy \end{aligned} \tag{5.7}$$

である．V 上の関数 f に対し，$g^*(f\varphi) = g^*f \cdot g^*\varphi$ である．

$\omega = w(x, y)dx \wedge dy$ が V 上の 2 形式のとき，U 上の 2 形式 $g^*w \cdot dp \wedge dq$ を ω の g による**ひきもどし**とよび，$g^*\omega$ で表す．g の**ヤコビアン** (Jacobian) $\det g'(x, y)$ は

$$\det \begin{pmatrix} p_x(x, y) & p_y(x, y) \\ q_x(x, y) & q_y(x, y) \end{pmatrix} = p_x(x, y)q_y(x, y) - p_y(x, y)q_x(x, y)$$

であり,

$$g^*\omega = w(p(x, y), q(x, y)) \det g'(x, y) dx \wedge dy \tag{5.8}$$

である．V 上の 1 形式 φ, ψ に対し

$$g^*(\varphi \wedge \psi) = g^*\varphi \wedge g^*\psi \tag{5.9}$$

である．

微分形式のひきもどしの関手性を調べる．

命題 5.1.3　U, V, W を $\mathbf{R}^2$ の開集合とし，$g\colon U \to V$, $h\colon V \to W$ を微分可能な写像とする．

1. φ が W 上の 1 形式ならば,

$$g^*(h^*\varphi) = (h \circ g)^*\varphi \tag{5.10}$$

である.

2. ω が W 上の 2 形式ならば,

$$g^*(h^*\omega) = (h \circ g)^*\omega \tag{5.11}$$

である. ■

証明 1. 連鎖律（『微積分』命題 3.2.10.1）よりしたがう.

2. 連鎖律（『微積分』(3.41)）より $\det(h \circ g)' = g^* \det h' \cdot \det g'$ である. これと (5.8) よりしたがう. □

命題 5.1.4 U, V を $\mathbf{R}^2$ の開集合とし, $g\colon U \to V$ を微分可能な写像とする.

1. V 上の関数 f が微分可能ならば, g^*f も微分可能で

$$d(g^*f) = g^*df \tag{5.12}$$

である.

2. V 上の 1 形式 φ が微分可能で g が 2 回連続微分可能ならば, $g^*\varphi$ も微分可能で

$$d(g^*\varphi) = g^*d\varphi \tag{5.13}$$

である. ■

証明 1. 連鎖律（『微積分』命題 3.2.10.1）よりしたがう.

2. $\varphi = udx + vdy$ とする. g が 2 回連続微分可能だから, $g^*\varphi = g^*udp + g^*vdq$ も微分可能であり, 命題 5.1.1 より $ddp = ddq = 0$ である. よってライプニッツ則 (5.5) と 1. より, (5.13) の左辺は $d(g^*udp + g^*vdq) = d(g^*u) \wedge dp + d(g^*v) \wedge dq = g^*du \wedge g^*dx + g^*dv \wedge g^*dy$ である. (5.9) より, これは (5.13) の右辺 $g^*(du \wedge dx + dv \wedge dy)$ に等しい. □

例題 5.1.5 $\mathbf{R}^2 - \{0\}$ 上の 1 形式を

$$\alpha = \frac{-ydx + xdy}{x^2 + y^2} \tag{5.14}$$

で定め，微分可能な関数 $r(x,y)$ を $r(x,y)=\sqrt{x^2+y^2}$ で定める．

1. 微分可能な写像 $g\colon (0,\infty)\times\mathbf{R}\to\mathbf{R}^2-\{0\}$ を $g(s,t)=(s\cos t, s\sin t)$ で定める．ひきもどし $g^*\alpha$ を求めよ．

2. $\mathbf{R}^2-\{0\}$ の開集合 U で定義された微分可能な関数 $\theta\colon U\to\mathbf{R}$ が

$$(x,y)=(r(x,y)\cos\theta(x,y),\, r(x,y)\sin\theta(x,y)) \tag{5.15}$$

をみたすならば，$d\theta=\alpha$ であることを示せ．

3. $(a,b)\neq(0,0)$ とし，$U=\{(x,y)\in\mathbf{R}^2\mid ax+by>0\}$ で定義された微分可能な関数を $\varphi(x,y)=\arcsin\dfrac{ay-bx}{r(a,b)r(x,y)}$ で定義する．$(a,b)=(r(a,b)\cos c,\, r(a,b)\sin c)$ ならば，$\theta(x,y)=\varphi(x,y)+c$ は (5.15) をみたすことを示せ．

4. $d\alpha=0$ を示せ． ■

解 1. $g'(s,t)=\begin{pmatrix}\cos t & -s\sin t\\ \sin t & s\cos t\end{pmatrix}$, $(s\cos t)^2+(s\sin t)^2=s^2$ だから，$g^*\alpha=\dfrac{1}{s^2}\big(-s\sin t(\cos t ds-s\sin t dt)+s\cos t(\sin t ds+s\cos t dt)\big)=dt$ である．

別解 $X=\begin{pmatrix}x & -y\\ y & x\end{pmatrix}$ とおく．$r(x,y)^2=x^2+y^2$ を対数微分すると $2d\log r=2\dfrac{xdx+ydy}{x^2+y^2}$ だから，$\begin{pmatrix}d\log r\\ \alpha\end{pmatrix}=X^{-1}\cdot dX\begin{pmatrix}1\\0\end{pmatrix}$ である．回転行列 $R(t)=\begin{pmatrix}\cos t & -\sin t\\ \sin t & \cos t\end{pmatrix}$ を使うと $g^*X=sR(t)$ であり，$R'(t)=R(t)\begin{pmatrix}0 & -1\\ 1 & 0\end{pmatrix}$ だから，ライプニッツ則より $\begin{pmatrix}g^*d\log r\\ g^*\alpha\end{pmatrix}=(sR(t))^{-1}d(sR(t))\begin{pmatrix}1\\0\end{pmatrix}=\dfrac{1}{s}R(-t)\left(R(t)\begin{pmatrix}ds\\0\end{pmatrix}+R(t)\begin{pmatrix}0 & -1\\ 1 & 0\end{pmatrix}\begin{pmatrix}sdt\\0\end{pmatrix}\right)=\begin{pmatrix}\dfrac{ds}{s}\\ dt\end{pmatrix}$ である．

2. 微分可能な写像 $p\colon U\to(0,\infty)\times\mathbf{R}$ を $p(x,y)=(r(x,y),\theta(x,y))$ で定める．(5.15) より $g\circ p\colon U\to\mathbf{R}^2-\{0\}$ は包含写像だから，1. と連鎖律 (5.10) より $\alpha=p^*g^*\alpha=p^*dt=d\theta$ である．

3. $(x,y)\in U$ とし，$X=\begin{pmatrix}x & -y\\ y & x\end{pmatrix}$, $A=\begin{pmatrix}a & -b\\ b & a\end{pmatrix}$ とおく．$ax+by>0$ だ

から $\cos\varphi(x,y) = \dfrac{ax+by}{r(a,b)r(x,y)}$ であり，回転行列の積 $\dfrac{1}{\sqrt{\det X}}X\cdot\dfrac{1}{\sqrt{\det A}}{}^tA$ は回転行列 $R(\varphi(x,y))$ である．この等式の両辺に回転行列 $\dfrac{1}{\sqrt{\det A}}A = R(c)$ の $\sqrt{\det X} = r(x,y)$ 倍をかければ，3 角関数の加法定理（『微積分』系 2.1.10）より $X = r(x,y)R(\varphi(x,y)+c)$ である．

4. $d\alpha = \Big(\dfrac{\partial}{\partial y}\dfrac{y}{x^2+y^2} + \dfrac{\partial}{\partial x}\dfrac{x}{x^2+y^2}\Big)dx\wedge dy$ である．かっこのなかみは $-\dfrac{2y\cdot y}{(x^2+y^2)^2} - \dfrac{2x\cdot x}{(x^2+y^2)^2} + \dfrac{2}{x^2+y^2} = 0$ である．

別解 $(a,b)\neq(0,0)$ とする．3. で定義した関数 $\theta(x,y) = \varphi(x,y)+c$ は (5.15) をみたすから，2. より $\alpha = d\theta$ である．よって (5.3) より $d\alpha = dd\theta = 0$ である． □

例題 5.1.5.2 の逆を命題 5.5.5 で調べる．

命題 5.1.3 で示した微分形式のひきもどしの性質を，関手のことばで整理する．$\mathrm{Op}(\mathbf{R}^2) = \{U\in P(\mathbf{R}^2) \mid U$ は $\mathbf{R}^2$ の開集合$\}$ を考える．$U,V\in\mathrm{Op}(\mathbf{R}^2)$ に対し，$D(U,V) = \{g\in\mathrm{Map}(U,V)\mid g$ は微分可能$\}$ とおくことで，集合の圏の部分圏が定まる．これを【$\mathbf{R}^2$ の開集合】$_D$ で表す．$D(U,V)$ を部分集合 $C^1(U,V) = \{g\in\mathrm{Map}(U,V)\mid g$ は連続微分可能$\}$ でおきかえることで，部分圏【$\mathbf{R}^2$ の開集合】$_{C^1}$ が定まる．同様に 2 回連続微分可能な写像を射とすることで部分圏【$\mathbf{R}^2$ の開集合】$_{C^2}$ も定まる．

$q = 0,1,2$ とする．$\mathbf{R}^2$ の開集合 U に対し，$A^q(U) = \{U$ 上の q 形式$\}$ とおき，微分可能な写像 $g\colon U\to V$ に対し $g^*\colon A^q(V)\to A^q(U)$ をひきもどしとして定めることで，反変関手 A^q:【$\mathbf{R}^2$ の開集合】$^{\mathrm{op}}_D\to$【$\mathbf{R}$ 線形空間】が定まる．

$q=1$ とし，開集合 $U\subset\mathbf{R}^2$ に対し $A^1_D(U) = \{\varphi\in A^1(U)\mid\varphi$ は微分可能$\}\subset A^1(U)$ とおく．2 回連続微分可能な写像 $g\colon U\to V$ に対し，命題 5.1.4.2 よりひきもどし $g^*\colon A^1_D(V)\to A^1_D(U)$ が定まり，関手 A^1_D:【$\mathbf{R}^2$ の開集合】$^{\mathrm{op}}_{C^2}\to$【$\mathbf{R}$ 線形空間】が定まる．開集合 $U\subset\mathbf{R}^2$ に対し $A^0_D(U) = \{f\in A^0(U)\mid f$ は微分可能$\}\subset A^0(U)$ とおくと，連鎖律（『微積分』命題 3.2.10.1）より関手 A^0_D:【$\mathbf{R}^2$ の開集合】$^{\mathrm{op}}_D\to$【$\mathbf{R}$ 線形空間】が定まる．

命題 5.1.4.1 より，関数の微分は関手【$\mathbf{R}^2$ の開集合】$^{\mathrm{op}}_D\to$【$\mathbf{R}$ 線形空間】の射 $d\colon A^0_D\to A^1$ を定める．1 形式の外微分は，命題 5.1.4.2 より，関手【$\mathbf{R}^2$

の開集合】$^{\mathrm{op}}_{C^2}$ → 【**R** 線形空間】の射 $d\colon A^1_D \to A^2$ を定める．(5.9) より，外積も関手の射 $\wedge\colon A^1 \times A^1 \to A^2$ を定める．

5.2 積分

$a < b$ とし，$I = [a, b]$ を閉区間とする．U 上の 1 形式と同様に，I 上の関数 $u(t)$ に対し，記号 $\varphi = u(t)dt$ を I 上の 1 形式という．I 上の関数 f が微分可能とは，(a, b) で微分可能で，$x = a$ で右微分可能，$x = b$ で左微分可能であることとする．$f'(a) = f'(a)_+$, $f'(b) = f'(b)_-$ とおき，微分可能な関数 f の微分を I 上の 1 形式 $df = f'(t)dt$ として定める．

U を $\mathbf{R}^2$ の開集合とし，$I = [a, b]$ を閉区間とする．写像 $\gamma = (p, q)\colon I \to U$ の成分 $p(t), q(t)$ が微分可能なとき，γ を微分可能な曲線という．

$\gamma\colon I \to U$ を微分可能な曲線とする．f が U 上の関数のとき，合成関数 $f \circ \gamma$ を f の γ によるひきもどしとよび，$\gamma^* f$ で表す．$\varphi = u(x, y)dx + v(x, y)dy$ が U 上の 1 形式のとき，I 上の 1 形式

$$\gamma^*\varphi = \Big(u(p(t), q(t))p'(t) + v(p(t), q(t))q'(t)\Big)dt \tag{5.16}$$

を φ の γ による**ひきもどし**とよぶ．φ が連続で，γ が連続微分可能ならば，$\gamma^*\varphi$ も連続である．$\gamma\colon I \to U$ が定値写像ならば $\gamma^*\varphi = 0$ である．$g\colon U \to V$ が微分可能な写像ならば，V 上の 1 形式 φ に対し，連鎖律（『微積分』命題 3.2.10.2）より**連鎖律**

$$\gamma^*(g^*\varphi) = (g \circ \gamma)^*\varphi \tag{5.17}$$

がなりたつ．

閉区間 $I = [a, b]$ 上の連続 1 形式 $\varphi = u(t)dt$ の積分を

$$\int_I \varphi = \int_a^b u(t)dt \tag{5.18}$$

で定める．

定義 5.2.1 U を $\mathbf{R}^2$ の開集合とし，$\gamma\colon I \to U$ を連続微分可能な曲線とする．U 上の連続 1 形式 φ の γ での**積分**を

$$\int_\gamma \varphi = \int_I \gamma^*\varphi \tag{5.19}$$

で定義する． ■

命題 5.2.2 U を $\mathbf{R}^2$ の開集合とする．f を U 上の微分可能な関数とし，$\gamma\colon I = [a, b] \to U$ を微分可能な曲線とする．

1. $\gamma^* f$ も微分可能で

$$d(\gamma^* f) = \gamma^* df \tag{5.20}$$

である．

2. f が連続微分可能で γ も連続微分可能ならば，

$$\int_\gamma df = f(\gamma(b)) - f(\gamma(a)) \tag{5.21}$$

がなりたつ． ■

証明 1. 連鎖律（『微積分』命題 3.2.10.2）より，$\dfrac{d}{dt}(f(p(t), q(t)) = f_x(p(t), q(t))p'(t) + f_y(p(t), q(t))q'(t)$ である．

2. 1. より，左辺は $\displaystyle\int_\gamma df = \int_I \gamma^* df = \int_I d\gamma^* f = \int_a^b (f(\gamma(t)))' dt$ である．微積分の基本定理（『微積分』(5.4)）より，これは右辺と等しい． □

例題 5.2.3 $\mathbf{R}^2 - \{0\}$ 上の 1 形式 $\alpha = \dfrac{-ydx + xdy}{x^2 + y^2}$ を例題 5.1.5 のとおりとする．

1. $r(t) > 0$ と $\theta(t)$ を閉区間 $[a, b]$ で定義された微分可能な関数とし，$\gamma\colon [a, b] \to \mathbf{R}^2 - \{0\}$ を $\gamma(t) = (r(t)\cos\theta(t), r(t)\sin\theta(t))$ で定める．$\gamma^*\alpha$ を求めよ．

2. $\mathbf{R}^2 - \{0\}$ 上の連続微分可能な関数 f で $df = \alpha$ をみたすものは存在しないことを示せ． ■

解 1. $\beta\colon [a, b] \to (0, \infty) \times \mathbf{R}$ を $\beta(t) = (r(t), \theta(t))$ で定め，例題 5.1.5.1 のように $g(s, t) = (s\cos t, s\sin t)$ とすると，$\gamma = g \circ \beta$ である．よって連鎖律 (5.17) と例題 5.1.5.1 より，$\gamma^*\alpha = \beta^* g^*\alpha = \beta^* dt = \theta'(t)dt$ である．

2. $\gamma\colon [0, 2\pi] \to \mathbf{R}^2 - \{0\}$ を $\gamma(t) = (\cos t, \sin t)$ で定めると，1. より $\displaystyle\int_\gamma \alpha = \int_0^{2\pi} \gamma^*\alpha = \int_0^{2\pi} dt = 2\pi$ である．$df = \alpha$ だったとすると，(5.21) より $\displaystyle\int_\gamma \alpha = f(\gamma(1)) - f(\gamma(0)) = 0$ となり矛盾である． □

例題 5.2.3.2 で $df = \alpha$ をみたす関数 f が存在しない理由を，命題 5.5.1 でホモロジーを使って解釈する．

$U, V \subset \mathbf{R}^2$ を開集合，$g\colon U \to V$ を連続微分可能な写像とし，φ を V 上の連続な1形式とすると，$g^*\varphi$ は U 上の連続な1形式である．さらに $\gamma\colon [a,b] \to U$ を連続微分可能な写像とすると，合成写像 $g \circ \gamma\colon [a,b] \to V$ も連続微分可能であり，連鎖律 (5.17) より

$$\int_{g\circ\gamma} \varphi = \int_\gamma g^*\varphi \tag{5.22}$$

である．

$a < b, c < d$ とし，$D = [a,b] \times [c,d]$ を2次元閉区間とする．D 上の関数 $u(s,t), v(s,t), w(s,t)$ に対し記号 $\varphi = u(s,t)ds + v(s,t)dt$ や $\omega = w(s,t)ds \wedge dt$ を D 上の1形式や2形式という．D 上の関数 f が微分可能とは，D 上の関数 p, q で，D の任意の点 (s,t) に対し

$$\lim_{(h,k)\to(0,0),\,(s+h,t+k)\in D} \frac{f(s+h,t+k) - (f(s,t) + p(s,t)h + q(s,t)k)}{\sqrt{h^2+k^2}} = 0$$

をみたすものが存在することとする．このとき，$f_s(s,t) = p(s,t)$, $f_t(s,t) = q(s,t)$ と定める．D 上の微分可能な関数 f の微分を $df = f_s(s,t)ds + f_t(s,t)dt$ で定め，微分可能な1形式 $\varphi = u(s,t)ds + v(s,t)dt$ の微分を $d\varphi = (-u_t(s,t) + v_s(s,t))ds \wedge dt$ で定める．

U を $\mathbf{R}^2$ の開集合とする．写像 $\sigma = (p,q)\colon D \to U$ の成分 $p(s,t), q(s,t)$ が微分可能なとき，σ は微分可能であるという．

$\sigma\colon D \to U$ を微分可能な写像とする．f が U 上の関数のとき，合成関数 $f \circ \sigma$ を f の σ によるひきもどしとよび，$\sigma^* f$ で表す．φ が U 上の1形式のとき，そのひきもどし $\sigma^*\varphi$ を D 上の1形式として (5.7) と同様に定義する．ω が U 上の2形式のときも，そのひきもどし $\sigma^*\omega$ を D 上の2形式として (5.8) と同様に定義する．$\sigma\colon D \to U$ が射影 $\mathrm{pr}_1\colon D \to [a,b]$ と連続微分可能な曲線 $[a,b] \to U$ の合成ならば $\sigma^*\omega = 0$ である．同様に第2射影との合成のときも $\sigma^*\omega = 0$ である．U 上の1形式 φ, ψ に対し $\sigma^*(\varphi \wedge \psi) = \sigma^*\varphi \wedge \sigma^*\psi$ である．

命題 5.1.3.2 と同様に $\sigma^* g^* \omega = (g \circ \sigma)^*\omega$ がなりたち，命題 5.1.4 と同様に $d(\sigma^* f) = \sigma^* df$ や $d(\sigma^*\varphi) = \sigma^* d\varphi$ がなりたつ．

閉区間 D 上の連続2形式 $\omega = w(s,t)ds \wedge dt$ の積分を

$$\int_D \omega = \int_D w(s,t)dsdt \tag{5.23}$$

で定める．

定義 5.2.4 U を $\mathbf{R}^2$ の開集合, D を 2 次元閉区間とし, $\sigma\colon D \to U$ を連続微分可能な写像とする. U 上の連続 2 形式 ω の σ での**積分**を

$$\int_\sigma \omega = \int_D \sigma^*\omega \tag{5.24}$$

で定義する. ■

$U, V \subset \mathbf{R}^2$ を開集合, $g\colon U \to V$ を連続微分可能な写像とし, ω を V 上の連続な 2 形式とすると, $g^*\omega$ は U 上の連続な 2 形式である. さらに $\sigma\colon D \to U$ を連続微分可能な写像とすると, 合成写像 $g \circ \sigma\colon D \to V$ も連続微分可能であり, 連鎖律 $\sigma^* g^* \omega = (g \circ \sigma)^*\omega$ がなりたち, したがって

$$\int_{g\circ\sigma} \omega = \int_\sigma g^*\omega \tag{5.25}$$

である.

5.3 グリーンの定理

微積分の基本定理(『微積分』(5.4))は下の例題 5.3.2 のようにいいかえられる. 次の命題 5.3.1 はそれを 2 変数にしたものである. 2 次元閉区間 $D = [a, b] \times [c, d]$ の面積 $(b-a) \cdot (d-c)$ を $m(D)$ で表す.

命題 5.3.1 $f(x, y)$ を閉区間 $D = [a, b] \times [c, d]$ で定義された連続関数とする. 集合 $K = \{E \subset D \mid E \text{ は閉区間}\}$ で定義された関数 $S\colon K \to \mathbf{R}$ に対し, 次の条件 (1) と (2) は同値である.

(1) $E \in K$ ならば $S(E) = \displaystyle\int_E f(x, y)dxdy$ である.

(2) S は次の条件 (A) と (B) をみたす.

(A) $E, E_1, E_2 \in K$ とし, $E = E_1 \cup E_2$ とする. $m(E_1 \cap E_2) = 0$ ならば, $S(E) = S(E_1) + S(E_2)$ である.

(B) $(s, t) \in D$ とし, (E_n) を (s, t) を含む閉区間 $E_n \subset D$ の列とする. E_n のよこの辺の長さを $h_n > 0$, たての辺の長さを $k_n > 0$ とする. $\lim_{n\to\infty} h_n = \lim_{n\to\infty} k_n = 0$ で数列 $\dfrac{h_n}{k_n}, \dfrac{k_n}{h_n}$ が有界ならば, $\lim_{n\to\infty} \dfrac{S(E_n)}{m(E_n)} = f(s, t)$ である.

■

命題 5.3.1 は，2 次元の閉区間上の連続関数の積分 $f(x,y)$ が，加法性 (A) と密度関数が $f(x,y)$ であるという性質 (B) で定まることを表している．

証明 (1)⇒(2)：(A) は積分の加法性からしたがう．(B) を示す．E_n での $f(x,y)$ の最小値と最大値を $m_n \leqq M_n$ とおけば，積分の正値性より $m_n \leqq \dfrac{S(E_n)}{m(E_n)} \leqq M_n$ である．$\lim_{n\to\infty} h_n = \lim_{n\to\infty} k_n = 0$ だから $f(x,y)$ の連続性より，$\lim_{n\to\infty} m_n = \lim_{n\to\infty} M_n = f(s,t)$ である．よってはさみうちの原理よりしたがう．

(2)⇒(1)：関数 $T\colon K \to \mathbf{R}$ を $T(E) = \int_E f(x,y)dxdy$ で定義する．$E \in K$ とし $S(E) = T(E)$ を示す．S も T も (A) をみたすから，$m(E) = 0$ ならば $E = E_1 = E_2$ とおけば $S(E) = T(E) = 0$ である．よって $m(E) \neq 0$ の場合に示せばよい．

E を次々に 4 等分して得られる小閉区間の列 $E = E_0 \supset E_1 \supset \cdots \supset E_n \supset \cdots$ で

$$|S(E) - T(E)| \leqq 4^n |S(E_n) - T(E_n)| \tag{5.26}$$

をみたすものを次のように帰納的に定める．E_n まで定まったとする．E_n を 4 等分して得られる閉区間を $E_{n,1}, E_{n,2}, E_{n,3}, E_{n,4}$ とする．S も T も (A) をみたすから，$|S(E_n) - T(E_n)| \leqq \sum_{i=1}^{4} |S(E_{n,i}) - T(E_{n,i})|$ である．したがって，$\dfrac{1}{4}|S(E_n) - T(E_n)| \leqq |S(E_{n,i}) - T(E_{n,i})|$ をみたす $i = 1,2,3,4$ がある．これをみたす最小の i をとり $E_{n+1} = E_{n,i}$ と定める．$\dfrac{1}{4}|S(E_n) - T(E_n)| \leqq |S(E_{n+1}) - T(E_{n+1})|$ だから，n に関する帰納法により (5.26) がなりたつ．

E_n の左下の頂点を (s_n, t_n) とする．2 進小数展開は収束するから，極限 $\lim_{n\to\infty} s_n$ と $\lim_{n\to\infty} t_n$ は収束する．$s = \lim_{n\to\infty} s_n$, $t = \lim_{n\to\infty} t_n$ とおく．任意の自然数 n に対し $(s,t) \in E_n$ である．(5.26) と $m(E_n) = \dfrac{1}{4^n} m(E)$ より $|S(E) - T(E)| \leqq \left| \dfrac{S(E_n) - T(E_n)}{m(E_n)} \right| \cdot m(E)$ である．S も T も (B) をみたし $\dfrac{k_n}{h_n}$ は一定だから，右辺は $|f(s,t) - f(s,t)| \cdot m(E) = 0$ に収束する．よって $S(E) = T(E)$ である． □

例題 5.3.2 $f(x)$ を閉区間 $[a,b]$ で定義された連続関数とする．集合 $K = \{[c,d] \mid a \leqq c \leqq d \leqq b\}$ で定義された関数 $S\colon K \to \mathbf{R}$ に対し，次の条件 (1) と (2) は同値であることを示せ．

(1) $a \leqq c \leqq d \leqq b$ ならば $S([c,d]) = \int_c^d f(x)dx$ である．

(2) S は次の条件 (A) と (B) をみたす．

(A) $a \leqq c \leqq s \leqq d \leqq b$ ならば，$S([c,d]) = S([c,s]) + S([s,d])$ である．

(B) $a \leqq s \leqq b$ とする．数列 $(c_n), (d_n)$ が $a \leqq c_n \leqq s \leqq d_n \leqq b$, $c_n < d_n$ と $\lim_{n\to\infty} c_n = \lim_{n\to\infty} d_n = s$ をみたすならば，$\lim_{n\to\infty} \dfrac{S([c_n, d_n])}{d_n - c_n} = f(s)$ である． ■

解 (1)⇒(2)：(A) は積分の加法性からしたがう．(B) は平均値の定理と $f(x)$ の連続性からしたがう．

(2)⇒(1)：関数 $F\colon [a,b] \to \mathbf{R}$ を，$F(x) = S([a,x])$ で定義する．条件 (A) より，$a \leqq c \leqq d \leqq b$ ならば $S([c,d]) = F(d) - F(c)$ である．条件 (B) で $c_n = s$ の場合と $d_n = s$ の場合より，$F'_+(s) = F'_-(s) = f(s)$ である．よって $F(x)$ は $[a,b]$ で微分可能で，$F'(x) = f(x)$ である．微積分の基本定理（『微積分』(5.4)）より，$S([c,d]) = F(d) - F(c) = \int_c^d f(x)dx$ である． □

$\varphi = u(x,y)dx + v(x,y)dy$ を閉区間 $D = [a,b] \times [c,d]$ で定義された連続な 1 形式とする．D の**境界** ∂D 上での φ の積分を

$$\int_{\partial D} \varphi = \int_a^b (u(x,c) - u(x,d))dx + \int_c^d (v(b,y) - v(a,y))dy \tag{5.27}$$

で定義する．

定理 5.3.3（グリーンの定理） $\varphi = u(x,y)dx + v(x,y)dy$ を閉区間 $D = [a,b] \times [c,d]$ で定義された微分可能な 1 形式とし，2 形式 $d\varphi = (-u_y(x,y) + v_x(x,y))dx \wedge dy$ は連続であるとする．このとき

$$\int_{\partial D} \varphi = \int_D d\varphi \tag{5.28}$$

がなりたつ． ■

グリーンの定理では，微積分の基本定理と同様に微分したものの中身での積分を縁でのもので表している．

証明 $K = \{E \subset D \mid E \text{ は閉区間 }\}$ で定義された関数 $S\colon K \to \mathbf{R}$ を $S(E) = \int_{\partial E} \varphi$ で定める．S と連続関数 $f(x,y) = -u_y(x,y) + v_x(x,y)$ が

命題 5.3.1 の条件 (2) をみたすことを示せばよい．条件 (A) は積分の加法性よりしたがう．

条件 (B) を示す．$u(x,y), v(x,y)$ を近似する 1 次関数 $l(x,y), m(x,y)$ を

$$l(x,y) = u(s,t) + u_x(s,t)(x-s) + u_y(s,t)(y-t),$$
$$m(x,y) = v(s,t) + v_x(s,t)(x-s) + v_y(s,t)(y-t)$$

で定め，$u_1(x,y) = u(x,y) - l(x,y)$, $v_1(x,y) = v(x,y) - m(x,y)$ とおく．1 形式 λ（ラムダ）, φ_1 を $\lambda = l(x,y)dx + m(x,y)dy$, $\varphi_1 = u_1(x,y)dx + v_1(x,y)dy$ で定める．$\varphi = \lambda + \varphi_1$ だから，$S(E) = \int_{\partial E}\varphi = \int_{\partial E}\lambda + \int_{\partial E}\varphi_1$ である．閉区間 E のよこの辺の長さを h, たての辺の長さを k とすると

$$\int_{\partial E}\lambda = -\int_0^h u_y(s,t)kdx + \int_0^k v_x(s,t)hdy = f(s,t)m(E)$$

だから，$\lim_{n\to\infty}\frac{1}{m(E_n)}\int_{\partial E_n}\varphi_1 = 0$ を示せばよい．

$u(x,y), v(x,y)$ は微分可能だから，$u_1(s+h, t+k) = o(\sqrt{h^2+k^2})$ であり $v_1(s+h, t+k) = o(\sqrt{h^2+k^2})$ である．よって，$q > 0$ を実数とすると，実数 $r > 0$ で，$\sqrt{h^2+k^2} < r$ ならば $|u_1(s+h,t+k)| \leqq q\sqrt{h^2+k^2}$ かつ $|v_1(s+h,t+k)| \leqq q\sqrt{h^2+k^2}$ となるものがある．この r に対し，$\sqrt{h^2+k^2} < r$ かつ $(s,t) \in E$ ならば $\left|\int_{\partial E}\varphi_1\right| \leqq q\sqrt{h^2+k^2}(2h+2k)$ となる．$\frac{h}{k}, \frac{k}{h} \leqq M$ ならば，右辺は $\leqq 4q\sqrt{1+M^2}\cdot m(E)$ だから，(B) もなりたつ．□

U を $\mathbf{R}^2$ の開集合とし，$\sigma\colon I^2 \to U$ を連続微分可能な写像とする．U で定義された連続な 1 形式 φ の $\partial\sigma$ での積分を，

$$\int_{\partial\sigma}\varphi = \int_{\partial I^2}\sigma^*\varphi \tag{5.29}$$

で定義する．

系 5.3.4（グリーンの定理） U を $\mathbf{R}^2$ の開集合とし，$\sigma\colon I^2 \to U$ を 2 回連続微分可能な写像とする．φ を U で定義された微分可能な 1 形式とする．$d\varphi$ が連続ならば，

$$\int_{\partial\sigma}\varphi = \int_{\sigma}d\varphi \tag{5.30}$$

である．■

$\sigma(D) \subset U$ は面積確定な有界閉集合である．$d\varphi = w(x,y)dx \wedge dy$ とおくと，変数変換公式（『微積分』定理 6.3.3）より，I^2 の面積 0 の部分をのぞき σ が 1 対 1 で $\det \sigma' > 0$ ならば，(5.30) の右辺は重積分 $\int_{\sigma(I^2)} w(x,y)dxdy$ である．

証明 左辺は $\int_{\partial I^2} \sigma^*\varphi$ であり，右辺は $\int_{I^2} \sigma^* d\varphi$ である．σ は 2 回連続微分可能だから，命題 5.1.4.2 と同様に $\sigma^*\varphi$ も微分可能であり，$d(\sigma^*\varphi) = \sigma^* d\varphi$ は連続である．よって定理 5.3.3 よりしたがう． □

連続微分可能な 1 形式について，(5.3) より，閉形式であることは完全形式であるための必要条件である．逆に $\mathbf{R}^2$ の簡単な開集合 U については，閉形式であることが完全形式であるための十分条件であることが，グリーンの定理よりしたがう．

命題 5.3.5（ポワンカレの補題） U を $\mathbf{R}^2$ 全体または開円板 $U_r(a,b)$ とし，φ を U 上の微分可能な 1 形式とする．$d\varphi = 0$ ならば，U で定義された連続微分可能な関数 f で $\varphi = df$ をみたすものが存在する． ■

命題 5.3.5 には，U が $\mathbf{R}^2$ 全体または開円板 $U_r(a,b)$ という仮定がある．例題 5.2.3.2 でみたように，この仮定をはずすと反例がある．

証明 $U = \mathbf{R}^2$ のときは $(a,b) = (0,0)$ とおく．$(x,y) \in U$ とする．連続微分可能な写像 $\sigma\colon [0,1] \times [0,1] \to U$ を $\sigma(s,t) = ((1-s)a + sx,\ (1-t)b + ty)$ で定める．$\gamma_i\colon [0,1] \to U,\ i = 1,2,3,4$ を $\gamma_1(s) = ((1-s)a + sx, b)$, $\gamma_2(t) = (x, (1-t)b + ty))$, $\gamma_3(s) = ((1-s)a + sx, y)$, $\gamma_4(t) = (a, (1-t)b + ty))$ で定める．

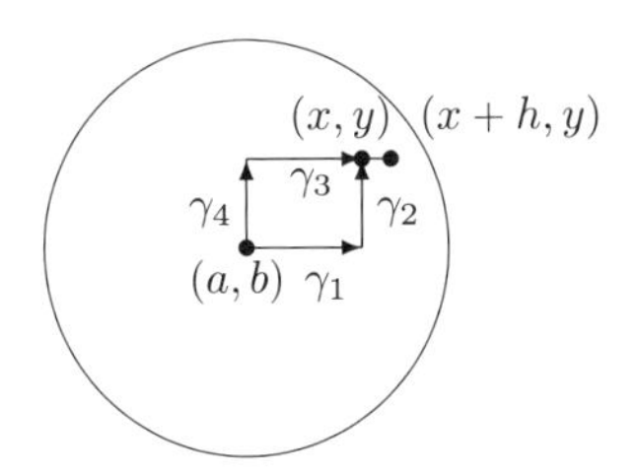

図 5.1 $(x,y) \in U_r(a,b)$

グリーンの定理（系 5.3.4）と仮定 $d\varphi = 0$ より $\int_{\partial\sigma} \varphi = \int_\sigma d\varphi = 0$ であり，

$\int_{\partial\sigma}\varphi=\int_{\gamma_1}\varphi+\int_{\gamma_2}\varphi-\int_{\gamma_3}\varphi-\int_{\gamma_4}\varphi$ だから，$\int_{\gamma_1}\varphi+\int_{\gamma_2}\varphi=\int_{\gamma_3}\varphi+\int_{\gamma_4}\varphi$ である．この共通の値を $f(x,y)$ とおいて関数 $f\colon U\to\mathbf{R}$ を定義する．

f が連続微分可能であり，$df=\varphi$ であることを示す．$\varphi=u(x,y)dx+v(x,y)dy$ とする．積分の加法性より $f(x+h,y)-f(x,y)=\int_x^{x+h}u(s,y)ds$ だから，微積分の基本定理（『微積分』(4.4)）より，f は x で偏微分可能で $f_x(x,y)=u(x,y)$ である．同様に f は y で偏微分可能で $f_y(x,y)=v(x,y)$ である．$f_x(x,y)=u(x,y), f_y(x,y)=v(x,y)$ は連続だから，f は連続微分可能であり，$df=\varphi$ である．□

2形式についても，ポワンカレの補題を示す．

命題 5.3.6（ポワンカレの補題）　U を $\mathbf{R}^2$ 全体または開円板 $U_r(a,b)$ とする．ω を U 上の連続微分可能な2形式とする．このとき，U で定義された連続微分可能な1形式 φ で $\omega=d\varphi$ をみたすものが存在する．■

証明　$U=U_r(a,b)$ のときは，平行移動して $(a,b)=(0,0)$ としてよい．$\omega=w(x,y)dx\wedge dy$ とする．$u(x,y)=\int_0^1 t\cdot w(tx,ty)dt$ とおく．積分と微分の順序交換（『微積分』命題 6.2.12）より，u は偏微分可能であり

$$u_x(x,y)=\int_0^1 t^2\cdot w_x(tx,ty)dt,\quad u_y(x,y)=\int_0^1 t^2\cdot w_y(tx,ty)dt \tag{5.31}$$

である．$w_x(x,y)$ は連続だから，『微積分』命題 6.2.7.1 と同様に $u_x(x,y)=\int_0^1 t^2\cdot w_x(tx,ty)dt$ も連続である．同様に $u_y(x,y)$ も連続だから，u は連続微分可能である．

連続微分可能な1形式 φ を $\varphi=u(x,y)(-ydx+xdy)$ で定める．$d\varphi=\omega$ を示す．ライプニッツ則 (5.5) より

$$d\varphi=du\wedge(-ydx+xdy)+u\cdot d(-ydx+xdy)=(xu_x+yu_y+2u)\cdot dx\wedge dy$$

である．(5.31) より，右辺の係数 xu_x+yu_y+2u は

$$\int_0^1\Big(t^2x\cdot w_x(tx,ty)+t^2y\cdot w_y(tx,ty)+2t\cdot w(tx,ty)\Big)dt \tag{5.32}$$

である．連鎖律（『微積分』命題 3.2.10.2）より被積分関数は $\dfrac{\partial}{\partial t}(t^2\cdot w(tx,ty))$ だから，(5.32) は $[t^2\cdot w(tx,ty)]_0^1=w(x,y)$ である．よって $d\varphi=\omega$ で

ある. □

$p\colon [0,1]\times U \to U$ を $p(t,x,y)=(tx,ty)$ で定め，ひきもどし $p^*\omega$ を 3 変数 x,y,t の微分形式として定義すると，φ は $p^*\omega$ のうち dt を含む項を積分 $\int_0^1$ したものである.

5.4 ホモロジーの線形近似

ホモロジー群と微分形式の積分の関係を調べる準備として，$\mathbf{R}^n$ の開集合については，ホモロジー群の定義で連続写像を連続微分可能な写像でおきかえても得られる群はかわらないことを示す.

定義 5.4.1 U を $\mathbf{R}^n$ の開集合，V を $\mathbf{R}^m$ の開集合とする．$r \geqq 1$ を自然数とする.

$f\colon U\to V$ を写像とする．$f=(f_1,\ldots,f_m)$ の成分 $f_i\colon U\to\mathbf{R}$, $i=1,\ldots,m$ がすべて r 回連続微分可能（『微積分』定義 5.1.6）であるとき，f は r 回**連続微分可能**であるという．C^r **級**であるともいう.

r 回連続微分可能な写像 $f\colon U\to V$ 全体のなす集合を $C^r(U,V)$ で表す.

連続写像 $f\colon U\to V$ を C^0 級写像という．任意の $r\geqq 0$ に関して C^r 級である関数を**無限回微分可能**な関数という．C^∞ **級**関数ともいう．任意の $r\geqq 0$ に関して C^r 級である写像を C^∞ 級写像という. ■

開集合 $U\subset\mathbf{R}^n, V\subset\mathbf{R}^m, W\subset\mathbf{R}^l$ と C^r 級写像 $f\colon U\to V, g\colon V\to W$ に対し，『微積分』系 3.3.3 と同様に，合成写像 $g\circ f\colon U\to W$ も C^r 級であり，偏導関数について連鎖律がなりたつ.

$\bigcup_{n=0}^{\infty} \mathrm{Op}(\mathbf{R}^n)$ は，C^r 級写像を射とすることで圏をなす．これを【$\mathbf{R}^\bullet$ の開集合】$_{C^r}$ で表す．【$\mathbf{R}^\bullet$ の開集合】$_{C^r}$ は【位相空間】の部分圏である.

U を $\mathbf{R}^n$ の開集合とし，$r\geqq 0$ を自然数とする．次節では $n=2, r=0,1,2$ の場合を使う．立方体からの連続写像 $I^q\to U$ が微分可能であることを 5.2 節と同様に定義し，r 回連続微分可能であることを定義 5.4.1 と同様に定義する．4.5 節では，$C_q(U)$ を連続写像の集合 $C(I^q,U)$ を基底の集合とする自由加群 $S(I^q,U)$ の商加群として定義した．ここでは，$C(I^q,U)$ のかわりに r 回連続微分可能な写像全体の集合 $C^r(I^q,U)\subset C(I^q,U)$ を考え，$C^r(I^q,U)$ を基底の集合とする

自由加群として $Q_q(U)$ の部分加群 $Q_q(U)_{C^r}$ を定義する．さらに $Q_q(U)_{C^r}$ の部分加群 $D_q(U)_{C^r} = Q_q(U)_{C^r} \cap D_q(U)$ と商加群 $C_q(U)_{C^r} = Q_q(U)_{C^r}/D_q(U)_{C^r}$ を定義する．$C_q(U)_{C^r}$ は $C_q(U)$ の部分加群と同一視され，$C_\bullet(U) = C_\bullet(U)_{C^0}$ の部分複体 $C_\bullet(U)_{C^r}$ が得られる．

複体 $C_\bullet(U)_{C^r}$ のホモロジー群として $H_q(U)_{C^r}$ を定義する．複体の包含射 $C_\bullet(U)_{C^r} \to C_\bullet(U)$ により，線形写像 $H_q(U)_{C^r} \to H_q(U) = H_q(U)_{C^0}$ が定まる．この節の目標は次の命題の証明である．

命題 5.4.2 U を $\mathbf{R}^n$ の開集合とし，$r \geqq 0, q \geqq 0$ を自然数とする．複体の包含射 $C_\bullet(U)_{C^r} \to C_\bullet(U)$ がひきおこす射

$$H_q(U)_{C^r} \to H_q(U) \tag{5.33}$$

は同形である．■

命題 5.4.2 の証明のために，$C_\bullet(U)$ と $C_\bullet(U)_{C^r}$ の部分複体 $C_\bullet(U)'$ と $C_\bullet(U)'_{C^r} = C_\bullet(U)_{C^r} \cap C_\bullet(U)'$ を定義し，ホモロジー群の可換図式

$$\begin{array}{ccc} H_q(U)' = H_q(C_\bullet(U)') & \longrightarrow & H_q(U) \\ \uparrow & & \uparrow \\ H_q(U)'_{C^r} = H_q(C_\bullet(U)'_{C^r}) & \longrightarrow & H_q(U)_{C^r} \end{array} \tag{5.34}$$

を構成する．よこの射が同形なことを，定理 4.7.1 と同様に証明する．さらに左のたての射が同形なことを，複体の包含射 $C_\bullet(U)'_{C^r} \to C_\bullet(U)'$ のホモトピー逆射を連続写像の線形近似で構成して証明する．

定義 5.4.3 U を $\mathbf{R}^n$ の開集合とする．$q \geqq 0$ を自然数とする．

1. 連続写像 $\sigma\colon I^q \to U$ が小さい (small) とは，任意の自然数 $m \in \mathbf{N}$ と $u_1, \ldots, u_m \in I^q$ と $v_1 \geqq 0, \ldots, v_m \geqq 0$, $v_1 + \cdots + v_m = 1$ をみたす任意の実数 $v_1, \ldots, v_m$ に対し，$v_1\sigma(u_1) + \cdots + v_m\sigma(u_m) \in U$ となることをいう．

2. $C(I^q, U)' = \{\sigma \in C(I^q, U) \mid \sigma$ は小さい $\}$ とおき，$S(I^q, U)' \subset S(I^q, U)$ を部分集合 $C(I^q, U)' \subset C(I^q, U)$ で生成される部分自由加群とする．$\sigma \in S(I^q, U)'$ であるとき，σ は小さいという．■

U が開球 $U_p(x) \subset \mathbf{R}^n$ ならば，任意の連続写像 $\sigma\colon I^q \to U_p(x)$ は小さい．

$C^r(I^q,U)' = C^r(I^q,U) \cap C(I^q,U)'$ とおく．$Q_q(U)$ の部分加群 $Q_q(U)'_{C^r} \subset Q_q(U)'$ をそれぞれ $C^r(I^q,U)' \subset C(I^q,U)'$ を基底とする自由加群として定義する．$C_\bullet(U)$ の部分複体 $C_\bullet(U)_{C^r}$ と同様に，部分複体 $C_\bullet(U)'$ と $C_\bullet(U)'_{C^r} = C_\bullet(U)' \cap C_\bullet(U)_{C^r}$ を定義する．

自然数 $N \geqq 1$ に対し，N 巾等分 s_N を補題 4.7.2 のように定める．$s_N\colon S(I^q,U) \to S(I^q,U)$ は $S(I^q,U)' \to S(I^q,U)'$ をひきおこす．

補題 5.4.4 $\sigma \in S(I^q,U)$ とする．$s_N(\sigma) \in S(I^q,U)'$ をみたす自然数 $N \geqq 1$ が存在する． ■

証明 補題 4.7.2.2 より，$\sigma\colon I^q \to U$ が連続写像であるとして示せばよい．$J = \{(x,r) \in U \times \mathbf{R} \mid r > 0, U_r(x) \subset U\}$ とおく．U は開集合だから，$(U_r(x))_{(x,r)\in J}$ は U の開被覆である．補題 4.7.4.1 より，次の条件をみたす自然数 $N \geqq 1$ が存在する：任意の $l \in [0,1)^q_N$ に対し，$(r,x) \in J$ で $\sigma\circ j^q_{N,l}(I^q) \subset U_r(x) \subset U$ をみたすものが存在する．このとき，$\sigma\circ j^q_{N,l}\colon I^q \to U$ は小さいから，$s_N(\sigma)$ は小さい． □

$H_q(U)' = H_q(C_\bullet(U)')$, $H_q(U)'_{C^r} = H_q(C_\bullet(U)')_{C^r}$ とおく．$H_q(U)' = H_q(U)'_{C^0}$ である．$C_\bullet(U)'_{C^r} = C_\bullet(U)' \cap C_\bullet(U)_{C^r}$ より，可換図式 (5.34) が得られる．

命題 5.4.5 U を $\mathbf{R}^n$ の開集合とし，$q \geqq 0, r \geqq 0$ を自然数とする．複体の包含射 $C_\bullet(U)'_{C^r} \to C_\bullet(U)_{C^r}$ がひきおこす射 $H_q(U)'_{C^r} \to H_q(U)_{C^r}$ は同形である． ■

証明 証明の方針は定理 4.7.1 と同じである．自然数 $N \geqq 1$ に対し複体の射 $s_N\colon C_\bullet(U) \to C_\bullet(U)$ の列とホモトピー h_N の列を補題 4.7.2, 4.7.3 のように定める．s_N は部分複体の射 $C_\bullet(U)_{C^r} \to C_\bullet(U)_{C^r}$, $C_\bullet(U)'_{C^r} \to C_\bullet(U)'_{C^r}$ をひきおこす．$h_{N,q}$ も $C_q(U)_{C^r}$ を $C_{q+1}(U)_{C^r}$ にうつし，$C_q(U)'_{C^r}$ を $C_{q+1}(U)'_{C^r}$ にうつす．よって，s_N, h_N は部分複体 $C_\bullet(U)'_{C^r} \subset C_\bullet(U)_{C^r}$ に対し，命題 4.4.7 の条件 (1) をみたす．補題 5.4.4 より条件 (2) もみたされるから，$H_q(U)'_{C^r} \to H_q(U)_{C^r}$ は同形である． □

$H_q(U)'_{C^r} \to H_q(U)'$ が同形であることを示すために，包含射 $C_\bullet(U)'_{C^r} \to C_\bullet(U)'$ のホモトピー逆射を構成する．そのために，小さい連続写像 $\sigma\colon I^q \to U$

を近似する C^r 級写像 $l_q(\sigma)\colon I^q \to U$ を，σ の頂点 $\sigma(s)$, $s \in \{0,1\}^q \subset I^q$ の線形結合を使って構成する．

$t \in I = [0,1]$ に対し，$k(0,t) = 1-t$, $k(1,t) = t$ とおき，$s = (s_1, \ldots, s_q) \in \{0,1\}^q$, $t = (t_1, \ldots, t_q) \in I^q$ に対し $k_q(s,t) = \prod_{i=1}^{q} k(s_i, t_i) \geqq 0$ とおく．$\sum_{s \in \{0,1\}^q} k_q(s,t) = \prod_{i=1}^{q} (1 - t_i + t_i) = 1$ である．

定義 5.4.6　U を $\mathbf{R}^n$ の開集合とする．$q \geqq 0$ を自然数とし，$\sigma\colon I^q \to U$ を小さい連続写像とする．

連続写像 $l_q(\sigma)\colon I^q \to U$ を

$$l_q(\sigma)(t) = \sum_{s \in \{0,1\}^q} k_q(s,t) \cdot \sigma(s) \tag{5.35}$$

で定義し，σ の**線形近似** (linear approximation) とよぶ．σ を $l_q(\sigma)$ につなぐホモトピー $h_q(\sigma)\colon I^q \times I \to U$ を，

$$h_q(\sigma)(x,t) = (1-t) \cdot \sigma(x) + t \cdot l_q(\sigma)(x) \tag{5.36}$$

で定める．■

小さい連続写像 $\sigma\colon I^q \to U$ に対し，連続写像 $l_q(\sigma)\colon I^q \to U$ は無限回微分可能である．小さい連続写像 $\sigma\colon I^q \to U$ が r 回連続微分可能ならば，$h_q(\sigma)\colon I^q \times I \to U$ も r 回連続微分可能である．$s \in \{0,1\}^q$ に対し，$l_q(\sigma)(s) = \sigma(s)$ である．

小さい連続写像 $\sigma\colon I^q \to U$ をその線形近似 $l_q(\sigma)$ にうつす写像を $l_q\colon C(I^q,U)' \to C^r(I^q,U)'$ とし，これが定める線形写像も $l_q\colon C_q(U)' \to C_q(U)'_{C^r}$ で表す．同様に，写像 $h_q\colon C(I^q,U)' \to C(I^{q+1},U)'$ と線形写像 $h_q\colon C_q(U)' \to C_{q+1}(U)'$ も定める．

補題 5.4.7　U を $\mathbf{R}^n$ の開集合とする．

1. 加群の射 $l_q\colon C_q(U)' \to C_q(U)'_{C^r}$ の列は複体の射 $l\colon C_\bullet(U)' \to C_\bullet(U)'_{C^r}$ を定める．

2. 複体の包含射を $i\colon C_\bullet(U)'_{C^r} \to C_\bullet(U)'$ で表す．$((-1)^{q+1}h_q)_q$ は恒等射を $l \circ i\colon C_\bullet(U)'_{C^r} \to C_\bullet(U)'_{C^r}$ と $i \circ l\colon C_\bullet(U)' \to C_\bullet(U)'$ につなぐホモトピーを定める．■

証明 1. $\sigma\colon I^q \to U$ を小さい連続写像として,

$$\partial^q l_q(\sigma) = l_{q-1}(\partial^q \sigma) \tag{5.37}$$

を示せばよい. $k(0,t) = 1-t$, $k(1,t) = t$ だから, $i = 1,\ldots,q$ に対し $l_q(\sigma)\circ a_i = l_{q-1}(\sigma\circ a_i)$ であり, $l_q(\sigma)\circ b_i = l_{q-1}(\sigma\circ b_i)$ である. よって (5.37) がしたがう.

2. $\sigma\colon I^q \to U$ を小さい連続写像として,

$$(-1)^{q+1}\partial^{q+1}h_q(\sigma) + (-1)^q h_{q-1}(\partial^q\sigma) = \sigma - l_q(\sigma) \tag{5.38}$$

を示せばよい. (4.23) より左辺は $h_q(\sigma)\circ(a_{q+1}-b_{q+1}) = h_q(\sigma)\circ(i_0 - i_1)$ である. (5.36) より $h_q(\sigma)$ は σ を $l_q(\sigma)$ につなぐホモトピーだから, $h_q(\sigma)\circ(i_0-i_1) = \sigma - l_q(\sigma)$ である. □

命題 5.4.2 の証明 可換図式 (5.34) と命題 5.4.5 とその $r=0$ の場合より, 複体の包含射 $i\colon C_\bullet(U)'_{C^r} \to C_\bullet(U)'$ がホモトピー同値であることを示せばよい. 補題 5.4.7.1 で定めた複体の射 $l\colon C_\bullet(U)' \to C_\bullet(U)'_{C^r}$ は, 補題 5.4.7.2 より, 包含射 $i\colon C_\bullet(U)'_{C^r} \to C_\bullet(U)'$ のホモトピー逆射である. □

U を $\mathbf{R}^n$ の開集合, V を $\mathbf{R}^m$ の開集合とし, $f\colon U \to V$ を r 回連続微分可能な写像とする. $\sigma\colon I^q \to U$ を r 回連続微分可能な写像とすると, 合成写像 $f\circ\sigma\colon I^q \to V$ も r 回連続微分可能であり, 写像 $f_*\colon C^r(I^q,U) \to C^r(I^q,V)$ が $f_*\sigma = f\circ\sigma$ で定まる. f_* は複体の射 $f_*\colon C_\bullet(U)_{C^r} \to C_\bullet(V)_{C^r}$ を定め, U を $C_\bullet(U)_{C^r}$ にうつす関手 $C_\bullet(-)_{C^r}$: 【$\mathbf{R}^\bullet$ の開集合】$_{C^r}$ → 【複体】が定まる.

$r=0$ のときは, $C_\bullet(-)_{C^0}$ は関手 $C_\bullet(-)$:【位相空間】→【複体】の部分圏への制限である. 複体の包含射 $C_\bullet(U)_{C^r} \to C_\bullet(U)$ は関手【$\mathbf{R}^\bullet$ の開集合】$_{C^r}$ → 【複体】の射 $C_\bullet(-)_{C^r} \to C_\bullet(-)$ を定める. これは命題 5.4.2 より, 任意の q に対し関手【$\mathbf{R}^\bullet$ の開集合】$_{C^r}$ →【加群】の同形 $H_q(-)_{C^r} \to H_q(-)$ を定める.

以下, 同形 (5.33) により $H_q(U)$ を $H_q(U)_{C^r}$ と同一視する.

定義 5.4.8 U を $\mathbf{R}^n$ の開集合とする.

1. $H_0(U) = \mathbf{Z}$ であるとき, U は**連結**であるという.

2. $n=2$ とする. U が連結で $H_1(U) = 0$ であるとき, U は**単連結** (simply connected) であるという. ■

$\mathbf{R}^n$ の開集合が連結であるとは，弧状連結であることである．$n > 2$ ならば，$H_1(U) = 0$ でも U は単連結とは限らない．系 4.6.7.3 より，$\mathbf{R}^2$ の可縮な開集合は単連結である．

5.5　ホモロジーと積分

U を $\mathbf{R}^2$ の開集合とする．関数 $f\colon U \to \mathbf{R}$ は，自由加群の普遍性（系 2.1.4）より，線形形式 $\langle f, -\rangle\colon C_0(U) \to \mathbf{R}$ を定める．$x \in U$ と $[x] \in C_0(U)$ に対し，$\langle f, [x]\rangle = f(x)$ である．

U 上の連続な 1 形式 φ に対しては，線形形式 $\langle \varphi, -\rangle\colon C_1(U)_{C^1} \to \mathbf{R}$ を積分を使って次のように定める．連続微分可能な曲線 $\gamma \in C^1(I, U)$ を積分 $\int_\gamma \varphi \in \mathbf{R}$ にうつすことで写像 $\int_- \varphi\colon C^1(I, U) \to \mathbf{R}$ が定まる．自由加群の普遍性より，これは線形写像 $\langle \varphi, -\rangle\colon Q_1(U)_{C^1} \to \mathbf{R}$ を定める．$\gamma \in C^1(I, U)$ が定値写像ならば $\gamma^*\varphi = 0$ である．よって，線形写像 $\langle \varphi, -\rangle\colon Q_1(U)_{C^1} \to \mathbf{R}$ の $D_1(U)_{C^1}$ への制限は 0 であり，商加群の普遍性（命題 2.2.5）より $C_1(U)_{C^1} = Q_1(U)_{C^1}/D_1(U)_{C^1}$ からの線形写像

$$\langle \varphi, -\rangle\colon C_1(U)_{C^1} \to \mathbf{R} \tag{5.39}$$

をひきおこす．

連続微分可能な関数 $f\colon U \to \mathbf{R}$ に対し $\varphi = df$ ならば，命題 5.2.2.2 より

$$\langle df, \gamma\rangle = \langle f, \partial\gamma\rangle \tag{5.40}$$

である．これは，関数を微分する写像 $d\colon A^0(U)_{C^1} \to A^1(U)_{C^0}$ が線形写像 $\partial\colon C_1(U)_{C^1} \to C_0(U)$ の左随伴写像であることを表している．

U を $\mathbf{R}^2$ の開集合とし，φ を U 上の閉形式とする．閉形式とは $d\varphi = 0$ をみたす微分可能な 1 形式のことである（定義 5.1.2）．$\sigma\colon I^2 \to U$ を 2 回連続微分可能な写像とすると，グリーンの定理（系 5.3.4）より $\int_{\partial\sigma} \varphi = \int_\sigma d\varphi = 0$ である．よって $\langle \varphi, -\rangle\colon C_1(U)_{C^2} \to \mathbf{R}$ と $\partial\colon C_2(U)_{C^2} \to C_1(U)_{C^2}$ の合成写像は 0 写像であり，余核の普遍性より線形写像 $\langle \varphi, -\rangle\colon C_1(U)_{C^2}/B_1(U)_{C^2} \to \mathbf{R}$ をひきおこす．同形 (5.33) により，部分群 $H_1(U) = H_1(U)_{C^2} = Z_1(U)_{C^2}/B_1(U)_{C^2} \subset C_1(U)_{C^2}/B_1(U)_{C^2}$ への制限

$$\langle \varphi, - \rangle \colon H_1(U) \to \mathbf{R} \tag{5.41}$$

が定まる．

命題 5.5.1 U を $\mathbf{R}^2$ の開集合とする．φ を U 上の閉形式とし，次の条件を考える．

(1) $\varphi = df$ をみたす連続微分可能な関数 $f \colon U \to \mathbf{R}$ が存在する．

(2) 線形写像 $\langle \varphi, - \rangle \colon H_1(U) \to \mathbf{R}$ は 0 写像である．

(1)⇒(2) がなりたつ．U が連結ならば逆に (2)⇒(1) もなりたつ． ■

例題 5.2.3.2 の $\mathbf{R}^2 - \{0\}$ 上の微分形式 α は閉形式だが，$H_1(S^1)$ の基底 $[e] \in H_1(S^1)$（命題 4.7.10.2）の $H_1(\mathbf{R}^2 - \{0\})$ での像も $[e]$ で表すと $\langle \alpha, [e] \rangle = 2\pi \neq 0$ だから，命題 5.5.1(2)⇒(1) より完全形式ではない．命題 5.5.1 の U が連結という仮定は不要だが，ここでは仮定して証明する．閉形式 φ に対し，$df = \varphi$ をみたす連続微分可能な関数 f を φ の**積分**とよぶ．

証明 (1)⇒(2)：$\gamma \in Z_1(U)_{C^2}$ とすると，(5.40) より $\langle \varphi, \gamma \rangle = \langle df, \gamma \rangle = \langle f, \partial\gamma \rangle = \langle f, 0 \rangle = 0$ である．

(2)⇒(1)：U は連結とする．完全系列 $H_1(U) \to C_1(U)_{C^2}/B_1(U)_{C^2} \to B_0(U)_{C^2} \to 0$ と商加群の普遍性より，線形写像 $\langle \varphi, - \rangle \colon C_1(U)_{C^2}/B_1(U)_{C^2} \to \mathbf{R}$ は線形写像 $\langle \varphi, - \rangle \colon B_0(U)_{C^2} \to \mathbf{R}$ をひきおこす．$c \in U$ とする．$H_0(U) = \mathbf{Z}$ だから任意の $x \in U$ に対し $[x] - [c] \in B_0(U)_{C^2} = B_0(U)$ である．関数 $f \colon U \to \mathbf{R}$ を $f(x) = \langle \varphi, [x] - [c] \rangle$ で定める．

f が連続微分可能であり，$df = \varphi$ であることを示す．ポワンカレの補題（命題 5.3.5）の証明と同様に，$\varphi = u(x,y)dx + v(x,y)dy$ とおいて，f が偏微分可能であり，$f_x(x,y) = u(x,y), f_y(x,y) = v(x,y)$ であることを示せばよい．$(a,b) \in U$ とし，$r > 0$ を $U_r(a,b) \subset U$ をみたす実数とする．$(x,y) \in U_r(a,b)$ とすると，f の定義より $f(x,y) - f(a,b) = \int_a^x u(s,b)ds + \int_b^y u(x,t)dt = \int_b^y u(a,t)dt + \int_a^x u(s,y)ds$ である．したがって f の $U_r(a,b)$ への制限と命題 5.3.5 の証明で構成した f の差は定数関数であり，$df = \varphi$ である． □

系 5.5.2（**ポワンカレの補題**） U を $\mathbf{R}^2$ の単連結な開集合とする．U 上の微分可能な 1 形式 φ が $d\varphi = 0$ をみたすならば，$\varphi = df$ をみたす連続微分可能な関数 $f \colon U \to \mathbf{R}$ が存在する． ■

系 5.5.2 は，命題 5.3.5 の U についての仮定を単連結という条件にゆるめたものである．

証明 $H_1(U)=0$ ならば命題 5.5.1 の条件 (2) はみたされるから，命題 5.5.1 (2)⇒(1) よりしたがう． □

命題 5.5.1 の関数についての類似は次のようになる．

命題 5.5.3 U を $\mathbf{R}^2$ の開集合とする．関数 $f\colon U\to\mathbf{R}$ に対し，次の条件は同値である．

(1) f は微分可能であり，$df=0$ である．

(2) f が定める線形写像 $\langle f,-\rangle\colon C_0(U)\to\mathbf{R}$ は線形写像 $H_0(U)\to\mathbf{R}$ をひきおこす． ■

証明 (1)⇒(2)：$\gamma\colon I\to U$ を連続微分可能な曲線とすると (5.40) より $\langle f,\partial\gamma\rangle=\langle df,\gamma\rangle=0$ だから，$\langle f,-\rangle\colon C_0(U)\to\mathbf{R}$ と $\partial\colon C_1(U)_{C^1}\to C_0(U)$ の合成写像は 0 写像である．よって余核の普遍性よりしたがう．

(2)⇒(1)：$f\colon U\to\mathbf{R}$ は，$x\in U$ を $[x]\in H_0(U)$ にうつす写像 $U\to H_0(U)$ と $\langle f,-\rangle\colon C_0(U)\to\mathbf{R}$ がひきおこす線形写像 $H_0(U)\to\mathbf{R}$ の合成である．よって，例題 4.5.6.4 より f は局所定数関数であり，(1) がなりたつ． □

系 5.5.4 U を $\mathbf{R}^2$ の連結な開集合とする．微分可能な関数 $f\colon U\to\mathbf{R}$ に対し，次の条件は同値である．

(1) $df=0$ である．

(2) f は定数関数である． ■

証明 U が連結ならば，$x\in U$ を $[x]\in H_0(U)$ にうつす写像 $U\to H_0(U)$ は定値写像である．よって f が定数関数であることと命題 5.5.3 の条件 (2) は同値であり，命題 5.5.3 からしたがう． □

U,V を $\mathbf{R}^2$ の開集合とし，$g\colon U\to V$ を連続微分可能な写像とする．φ を V 上の連続な 1 形式とし，$\gamma\colon I\to U$ を連続微分可能な曲線とする．$g^*\varphi$ は U 上の連続な 1 形式で，$g_*\gamma\colon I\to V$ は連続微分可能な曲線であり，(5.22) より

$$\langle g^*\varphi,\gamma\rangle=\langle\varphi,g_*\gamma\rangle \tag{5.42}$$

である．これは微分形式のひきもどし $g^*\colon A^1(V)_{C^0}\to A^1(U)_{C^0}$ が曲線の合

成 $g_*\colon C_1(U)_{C^1} \to C_1(V)_{C^1}$ の左随伴写像であることを表している．

さらに，$g\colon U \to V$ は 2 回連続微分可能であり，φ は微分可能で $d\varphi = 0$ であり，$\gamma\colon I \to U$ は 2 回連続微分可能であるとする．命題 5.1.4.2 より $g^*\varphi$ は U 上の微分可能な 1 形式で $dg^*\varphi = 0$ であり，$g_*\gamma\colon I \to V$ は連続微分可能な曲線である．よって線形写像 $\langle g^*\varphi, -\rangle\colon H_1(U) \to \mathbf{R}$ が定義され，(5.42) より図式

$$\begin{array}{ccc} H_1(U) & \xrightarrow{\langle g^*\varphi,-\rangle} & \mathbf{R} \\ {\scriptstyle g_*}\big\downarrow & \nearrow{\scriptstyle \langle\varphi,-\rangle} & \\ H_1(V) & & \end{array} \tag{5.43}$$

は可換である．

$\mathbf{R}^2 - \{0\}$ の連結な開集合に対し例題 5.1.5.2 の逆がなりたつことを示す．偏角を微分形式の積分として表す．

命題 5.5.5 $\mathbf{R}^2 - \{0\}$ 上の連続 1 形式を $\alpha = \dfrac{-ydx + xdy}{x^2 + y^2}$ で定め，微分可能な関数 r を $r(x, y) = \sqrt{x^2 + y^2}$ で定める．U を $\mathbf{R}^2 - \{0\}$ の連結な開集合とし，$(a, b) \in U$ とする．実数 c が $(a, b) = (r(a, b)\cos c,\ r(a, b)\sin c)$ をみたすとする．

1. $\theta\colon U \to \mathbf{R}$ を微分可能な関数で $d\theta = \alpha$ をみたすものとする．$\theta(a, b) = c$ ならば，U で

$$\begin{cases} x = & r(x, y)\cos\theta(x, y), \\ y - & r(x, y)\sin\theta(x, y) \end{cases} \tag{5.44}$$

がなりたつ．

2. U が単連結ならば，微分可能な関数 $\theta\colon U \to \mathbf{R}$ で，(5.44) と $\theta(a, b) = c$ をみたすものが存在する． ■

証明 1. 例題 5.1.5.1 の別解のように $R(\theta)$ で回転行列を表すと，(5.44) は $\begin{pmatrix} x \\ y \end{pmatrix} = r(x, y) R(\theta(x, y)) \begin{pmatrix} 1 \\ 0 \end{pmatrix}$ である．(5.44) は $(x, y) = (a, b)$ ではなりたち，U は連結だから，系 5.5.4 より $\begin{pmatrix} p \\ q \end{pmatrix} = \dfrac{1}{r(x, y)} R(-\theta(x, y)) \begin{pmatrix} x \\ y \end{pmatrix}$ の成分について $dp = dq = 0$ を示せばよい．

$(a',b') \in U$ とし，$U' = \{(x,y) \in U \mid a'x + b'y > 0\}$ で定義された連続微分可能な関数 $\varphi(x,y)$ を例題 5.1.5.3 のように定める．$(a',b') = (r(a',b')\cos c'$, $r(a',b')\sin c')$ とすると，U' で $\begin{pmatrix} x \\ y \end{pmatrix} = r(x,y)R(\varphi(x,y)+c')\begin{pmatrix} 1 \\ 0 \end{pmatrix}$ であり，3 角関数の加法定理より $\begin{pmatrix} p \\ q \end{pmatrix} = R(\varphi(x,y) + c' - \theta(x,y))\begin{pmatrix} 1 \\ 0 \end{pmatrix}$ である．$d\varphi - d\theta = \alpha - \alpha = 0$ だから，連鎖律より $dp = dq = 0$ である．

2. U は単連結だから，系 5.5.2 より U で定義された連続微分可能な関数 f で $df = \alpha$ をみたすものが存在する．$\theta(x,y) = f(x,y) - f(a,b) + c$ とおくと，$d\theta = \alpha$ であり $\theta(a,b) = c$ である．よって 1. より，θ は (5.44) をみたす．□

5.6　回転指数

平面の点のまわりの回転指数を定義する．

命題 5.6.1　$c \in \mathbf{R}^2$ とする．

1. $\mathbf{R}^2 - \{c\}$ は弧状連結であり，$H_1(\mathbf{R}^2 - \{c\})$ は $\mathbf{Z}$ と同形である．$q > 1$ ならば $H_q(\mathbf{R}^2 - \{c\}) = 0$ である．

2. $c = (a,b)$ とし，$\mathbf{R}^2 - \{c\}$ 上の 1 形式を

$$\alpha_c = \frac{-(y-b)dx + (x-a)dy}{(x-a)^2 + (y-b)^2} \tag{5.45}$$

で定める．$\gamma \in Z_1(\mathbf{R}^2 - \{c\})_{C^2}$ を

$$n(\gamma, c) = \frac{1}{2\pi}\int_\gamma \frac{-(y-b)dx + (x-a)dy}{(x-a)^2 + (y-b)^2} \tag{5.46}$$

にうつす線形形式は同形

$$n(-,c)\colon H_1(\mathbf{R}^2 - \{c\}) \to \mathbf{Z} \tag{5.47}$$

を定める．■

証明　1. $c = 0$ のときは，定理 4.8.1 の $n = 2$ の場合である．$\mathbf{R}^2 - \{c\}$ は，平行移動により $\mathbf{R}^2 - \{0\}$ と同相である．

2. 平行移動により，$c = 0$ としてよい．命題 4.6.4.2 より包含写像 $i\colon S^1 \to \mathbf{R}^2 - \{0\}$ はホモトピー同値だから，系 4.6.7.1 より $i_*\colon H_1(S^1) \to H_1(\mathbf{R}^2 - \{0\})$ は階数 1 の自由加群の同形である．よって，命題 4.7.10.2 の連続写像 $e\colon I \to S^1 \subset \mathbf{R}^2 - \{0\}$ は $H_1(\mathbf{R}^2 - \{0\})$ の基底を定める．

α_c は閉形式だから，(5.46) の右辺は線形形式 $H_1(\mathbf{R}^2 - \{c\}) \to \mathbf{R}$ を定める．例題 5.2.3.2 の解と同様に $n(e, 0) = 1$ だから，(5.47) は階数 1 の自由加群 $H_1(\mathbf{R}^2 - \{0\})$ の基底 $[e]$ を $1 \in \mathbf{Z}$ にうつす同形である． □

定義 5.6.2 $c \in \mathbf{R}^2$ とし，$\gamma \in Z_1(\mathbf{R}^2 - \{c\})$ とする．命題 5.6.1.2 の同形 $n(-, c)\colon H_1(\mathbf{R}^2 - \{c\}) \to \mathbf{Z}$ による $[\gamma] \in H_1(\mathbf{R}^2 - \{c\})$ の像も $n(\gamma, c) \in \mathbf{Z}$ で表し，c のまわりの γ の**回転指数** (winding index) という． ■

曲線が点のまわりを何回まわるかは偏角の変化を 2π でわったもので表されるから，(5.46), 命題 5.5.5, 命題 5.2.2.2 より，回転指数は曲線が点のまわりを何回まわるかを表している．

命題 5.6.3 A と B を $\mathbf{R}^2$ の部分集合とし，$A \cap B = \varnothing$ とする．双線形写像

$$n(-, -)\colon H_1(A) \times H_0(B) \to \mathbf{Z} \tag{5.48}$$

で，任意の $\gamma \in Z_1(A)_{C^2}$ と $c \in B$ に対し，$n(\gamma, c) = n([\gamma], [c])$ となるものがただ 1 つ存在する． ■

証明 $c \in B$ に対し，$n(-, c)\colon H_1(\mathbf{R}^2 - \{c\}) \to \mathbf{Z}$ と包含写像がひきおこす射 $H_1(A) \to H_1(\mathbf{R}^2 - \{c\})$ の合成は線形写像 $n(-, c)\colon H_1(A) \to \mathbf{Z}$ を定める．よって命題 4.4.10 より，双線形写像 $n(-, -)\colon H_1(A) \times C_0(B) \to \mathbf{Z}$ が定まる．したがってさらに命題 4.4.10 と商加群の普遍性より，$\gamma \in Z_1(A)_{C^2}$ と連続写像 $\beta\colon I \to B$ に対し $n(\gamma, \beta(0)) = n(\gamma, \beta(1))$ を示せばよい．

$c = \beta(0)$, $b = \beta(1)$ とおく．回転指数は平行移動で変わらないから，$n(\gamma, c) = n(\gamma - c, 0)$, $n(\gamma, b) = n(\gamma - b, 0)$ である．よって $[\gamma - c] = [\gamma - b] \in H_1(\mathbf{R}^2 - \{0\})$ を示せばよい．

$V = \mathbf{R}^2 - B$ とおき，連続写像 $h\colon V \times I \to \mathbf{R}^2$ を $h(x, t) = x - \beta(t)$ で定める．$\beta(t) \in B$ であり $B \cap V = \varnothing$ だから，h は連続写像 $h\colon V \times I \to \mathbf{R}^2 - \{0\}$ を定める．よって h は，$f(x) = x - c$ で定まる平行移動 $f\colon V \to \mathbf{R}^2 - \{0\}$ を $g(x) = x - b$ で定まる平行移動 $g\colon V \to \mathbf{R}^2 - \{0\}$ につなぐホモトピーで

ある．定理 4.6.6 より $f_* = g_*$ だから，$[\gamma] \in H_1(V)$ の $H_1(\mathbf{R}^2 - \{0\})$ での像 $[\gamma - c] = f_*[\gamma]$ と $[\gamma - b] = g_*[\gamma]$ は等しい． □

命題 5.6.4　U を $\mathbf{R}^2$ の開集合とし，$c \in U$ とする．$x \in U$ ならば x と c をむすぶ線分は U に含まれるとする．$f\colon U \to \mathbf{R}^2$ を，$x = c$ で微分可能な連続写像とし，$x \in U - \{c\}$ ならば $f(x) \neq f(c)$ であるとする．$\det f'(c) > 0$ ならば，図式

$$\begin{array}{ccc} H_1(U - \{c\}) & \xrightarrow{n(-,c)} & \mathbf{Z} \\ \downarrow f_* & \nearrow n(-,f(c)) & \\ H_1(\mathbf{R}^2 - \{f(c)\}) & & \end{array} \tag{5.49}$$

は可換である． ■

証明　f の 1 次近似 $g\colon U \to \mathbf{R}^2$ を $g(x) = f(c) + f'(c)(x - c)$ で定める．命題 4.6.5 より，そこで定めた写像 $h\colon U \times I \to \mathbf{R}^2$ は f に g をつなぐホモトピーである．$f'(c) \in M(2, \mathbf{R})$ は可逆であり，$f(U - \{c\}) \subset \mathbf{R}^2 - \{f(c)\}$ だから，$h((U - \{c\}) \times I) \subset \mathbf{R}^2 - \{f(c)\}$ である．よって h の制限 $(U - \{c\}) \times I \to \mathbf{R}^2 - \{f(c)\}$ は，f の制限 $U - \{c\} \to \mathbf{R}^2 - \{f(c)\}$ に g の制限をつなぐホモトピーである．よって定理 4.6.6 より，$f_*\colon H_1(U - \{c\}) \to H_1(\mathbf{R}^2 - \{f(c)\})$ は g_* と等しい．

$\det f'(c) > 0$ だから，例題 4.2.8 より連続写像 $\gamma\colon I \to GL(2, \mathbf{R})$ で $\gamma(0) = 1_2$, $\gamma(1) = f'(c)$ をみたすものがある．連続写像 $l\colon (U - \{c\}) \times I \to \mathbf{R}^2 - \{f(c)\}$ を $l(x, t) = f(c) + \gamma(t)(x - c)$ で定める．$l(x, 0) = k(x)$ とおくと，l は，$k\colon U - \{c\} \to \mathbf{R}^2 - \{f(c)\}$ を g の制限につなぐホモトピーである．よって定理 4.6.6 より，$g_*\colon H_1(U - \{c\}) \to H_1(\mathbf{R}^2 - \{f(c)\})$ は k_* と等しい．

k は平行移動 $k(x) = x + f(c) - c$ だから，図式 (5.49) で f_* を k_* でおきかえたものは可換である．$f_* = g_* = k_*$ だから，図式 (5.49) は可換である． □

例題 5.6.5　1. $c \in \mathbf{R}^2$, $r > 0$ とする．連続写像 $\gamma_{c,r}\colon I \to \mathbf{R}^2 - \{c\}$ を

$$\gamma_{c,r}(t) = c + (r \cos 2\pi t, r \sin 2\pi t) \tag{5.50}$$

で定める．$p \in \mathbf{R}^2, d(c, p) \neq r$ に対し，回転指数 $n(\gamma_{c,r}, p)$ を求めよ．

2. $ad - bc > 0$ とし，連続写像 $\sigma\colon I^2 \to \mathbf{R}^2$ を $\sigma(s, t) = (sa + tb,\ sc + td)$

で定める．

$$n(\partial\sigma, p) = \begin{cases} 1 & p \in \sigma((0,1)\times(0,1)) \text{ のとき}, \\ 0 & p \notin \sigma(I^2) \text{ のとき} \end{cases}$$

を示せ． ■

解 1. $A = D_r(c)$ は可縮だから，命題 5.6.3 より $d(c,p) > r$ ならば $n(\gamma_{c,r}, p) = 0$ である．

$p = c$ のときは $n(\gamma_{c,r}, c) = 1$ である．$B = U_r(c)$ は可縮だから，命題 5.6.3 より $d(c,p) < r$ ならば $n(\gamma_{c,r}, p) = n(\gamma_{c,r}, c) = 1$ である．

2. $A = \sigma(I^2)$ は可縮だから，命題 5.6.3 より $p \notin \sigma(I^2)$ ならば $n(\partial\sigma, p) = 0$ である．

命題 5.6.4 より，$a = d = 1, b = c = 0$ としてよい．$B = (0,1)\times(0,1)$ は可縮だから，命題 5.6.3 より $p = \left(\frac{1}{2}, \frac{1}{2}\right)$ としてよい．このときは $n(\partial\sigma, p) = \frac{1}{2\pi}\left(\frac{\pi}{2} + \frac{\pi}{2} + \frac{\pi}{2} + \frac{\pi}{2}\right) = 1$ である． □

5・6

第6章 複素解析

複素数を変数とする複素数値関数は，実変数関数と異なり，一度微分できれば何度でも微分でき，巾級数で表すことができる．この理論の要にあるのが6.1節で証明するコーシーの積分定理と積分公式である．コーシーの積分定理は第5章で証明したグリーンの定理の帰結である．コーシーの積分公式では，ポワンカレの補題の関数の定義域が可縮であるという仮定がみたされていないことを使って，定義域にあいた穴をとらえる．

正則関数の値が0になる点と ∞ に発散する点をそれぞれ零点と極とよぶ．6.2節では零点と極の性質を調べる．6.3節ではさらにホモロジーと積分も使って，零点や極と回転指数の関係を調べる．この零点の位数と回転指数の関係を使って，複素係数の多項式は1次式の積に分解するという代数学の基本定理を6.4節で証明することを，この章での目標とする．

6.1 正則関数

複素数 $z = x + \sqrt{-1}y$ を平面の点 (x, y) と考えて複素数全体の集合 $\mathbf{C}$ を $\mathbf{R}^2$ と同一視し，位相空間と考える．これを**複素平面**または**ガウス平面**とよぶ．$x = \mathrm{Re}\, z$ を $z = x + \sqrt{-1}y$ の**実部** (real part) とよび，$y = \mathrm{Im}\, z$ を**虚部** (imaginary part) とよぶ．$c \in \mathbf{C}$ と $r > 0$ に対し，開円板 $\{z \in \mathbf{C} \mid |z - c| < r\}$ を $U_r(c)$ で表す．

定義 6.1.1　U を $\mathbf{C}$ の開集合とし，$f\colon U \to \mathbf{C}$ を複素数値関数とする．

$c \in U$ とする．極限 $\lim_{z \to c} \dfrac{f(z) - f(c)}{z - c}$ が収束するとき，$f(z)$ は $z = c$ で**微分可能**であるといい，

$$f'(c) = \lim_{z \to c} \frac{f(z) - f(c)}{z - c} \tag{6.1}$$

とおく．U の各点で $f(z)$ が微分可能なとき，$f(z)$ は**微分可能**であるといい，U で定義された関数 $f'(z)$ を $f(z)$ の**導関数**という． ■

複素関数 $f(z)$ が微分可能であることは，$z = x + \sqrt{-1}y$, $f(z) = u(x,y) + \sqrt{-1}v(x,y)$ とおいたとき，2 変数関数 $u(x,y)$, $v(x,y)$ が微分可能であることよりもはるかに強い条件である．定理 6.1.4 でみるように，この条件は $u(x,y)$ と $v(x,y)$ がコーシー–リーマンの方程式をみたすことにあたる．この 2 種類の微分可能性を区別したいときは，定義 6.1.1 のものを**複素微分可能**とよび，もう 1 つのものを**実微分可能**とよぶ．

巾級数で表される関数は微分可能であることを示す．複素数列 $(a_n)_n$ が複素数 c に**収束**するとは，$\lim_{n\to\infty}|a_n - c| = 0$ のことである．実数の場合の優級数の方法（『微積分』命題 4.4.10）と同様に，$\sum_{n=0}^{\infty}|a_n|$ が収束すれば $\sum_{n=0}^{\infty}a_n$ も収束する．このとき $\sum_{n=0}^{\infty}a_n$ は絶対収束するという．

6
·
1

命題 6.1.2 $r > 0$ を実数とする．巾級数 $\sum_{n=0}^{\infty}a_n z^n$ が $U_r(0)$ で収束するならば，$U_r(0)$ で $f(z) = \sum_{n=0}^{\infty}a_n z^n$ は微分可能であり，$f'(z) = \sum_{n=1}^{\infty}na_n z^{n-1}$ である． ■

証明 $U_r(0)$ で $\sum_{n=1}^{\infty}na_n z^{n-1}$ が収束することを示す．$z \in U_r(0)$ とする．$t = \dfrac{|z| + r}{2}$ とする．$t < r$ だから，$\sum_{n=0}^{\infty}a_n t^n$ は収束し，$\lim_{n\to\infty}a_n t^n = 0$ である．よって自然数 m で，$n \geqq m$ ならば $|a_n t^n| \leqq 1$ となるものが存在する．この m に対し，$n \geqq m$ なら $|na_n z^{n-1}| = n|a_n t^n| \cdot \dfrac{|z|^{n-1}}{t^n} \leqq n\dfrac{|z|^{n-1}}{t^n}$ である．$\dfrac{|z|}{t} < 1$ だから $\sum_{n=1}^{\infty}n\dfrac{|z|^{n-1}}{t^n} = \dfrac{t}{(t-|z|)^2}$ は収束する．よって $\sum_{n=1}^{\infty}na_n z^{n-1}$ も絶対収束する．

$U_r(0)$ で $g(z) = \sum_{n=1}^{\infty}na_n z^{n-1}$ とおく．$c \in U_r(0)$ に対し，$\lim_{z\to c}\dfrac{f(z) - f(c)}{z - c} = g(c)$ を示す．

$$\frac{f(z) - f(c)}{z - c} - g(c) = \sum_{n=0}^{\infty}a_n(z^{n-1} + \cdots + c^{n-1} - nc^{n-1})$$

$$= (z-c) \cdot \sum_{n=0}^{\infty} a_n \Big((z^{n-2} + \cdots + c^{n-2}) + \cdots + c^{n-2} \Big) \qquad (6.2)$$

である．$s = \dfrac{2|c|+r}{3} < t = \dfrac{|c|+2r}{3} < r$ とおき，自然数 m を，$n \geqq m$ ならば $|a_n t^n| \leqq 1$ となるものとする．$|z| < s, n \geqq m$ ならば，(6.2) の右辺の $\sum$ の各項の絶対値は $|a_n t^n| \dfrac{n(n-1)}{2} \dfrac{s^{n-2}}{t^n} \leqq \dfrac{n(n-1)}{2} \dfrac{s^{n-2}}{t^n}$ 以下である．

$\dfrac{s}{t} < 1$ だから，$\displaystyle\sum_{n=2}^{\infty} \frac{n(n-1)}{2} \frac{s^{n-2}}{t^n} = \frac{t}{(t-s)^3}$ は収束する．よって (6.2) の右辺は絶対収束し，その絶対値は $|z-c| \cdot \displaystyle\sum_{n=0}^{\infty} \frac{n(n-1)}{2} |a_n| s^{n-2}$ 以下である．よって，(6.2) の右辺の極限 $\displaystyle\lim_{z \to c}$ は 0 であり，$\displaystyle\lim_{z \to c} \frac{f(z)-f(c)}{z-c} = g(c)$ である．□

例 6.1.3　巾級数 $\displaystyle\sum_{n=0}^{\infty} \frac{x^n}{n!}$ の収束半径は『微積分』命題 5.2.1 (5.9) より ∞ だから，$\displaystyle\sum_{n=0}^{\infty} \frac{z^n}{n!}$ はすべての複素数 z に対し絶対収束し，命題 6.1.2 より $\mathbf{C}$ 上で複素微分可能な関数を定める．これを e^z または $\exp z$ で表し，**指数関数** (exponential function) とよぶ．e^z の導関数は e^z である．$e^{x+\sqrt{-1}y} = e^x \cdot e^{\sqrt{-1}y}$ であり，『微積分』命題 5.2.1 より実数 y に対し**オイラーの公式** (Euler's formula)

$$e^{\sqrt{-1}y} = \cos y + \sqrt{-1} \sin y \qquad (6.3)$$

がなりたつ．$e^0 = 1$ であり，$e^{z+w} = e^z \cdot e^w$ である．■

$\mathbf{C}$ の開集合 U 上の複素係数の微分形式について用語を定める．$u(x,y)$, $v(x,y)$, $w(x,y)$ が U 上の複素数値関数であるとき，$\varphi = u(x,y)dx + v(x,y)dy$, $w(x,y)dx \wedge dy$ をそれぞれ U 上の複素係数の 1 **形式**と 2 **形式**という．この章では以下複素係数の 1 形式を単に 1 形式とよび，$u(x,y)$, $v(x,y)$ が実数値関数であるときに実係数の 1 形式とよぶ．5.1 節，5.2 節での定義や命題は複素係数の微分形式に対しても拡張される．

φ が連続な 1 形式ならば，連続微分可能な写像 $\gamma\colon [a,b] \to U$ に対し，線積分 $\displaystyle\int_\gamma \varphi$ が定義される．1 形式 φ, ψ に対し，外積 $\varphi \wedge \psi$ が定義され，φ が微分可能ならば外微分 $d\varphi$ も定義される．

$dz = dx + \sqrt{-1}dy$ である．複素数値関数 $f(z) = u(x,y) + \sqrt{-1}v(x,y)$ の実部を $u(x,y)$, 虚部を $v(x,y)$ とすると，

$$f(z)dz = (u(x,y)dx - v(x,y)dy) + \sqrt{-1}(v(x,y)dx + u(x,y)dy) \tag{6.4}$$

である．$f(z)$ が連続ならば，連続微分可能な写像 $\gamma\colon [a,b] \to U$ に対し

$$\int_\gamma f(z)dz = \int_a^b f(\gamma(t))\gamma'(t)dt \tag{6.5}$$

である．

$c \in \mathbf{C}$ と $r > 0$ に対し，閉円板 $\{z \in \mathbf{C} \mid |z - c| \leqq r\}$ を $D_r(c)$ で表す．曲線 $\gamma_{c,r}\colon [0, 2\pi] \to D_r(c)$ を

$$\gamma_{c,r}(t) = c + r\exp(\sqrt{-1}t) = c + r(\cos t + \sqrt{-1}\sin t) \tag{6.6}$$

で定める．

定理 6.1.4 U を $\mathbf{C}$ の開集合とし，$f\colon U \to \mathbf{C}$ を複素数値関数とする．次の条件 (1)–(6) はすべて同値である．

(1) $f(z)$ は微分可能である．

(2) $z = x + \sqrt{-1}y$, $f(z) = u(x,y) + \sqrt{-1}v(x,y)$ とおくと，$u(x,y)$, $v(x,y)$ は微分可能で，**コーシー–リーマンの方程式** (Cauchy–Riemann equations)

$$u_x = v_y,\ u_y = -v_x \tag{6.7}$$

をみたす．

(3) $f(z)$ は連続であり，2 次元閉区間 $D = [a,b] \times [c,d]$ からの 2 回連続微分可能な任意の写像 $\sigma\colon D \to U$ に対し，

$$\int_{\partial\sigma} f(z)dz = 0 \tag{6.8}$$

である．

(3′) $f(z)$ は連続であり，U に含まれる任意の 2 次元閉区間 D に対し，

$$\int_{\partial D} f(z)dz = 0 \tag{6.9}$$

である．

(4) $c \in U$ とし，$r > 0$ とする．$f(z)$ は連続であり，閉円板 $D_r(c)$ が U に含まれるならば，開円板 $U_r(c)$ で

$$f(z) = \frac{1}{2\pi\sqrt{-1}}\int_{\gamma_{c,r}} \frac{f(w)}{w - z}dw \tag{6.10}$$

である．

(5) $c \in U$ とし，$r > 0$ とする．閉円板 $D_r(c)$ が U に含まれるならば，複素数列 (a_n) で，$U_r(c)$ で

$$f(z) = \sum_{n=0}^{\infty} a_n (z-c)^n \tag{6.11}$$

となるものが存在する．

(6) $f(z)$ は無限回微分可能である． ■

(1)⇒(3) を**コーシーの積分定理** (Cauchy's integral theorem)，(3′)⇒(1) を**モレラの定理**，(6.10) を**コーシーの積分公式** (Cauchy's integral formula) という．ただし (1)⇒(3) はグルサによる強い形である．(6.11) を $f(z)$ の**巾級数展開**という．**テイラー展開** (Taylor expansion) ともいう．コーシー–リーマンの方程式 (6.7) は，行列 $\begin{pmatrix} u_x & u_y \\ v_x & v_y \end{pmatrix}$ が定める $\mathbf{R}$ 線形写像 $\mathbf{C} \to \mathbf{C}$ が $\mathbf{C}$ 線形であることを表している．(1) と (6) では複素微分可能であり，(2) では実微分可能である．

証明　(1)⇔(2), (4)⇒(5)⇒(6)⇒(1), (1)+(2)⇒(3), (1)⇒(4), (3)⇒(3′)⇒(6) の順に証明する．(1)⇒(4) の証明では (1)⇒(3) が先に示されていることを使い，(3′)⇒(6) の証明では (2)⇒(1) と (1)⇒(6) が先に示されていることを使う．

(1)⇔(2)：$\lim_{z \to c} \frac{g(z)}{|z-c|} = 0$ をみたす関数 $g(z)$ を $o(z-c)$ で表す．

条件 (1) は，U の任意の点 c に対し，複素数 p で

$$f(z) = f(c) + p \cdot (z-c) + o(z-c) \tag{6.12}$$

をみたすものが存在するということである．

条件 (2) は，U の任意の点 $c = a + \sqrt{-1}b$ に対し，実数 q, r で

$$\begin{aligned} u(x,y) + \sqrt{-1}v(x,y) = u(a,b) + (q \cdot (x-a) - r \cdot (y-b)) \\ + \sqrt{-1}\big(v(a,b) + r \cdot (x-a) + q \cdot (y-b)\big) + o(z-c) \end{aligned} \tag{6.13}$$

をみたすものが存在するということである．

$p = q + \sqrt{-1}\,r$ とすれば，(6.12) と (6.13) は同値である．

(4)⇒(5)：$a_n = \frac{1}{2\pi\sqrt{-1}} \int_{\gamma_{c,r}} \frac{f(z)}{(z-c)^{n+1}} dz$ とおいて，$U_r(c)$ で (6.11) を示す．平行移動して $c = 0$ の場合に示せばよい．

$w \in U_r(0)$ として $f(w) = \sum_{n=0}^{\infty} a_n w^n$ を示せばよい． $\frac{1}{z-w} = \frac{z^n - w^n}{z-w}\frac{1}{z^n} + \frac{1}{z-w}\frac{w^n}{z^n} = \sum_{k=0}^{n-1}\frac{w^k}{z^{k+1}} + \frac{1}{z-w}\frac{w^n}{z^n}$ より，(6.10) で w と z をいれかえれば

$$f(w) = \frac{1}{2\pi\sqrt{-1}}\int_{\gamma_{0,r}} \frac{f(z)}{z-w}dz = \sum_{k=0}^{n-1} a_k w^k + \frac{1}{2\pi\sqrt{-1}}\int_{\gamma_{0,r}} \frac{f(z)}{z-w}\frac{w^n}{z^n}dz \quad (6.14)$$

である．円周 $|z| = r$ 上での連続関数 $\left|\frac{f(z)}{z-w}\right|$ の最大値を M とすれば，(6.14) の右辺最終項の絶対値は $\frac{1}{2\pi}\int_0^{2\pi} M\frac{|w|^n}{r^n}|(re^{it})'|dt = Mr \cdot \frac{|w|^n}{r^n}$ 以下である．$|w| < r$ だから，(6.14) の極限 $\lim_{n\to\infty}$ をとれば $f(w) = \sum_{n=0}^{\infty} a_n w^n$ である．

(5)⇒(6)：命題 6.1.2 より $f'(z) = \sum_{n=1}^{\infty} na_n(z-c)^{n-1}$ も微分可能である．よって帰納法によりしたがう．

(6)⇒(1)：明らかである．

(1)+(2)⇒(3)：コーシー–リーマンの方程式より，

$$\begin{aligned} df = du + \sqrt{-1}dv &= (u_x dx + u_y dy) + \sqrt{-1}(v_x dx + v_y dy) \\ &= (u_x + \sqrt{-1}v_x)(dx + \sqrt{-1}dy) \end{aligned}$$

である．$f'(z) = u_x(x,y) + \sqrt{-1}v_x(x,y)$ だから $df = f'(z)dz$ であり，(5.4) より $d(f(z)dz) = df \wedge dz = f'(z)dz \wedge dz = 0$ である．グリーンの定理（定理 5.3.3）より，$\int_{\partial v} f(z)dz = \int_\sigma d(f(z)dz) = 0$ である．

(1)⇒(4)：$D_r(c) \subset U$ とする．$a \in U_r(c)$ に対し

$$f(a) = \frac{1}{2\pi\sqrt{-1}}\int_{\gamma_{c,r}} \frac{f(z)}{z-a}dz \quad (6.15)$$

を示せばよい．$0 < p \leqq r - |a-c|$ に対し，

$$\frac{1}{2\pi\sqrt{-1}}\int_{\gamma_{c,r}} \frac{f(z)}{z-a}dz = \frac{1}{2\pi\sqrt{-1}}\int_{\gamma_{a,p}} \frac{f(z)}{z-a}dz \quad (6.16)$$

を示す．連続写像 $\sigma\colon [0,1]\times[0,2\pi] \to U - \{a\}$ を $\sigma(s,t) = (1-s)(a+pe^{it}) + s(c+re^{it})$ で定めると $\int_{\gamma_{c,r}} \frac{f(z)}{z-a}dz - \int_{\gamma_{a,p}} \frac{f(z)}{z-a}dz = \int_{\partial\sigma} \frac{f(z)}{z-a}dz$ である．$\frac{f(z)}{z-a}$ は $U - \{a\}$ で微分可能であり，(1)⇒(3) はすでに示されているから，$\int_{\partial\sigma} \frac{f(z)}{z-a}dz = 0$ である．よって (6.16) が示された．

(6.16) の右辺は

$$\frac{1}{2\pi\sqrt{-1}}\int_{\gamma_{a,p}}\frac{f(a)}{z-a}dz+\frac{1}{2\pi\sqrt{-1}}\int_{\gamma_{a,p}}\frac{f(z)-f(a)}{z-a}dz \tag{6.17}$$

である．第 1 項は $\dfrac{f(a)}{2\pi\sqrt{-1}}\displaystyle\int_0^{2\pi}\frac{(a+pe^{it})'}{pe^{it}}dt=f(a)$ である．(6.16) の右辺は p によらないから，第 2 項の極限 $\lim_{p\to+0}$ が 0 であることを示せばよい．

$f(z)$ は微分可能だから，$z\neq a$ ならば $g(z)=\dfrac{f(z)-f(a)}{z-a}$, $g(a)=f'(a)$ とおくと，$g(z)$ は連続である．$D_r(c)$ 上での連続関数 $|g(z)|$ の最大値を M とすると，(6.17) の第 2 項の絶対値は $\dfrac{1}{2\pi}\displaystyle\int_0^{2\pi}M\cdot|(a+pe^{it})'|dt=Mp$ 以下である．よって第 2 項の極限 $\lim_{p\to+0}$ は 0 である．

(3)⇒(3′)：$\sigma\colon D\to U$ を包含写像とすればよい．

(3′)⇒(6)：$U=U_r(c)$ として示せばよい．ポワンカレの補題（命題 5.3.5）の証明と同様に，$U_r(c)$ 上の関数 $F(z)$ を定義する．$c=a+\sqrt{-1}b$, $z=x+\sqrt{-1}y\in U_r(c)$ とおき，命題 5.3.5 の証明と同様に曲線 $\gamma_i\colon[0,1]\to U_r(c)$, $i=1,2,3,4$ を定める．(3′) より，命題 5.3.5 の証明と同様に $\displaystyle\int_{\gamma_1}f(w)dw+\int_{\gamma_2}f(w)dw=\int_{\gamma_3}f(w)dw+\int_{\gamma_4}f(w)dw$ である．この共通の値を $F(z)$ とおくことで関数 $F\colon U_r(c)\to\mathbf{C}$ を定める．

命題 5.3.5 の証明と同様に $F(z)$ の実部と虚部は実連続微分可能であり，$dF=f(z)dz$ である．(2)⇒(1) はすでに示されているから，$F(z)$ は複素微分可能であり $F'(z)=f(z)$ である．(1)⇒(6) もすでに示されているから，$F(z)$ は無限回微分可能であり，$F'(z)=f(z)$ も無限回微分可能である． □

定義 6.1.5　U を $\mathbf{C}$ の開集合とする．複素数値関数 $f\colon U\to\mathbf{C}$ が**正則関数** (holomorphic function) であるとは，定理 6.1.4 の同値な条件をみたすことをいう． ■

命題 6.1.6　U を $\mathbf{C}$ の開集合とし，$f\colon U\to\mathbf{C}$ を正則関数とする．$c\in U$ とする．

1. U で $f(z)=\displaystyle\sum_{n=0}^{\infty}a_n(z-c)^n$ であるとする．任意の $n\geqq 0$ に対し

$$a_n=\frac{f^{(n)}(c)}{n!} \tag{6.18}$$

である．

2. 閉円板 $D_r(c)$ が U に含まれるとする．$U_r(c)$ 上で任意の $n \geqq 0$ に対し

$$f^{(n)}(z) = \frac{n!}{2\pi\sqrt{-1}} \int_{\gamma_{c,r}} \frac{f(w)}{(w-z)^{n+1}} dw \tag{6.19}$$

である． ■

コーシーの積分公式 (6.10) は，(6.19) の $n=0$ の場合である．

証明 1. $U = U_r(c)$ としてよい．命題 6.1.2 と帰納法により $f^{(n)}(z) = \displaystyle\sum_{k=n}^{\infty} \frac{k!}{(k-n)!} a_k (z-c)^{k-n}$ だから，$z=c$ とおけば $f^{(n)}(c) = n! \cdot a_n$ である．

2. $a \in U_r(c)$ とし，$0 < p = r - |a-c|$ とおく．定理 6.1.4(4)⇒(5) の証明より，$a_n = \displaystyle\frac{1}{2\pi\sqrt{-1}} \int_{\gamma_{a,p}} \frac{f(w)}{(w-a)^{n+1}} dw$ とおけば $U_p(a)$ で $f(z) = \displaystyle\sum_{n=0}^{\infty} a_n (z-a)^n$ である．よって 1. より $f^{(n)}(a) = n! \cdot a_n$ である．定理 6.1.4(1)⇒(4) の証明のはじめの部分と同様に，$\displaystyle\int_{\gamma_{a,p}} \frac{f(w)}{(w-a)^{n+1}} dw = \int_{\gamma_{c,r}} \frac{f(w)}{(w-a)^{n+1}} dw$ である． □

U を $\mathbf{C}$ の開集合とする．$(f_n(z))_n$ を U で定義された関数の列とし，$f(z)$ を U で定義された関数とする．0 に収束する数列 (c_n) で，任意の n と $z \in U$ に対し $|f_n(z) - f(z)| \leqq c_n$ をみたすものが存在するとき，$(f_n(z))_n$ は $f(z)$ に**一様収束** (uniform convergence) するという．U の開被覆 $(U_i)_{i \in I}$ で任意の $i \in I$ に対し U_i で $(f_n(z))_n$ が $f(z)$ に一様収束するものが存在するとき，$(f_n(z))_n$ は $f(z)$ に**局所一様収束** (locally uniform convergence) するという．

命題 6.1.7 U を $\mathbf{C}$ の開集合とする．$(f_n(z))_n$ を U で定義された正則関数の列とし，$f(z)$ を U で定義された関数とする．$(f_n(z))_n$ が $f(z)$ に局所一様収束するとする．

1. $f(z)$ も正則である．
2. $(f'_n(z))_n$ は $f'(z)$ に局所一様収束する． ■

証明 $(f_n(z))_n$ が $f(z)$ に U で一様収束するとして示せばよい．

1. $f(z)$ は『集合と位相』命題 5.2.11 より連続である．$f(z)$ が定理 6.1.4 の条件 (3) をみたすことを示す．$\sigma\colon I^2 \to U$ を 2 回連続微分可能な写像とする．$f_n(z)$ は正則だから，定理 6.1.4(3) より $\displaystyle\int_{\partial\sigma} f_n(z)dz = 0$ である．$(f_n(z))_n$ が $f(z)$ に一様収束するから，極限と積分の順序交換（『微積分』命題 5.3.2）よ

り $\int_{\partial\sigma} f(z)dz = \lim_{n\to\infty}\int_{\partial\sigma} f_n(z)dz = 0$ である．よって，$f(z)$ は正則である．

2. 閉円板 $D_r(c)$ が U に含まれるとして，$0 < s < r$ に対し $(f'_n(z))_n$ が $f'(z)$ に $U_s(c)$ で一様収束することを示せばよい．

1. と (6.19) より $U_r(c)$ で $f'(z) = \dfrac{1}{2\pi\sqrt{-1}}\displaystyle\int_{\gamma_{c,r}} \frac{f(w)}{(w-z)^2}dw$ であり，$f'_n(z)$ についても同様である．$\{(w,z) \in \mathbf{C}\times\mathbf{C} \mid |w-c| < s, |z-c| = r\}$ 上で $\dfrac{f_n(w)}{(w-z)^2}$ は $\dfrac{f(w)}{(w-z)^2}$ に一様収束するから，$\displaystyle\int_{\gamma_{c,r}} \frac{f_n(w)}{(w-z)^2}dw$ は $U_s(c)$ 上で $\displaystyle\int_{\gamma_{c,r}} \frac{f(w)}{(w-z)^2}dw$ に一様収束する． □

命題 6.1.8　$f(z)$ を $\mathbf{C}$ の開集合 U で定義された正則関数とする．$c \in U$ とし，$a = f(c)$ とおく．次は同値である．

(1) $f'(c) \neq 0$.

(2) 次の条件をみたす実数 $q > 0, r > 0$ が存在する：$U_r(c) \subset U$ であり，$V = U_r(c) \cap f^{-1}(U_q(a))$ への f の制限 $f_V \colon V \to U_q(a)$ は可逆であり，その逆写像 $g \colon U_q(a) \to V$ も正則である． ■

証明　(1)⇒(2)：逆写像定理（『微積分』命題 3.5.1, 3.5.3）より，実数 $r > 0$ と $q > 0$ で，$V = U_r(c) \cap f^{-1}(U_q(a))$ への f の制限 $f_V \colon V \to U_q(a)$ は可逆であり，その逆写像 $g \colon U_q(a) \to V$ が実連続微分可能となるものが存在する．$f(g(w)) = w$ だから連鎖律より $f'(g(w))g'(w) = 1$ である．よって g もコーシー–リーマンの方程式をみたし，正則である．

(2)⇒(1)：連鎖律より $g'(a)f'(c) = 1$ だから，$f'(c) \neq 0$ である． □

6.2　零点と極

定義 6.2.1　$f(z)$ を $\mathbf{C}$ の開集合 U で定義された正則関数とする．U の閉集合 Z を $Z = \{z \in U \mid f(z) = 0\}$ で定め，閉集合の列 $Z = Z_1 \supset Z_2 \supset \cdots$ を $Z_n = \{z \in U \mid f(z) = f'(z) = \cdots = f^{(n-1)}(z) = 0\}$ で定める．

$c \in Z$ とする．$c \in Z_n - Z_{n+1}$ のとき，c は $f(z)$ の**位数** n の**零点** (zero of order n) であるという．零点の位数 n を $\mathrm{ord}_c f(z)$ で表す．$c \in Z_\infty = \bigcap_{n=1}^{\infty} Z_n$ であるとき，c での $f(z)$ の零点の位数は ∞ であるといい，$\mathrm{ord}_c f(z) = \infty$ と書く．$f(z) \neq 0$ のときは $\mathrm{ord}_c f(z) = 0$ とする． ■

命題 6.2.2 $f(z)$ を $\mathbf{C}$ の開集合 U で定義された正則関数とする．$c \in Z = \{z \in U \mid f(z) = 0\}$ とする．

1. $n \geqq 1$ を自然数とする．次の条件は同値である．

(1) c は $f(z)$ の位数 n 以上の零点である．

(2) U で定義された正則関数 $g(z)$ で，$f(z) = (z-c)^n g(z)$ をみたすものが存在する．

さらに，零点の位数がちょうど n であることは，$g(c) \neq 0$ と同値である．

2. $c \in Z - Z_\infty$ ならば，c は Z の孤立点である． ■

証明 1. (1)⇒(2)：$f(z)$ の $z = c$ での巾級数展開を $f(z) = \sum_{k=0}^{\infty} a_k (z-c)^k$ とする．命題 6.1.6.1 より，$a_0 = \cdots = a_{n-1} = 0$ である．

U で定義された関数 $g(z)$ を，$g(c) = a_n$ と $z \neq c$ ならば $g(z) = \dfrac{f(z)}{(z-c)^n}$ で定める．$g(z)$ は $U - \{c\}$ で正則であり，$z \in U_r(c) \subset U$ ならば $g(z) = \sum_{k=0}^{\infty} a_{n+k}(z-c)^k$ である．よって $g(z)$ は U で正則である．

(2)⇒(1)：$g(z)$ の $z = c$ での巾級数展開を $g(z) = \sum_{k=0}^{\infty} b_k (z-c)^k$ とする．$f(z) = \sum_{k=n}^{\infty} b_{k-n}(z-c)^k$ である．命題 6.1.6.1 より，$c \in Z_n$ である．

さらに，$z \in Z_n - Z_{n+1}$ は $g(c) = b_0 = a_n \neq 0$ と同値である．

2. $f(z) = (z-c)^n g(z)$ とし，$g(c) \neq 0$ とする．$g(z)$ は連続だから，実数 $r > 0$ で，$U_r(c) \subset U$ であり $U_r(c)$ で $g(z) \neq 0$ となるものがある．この r に対し $U_r(c) \cap Z = \{c\}$ だから，c は Z の孤立点である． □

系 6.2.3 $f(z)$ を $\mathbf{C}$ の開集合 U で定義された連続関数とし，$c \in U$ とする．$f(z)$ が $U - \{c\}$ で正則ならば，$f(z)$ は U で正則である． ■

証明 $g(z) = (z-c)f(z)$ とおく．$g'(c) = f(c)$ だから $g(z)$ は U で正則であり，$z = c$ は $g(z)$ の位数 1 以上の零点である．よって命題 6.2.2.1 (1)⇒(2) より，$f(z)$ も U で正則である． □

$\mathbf{C}$ の開集合 U も $H_0(U) = \mathbf{Z}$ ならば**連結**であるといい，さらに $H_1(U) = 0$ ならば**単連結**であるという．

命題 6.2.4 $f(z)$ を $\mathbf{C}$ の開集合 U で定義された正則関数とし，$Z_\infty = \{z \in U \mid$

任意の $n \geqq 0$ に対し $f^{(n)}(z) = 0\}$ とおく．

1. Z_∞ は U の閉集合であり，開集合でもある．

2. (**一致の定理** (theorem of identity)) U が連結で $Z_\infty \neq \varnothing$ ならば，$f(z)$ は定数関数 0 である． ■

証明 1. Z_∞ は U の閉集合 $Z_n = \{z \in U \mid f^{(n)}(z) = 0\}$ の族の共通部分 $Z_\infty = \bigcap_{n=1}^{\infty} Z_n$ だから，U の閉集合である．

$c \in Z_\infty$ とすると，命題 6.1.6.1 より $f(z)$ の c での巾級数展開は 0 だから，$U_r(c) \subset U$ とすると $U_r(c) \subset Z_\infty$ である．よって Z_∞ は U の開集合である．

2. 1. と例題 4.7.5.1 より，$H_0(U) = H_0(Z_\infty) \oplus H_0(U - Z_\infty)$ である．$H_0(U) = \mathbf{Z}$ であり，$H_0(Z_\infty) \neq 0$ だから $H_0(U - Z_\infty) = 0$ であり，$U = Z_\infty$ である． □

命題 6.2.5 $f(z)$ を $\mathbf{C}$ の開集合 U で定義された正則関数とする．U で定義された連続関数 $g(z)$ が $g(z)^2 = f(z)$ をみたすならば，$g(z)$ も正則関数である． ■

証明 はじめに $\mathbf{C}$ の開集合 $U' = \{z \in U \mid f(z) \neq 0\}$ への $g(z)$ の制限 $g|_{U'}$ が正則なことを示す．$\mathbf{C}^\times$ の開被覆 V_1, V_2 を $V_1 = \mathbf{C} - \{x \in \mathbf{R} \mid x \leqq 0\}$, $V_2 = \mathbf{C} - \{x \in \mathbf{R} \mid x \geqq 0\}$ で定める．正則関数 z^2 が定める写像を $q\colon \mathbf{C}^\times \to \mathbf{C}^\times$ とする．例 6.1.3 より $V_1 = \{e^w \mid |\mathrm{Im}\, w| < \pi\}$ で $e^{2w} = (e^w)^2$ だから，$W_1 = \{z \in \mathbf{C} \mid \mathrm{Re}\, z > 0\} = \{e^w \mid |\mathrm{Im}\, w| < \frac{\pi}{2}\}$ とおけば，q の制限 $q_1\colon W_1 \to V_1$ は可逆写像である．命題 6.1.8 より，逆写像 $p_1\colon V_1 \to W_1$ も正則関数である．

U_1 を $f\colon U \to \mathbf{C}^\times$ による $V_1 \subset \mathbf{C}^\times$ の逆像とし，$f_1\colon U_1 \to V_1$ を f の制限とする．p_1 は正則だから，U_1 で定義された関数 $g_1 = p_1 \circ f_1$ も正則である．$\left(\dfrac{g|_{U_1}}{g_1}\right)^2 = \dfrac{f|_{U_1}}{f_1} = 1$ だから，$g|_{U_1} = s \cdot g_1$ をみたす連続関数 $s\colon U_1 \to \{1, -1\}$ がある．s は局所定数関数だから，$g|_{U_1}$ も正則である．同様に g の $U_2 = f^{-1}(V_2)$ への制限も正則であり，U_1, U_2 は U' の開被覆だから $g|_{U'}$ は正則である．

$c \in U$ が $Z = \{z \in U \mid f(z) = 0\} = U - U'$ の孤立点であるとし，$U_r(c) - \{c\} \subset U$ で $f(z) \neq 0$ とする．$U_r(c) - \{c\}$ で $g(z)$ が正則なことはすでに示したから，系 6.2.3 より，$U_r(c)$ で $g(z)$ は正則である．

Z が c の近傍のときは，$U_r(c) \subset U - U'$ で $f(z) = 0$ とすると，$U_r(c)$ で

$g(z)=0$ である．

よって，命題 6.2.2 と命題 6.2.4 よりしたがう． □

系 6.2.6 $f(z)$ を $\mathbf{C}$ の開集合 U で定義された正則関数とし，$c \in U$ とする．$\mathrm{ord}_c f(z)$ が奇数ならば，$U - \{c\}$ で定義された連続関数 $g(z)$ で $g(z)^2 = f(z)$ をみたすものは存在しない． ■

証明 $g(z)^2 = f(z)$ をみたす連続関数 $g\colon U - \{c\} \to \mathbf{C}$ が存在したとする．$\lim_{z\to c}|g(z)| = \lim_{z\to c}\sqrt{|f(z)|} = 0$ だから，$g(c) = 0$ とおくことで $g(z)$ は連続関数 $U \to \mathbf{C}$ に延長される．命題 6.2.5 より $g(z)$ は正則である．$\mathrm{ord}_c f(z) = 2\cdot\mathrm{ord}_c g(z)$ は偶数または ∞ となり，奇数にはならない． □

$\mathbf{C}$ の開集合で定義された正則関数の平方根が存在するための十分条件を，系 9.6.8 で与える．

命題 6.2.7 U を $\mathbf{C}$ の開集合とする．$c \in U$ とし，$f(z)$ を $U - \{c\}$ で定義された正則関数とする．次の条件は同値である．

(1) $\lim_{z\to c}|f(z)| = \infty$ である．

(2) 実数 $r > 0$ と $U_r(c) \subset U$ で定義された正則関数 $h(z)$ で，$h(c) = 0$ であり，$U_r(c) - \{c\}$ で $f(z)h(z) = 1$ をみたすものが存在する． ■

証明 (1)⇒(2)：実数 $r > 0$ を，$U_r(c) \subset U$ をみたし $U_r(c) - \{c\}$ で $|f(z)| > 1$ となるものとする．$U_r(c) \subset U$ で定義された関数 $h(z)$ を $z \neq c$ ならば $h(z) = \dfrac{1}{f(z)}$ と $h(c) = 0$ で定める．$h(z)$ は $U_r(c) - \{c\}$ で正則であり，$\lim_{z\to c}|h(z)| = \lim_{z\to c}\dfrac{1}{|f(z)|} = 0$ より $U_r(c)$ で連続である．よって系 6.2.3 より $h(z)$ は正則である．

(2)⇒(1)：$\lim_{z\to c}|f(z)| = \lim_{z\to c}\dfrac{1}{|h(z)|} = \infty$ である． □

定義 6.2.8 U を $\mathbf{C}$ の開集合とする．$c \in U$ とし，$f(z)$ を $U - \{c\}$ で定義された正則関数とする．

1. $\lim_{z\to c}|f(z)| = \infty$ であるとき，c は $f(z)$ の**極** (pole) であるという．

2. c は $f(z)$ の極であるとし，$h(z)$ を命題 6.2.7 の条件 (2) をみたす正則関数とする．$\mathrm{ord}_c h(z) > 0$ を $f(z)$ の c での極の**位数**とよび，$-\mathrm{ord}_c f(z)$ で表す． ■

命題 6.2.9　U を $\mathbf{C}$ の開集合とする．$c \in U$ とし，$f(z)$ を $U - \{c\}$ で定義された正則関数とする．c は $f(z)$ の極であるとし，$n = -\mathrm{ord}_c f(z)$ とする．

1. U で定義された正則関数 $g(z)$ で，$g(c) \neq 0$ であり，$U - \{c\}$ 上では $f(z) = \dfrac{g(z)}{(z-c)^n}$ となるものが存在する．

2. 実数 $r > 0$ と複素数列 $(a_k)_{k \geqq -n}$, $a_{-n} \neq 0$ で，$U_r(c) - \{c\} \subset U - \{c\}$ で

$$f(z) = \sum_{k=-n}^{\infty} a_k (z-c)^k \tag{6.20}$$

となるものが存在する． ■

(6.20) も $f(z)$ の**巾級数展開**という．**ローラン展開** (Laurent expansion) ともいう．

証明　1. $U_r(c) \subset U$ で定義された正則関数 $h(z)$ を，命題 6.2.7 の条件 (2) をみたすものとする．命題 6.2.2.1 より $\dfrac{h(z)}{(z-c)^n}$ は $U_r(c)$ で定義された正則関数 $k(z)$ を定め，$U_r(c)$ で $k(z) \neq 0$ である．$g(z) = \dfrac{1}{k(z)}$ も $U_r(c)$ で正則であり，$f(z) = \dfrac{1}{h(z)} = \dfrac{1}{(z-c)^n k(z)} = \dfrac{g(z)}{(z-c)^n}$ である．

2. $U_r(c) \subset U$ で定義された正則関数 $g(z)$ が 1. の条件をみたすとする．巾級数展開を $g(z) = \displaystyle\sum_{k=0}^{\infty} b_k (z-c)^k$ とすると，$U_r(c) - \{c\}$ で $f(z) = \displaystyle\sum_{k=-n}^{\infty} b_{k+n}(z-c)^k$ であり，$b_{-n+n} = g(c) \neq 0$ である． □

定義 6.2.10　U を $\mathbf{C}$ の開集合とし，$f\colon U \to \mathbf{C} \amalg \{\infty\}$ を写像とする．$f(z)$ が次の条件をみたすとき，$f(z)$ は U 上の**有理形関数** (meromorphic function) であるという：$f^{-1}(\infty)$ は U の離散閉部分集合であり，$f(z)$ は $\mathbf{C}$ の開集合 $U - f^{-1}(\infty)$ 上で正則関数である．$c \in f^{-1}(\infty)$ ならば，c は $f(z)$ の極である． ■

命題 6.2.11　U を $\mathbf{C}$ の開集合とする．

1. $f(z)$, $g(z)$ を U 上の有理形関数とする．U 上の有理形関数 $s(z)$ と $p(z)$ で，$U - (f^{-1}(\infty) \cup g^{-1}(\infty))$ で $s(z) = f(z) + g(z)$, $p(z) = f(z)g(z)$ をみたすものが，それぞれただ 1 つ存在する．

$c \in U$ とすると，$\mathrm{ord}_c f(z), \mathrm{ord}_c g(z) \neq \infty$ ならば，$\mathrm{ord}_c p(z) = \mathrm{ord}_c f(z) + \mathrm{ord}_c g(z)$ である．$\mathrm{ord}_c f(z), \mathrm{ord}_c g(z)$ の少なくとも 1 つが ∞ ならば，$\mathrm{ord}_c p(z) =$

∞ である．

2. $f(z)$ を U 上の有理形関数とし，$Z = \{z \in U \mid f(z) = 0\}$ は U の離散閉部分集合であるとする．写像 $h\colon U \to \mathbf{C} \cup \{\infty\}$ を，$z \notin f^{-1}(0) \cup f^{-1}(\infty)$ ならば $h(z) = \dfrac{1}{f(z)}$, $f(z) = 0$ ならば $h(z) = \infty$, $f(z) = \infty$ ならば $h(z) = 0$ で定めると，$h(z)$ は U 上の有理形関数である． ■

命題 6.2.11 の $s(z), p(z), h(z)$ をそれぞれ $f(z)+g(z), f(z)g(z), \dfrac{1}{f(z)}$ で表す．

証明 1. $f^{-1}(\infty)$ と $g^{-1}(\infty)$ は U の離散閉部分集合だから，その合併も離散閉部分集合である．$f(z) + g(z)$, $f(z)g(z)$ は $U_1 = U - (f^{-1}(\infty) \cup g^{-1}(\infty))$ 上の正則関数である．

$c \in f^{-1}(\infty) \cup g^{-1}(\infty)$ とする．命題 6.2.9.1 より，実数 $r > 0$ と自然数 $n \geqq 1$ と $U_r(c) \subset U$ で定義された正則関数 $f_1(z)$ と $g_1(z)$ で，$U_r(c) - \{c\}$ で $f(z) = (z-c)^{-n} f_1(z)$, $g(z) = (z-c)^{-n} g_1(z)$ をみたすものが存在する．$f(z) + g(z) = (z-c)^{-n}(f_1(z) + g_1(z))$ は，$\mathrm{ord}_c(f_1(z) + g_1(z)) \geqq n$ ならば $U_r(c)$ 上の正則関数に延長され，そうでなければ c で極をもつ．よって U_1 上の正則関数 $f(z) + g(z)$ は U 上の有理形関数 $s(z)$ に一意的に延長される．

$f(z)$ と $g(z)$ のどちらかが $U_r(c)$ で恒等的に 0 ならば，$U_r(c) - \{c\}$ で恒等的に $f(z)g(z) = 0$ である．$n = \mathrm{ord}_c f(z)$, $m = \mathrm{ord}_c g(z)$ とし，$f(z) = (z-c)^n f_2(z)$, $g(z) = (z-c)^m g_2(z)$, $f_2(c) \neq 0, g_2(c) \neq 0$ とする．$f(z)g(z) = (z-c)^{n+m} f_2(z)g_2(z)$, $f_2(c)g_2(c) \neq 0$ だから，上と同様に $f(z)g(z)$ も $U_r(c)$ 上の有理形関数 $p(z)$ に一意的に延長され，$\mathrm{ord}_c p(z) = n + m$ である．U_1 上の正則関数 $f(z)g(z)$ は U 上の有理形関数 $p(z)$ に一意的に延長される．

2. $h^{-1}(\infty) = Z$ は U の離散閉部分集合である．$U - (f^{-1}(0) \cup f^{-1}(\infty))$ 上で $h(z) = \dfrac{1}{f(z)}$ は正則である．命題 6.2.7 より，$c \in h^{-1}(0) = f^{-1}(\infty)$ ならば $h(z)$ は c の開近傍上の正則関数に延長され，$c \in h^{-1}(\infty) = Z$ ならば c は $h(z)$ の極である．よって $h(z)$ は U 上の有理形関数である． □

6.3 零点と回転指数

ホモロジー群を使ってコーシーの積分定理を定式化し，さらにコーシーの積分公式を使って正則関数の零点の位数をホモロジー群で表す．

定義 6.3.1　U を $\mathbf{C}$ の開集合とする．U 上の 1 形式 φ が**正則**であるとは，U 上の正則関数 f で $\varphi = f(z)dz$ をみたすものが存在することをいう．■

命題 6.3.2　U を $\mathbf{C}$ の開集合とする．φ が U 上の正則な 1 形式ならば，$d\varphi = 0$ である．■

このことはコーシーの積分定理（定理 6.1.4(3)）の証明ですでに使っている．

証明　$f(z)$ を $\mathbf{C}$ の開集合 U で定義された正則関数とし，$\varphi = f(z)dz$ とすると $d\varphi = f'(z)dz \wedge dz = 0$ である．□

5.5 節と同様に命題 6.3.2 とグリーンの定理（系 5.3.4）より，連続微分可能なサイクル $\gamma \in Z_1(U)_{C^2}$ を積分 $\displaystyle\int_\gamma f(z)dz \in \mathbf{C}$ にうつすことで線形写像 $H_1(U) \to \mathbf{C}$ が定まる．$\mathbf{C} = \mathbf{R}^2$ だから，$c \in \mathbf{C} - U$ に対し (5.47) により，回転指数が定める射

$$n(-, c)\colon H_1(U) \to \mathbf{Z} \tag{6.21}$$

が得られる．回転指数を未修の読者は，下の (6.23) をその定義と考えてもよい．

命題 6.3.3　U を $\mathbf{C}$ の開集合とし，$\gamma \in Z_1(U)_{C^2}$ とする．

1.（**コーシーの積分定理**）$f(z)$ を U で定義された正則関数とする．$H_1(U)$ の元として $[\gamma] = 0$ ならば

$$\int_\gamma f(z)dz - 0 \tag{6.22}$$

である．

2. $c \in \mathbf{C} - U$ に対し，

$$n(\gamma, c) = \frac{1}{2\pi\sqrt{-1}} \int_\gamma \frac{dz}{z - c} \tag{6.23}$$

である．■

証明　1. $[\gamma] = 0$ だから，$\gamma = \partial\sigma$ をみたす $\sigma \in C_2(U)_{C^2}$ が存在する．よってコーシーの積分定理（定理 6.1.4(3)）よりしたがう．

2. $c = a + b\sqrt{-1}$ とし，1 形式 α_c を $\alpha_c = \dfrac{-(y-b)dx + (x-a)dy}{(x-a)^2 + (y-b)^2}$ (5.45) で定めると，$\dfrac{dz}{z-c} = d\log|z - c| + \sqrt{-1}\alpha_c$ である．よって命題 5.6.1.2 より

したがう． □

$\gamma - \gamma_{c,r}$ の場合には，(6.23) は定数関数 1 にコーシーの積分公式（定理 6.1.4(4)）を適用したものである．

C の開集合上の複素係数の 1 形式のひきもどしも，実係数の場合と同様に定義する．U, V を **C** の開集合とし，$f(z)$ を U で定義された正則関数で，$z \in U$ ならば $f(z) \in V$ となるものとする．$f(z)$ は実連続微分可能な写像 $f\colon U \to V$ を定める．V 上の 1 形式 φ に対し，そのひきもどし $f^*\varphi$ が U 上の 1 形式として定義される．φ が連続ならば，$f^*\varphi$ も連続である．$f\colon U \to V$ は，線形写像 $f_*\colon C_1(U)_{C^1} \to C_1(V)_{C^1}$ もひきおこす．

命題 6.3.4 U, V を **C** の開集合とし，$f\colon U \to V$ を正則関数とする．

1. φ が V 上の正則な 1 形式ならば，$f^*\varphi$ は U 上の正則な 1 形式である．
2. $\gamma \in C_1(U)_{C^1}$ とし，φ を V 上の連続な 1 形式とすると，

$$\int_{f_*\gamma} \varphi = \int_\gamma f^*\varphi \tag{6.24}$$

である． ■

証明 1. U の座標を z, V の座標を w で表す．$g(w)$ を V 上の正則関数とし，$\varphi = g(w)dw$ とすると，$f^*\varphi = g(f(z))f'(z)dz$ であり，$g(f(z))f'(z)$ は U 上の正則関数である．

2. (5.22) よりしたがう． □

系 6.3.5 $f\colon U \to \mathbf{C} - \{c\}$ を **C** の開集合 U で定義された正則関数とする．$\gamma \in H_1(U)$ に対し，

$$n(f_*\gamma, c) = \frac{1}{2\pi\sqrt{-1}} \int_\gamma \frac{f'(z)}{f(z) - c} dz \tag{6.25}$$

である． ■

証明 $f^* \dfrac{dz}{z - c} = \dfrac{f'(z)dz}{f(z) - c}$ だから，命題 6.3.3.2 と (6.24) より，$n(f_*\gamma, c) = \dfrac{1}{2\pi\sqrt{-1}} \displaystyle\int_{f_*\gamma} \dfrac{dz}{z - c} = \dfrac{1}{2\pi\sqrt{-1}} \displaystyle\int_\gamma \dfrac{f'(z)}{f(z) - c} dz$ である． □

命題 6.3.6 $f(z)$ を **C** の開集合 U で定義された有理形関数とする．$f^{-1}(0) =$

$\{c_1,\ldots,c_m\}$, $f^{-1}(\infty)=\{d_1,\ldots,d_l\}$ とし，$c_1,\ldots,c_m, d_1,\ldots,d_l$ は相異なるとする．$i=1,\ldots,m$ に対し c_i は $f(z)$ の n_i 位の零点であり，$j=1,\ldots,l$ に対し d_j は $f(z)$ の p_j 位の極であるとする．$\gamma\in H_1(U-\{c_1,\ldots,c_m,d_1,\ldots,d_l\})$ とし，γ の $H_1(U)$ での像は 0 であるとする．

1. (**偏角の原理** (argument principle))

$$\frac{1}{2\pi\sqrt{-1}}\int_\gamma \frac{f'(z)}{f(z)}dz=\sum_{i=1}^m n_i\cdot n(\gamma,c_i)-\sum_{j=1}^l p_j\cdot n(\gamma,d_j) \tag{6.26}$$

である．

2. さらに $g(z)$ を U 上の正則関数とすると，

$$\frac{1}{2\pi\sqrt{-1}}\int_\gamma \frac{g(z)f'(z)}{f(z)}dz=\sum_{i=1}^m g(c_i)n_i\cdot n(\gamma,c_i)-\sum_{j=1}^l g(d_j)p_j\cdot n(\gamma,d_j) \tag{6.27}$$

である．■

コーシーの積分公式（定理 6.1.4(4)）は，命題 6.3.6.2 で $m=1, l=0$, $c_1=c$, $f(z)=z-c$ で $n(\gamma,c)=1$ の場合である．

証明　1. は 2. の $g(z)=1$ の場合だから, 2. を示せばよい．命題 6.2.2.1(1)⇒(2) の証明のように $f(z)=(z-c_1)^{n_1}\cdots(z-c_m)^{n_m}\cdot(z-d_1)^{-p_1}\cdots(z-d_l)^{-p_l}\cdot h(z)$ とおく．$h(z)$ は U で定義された正則関数を定め，U で $h(z)\neq 0$ である．

(6.27) の左辺は

$$\begin{aligned}
&\sum_{i=1}^m \frac{n_i}{2\pi\sqrt{-1}}\int_\gamma \frac{g(z)}{z-c_i}dz-\sum_{j=1}^l \frac{p_j}{2\pi\sqrt{-1}}\int_\gamma \frac{g(z)}{z-d_j}dz+\frac{1}{2\pi\sqrt{-1}}\int_\gamma \frac{g(z)h'(z)}{h(z)}dz\\
&=\sum_{i=1}^m \frac{n_i}{2\pi\sqrt{-1}}\int_\gamma \frac{g(c_i)}{z-c_i}dz-\sum_{j=1}^l \frac{p_j}{2\pi\sqrt{-1}}\int_\gamma \frac{g(d_j)}{z-d_j}dz \qquad (6.28)\\
&\quad+\frac{1}{2\pi\sqrt{-1}}\int_\gamma \Bigl(\sum_{i=1}^m n_i\cdot\frac{g(z)-g(c_i)}{z-c_i}-\sum_{j=1}^l p_j\cdot\frac{g(z)-g(d_j)}{z-d_j}+\frac{g(z)h'(z)}{h(z)}\Bigr)dz
\end{aligned}$$

となる．(6.23) より，(6.28) の 2 行めは (6.27) の右辺である．

$\dfrac{g(z)h'(z)}{h(z)}$ は U 上の正則関数である．命題 6.2.2.1 の $n=1$ の場合より $\dfrac{g(z)-g(c_i)}{z-c_i}$ と $\dfrac{g(z)-g(d_j)}{z-d_j}$ も U 上の正則関数を定める．γ は $H_1(U)$ の元として 0 だから，コーシーの積分定理 (6.22) より残りの積分は 0 である．□

系 6.3.7 $f(z)$ を $\mathbf{C}$ の開集合 U で定義された有理形関数とし，$c \in U$ とする．$\mathrm{ord}_c f(z) = n$ とし，$z \in U - \{c\}$ ならば $f(z) \neq 0, \infty$ であるとする．U が単連結ならば，図式

$$\begin{array}{ccc} H_1(U - \{c\}) & \xrightarrow{n(-,c)} & \mathbf{Z} \\ {\scriptstyle f_*}\downarrow & & \downarrow{\scriptstyle n} \\ H_1(\mathbf{C} - \{0\}) & \xrightarrow{n(-,0)} & \mathbf{Z} \end{array} \tag{6.29}$$

は可換である．■

証明 命題 6.3.6.1 で $m = 1, l = 0$ か $m = 0, l = 1$ とすれば，(6.25) と (6.26) より $n(f_*\gamma, 0) = \dfrac{1}{2\pi\sqrt{-1}}\displaystyle\int_\gamma \frac{f'(z)}{f(z)}dz = n \cdot n(\gamma, c)$ である．□

6.4 代数学の基本定理

定理 6.4.1（代数学の基本定理 (fundamental theorem of algebra)） $f(z) = z^n + a_1 z^{n-1} + \cdots + a_n$ を複素係数の多項式とする．$f(z)$ の相異なる零点を $c_1, \ldots, c_m$ とし，$f(z)$ の $c_1, \ldots, c_m$ での零点の位数を $n_1, \ldots, n_m > 0$ とすると，$f(z) = (z - c_1)^{n_1} \cdots (z - c_m)^{n_m}$ である．■

証明 $f(z)$ は $(z - c_1)^{n_1} \cdots (z - c_m)^{n_m}$ でわりきれるから，$n = \displaystyle\sum_{i=1}^m n_i$ を示せばよい．原点を中心とする半径 $R > d = \max(|c_1|, \ldots, |c_m|)$ の円周を $\gamma_{0,R}$ とする．$i = 1, \ldots, m$ に対し，$|c_i| < R$ だから，例題 5.6.5.1 より $n(\gamma_{0,R}, c_i) = 1$ である．$H_1(\mathbf{C}) = 0$ だから，(6.26) より $\dfrac{1}{2\pi\sqrt{-1}}\displaystyle\int_{\gamma_{0,R}} \frac{f'(z)}{f(z)}dz = \sum_{i=1}^m n_i \cdot n(\gamma_{0,R}, c_i) = \sum_{i=1}^m n_i$ である．

$$\frac{1}{2\pi\sqrt{-1}}\int_{\gamma_{0,R}} \frac{f'(z)}{f(z)}dz = n \tag{6.30}$$

を示す．$r = \dfrac{1}{R}$, $w(z) = \dfrac{1}{z}$ とおくと $w_*\gamma_{0,R}(t) = \dfrac{1}{\gamma_{0,R}(t)} = \dfrac{1}{R\exp(\sqrt{-1}t)} = \gamma_{0,r}(2\pi - t)$ であり，さらに $g(z) = f(\dfrac{1}{z})$ とおくと $\dfrac{f'(z)}{f(z)}dz = \dfrac{df}{f} = w^*\dfrac{dg}{g} = w^*\dfrac{g'(z)}{g(z)}dz$ だから，(6.24) より (6.30) の左辺は $-\dfrac{1}{2\pi\sqrt{-1}}\displaystyle\int_{\gamma_{0,r}} \frac{g'(z)}{g(z)}dz$ である．

$h(z) = 1 + a_1 z + \cdots + a_n z^n$ とおくと $g(z) = \dfrac{1}{z^n} h(z)$ だから，これはさらに

$$\frac{n}{2\pi\sqrt{-1}} \int_{\gamma_{0,r}} \frac{dz}{z} - \frac{1}{2\pi\sqrt{-1}} \int_{\gamma_{0,r}} \frac{h'(z)}{h(z)} dz \tag{6.31}$$

と等しい．(6.23) より (6.31) の第 1 項は n である．$|z| > d$ ならば $f(z) \neq 0$ だから，$U_{\frac{1}{d}}(0) \supset D_r(0)$ で $\dfrac{h'(z)}{h(z)}$ は正則である．$H_1(U_{\frac{1}{d}}(0)) = 0$ だから (6.31) の第 2 項はコーシーの積分定理 (6.22) より 0 であり，(6.30) がなりたつ． □

第7章 層

層は局所と大域をつなぐことばであり，装置である．層のことばを使って多様体やリーマン面などの幾何学的対象が定義できる．曲面の向きや微分形式も層のことばで定義できる．

例として，位相空間上の連続関数を考える．位相空間の各開集合に対しそこで定義された連続関数の環が定まり，開集合の包含関係に対し定義域を制限することで定まる写像は環の射である．さらに，局所的に定義された連続関数の族が大域的な関数を定義するならば，その関数は連続関数である．層の定義は，この 2 つの性質を抽象化したものである．1 つめの性質は，開集合のなす圏から環の圏への関手としてとらえられる．2 つめの性質が，はりあわせの条件とよばれる層の定義の本質的な条件である．

位相空間は，集合とその各点のあいだに開集合系という中間的なものを指定することで定義される．位相空間上の連続関数を考えるときに，全体で定義されるものだけではなく，その開集合で定義されるものもすべてまとめて考えるというのが，層の定義である．

空間とは何かという数学の基本的な問題の 1 つの答えが，第 5 章で定義した位相空間である．位相空間の圏での射は連続写像だが，位相空間だけでは微分可能な写像をとらえることができない．位相空間に微分可能な関数のなす環の層や正則関数のなす環の層を定義することで，微分可能な写像や複素解析的な写像もとらえられるようになる．次章では層のことばを使って曲面を定義し，さらに曲面上の微分形式も定義する．しかし，層の主要な応用である層のコホモロジーは，この本では扱わない．前層の層化や層のひきもどしという基本的な構成も定義しない．

はりあわせの条件をみたす反変関手として，層を 7.2 節で定義する．その準備として，位相空間上の前層を開集合のなす圏からの反変関手として 7.1

節で定義し，用語を定める．異なる位相空間上の層を比較するための連続写像による順像も定義する．層や層の射は，局所的に定義されたものをはりあわせて構成できる．この基本的な性質を 7.3 節で定式化し証明する．

層の意味を理解するために，定数層とは限らない局所定数層の例として，複素数値連続関数の平方根の定める層を 7.4 節で調べる．

7.1　前層と順像

定義 7.1.1　X を位相空間とする．X の開集合全体のなす順序集合 $\mathrm{Op}(X)$ を，開集合 $U, V \in \mathrm{Op}(X)$ に対し包含写像 $V \to U$ を射として圏とする．

1. C を圏とする．反変関手 $\mathrm{Op}(X)^{\mathrm{op}} \to C$ を X 上の C 値の**前層** (presheaf) という．前層の**射**は関手の射として定義する．

C が集合の圏や環の圏であるとき，C 値の前層を，集合の前層や環の前層という．集合の前層を単に前層ともよぶ．

2. $\mathcal{F}\colon \mathrm{Op}(X)^{\mathrm{op}} \to$【集合】を X 上の前層とする．U が X の開集合であるとき，$\mathcal{F}(U)$ の元を $\mathcal{F}$ の U 上の**切断** (section) とよぶ．$V \subset U$ が X の開集合であるとき，写像 $\mathcal{F}(U) \to \mathcal{F}(V)$ を**制限写像** (restriction mapping) とよび，$s \in \mathcal{F}(U)$ の制限写像による像を $s|_V \in \mathcal{F}(V)$ で表す．

$\mathcal{F}$ の部分関手 $\mathcal{G}$ を $\mathcal{F}$ の**部分前層**という．$\mathcal{G}$ が $\mathcal{F}$ の部分前層であることを $\mathcal{G} \subset \mathcal{F}$ で表す．

3. U を X の開集合とし，$\mathrm{Op}(U)$ を $\mathrm{Op}(X)$ の充満部分圏と考える．X 上の前層 $\mathcal{F}$ に対し，包含関手 $\mathrm{Op}(U) \to \mathrm{Op}(X)$ と $\mathcal{F}$ の合成として U 上の前層 $\mathcal{F}|_U$ を定義する．これを $\mathcal{F}$ の U への**制限**とよぶ．■

切断の集合 $\mathcal{F}(U)$ を $\Gamma(U, \mathcal{F})$ で表すことも多い．$U = X$ のときは切断を**大域切断** (global section) とよび，そうと限らないときは**局所切断** (local section) とよぶこともある．

$\mathcal{G}$ が前層 $\mathcal{F}$ の部分前層であるとは，X の開集合 U に対し部分集合 $\mathcal{G}(U) \subset \mathcal{F}(U)$ が定まり，制限写像 $\mathcal{F}(U) \to \mathcal{F}(V)$ が写像 $\mathcal{G}(U) \to \mathcal{G}(V)$ をひきおこすことである．$\mathcal{F}$ と $\mathcal{G}$ が X 上の前層であるとき，$(\mathcal{F} \times \mathcal{G})(U) = \mathcal{F}(U) \times \mathcal{G}(U)$ で定まる X 上の前層 $\mathcal{F} \times \mathcal{G}$ を，$\mathcal{F}$ と $\mathcal{G}$ の**積**という．

例 7.1.2　X を位相空間とする．

1. Y も位相空間とする．X の開集合 U に対し $\mathcal{F}(U)$ を連続写像の集合 $C(U,Y)$ とする．$V \subset U$ に対し制限写像 $\mathcal{F}(U) \to \mathcal{F}(V)$ を，連続写像 $f\colon U \to Y$ をその制限 $f|_V\colon V \to Y$ にうつす写像とすることにより，X 上の前層 $\mathcal{F}$ が定まる．

2. さらに Z も位相空間とし，$g\colon Y \to Z$ を連続写像とする．X の開集合 U に対し $\mathcal{G}(U) = C(U,Z)$ とおいて X 上の前層を定める．$g_*\colon \mathcal{F}(U) \to \mathcal{G}(U)$ を，連続写像 $f\colon U \to Y$ を合成 $g \circ f\colon U \to Z$ にうつす写像とする．$V \subset U$ を X の開集合とすると，$g \circ f\colon U \to Z$ の V への制限は，$f|_V\colon V \to Y$ と $g\colon Y \to Z$ の合成である．よって X 上の前層の射 $g_*\colon \mathcal{F} \to \mathcal{G}$ が定まる．

3. X の開集合 U に対し $C_X(U) = C(U, \mathbf{R}) = C(U)$ とおいて，X 上の集合の前層 C_X を定める．$\mathbf{R}$ の加法と乗法 $+, \times\colon \mathbf{R} \times \mathbf{R} \to \mathbf{R}$ は連続だから，U を X の開集合とすると関数の和と積に関して $C_X(U)$ は環である．さらに $V \subset U$ を X の開集合とすると制限写像 $C_X(U) \to C_X(V)$ は環の射だから，C_X は関数の和と積に関して X 上の環の前層である．

4. E を位相空間とし，$g\colon E \to X$ を連続写像とする．X の開集合 U に対し，$g\colon E \to X$ の U 上の切断全体の集合 $\{s \in C(U,E) \mid g \circ s\colon U \to X$ は包含写像$\}$ を $\mathcal{E}(U)$ で表す．$\mathcal{E}$ は 1. で $Y = E$ とおいて定まる X 上の前層 $\mathcal{F}$ の部分前層を定める．切断という用語はこの例に由来する．

1. の前層 $\mathcal{F}$ は，E と $g\colon E \to X$ として，積空間 $X \times Y$ と第 1 射影 $\mathrm{pr}_1\colon X \times Y \to X$ をとったときの前層 $\mathcal{E}$ と同一視される．■

上の例ははりあわせの条件をみたし層になることを，次節の例題 7.2.2.1 とする．集合 A を密着位相（『集合と位相』4.1 節）により位相空間と考えると，X の任意の開集合 U に対し $C(U,A) = \mathrm{Map}(U,A)$ となる．

定義 7.1.3　X と Y を位相空間とし，$f\colon X \to Y$ を連続写像とする．Y の開集合 V を X の開集合 $f^{-1}(V)$ にうつす順序写像を $f^*\colon \mathrm{Op}(Y) \to \mathrm{Op}(X)$ で表す．X 上の前層 $\mathcal{F}\colon \mathrm{Op}(X)^{\mathrm{op}} \to$【集合】に対し，合成関手 $\mathcal{F} \circ f^*\colon \mathrm{Op}(Y)^{\mathrm{op}} \to \mathrm{Op}(X)^{\mathrm{op}} \to$【集合】が定める Y 上の前層を，$\mathcal{F}$ の f による**順像** (direct image) といい，$f_*\mathcal{F}$ で表す．■

$1_X\colon X \to X$ を恒等写像とすると，$1_{X*}\mathcal{F} = \mathcal{F}$ である．$\mathcal{G}$ も X 上の前層とすると，$f_*(\mathcal{F} \times \mathcal{G}) = f_*\mathcal{F} \times f_*\mathcal{G}$ である．Z も位相空間とし，$g\colon Y \to Z$ を

連続写像とすると，$(g \circ f)_*\mathcal{F} = g_*(f_*\mathcal{F})$ である．X 上の前層 $\mathcal{F}$ を Y 上の前層 $f_*\mathcal{F}$ にうつすことで関手 f_*:【X 上の前層】→【Y 上の前層】(1.22) が定まる．位相空間 X を圏【X 上の前層】にうつし，連続写像 $f\colon X \to Y$ を関手 f_*:【X 上の前層】→【Y 上の前層】にうつすことで，関手【位相空間】→【圏】が定まる．

$f\colon X \to Y$ を連続写像とする．$\mathcal{F}$ を X 上の前層，$\mathcal{G}$ を Y 上の前層とし，$p\colon \mathcal{G} \to f_*\mathcal{F}$ を Y 上の前層の射とする．$U \subset X, V \subset Y$ を開集合で $U \subset f^{-1}(V)$ をみたすものとする．p と制限写像は合成写像

$$p_{UV}\colon \mathcal{G}(V) \to f_*\mathcal{F}(V) = \mathcal{F}(f^{-1}(V)) \to \mathcal{F}(U) \tag{7.1}$$

を定める．さらに $U' \subset U \subset X, V' \subset V \subset Y$ を開集合で $U' \subset f^{-1}(V')$ をみたすものとすると，図式

$$\begin{array}{ccc} \mathcal{G}(V) & \xrightarrow{p_{UV}} & \mathcal{F}(U) \\ \downarrow & & \downarrow \\ \mathcal{G}(V') & \xrightarrow{p_{U'V'}} & \mathcal{F}(U') \end{array} \tag{7.2}$$

は可換である．たての射は制限写像である．逆に，$U \subset f^{-1}(V)$ をみたす開集合 $U \subset X, V \subset Y$ に対して定まる写像 $p_{UV}\colon \mathcal{G}(V) \to \mathcal{F}(U)$ の族 $(p_{UV})_{U,V}$ で図式 (7.2) が可換になるものは，Y 上の前層の射 $p\colon \mathcal{G} \to f_*\mathcal{F}$ を定める．

例 7.1.4 X, Y を位相空間とし，$f\colon X \to Y$ を連続写像とする．

1. Z を位相空間とし，X 上の前層 $\mathcal{F}$ と Y 上の前層 $\mathcal{G}$ を，例 7.1.2.1 のように $\mathcal{F}(U) = C(U, Z), \mathcal{G}(V) = C(V, Z)$ とおいて定める．$f\colon X \to Y$ を連続写像とする．開集合 $U \subset X, V \subset Y$ で $f(U) \subset V$ をみたすものに対し，$f^*_{UV}\colon \mathcal{G}(V) = C(V, Z) \to \mathcal{F}(U) = C(U, Z)$ を f の制限 $f_{UV}\colon U \to V$ との合成で定義すると，図式 (7.2) は可換であり，Y 上の層の射 $f^*\colon \mathcal{G} \to f_*\mathcal{F}$ が定まる．これを f による**ひきもどし**という．

2. $Z = \mathbf{R}$ とする．$f^*_{UV}\colon C_Y(V) \to C_X(U)$ は $\mathbf{R}$ 上の環の射だから，f によるひきもどし $f^*\colon C_Y \to f_*C_X$ は $\mathbf{R}$ 上の環の前層の射である． ■

$f\colon X \to Y$ と $g\colon Y \to Z$ を連続写像とする．$\mathcal{F}, \mathcal{G}, \mathcal{H}$ をそれぞれ X, Y, Z 上の前層とし，$p\colon \mathcal{G} \to f_*\mathcal{F}, q\colon \mathcal{H} \to g_*\mathcal{G}$ を前層の射とする．合成射

$$(g_*p)\circ q\colon \mathcal{H}\to g_*\mathcal{G}\to g_*(f_*\mathcal{F})=(g\circ f)_*\mathcal{F} \tag{7.3}$$

を p と q の**合成**とよび $p\circ q$ で表す．$U\subset(g\circ f)^{-1}(W)$ をみたす開集合 $U\subset X, W\subset Z$ に対し，$(p\circ q)_{UW}\colon \mathcal{H}(W)\to\mathcal{F}(U)$ は，$f(U)\subset V\subset g^{-1}(W)$ をみたす開集合 $V\subset Y$ に対し，合成写像 $p_{UV}\circ q_{VW}\colon \mathcal{H}(W)\to\mathcal{G}(V)\to\mathcal{F}(U)$ と一致する．

$f\colon X\to Y$ を連続写像とし，$\mathcal{F}$ を X 上の前層とする．$V\subset Y$ を開集合とし，$f_V\colon f^{-1}(V)\to V$ を f の制限とすると，$(f_*\mathcal{F})|_V=f_{V*}(\mathcal{F}|_{f^{-1}(V)})$ である．さらに $U\subset X$ を開集合で $U\subset f^{-1}(V)$ をみたすものとし，$f_{UV}\colon U\to V$ を f の制限とする．$V'\subset V$ を開集合とすると，$U\cap f^{-1}(V')\subset f^{-1}(V')$ だから，制限写像 $\mathcal{F}(f^{-1}(V'))=f_*\mathcal{F}(V')\to\mathcal{F}(U\cap f^{-1}(V'))=f_{UV*}(\mathcal{F}|_U)(V')$ が定まる．これは V 上の前層の射

$$(f_*\mathcal{F})|_V\to f_{UV*}(\mathcal{F}|_U) \tag{7.4}$$

を定める．これを**制限射**という．

さらに $\mathcal{G}$ を Y 上の前層とし，$p\colon\mathcal{G}\to f_*\mathcal{F}$ を Y 上の前層の射とする．p の制限 $p|_V\colon\mathcal{G}|_V\to(f_*\mathcal{F})|_V$ と制限射 $(f_*\mathcal{F})|_V\to f_{UV*}(\mathcal{F}|_U)$ (7.4) の合成は V 上の前層の射

$$p_{UV}\colon\mathcal{G}|_V\to f_{UV*}(\mathcal{F}|_U) \tag{7.5}$$

を定める．これを p の**制限**とよぶ．

命題 7.1.5 X を位相空間，U を X の開集合とし，$j\colon U\to X$ を包含写像とする．X 上の前層をその U への制限にうつす関手 $-|_U\colon$【X 上の前層】$\to$【U 上の前層】は，順像 $j_*\colon$【U 上の前層】$\to$【X 上の前層】の左随伴関手である． ■

証明 $\mathcal{F}$ を U 上の前層とし，$\mathcal{G}$ を X 上の前層とする．$\mathcal{G}\to j_*\mathcal{F}$ を X 上の前層の射とすると，その U への制限は U 上の前層の射 $\mathcal{G}|_U\to\mathcal{F}$ を定める．逆に $p\colon\mathcal{G}|_U\to\mathcal{F}$ を U 上の前層の射とする．V を X の開集合とすると，制限写像 $\mathcal{G}(V)\to\mathcal{G}(U\cap V)$ と $p(U\cap V)\colon\mathcal{G}(U\cap V)\to\mathcal{F}(U\cap V)$ の合成 $\mathcal{G}(V)\to\mathcal{F}(U\cap V)$ が定まる．これは X 上の前層の射 $\mathcal{G}\to j_*\mathcal{F}$ を定める．この構成はたがいに逆写像を定めるから，関手 $-|_U\colon$【X 上の前層】$\to$【U 上の前層】は，$j_*\colon$【U 上の前層】$\to$【X 上の前層】の左随伴関手である． □

7.2　層

定義 7.2.1　X を位相空間とし，$\mathcal{F}$ を X 上の前層とする．

1. $\mathcal{U}=(U_i)_{i\in I}$ を X の開集合の族とし，集合 $\mathcal{F}(\mathcal{U})$ を

$$\mathcal{F}(\mathcal{U})=\{(s_i)\in\prod_{i\in I}\mathcal{F}(U_i)\mid i,j\in I \text{ ならば } s_i|_{U_i\cap U_j}=s_j|_{U_i\cap U_j}\} \tag{7.6}$$

で定める．$U\supset\bigcup_{i\in I}U_i$ のとき，制限写像の積 $\mathcal{F}(U)\to\prod_{i\in I}\mathcal{F}(U_i)$ が定める写像 $\mathcal{F}(U)\to\mathcal{F}(\mathcal{U})$ も制限写像とよぶ．$\mathcal{F}(\mathcal{U})$ の定義の条件

(P) $i,j\in I$ ならば $s_i|_{U_i\cap U_j}=s_j|_{U_i\cap U_j}$

を**はりあわせの条件** (patching condition) という．

2. X の任意の開集合 U と U の任意の開被覆 $\mathcal{U}=(U_i)_{i\in I}$ に対し制限写像 $\mathcal{F}(U)\to\mathcal{F}(\mathcal{U})$ が可逆であるとき，$\mathcal{F}$ は**層** (sheaf) であるという．$\mathcal{F},\mathcal{G}$ が X 上の層であるとき，前層の射 $\mathcal{F}\to\mathcal{G}$ を X 上の層の**射**という．

層 $\mathcal{F}$ の部分前層 $\mathcal{G}$ が層であるとき，**部分層** (subsheaf) であるという．■

X 上の環の前層 $\mathcal{F}$ が環の層であるとは，忘却関手との合成関手 $\mathcal{F}\colon \mathrm{Op}(X)^{\mathrm{op}}\to$【環】$\to$【集合】が層であることとする．$X$ 上の層のなす圏【X 上の層】は X 上の前層のなす圏【X 上の前層】の充満部分圏である．包含関手【X 上の層】$\to$【X 上の前層】の左随伴関手【X 上の前層】$\to$【X 上の層】が存在し層化とよばれるが，この本では扱わない．

例題 7.2.2　X を位相空間とする．

1. 例 7.1.2.1 の前層 $\mathcal{F}$ は層であることを示せ．
2. 例 7.1.2.4 の前層 $\mathcal{E}$ は $Y=E$ とおいて定まる X 上の層 $\mathcal{F}$ の部分層であることを示せ．
3. $\mathcal{F}$ を X 上の層とする．$\mathcal{F}(\varnothing)$ は 1 点からなる集合であることを示せ．
4. $\mathcal{F}$ と $\mathcal{G}$ が X 上の層ならば，$\mathcal{F}\times\mathcal{G}$ も X 上の層であることを示せ．■

解　1. $\mathcal{U}=(U_i)_{i\in I}$ を X の開集合 U の開被覆とする．$(f_i)_{i\in I}\in C(\mathcal{U},Y)$ を連続写像 $f_i\colon U_i\to Y$ の族で，$i,j\in I$ に対し $f_i|_{U_i\cap U_j}=f_j|_{U_i\cap U_j}$ をみたすものとする．写像 $f\colon U\to Y$ で，$f|_{U_i}=f_i$ をみたすものがただ 1 つ定まる．さらに命題 4.2.10 より $f\colon U\to Y$ は連続だから，制限写像 $C(U,Y)\to C(\mathcal{U},Y)$

は可逆である．

2. $\mathcal{U}=(U_i)_{i\in I}$ を X の開集合 U の開被覆とする．連続写像 $s\colon U\to E$ が $p\colon E\to X$ の U 上の切断であるための条件は，任意の $i\in I$ に対し $s|_{U_i}$ が U_i 上の切断であることである．よって下の命題 7.2.3 (2)⇒(1) よりしたがう．

3. 開集合の空な族 $\mathcal{U}=(U_i)_{i\in\varnothing}$ は空集合の開被覆だから，制限写像 $\mathcal{F}(\varnothing)\to\mathcal{F}(\mathcal{U})$ は可逆である．$\mathcal{F}(\mathcal{U})$ は空集合上の逆系の逆極限だから，圏【集合】の終対象であり 1 点集合である．

4. U を X の開集合とし，$\mathcal{U}$ を U の開被覆とすると，標準写像 $(\mathcal{F}\times\mathcal{G})(\mathcal{U})\to\mathcal{F}(\mathcal{U})\times\mathcal{G}(\mathcal{U})$ は可逆である．よって $\mathcal{F}\times\mathcal{G}$ も層のはりあわせの条件をみたす．

□

集合 A を離散位相により位相空間と考えたとき，$\mathcal{F}(U)=C(U,A)=\{$局所定数写像 $U\to A\}$ で定まる X 上の層を，A が定める**定数層** (constant sheaf) とよび，記号 A_X で表す．集合 A を X 上の定数層 A_X にうつす関手【集合】→【X 上の層】は，X 上の層 $\mathcal{F}$ を大域切断の集合 $\Gamma(X,\mathcal{F})$ にうつす関手【X 上の層】→【集合】の左随伴関手だが，ここでは証明しない．

命題 7.2.3 X を位相空間とし，$\mathcal{F}$ を X 上の層とする．$\mathcal{F}$ の部分前層 $\mathcal{G}$ について次の条件は同値である．

(1) $\mathcal{G}$ は $\mathcal{F}$ の部分層である．

(2) X の任意の開集合 U とその任意の開被覆 $(U_i)_{i\in I}$ に対し，$\mathcal{G}(U)\subset\mathcal{F}(U)$ は制限写像の積 $\mathcal{F}(U)\to\prod_{i\in I}\mathcal{F}(U_i)$ による部分集合 $\prod_{i\in I}\mathcal{G}(U_i)\subset\prod_{i\in I}\mathcal{F}(U_i)$ の逆像と一致する． ■

証明 U を X の開集合とし，$\mathcal{U}=(U_i)_{i\in I}$ をその開被覆とする．$\mathcal{G}(\mathcal{U})$ は $\prod_{i\in I}\mathcal{G}(U_i)\subset\prod_{i\in I}\mathcal{F}(U_i)$ と $\mathcal{F}(\mathcal{U})$ の共通部分である．制限写像 $\mathcal{F}(U)\to\mathcal{F}(\mathcal{U})$ は可逆だから，(2) の条件は $\mathcal{G}(U)\to\mathcal{G}(\mathcal{U})$ が可逆なことと同値である． □

命題 7.2.4 X を位相空間とし，$\mathcal{F}$ を X 上の層とする．

1. Y も位相空間とし，$f\colon X\to Y$ を連続写像とする．順像 $f_*\mathcal{F}$ は Y 上の層である．

2. $U\subset X$ を開集合とする．U への制限 $\mathcal{F}|_U$ は U 上の層である． ■

証明 1. V を Y の開集合とし，$\mathcal{V}=(V_i)_{i\in I}$ を V の開被覆とする．$\mathcal{U}=$

$(f^{-1}(V_i))_{i\in I}$ は $U = f^{-1}(V)$ の開被覆だから，制限写像 $f_*\mathcal{F}(V) = \mathcal{F}(U) \to f_*\mathcal{F}(\mathcal{V}) = \mathcal{F}(\mathcal{U})$ は可逆である．

2. $V \subset U$ を X の開集合とし，$\mathcal{V}$ を V の開被覆とすると，制限写像 $\mathcal{F}|_U(V) = \mathcal{F}(V) \to \mathcal{F}(\mathcal{V}) = \mathcal{F}|_U(\mathcal{V})$ は可逆である． □

命題 7.2.4 より，前節の前層の順像や制限についての内容はすべて，層に対してもそのままなりたつ．$j\colon U \to X$ を開集合の包含写像とすると，命題 7.1.5 より，X 上の層をその U への制限にうつす関手 $-|_U$:【X 上の層】→【U 上の層】は，順像 j_*:【U 上の層】→【X 上の層】の左随伴関手である．

$f\colon X \to Y$ が同相写像のときは，f_*:【X 上の層】→【Y 上の層】は圏の同形である．逆関手は逆写像 $f^{-1}\colon Y \to X$ による順像 $(f^{-1})_*$ である．これを**逆像** (inverse image) とよび，f^*:【Y 上の層】→【X 上の層】で表す．

一般に連続写像 $f\colon X \to Y$ に対し f_*:【X 上の層】→【Y 上の層】の左随伴関手 f^* が存在し逆像とよばれるが，上の 2 つの場合をのぞきこの本では扱わない．

例 7.2.5 $q = 0, 1, 2$ に対し，$\mathbf{R}^2$ 上の微分形式の層 $A^q_{\mathbf{R}^2}$ を定義する．$\mathbf{R}^2$ の開集合 U に対し，U 上の q 形式のなす $\mathbf{R}$ 線形空間を $A^q(U)$ で表す．$V \subset U$ を開集合とすると制限写像 $A^q(U) \to A^q(V)$ が定まり，$\mathbf{R}^2$ 上の前層 $A^q_{\mathbf{R}^2}$ が定義される．$A^0_{\mathbf{R}^2}$ は，密着位相空間 $\mathbf{R}$ への連続写像が定める $\mathbf{R}^2$ 上の層である．$A^2_{\mathbf{R}^2}$ は $A^0_{\mathbf{R}^2}$ と同形であり，$A^1_{\mathbf{R}^2}$ は $A^0_{\mathbf{R}^2} \times A^0_{\mathbf{R}^2}$ と同形だから，これも $\mathbf{R}^2$ 上の層である．

微分可能な微分形式のなす層 $A^q_{D,\mathbf{R}^2}$ や連続微分可能な微分形式のなす層 $A^q_{C^1,\mathbf{R}^2}$ が $A^q_{\mathbf{R}^2}$ の部分層として定義される．微分 $d\colon A^q_{D,\mathbf{R}^2} \to A^{q+1}_{\mathbf{R}^2}$ $(q = 0, 1)$ や外積 $\wedge\colon A^1_{\mathbf{R}^2} \times A^1_{\mathbf{R}^2} \to A^2_{\mathbf{R}^2}$ も層の射として定義される．

開集合 $U \subset \mathbf{R}^2$ に対し，U 上の q 形式の層 A^q_U を $A^q_{\mathbf{R}^2}$ の U への制限として定義する．A^q_U の部分層や，微分と外積も制限として定義される． ■

層としては A^1_U は $A^0_U \times A^0_U$ と同形であり，A^2_U は A^0_U と同形である．これらの違いは，次に定義するひきもどしの射にある．

$U, V \subset \mathbf{R}^2$ を開集合とし，$f\colon U \to V$ を微分可能な写像とする．$U' \subset U$, $V' \subset V$ を開集合とし，$U' \subset f^{-1}(V')$ とすると，f の制限 $f_{U'V'}\colon U' \to V'$ による V' 上の q 形式のひきもどしは写像 $f^*_{U'V'}\colon A^q(V') \to A^q(U')$ を定める．

これは制限写像と可換だから層の射

$$f^*\colon A^q_V \to f_*A^q_U \tag{7.7}$$

が定まる．$U = V$ で f が恒等写像 1_U のときは，$1^*_U = 1_{A^q_U}$ である．

x, y を $\mathbf{R}^2$ の座標とすると，層の同形 $A^0_U \times A^0_U \to A^1_U$ が関数の対 (u, v) を 1 形式 $udx + vdy$ にうつすことで定まるが，それをたての射とする図式

$$\begin{array}{ccc} A^0_V \times A^0_V & \xrightarrow{f^*\times f^*} & f_*A^0_U \times f_*A^0_U \\ \downarrow & & \downarrow \\ A^1_V & \xrightarrow{f^*} & f_*A^1_U \end{array}$$

などは一般に可換でない．これが関数と微分形式を区別して扱う理由である．

$W \subset \mathbf{R}^2$ を開集合とし，$g\colon V \to W$ も微分可能な写像とする．$h = g \circ f\colon U \to W$ とすると，命題 5.1.3 より，図式

$$\begin{array}{ccc} g_*(f_*A^q_U) & \xleftarrow{g_*(f^*)} & g_*A^q_V \\ \| & & \uparrow g^* \\ h_*A^q_U & \xleftarrow{h^*} & A^q_W \end{array} \tag{7.8}$$

は可換であり，(7.3) で定めた合成の記号で $h^* = f^* \circ g^*$ である．これを $\mathbf{R}^2$ の開集合上の微分形式の層の**関手性**という．

$f\colon U \to V$ を 2 回連続微分可能な写像とすると，$q = 0, 1$ に対し命題 5.1.4.2 と (5.9) より V 上の層の図式

$$\begin{array}{ccc} A^q_{D,V} & \xrightarrow{f^*} & f_*A^q_{D,U} \\ d\downarrow & & \downarrow d \\ A^{q+1}_V & \xrightarrow{f^*} & f_*A^{q+1}_U, \end{array} \qquad \begin{array}{ccc} A^1_V \times A^1_V & \xrightarrow{f^*\times f^*} & f_*A^1_U \times f_*A^1_U \\ \wedge\downarrow & & \downarrow\wedge \\ A^2_V & \xrightarrow{f^*} & f_*A^2_U, \end{array} \tag{7.9}$$

は可換である．

7.3 はりあわせ

はじめに層の射のはりあわせを調べる．記号を用意する．$f\colon X \to Y$ を連続写像とし，$\mathcal{U} = (U_i)_{i\in I}$ を X の開被覆，$\mathcal{V} = (V_j)_{j\in J}$ を Y の開被覆とする．$i \in I, j \in J$ に対し，U_{ij} で $U_i \cap f^{-1}(V_j)$ を表し，f の制限 $U_{ij} \to V_j$ を f_{ij} で表す．同様に $i, i' \in I, j, j' \in J$ に対し，$U_{ii'} = U_i \cap U_{i'}$, $V_{jj'} = V_j \cap V_{j'}$,

$U_{ii'jj'} = U_{ii'} \cap f^{-1}(V_{jj'}) = U_{ij} \cap U_{i'j'}$ とおき，f の制限 $U_{ii'jj'} \to V_{jj'}$ を $f_{ii'jj'}$ で表す．

命題 7.3.1 $f\colon X \to Y$ を連続写像とし，$\mathcal{U} = (U_i)_{i \in I}$ を X の開被覆，$\mathcal{V} = (V_j)_{j \in J}$ を Y の開被覆とする．$\mathcal{F}$ を X 上の層，$\mathcal{G}$ を Y 上の層とする．Y 上の射 $p\colon \mathcal{G} \to f_*\mathcal{F}$ をその制限 $p_{U_{ij}V_j}\colon \mathcal{G}|_{V_j} \to f_{ij*}\mathcal{F}|_{U_{ij}}$ (7.5) の族にうつす写像

$$\mathrm{Hom}(\mathcal{G}, f_*\mathcal{F}) \to \prod_{(i,j) \in I \times J} \mathrm{Hom}(\mathcal{G}|_{V_j}, f_{ij*}\mathcal{F}|_{U_{ij}}) \tag{7.10}$$

は単射である．層の射の族 $(p_{ij}) \in \prod_{(i,j) \in I \times J} \mathrm{Hom}(\mathcal{G}|_{V_j}, f_{ij*}\mathcal{F}|_{U_{ij}})$ が (7.10) の像に含まれるための条件は，層の射の**はりあわせの条件**：

(PH) 任意の $i, i' \in I, j, j' \in J$ に対し，p_{ij} の制限 $(p_{ij})_{U_{ii'jj'}V_{jj'}}\colon \mathcal{G}|_{V_{jj'}} \to f_{U_{ii'jj'}V_{jj'}*}\mathcal{F}|_{U_{ii'jj'}}$ と $p_{i'j'}$ の制限は等しい．

をみたすことである． ■

射のはりあわせの条件 (PH) をみたす層の射の族 (p_{ij}) に対し，単射 (7.10) により対応する層の射 $p\colon \mathcal{G} \to f_*\mathcal{F}$ を (p_{ij}) の**はりあわせ**とよぶ．

証明 はりあわせの条件 (PH) をみたす射の族 (p_{ij}) 全体のなす集合を $\mathrm{Hom}(\mathcal{G}_{\mathcal{V}}, \mathcal{F}_{\mathcal{U}})$ で表す．Y 上の射 $p\colon \mathcal{G} \to f_*\mathcal{F}$ に対し，その制限の族 $(p_{U_{ij}V_j}\colon \mathcal{G}|_{V_j} \to f_{ij*}\mathcal{F}|_{U_{ij}})_{i,j}$ は $\mathrm{Hom}(\mathcal{G}_{\mathcal{V}}, \mathcal{F}_{\mathcal{U}})$ に含まれることを示す．$p_{U_{ij}V_j}$ の制限 $(p_{U_{ij}V_j})_{U_{ii'jj'}V_{jj'}}\colon \mathcal{G}|_{V_{jj'}} \to f_{U_{ii'jj'}V_{jj'}*}\mathcal{F}|_{U_{ii'jj'}}$ は p の制限 $p_{U_{ii'jj'}V_{jj'}}$ である．$p_{U_{i'j'}V_{j'}}$ の制限についても同様だから，はりあわせの条件 (PH) がみたされる．よって制限写像 $\mathrm{Hom}(\mathcal{G}, f_*\mathcal{F}) \to \mathrm{Hom}(\mathcal{G}_{\mathcal{V}}, \mathcal{F}_{\mathcal{U}})$ が定まる．これが可逆であることを示せばよい．

逆写像 $\mathrm{Hom}(\mathcal{G}_{\mathcal{V}}, \mathcal{F}_{\mathcal{U}}) \to \mathrm{Hom}(\mathcal{G}, f_*\mathcal{F})$ を構成する．層の射の族 (p_{ij}) が $\mathrm{Hom}(\mathcal{G}_{\mathcal{V}}, \mathcal{F}_{\mathcal{U}})$ の元であるとする．$V \subset Y$ を開集合とし，$s \in \mathcal{G}(V)$ とする．$(U_{ij} \cap f^{-1}(V))_{i \in I, j \in J}$ は $f^{-1}(V)$ の開被覆である．p_{ij} が定める写像 $\mathcal{G}(V_j \cap V) \to \mathcal{F}(U_{ij} \cap f^{-1}(V))$ による $s|_{V_j \cap V} \in \mathcal{G}(V_j \cap V)$ の像を $t_{ij} \in \mathcal{F}(U_{ij} \cap f^{-1}(V))$ とする．(p_{ij}) がはりあわせの条件 (PH) をみたすから (t_{ij}) もはりあわせの条件 (P) をみたし，$t \in \mathcal{F}(f^{-1}(V))$ が定まる．$s \in \mathcal{G}(V)$ を $t \in \mathcal{F}(f^{-1}(V)) = f_*\mathcal{F}(V)$ にうつすことで，層の射 $p\colon \mathcal{G} \to f_*\mathcal{F}$ が定まる．(p_{ij}) を p にうつすことで，はりあわせの写像 $\mathrm{Hom}(\mathcal{G}_{\mathcal{V}}, \mathcal{F}_{\mathcal{U}}) \to \mathrm{Hom}(\mathcal{G}, f_*\mathcal{F})$ が定まる．$i \in I, j \in J$ とす

ると，p の制限 $p_{U_{ij}V_j}$ は p_{ij} である．

はりあわせの写像 $\mathrm{Hom}(\mathcal{G}_{\mathcal{V}}, \mathcal{F}_{\mathcal{U}}) \to \mathrm{Hom}(\mathcal{G}, f_*\mathcal{F})$ が写像 $\mathrm{Hom}(\mathcal{G}, f_*\mathcal{F}) \to \mathrm{Hom}(\mathcal{G}_{\mathcal{V}}, \mathcal{F}_{\mathcal{U}})$ の逆写像であることを示す．$(p_{ij}) \in \mathrm{Hom}(\mathcal{G}_{\mathcal{V}}, \mathcal{F}_{\mathcal{U}})$ とし，$p\colon \mathcal{G} \to f_*\mathcal{F}$ を (p_{ij}) が定める Y 上の射とすると，p の制限 $p_{U_{ij}V_j}$ の族 $(p_{U_{ij}V_j})$ は (p_{ij}) である．

逆に $p\colon \mathcal{G} \to f_*\mathcal{F}$ を Y 上の射とする．$(p_{ij}\colon \mathcal{G}|_{V_j} \to f_{ij*}\mathcal{F}|_{U_{ij}})$ を p の制限の族とし，$q\colon \mathcal{G} \to f_*\mathcal{F}$ を (p_{ij}) が定める Y 上の射とする．$V \subset Y$ を開集合とし，$s \in \mathcal{G}(V)$ とすると，$p(s), q(s) \in f_*\mathcal{F}(V) = \mathcal{F}(f^{-1}(V))$ はどちらも $\mathcal{F}(U_{ij} \cap f^{-1}(V))$ への制限が 2 つ前の段落の t_{ij} だから，$p(s) = q(s)$ である．よって $p = q$ である． □

$X = Y, \mathcal{U} = \mathcal{V}$ で f が恒等写像 1_X の場合は次のようになる．X を位相空間とし，$\mathcal{F}, \mathcal{G}$ を X 上の前層とする．X 上の前層 $\mathcal{H}om(\mathcal{F}, \mathcal{G})$ を次のように定める．X の開集合 U に対し，$\mathcal{H}om(\mathcal{F}, \mathcal{G})(U)$ は U 上の前層の射の集合 $\mathrm{Hom}(\mathcal{F}|_U, \mathcal{G}|_U)$ とする．$V \subset U \subset X$ に対し，制限写像 $\mathcal{H}om(\mathcal{F}, \mathcal{G})(U) \to \mathcal{H}om(\mathcal{F}, \mathcal{G})(V)$ は，前層の射の制限が定める写像 $\mathrm{Hom}(\mathcal{F}|_U, \mathcal{G}|_U) \to \mathrm{Hom}(\mathcal{F}|_V, \mathcal{G}|_V)$ とする．

系 7.3.2 X を位相空間とする．$\mathcal{F}, \mathcal{G}$ が X 上の層ならば，X 上の前層 $\mathcal{H}om(\mathcal{F}, \mathcal{G})$ は層である． ■

証明 $\mathcal{U} = (U_i)_{i \in I}$ を X の開集合 U の開被覆とし，制限写像 $\mathcal{H}om(\mathcal{F}, \mathcal{G})(U) \to \mathcal{H}om(\mathcal{F}, \mathcal{G})(\mathcal{U})$ が可逆であることを示す．命題 7.3.1 を U の恒等写像 $1_U\colon U \to U$ と $\mathcal{F}, \mathcal{G}$ の U への制限 $\mathcal{F}|_U, \mathcal{G}|_U$ に適用すると，命題 7.3.1 の証明の記号で，(7.10) は可逆写像 $\mathcal{H}om(\mathcal{F}, \mathcal{G})(U) = \mathrm{Hom}(\mathcal{F}|_U, \mathcal{G}|_U) \to \mathrm{Hom}((\mathcal{F}|_U)_{\mathcal{U}}, (\mathcal{G}|_U)_{\mathcal{U}})$ を定める．

制限写像 $\mathcal{H}om(\mathcal{F}, \mathcal{G})(U) \to \mathcal{H}om(\mathcal{F}, \mathcal{G})(\mathcal{U})$ は，この写像と $(p_{ij})_{(i,j) \in I \times I}$ を $(p_{ii})_{i \in I}$ にうつす写像 $\mathrm{Hom}((\mathcal{F}|_U)_{\mathcal{U}}, (\mathcal{G}|_U)_{\mathcal{U}}) \to \mathcal{H}om(\mathcal{F}, \mathcal{G})(\mathcal{U})$ の合成である．$(p_i)_{i \in I} \in \mathcal{H}om(\mathcal{F}, \mathcal{G})(\mathcal{U})$ を $(p_{iU_{ij}V_j}) \in \mathrm{Hom}((\mathcal{F}|_U)_{\mathcal{U}}, (\mathcal{G}|_U)_{\mathcal{U}})$ にうつす写像はこの写像の逆写像である．よって制限写像 $\mathcal{H}om(\mathcal{F}, \mathcal{G})(U) \to \mathcal{H}om(\mathcal{F}, \mathcal{G})(\mathcal{U})$ も可逆であり，前層 $\mathcal{H}om(\mathcal{F}, \mathcal{G})$ は層である． □

次に，層のはりあわせを調べる．記号を用意する．X を位相空間とし，$\mathcal{U} = (U_i)_{i \in I}$ を X の開集合の族とする．$I^2 = I \times I$ の元 (i, j) を ij で表し，$U_{ij} = U_i \cap U_j$ とおく．同様に $ijk \in I^3$ に対し $U_{ijk} = U_i \cap U_j \cap U_k$ とおく．

定義 7.3.3　X を位相空間とし，$\mathcal{U} = (U_i)_{i \in I}$ を X の開集合の族とする．

1. U_i 上の層 $\mathcal{F}_i$ の族 $(\mathcal{F}_i)_{i \in I}$ と，$ij \in I^2$ に対し定義された U_{ij} 上の層の射 $\varphi_{ij} \colon \mathcal{F}_j|_{U_{ij}} \to \mathcal{F}_i|_{U_{ij}}$ の族 $(\varphi_{ij})_{ij \in I^2}$ で次の条件 (PF1) と (PF2) をみたすものの対 $\mathcal{F}_{\mathcal{U}} = ((\mathcal{F}_i)_{i \in I}, (\varphi_{ij})_{ij \in I^2})$ を，**$\mathcal{U}$ 上の層**とよぶ．

(PF1) 任意の $i \in I$ に対し，$\varphi_{ii} = 1_{\mathcal{F}_i}$ である．

(PF2) 任意の $ijk \in I^3$ に対し，図式

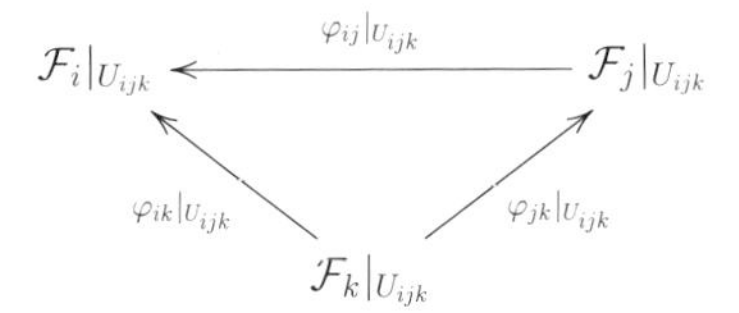

は可換である．

2. $\mathcal{F}_{\mathcal{U}} = ((\mathcal{F}_i)_{i \in I}, (\varphi_{ij})_{ij \in I^2})$ と $\mathcal{G}_{\mathcal{U}} = ((\mathcal{G}_i)_{i \in I}, (\psi_{ij})_{ij \in I^2})$ を $\mathcal{U}$ 上の層とする．$(f_i)_{i \in I}$ を U_i 上の層の射 $f_i \colon \mathcal{F}_i \to \mathcal{G}_i$ の族とする．任意の $ij \in I^2$ に対し，図式

$$\begin{array}{ccc} \mathcal{F}_i|_{U_{ij}} & \xleftarrow{\varphi_{ij}} & \mathcal{F}_j|_{U_{ji}} \\ {\scriptstyle f_i|_{U_{ij}}}\downarrow & & \downarrow{\scriptstyle f_j|_{U_{ij}}} \\ \mathcal{G}_i|_{U_{ij}} & \xleftarrow{\psi_{ij}} & \mathcal{G}_j|_{U_{ji}} \end{array}$$

が可換であるとき，$f_{\mathcal{U}} = (f_i)_{i \in I}$ を **$\mathcal{U}$ 上の層の射** $\mathcal{F}_{\mathcal{U}} \to \mathcal{G}_{\mathcal{U}}$ とよぶ．■

条件 (PF1) と (PF2) を**層のはりあわせの条件**という．(PF2) で $i = k$ とおけば，(PF1) より $\varphi_{ij} \circ \varphi_{ji} = 1_{\mathcal{F}_i|_{U_{ij}}}$ である．同様に $\varphi_{ji} \circ \varphi_{ij} = 1_{\mathcal{F}_j|_{U_{ji}}}$ だから，$\varphi_{ij} \colon \mathcal{F}_j|_{U_{ij}} \to \mathcal{F}_i|_{U_{ij}}$ は同形であり，φ_{ji} はその逆射である．

$\mathcal{F}$ が X 上の層ならば，$\mathcal{F}_i = \mathcal{F}|_{U_i}, \varphi_{ij} = 1_{\mathcal{F}|_{U_{ij}}}$ とおけば，$\mathcal{U}$ 上の層が定まる．これを $\mathcal{F}$ の $\mathcal{U}$ への制限とよび，$\mathcal{F}|_{\mathcal{U}}$ で表す．$\mathcal{U}$ 上の層のなす圏を【$\mathcal{U}$ 上の層】で表す．$\mathcal{F}$ を $\mathcal{F}|_{\mathcal{U}}$ にうつすことで制限関手【X 上の層】→【$\mathcal{U}$ 上の層】が定まる．

命題 7.3.4　X を位相空間とし，$\mathcal{U} = (U_i)_{i \in I}$ を X の開被覆とする．制限関手【X 上の層】→【$\mathcal{U}$ 上の層】は圏の同値である．■

証明　X 上の層 $\mathcal{F}, \mathcal{G}$ に対し，$\mathcal{U}$ 上の層の射 $\mathcal{F}|_{\mathcal{U}} \to \mathcal{G}|_{\mathcal{U}}$ とは $\mathcal{H}om(\mathcal{F}, \mathcal{G})(\mathcal{U})$ の元のことである．系 7.3.2 より $\mathcal{H}om(\mathcal{F}, \mathcal{G})$ は X 上の層だから，制限関手 $F \colon$【X 上の層】→【$\mathcal{U}$ 上の層】は充満忠実である．

制限関手 F の準逆関手 G: 【$\mathcal{U}$ 上の層】→【X 上の層】を構成する．$\mathcal{F}_{\mathcal{U}}=((\mathcal{F}_i)_{i\in I},(\varphi_{ij})_{ij\in I^2})$ を，$\mathcal{U}$ 上の層とする．X の開集合 U に対し，

$$\mathcal{G}(U)=\{(s_i)\in\prod_{i\in I}\mathcal{F}_i(U\cap U_i)\mid \varphi_{ii'}(s_{i'}|_{U\cap U_{ii'}})=s_i|_{U\cap U_{ii'}}, ii'\in I^2\} \tag{7.11}$$

とおく．開集合 $V\subset U$ に対し，制限写像 $\mathcal{G}(U)\to\mathcal{G}(V)$ を $\mathcal{F}_i(U\cap U_i)\to\mathcal{F}_i(V\cap U_i)$ がひきおこすものとすることで，$\mathcal{G}$ は X 上の前層を定める．

$\mathcal{G}$ が X 上の層であることを示す．U を X の開集合，$\mathcal{V}=(V_j)_{j\in J}$ を U の開被覆とする．

$$\mathcal{G}(\mathcal{V})= \tag{7.12}$$
$$\left\{(s_{ij})\in\prod_{(i,j)\in I\times J}\mathcal{F}_i(V_j\cap U_i)\;\middle|\;\begin{matrix}\varphi_{ii'}(s_{i'j}|_{V_j\cap U_{ii'}})=s_{ij}|_{V_j\cap U_{ii'}}, ii'\in I^2, j\in J,\\ s_{ij}|_{V_{jj'}\cap U_i}=s_{ij'}|_{V_{jj'}\cap U_i}, i\in I, jj'\in J^2\end{matrix}\right\}$$

である．制限写像 $\mathcal{G}(U)\to\mathcal{G}(\mathcal{V})$ が可逆であることを示せばよい．

$i\in I$ に対し $U\cap U_i$ の開被覆を $\mathcal{V}_i=(V_j\cap U_i)_{j\in J}$ で定めると，$\mathcal{G}(\mathcal{V})$ は

$$\{(s_{ij})\in\prod_{i\in I}\mathcal{F}_i(\mathcal{V}_i)\mid\varphi_{ii'}(s_{i'j}|_{V_j\cap U_{ii'}})=s_{ij}|_{V_j\cap U_{ii'}}, ii'\in I^2, j\in J\} \tag{7.13}$$

と等しい．制限写像 $\mathcal{F}_i(U\cap U_i)\to\mathcal{F}_i(\mathcal{V}_i)$ は可逆だから，(7.11) から (7.13) への可逆写像を定める．よって $\mathcal{G}$ は X 上の層である．$\mathcal{U}$ 上の層 $\mathcal{F}$ を X 上の層 $\mathcal{G}$ にうつすことで，関手 G: 【$\mathcal{U}$ 上の層】→【X 上の層】を定める．

関手の同形 $FG\to 1_{【\mathcal{U}\text{ 上の層}】}$ を構成する．$\mathcal{F}_{\mathcal{U}}$ を $\mathcal{U}$ 上の層とし，$\mathcal{G}=G(\mathcal{F}_{\mathcal{U}})$ の $\mathcal{U}$ への制限 $\mathcal{G}|_{\mathcal{U}}$ から $\mathcal{F}_{\mathcal{U}}$ への同形を定義する．$i\in I$ に対し，層の同形 $f_i\colon\mathcal{G}|_{U_i}\to\mathcal{F}_i$ を定義する．U を U_i の開集合とする．写像 $f_i(U)\colon\mathcal{G}(U)\to\mathcal{F}_i(U)$ を，$(s_j)\in\mathcal{G}(U)\subset\prod_{j\in I}\mathcal{F}_j(U\cap U_j)$ を $s_i\in\mathcal{F}_i(U)=\mathcal{F}_i(U\cap U_i)$ にうつすことで定める．

$f_i(U)\colon\mathcal{G}(U)\to\mathcal{F}_i(U)$ の逆写像を構成する．$s\in\mathcal{F}_i(U)$ とすると，$(\varphi_{ij}(s|_{U\cap U_j}))\in\prod_{j\in I}\mathcal{F}_j(U\cap U_j)$ ははりあわせの条件 (PF2) より，$\mathcal{G}(U)$ の元を定める．$s\in\mathcal{F}_i(U)$ を $(\varphi_{ij}(s|_{U\cap U_j}))\in\mathcal{G}(U)$ にうつす写像 $\mathcal{F}_i(U)\to\mathcal{G}(U)$ は，(PF1) と (7.11) より $f_i(U)\colon\mathcal{G}(U)\to\mathcal{F}_i(U)$ の逆写像である．よって U_i 上の層の同形 $f_i\colon\mathcal{G}|_{U_i}\to\mathcal{F}_i$ が得られる．さらに (7.11) より図式

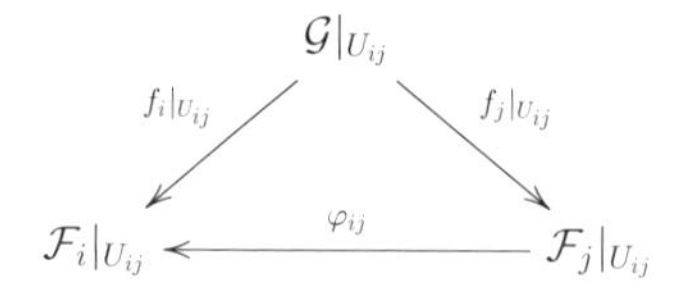

は可換であり，層の同形の族 $(f_i)_{i\in I}$ は $\mathcal{U}$ 上の層の同形 $\mathcal{G}|_{\mathcal{U}} \to \mathcal{F}_{\mathcal{U}}$ を定める．

同形 $\mathcal{G}|_{\mathcal{U}} = FG(\mathcal{F}_{\mathcal{U}}) \to \mathcal{F}_{\mathcal{U}}$ は関手の同形 $FG \to 1_{[\mathcal{U}\text{ 上の層}]}$ を定める．よって補題 1.4.4.2 より G は制限関手 F の準逆関手であり，F は圏の同値である． □

$\mathcal{U}$ 上の層 $\mathcal{F}_{\mathcal{U}}$ に対し，X 上の層 $G(\mathcal{F}_{\mathcal{U}})$ を $\mathcal{F}_{\mathcal{U}}$ の**はりあわせ**とよぶ．

系 7.3.5 X を位相空間，$\mathcal{F}$ を X 上の層とし，$\mathcal{U} = (U_i)_{i\in I}$ を X の開被覆とする．$(\mathcal{G}_i)_{i\in I}$ を U_i への制限 $\mathcal{F}|_{U_i}$ の部分層 $\mathcal{G}_i$ の族で次の条件をみたすものとする：

(PS) 任意の $i, j \in I$ に対し，$\mathcal{F}|_{U_{ij}}$ の部分層 $\mathcal{G}_i|_{U_{ij}}$ と $\mathcal{G}_j|_{U_{ij}}$ は等しい．

$\mathcal{F}$ の部分前層 $\mathcal{G}$ を，X の開集合 U に対し $\mathcal{G}(U) \subset \mathcal{F}(U)$ を

$$\mathcal{G}(U) = \{s \in \mathcal{F}(U) \mid \text{任意の } i \in I \text{ に対し } s|_{U\cap U_i} \in \mathcal{G}_i(U \cap U_i)\} \qquad (7.14)$$

とおくことで定める．$\mathcal{G}$ は $\mathcal{F}$ の部分層であり，任意の $i \in I$ に対し $\mathcal{G}|_{U_i} = \mathcal{G}_i$ である． ■

系 7.3.5 の条件 (PS) を部分層の**はりあわせの条件**という．$\mathcal{F}$ の部分層 $\mathcal{G}$ を $(\mathcal{G}_i)_{i\in I}$ のはりあわせという．

証明 $\mathcal{F}$ の $\mathcal{U}$ への制限 $\mathcal{F}|_{\mathcal{U}}$ は $\mathcal{U}$ 上の層だから，条件 (PS) より $(\mathcal{G}_i)_{i\in I}$ と恒等射の族 $(\mathcal{G}_i|_{U_{ij}} \to \mathcal{G}_j|_{U_{ij}})_{i,j\in I}$ の対も $\mathcal{U}$ 上の層 $\mathcal{G}_{\mathcal{U}}$ を定める．さらに，層の包含射 $\mathcal{G}_i \to \mathcal{F}|_{U_i}$ の族は $\mathcal{U}$ 上の層の射 $\mathcal{G}_{\mathcal{U}} \to \mathcal{F}|_{\mathcal{U}}$ を定める．よって命題 7.3.4 より $\mathcal{G}_{\mathcal{U}}$ のはりあわせとして X 上の層 $\mathcal{G}'$ が定まり，X 上の層の射 $\mathcal{G}' \to \mathcal{F}$ も定まる．$\mathcal{G}' \to \mathcal{F}$ は任意の $i \in I$ に対し同形 $\mathcal{G}'|_{U_i} \to \mathcal{G}_i$ をひきおこす．

$\mathcal{G}' \to \mathcal{F}$ が前層の同形 $\mathcal{G}' \to \mathcal{G}$ をひきおこすことを示す．U を X の開集合とし，$\mathcal{U}_U = (U \cap U_i)_{i\in I}$ を U の開被覆とする．$\mathcal{G}'(\mathcal{U}_U) \subset \mathcal{F}(\mathcal{U}_U) \subset \prod_{i\in I} \mathcal{F}(U \cap U_i)$ は共通部分 $\mathcal{F}(\mathcal{U}_U) \cap \prod_{i\in I} \mathcal{G}_i(U \cap U_i)$ であり，$\mathcal{G}(U) \subset \mathcal{F}(U)$ はその可逆写像 $\mathcal{F}(U) \to \mathcal{F}(\mathcal{U}_U)$ による逆像である．$\mathcal{G}'(U) \to \mathcal{G}'(\mathcal{U}_U)$ は可逆だから，

$\mathcal{G}'(U) \to \mathcal{F}(U)$ は可逆写像 $\mathcal{G}'(U) \to \mathcal{G}(U)$ をひきおこす．よって $\mathcal{G}' \to \mathcal{G}$ は同形である． □

7.4 平方根

X を位相空間とし，$f\colon X \to \mathbf{C}^\times$ を連続関数とする．C_X で X 上の複素数値連続関数の層を表す．f の**平方根の層** $\mathcal{R}$ を，C_X の部分層として X の開集合 U に対し $\mathcal{R}(U) = \{g \in C_X(U) \mid g^2 = f|_U\}$ とおいて定める．$X = \mathbf{C}^\times$ で，$f\colon \mathbf{C}^\times \to \mathbf{C}^\times$ が恒等写像の場合には，$\mathcal{R}$ は正則関数 z^2 が定める連続写像 $q\colon \mathbf{C}^\times \to \mathbf{C}^\times$ に例 7.1.2.4 の構成を適用して得られる層 $\mathcal{E}$ である．これの一般化を 9.5 節で扱う．2 元集合 $\{1, -1\}$ が定める X 上の定数層を $\mathcal{S}$ で表す．

命題 7.4.1 X を位相空間とし，$f\colon X \to \mathbf{C}^\times$ を連続関数とする．

1. 次の条件は同値である．

(1) $\mathcal{R}(X) \neq \varnothing$ である．

(2) X 上の層の同形 $\mathcal{S} \to \mathcal{R}$ が存在する．

2. X の開被覆 U_1, U_2 と，層の同形 $\mathcal{S}|_{U_1} \to \mathcal{R}|_{U_1}$, $\mathcal{S}|_{U_2} \to \mathcal{R}|_{U_2}$ が存在する．

3. X が弧状連結であるとし，$g \in \mathcal{R}(X)$ とする．このとき，$\mathcal{R}(X)$ は 2 元集合 $\{g, -g\}$ である． ■

証明 1. (1)⇒(2)：$g \in \mathcal{R}(X)$ とする．層の射 $\cdot g\colon \mathcal{S} \to \mathcal{R}$ を，開集合 U 上の切断 $s \in \mathcal{S}(U)$ を積 $s \cdot g|_U \in \mathcal{R}(U)$ にうつすことで定める．$h \in \mathcal{R}(U)$ を開集合 U 上の切断とすると $\left(\dfrac{h}{g|_U}\right)^2 = 1$ だから，$h \in \mathcal{R}(U)$ を $\dfrac{h}{g|_U} \in \mathcal{S}(U)$ にうつすことで，逆向きの射 $\mathcal{R} \to \mathcal{S}$ が定まる．これらはたがいに逆射を定めるから，$\cdot g\colon \mathcal{S} \to \mathcal{R}$ は層の同形である．

(2)⇒(1)：$1 \in \mathcal{S}(X) \neq \varnothing$ だから，同形 $\mathcal{S} \to \mathcal{R}$ が存在すれば $\mathcal{R}(X) \neq \varnothing$ である．

2. $\mathbf{C}^\times$ の開被覆 V_1, V_2 と正則関数 $p_1\colon V_1 \to W_1 \subset \mathbf{C}^\times$ を命題 6.2.5 の証明のとおりとする．p_1 と同様に正則関数 $p_2\colon V_2 \to W_2 = \{z \in \mathbf{C} \mid \operatorname{Im} z > 0\} \subset \mathbf{C}^\times$ を定める．$f\colon X \to \mathbf{C}^\times$ による V_1, V_2 の逆像 U_1, U_2 は X の開被覆である．f の制限を $f_1\colon U_1 \to V_1$, $f_2\colon U_2 \to V_2$ とすると，$g_1 = p_1 \circ f_1\colon U_1 \to W_1 \subset \mathbf{C}^\times$, $g_2 = p_2 \circ f_2\colon U_2 \to W_2 \subset \mathbf{C}^\times$ は連続関数であり，$g_1^2 = f_1, g_2^2 = f_2$ だ

から $g_1 \in \mathcal{R}(U_1)$, $g_2 \in \mathcal{R}(U_2)$ である．よって 1. より，層の同形 $\mathcal{S}|_{U_1} \to \mathcal{R}|_{U_1}$, $\mathcal{S}|_{U_2} \to \mathcal{R}|_{U_2}$ が存在する．

3. 例題 4.7.5.2 より，連続関数 $s\colon X \to \{1,-1\}$ は定数関数である．よって 1. よりしたがう． □

命題 7.4.1.2 より，f の平方根の層 $\mathcal{R}$ は X の開被覆 U_1, U_2 に制限すれば定数層 $\mathcal{S}$ と同形である．このように局所的に定数層と同形な層を，**局所定数層**という．しかし，$f(z)$ が $\mathbf{C}$ の開集合 U で定義された正則関数の $X = U - \{c\}$ への制限で，$\mathrm{ord}_c f(z)$ が奇数ならば，命題 6.2.5 より $\mathcal{R}(X) = \varnothing$ であり，$\mathcal{R}$ は X 上の層として定数層ではない．このように層のことばを使うと，局所的には簡単なものの大域的な複雑さを表すことができる．

第8章 曲面と多様体

現代の幾何学の基本的な対象である多様体は，曲面の高次元への一般化であり，逆に曲面は2次元の多様体である．多様体は，位相空間上の実数値連続関数の中で無限回微分可能なものを層のことばで指定することで定義される．

多様体は局所的にはユークリッド空間と同じ空間である．このような対象を調べるには局所と大域を結びつける方法が有効である．この章ではこれを3つ導入する．1つめは，定数関数1を台が小さい連続関数の和として表す1の分解である．2つめでは，1点のまわりの性質を表すホモロジー群を定義し，マイヤー–ヴィートリスの完全系列の境界射を使う．3つめは，$\mathbf{R}^n$ 上の層で関手的性質をみたすものをもとにした n 次元多様体上の層の構成である．

曲面の場合にこれらの方法を組み合わせて，コンパクトな有向曲面の基本類を2次のホモロジー群の元として定義し，基本類上での2形式の積分の正値性を証明する．トーラスのホモロジー群を計算してその基本類を構成することを，この章での目標とする．

多様体を，8.1節で層のことばで定義する．球面の局所座標を立体射影で構成し，曲面の例であることを確認する．陰関数定理を適用する方法も一般的だが，リーマン面の構造の構成には適さないのでここでは紹介しない．$\mathbf{R}^n$ の有界閉集合について最大値の定理がなりたつことを4.1節で示したが，これを8.2節では開被覆を使って定義されるコンパクト性としていいかえて，コンパクトな多様体上の1の分解の存在を証明する．

多様体の1点の近傍からその点をのぞいたもののホモロジー群の逆極限を8.3節で導入し，8.5節での曲面の基本類の定義の準備とする．曲面上の微分形式の積分の準備として，多様体上のホモロジー群もユークリッド空間の開集合と同様に立方体からの微分可能な写像で定義できることも8.3節で示す．多様体上の層を，$\mathbf{R}^n$ 上の層で関手的性質をみたすものをもとにしていっせいに構成する方法を 8.4 節で与える．この方法を使って，曲面の向きを 8.5 節で，微分形式を 8.6 節で定義する．

8.5 節では，有向曲面の基本類を定義し，球面の基本類を極座標を使って構成する．曲面上の微分形式の積分についてのストークスの定理をグリーンの定理から 8.6 節で導き，閉形式の積分でホモロジー群の線形形式を定義する．さらに 1 の分解の応用として，基本類上での積分の正値性を証明する．

トーラスが曲面であることを 8.7 節で確認し，そのホモロジー群を計算し基本類も構成する．

8.1　多様体と C^∞ 写像

位相空間 X に対し，実数値連続関数のなす X 上の環の層を C_X とする（例 7.1.2.3）．$\mathbf{R}^n$ 上の C^∞ **関数の環の層** $C^\infty_{\mathbf{R}^n}$ を $C_{\mathbf{R}^n}$ の部分層として定義する．$\mathbf{R}^n$ の開集合 U に対し，$C^\infty(U) \subset C(U)$ を無限回微分可能（定義 5.4.1）な関数のなす $\mathbf{R}$ 上の部分環とする．$V \subset U$ を $\mathbf{R}^n$ の開集合とすると，定義域の制限が定める制限写像 $C(U) \to C(V)$ は $\mathbf{R}$ 上の部分環の射 $C^\infty(U) \to C^\infty(V)$ をひきおこす．よって，位相空間 $\mathbf{R}^n$ 上の体 $\mathbf{R}$ 上の環の部分前層 $C^\infty_{\mathbf{R}^n} \subset C_{\mathbf{R}^n}$ が定まる．C^∞ 関数の定義は局所的だから，$C^\infty_{\mathbf{R}^n}$ は命題 7.2.3 の条件 (2) をみたし，$C_{\mathbf{R}^n}$ の部分層である．開集合 $U \subset \mathbf{R}^n$ への $C^\infty_{\mathbf{R}^n}$ の制限を C^∞_U で表す．

命題 8.1.1　X を $\mathbf{R}^n$ の開集合とし，Y を $\mathbf{R}^m$ の開集合とする．連続写像 $f\colon X \to Y$ に対し，次の条件は同値である．

(1) $f\colon X \to Y$ は C^∞ 級（定義 5.4.1）である．

(2) 連続関数のひきもどしが定める層の射 $f^*\colon C_Y \to f_*C_X$ は部分層の射 $C^\infty_Y \to f_*C^\infty_X$ をひきおこす．■

証明　(1)⇒(2)：V を Y の開集合とし，$U = f^{-1}(V) \subset X$ とする．関数 $g\colon V \to \mathbf{R}$ が C^∞ 級ならば，連鎖律より合成関数 $g \circ f|_U\colon U \to \mathbf{R}$ も C^∞ 級である．よって，$f^*(V)\colon C_Y(V) \to (f_*C_X)(V) = C_X(U)$ は $C^\infty_Y(V) \to (f_*C^\infty_X)(V) = C^\infty_X(U)$ をひきおこす．

(2)⇒(1)：$f = (f_1, \ldots, f_m)$ の成分 $f_1, \ldots, f_m \in C_X(X)$ は，座標関数 $y_1, \ldots, y_m \in C^\infty(Y)$ のひきもどし $f^*\colon C^\infty_Y(Y) \to (f_*C^\infty_X)(Y) = C^\infty_X(X)$ による像だから C^∞ 級関数である．□

$f\colon X \to Y$ が C^∞ 写像であるとき，$f^*\colon C_Y \to f_*C_X$ がひきおこす射も $f^*\colon C_Y^\infty \to f_*C_X^\infty$ で表す．Z が $\mathbf{R}^l$ の開集合で，$g\colon Y \to Z$ が C^∞ 写像ならば，合成 $h = g \circ f\colon X \to Z$ も C^∞ 写像であり，$h^* = f^* \circ g^*$ である．

多様体の定義のために用語を定義する．I を集合とする．I が有限集合であるか自然数全体の集合からの可逆写像 $\mathbf{N} \to I$ が存在するとき，I は**可算** (countable) であるという．位相空間 X の開被覆 $(U_i)_{i\in I}$ は，添字集合 I が可算なとき可算開被覆という．

定義 8.1.2　1. n を自然数とし，X をハウスドルフ空間とする．実数値連続関数のなす X 上の環の層を C_X とする (例 7.1.2.3)．C_X の部分層 A_X が次の条件をみたすとき，(X, A_X) は n 次元**多様体** (manifold) であるという：X の可算開被覆 $(U_i)_{i\in I}$ と，$\mathbf{R}^n$ の開集合 V_i の族 $(V_i)_{i\in I}$ と，同相写像 $p_i\colon U_i \to V_i$ の族 $(p_i)_{i\in I}$ で，任意の $i \in I$ に対しひきもどしの同形 $p_i^*\colon C_{V_i} \to p_{i*}C_{U_i}$ が部分層の同形 $C_{V_i}^\infty \to p_{i*}(A_X|_{U_i})$ をひきおこすものが存在する．

(X, A_X) が n 次元多様体であるとき，A_X を X 上の C^∞ 関数の層とよび，C_X^∞ で表す．C_X^∞ を X の多様体の**構造** (structure) とよぶこともある．

2. X を n 次元多様体，Y を m 次元多様体とし，$f\colon X \to Y$ を連続写像とする．f によるひきもどし $f^*\colon C_Y \to f_*C_X$ (例 7.1.4.2) が部分層の射 $C_Y^\infty \to f_*C_X^\infty$ をひきおこすとき，f は C^∞ **写像**であるという．

$f\colon X \to Y$ が同相写像であり，$f^*\colon C_Y \to f_*C_X$ が部分層の同形 $C_Y^\infty \to f_*C_X^\infty$ をひきおこすとき，f は C^∞ **同相写像** (diffeomorphism) であるという．■

多様体 X が弧状連結であるとき，X は**連結** (connected) であるという．1 次元多様体を**曲線** (curve) とよび，2 次元多様体を**曲面** (surface) とよぶ．X が連結な曲面で $H_1(X) = 0$ であるとき，X は**単連結**であるという．X が曲面のとき，C_X^∞ を X の曲面の**構造**とよぶことがある．

多様体 X の恒等写像は C^∞ 同相写像である．C^∞ 写像 $f\colon X \to Y$ と $g\colon Y \to Z$ の合成写像 $g \circ f\colon X \to Z$ も C^∞ 写像である．多様体全体は，C^∞ 写像を射として圏【多様体】をなす．多様体の同形とは C^∞ 同相写像のことである．

U が n 次元多様体 X の開集合であるとき，$(U, C_X^\infty|_U)$ も n 次元多様体である．以下，多様体 X の開集合 U はこのように多様体と考え，$C_U^\infty = C_X^\infty|_U$ とおく．包含写像 $U \to X$ は C^∞ 写像である．$U \subset \mathbf{R}^n, V \subset \mathbf{R}^m$ が開集合

であるとき，$f\colon U \to V$ が C^∞ 写像（定義 8.1.2.2）であることは，命題 8.1.1 より C^∞ 級（定義 5.4.1）であることと同値である．

定義 8.1.3　1. X を n 次元多様体とする．X の開集合 U と $\mathbf{R}^n$ の開集合 V と C^∞ 同相写像 $p\colon U \to V$ の組 (U, V, p) を X の**局所座標** (local chart) という．(U, V, p) が X の局所座標であり $x \in U$ であるとき，(U, V, p) を x の**座標近傍** (coordinate neighborhood) という．$(U_i)_{i \in I}$ が X の開被覆であるとき，局所座標の族 $(U_i, V_i, p_i)_{i \in I}$ を X の**局所座標系** (coordinate system, atlas) という．

2. $f\colon X \to Y$ を n 次元多様体の C^∞ 写像とする．X の任意の点 x に対し，x の開近傍 U で，$V = f(U)$ は Y の開集合であり，f の制限 $U \to V$ は C^∞ 同相写像となるものがあるとき，f は**局所 C^∞ 同相写像**であるという．■

(U, V, p) が X の局所座標であるとき，p によって U と V を同一視することもある．局所 C^∞ 同相写像は**開写像** (open mapping)（『集合と位相』定義 4.3.8.1）である．可逆な局所 C^∞ 同相写像は C^∞ 同相写像である．

例 8.1.4　1.　X を n 次元多様体とする．$I = \coprod_{(U,V) \in \mathrm{Op}(X) \times \mathrm{Op}(\mathbf{R}^n)} \{p \in \mathrm{Map}(U, V) \mid (U, V, p)$ は X の局所座標 $\}$ とすると，$\mathcal{U}_X = (U, V, p)_{(U,V,p) \in I}$ は X の局所座標系である．これを X の**全局所座標系**という．

2. X を n 次元多様体とし，$(U_i)_{i \in I}$ を X の開被覆とする．$(W_j, V_j, p_j)_{j \in J}$ を X の局所座標系とし，$K = \{(i, j, c, r) \in I \times J \times \mathbf{R}^n \times \mathbf{R} \mid r > 0, U_r(c) \subset V_j, p_j^{-1}(U_r(c)) \subset U_i\}$ とおき，$k = (i, j, c, r) \in K$ に対し，$U'_k = p_j^{-1}(U_r(c)) \subset X$, $V'_k = U_r(c) \subset \mathbf{R}^n$ とおき，$p'_k\colon U'_k \to V'_k$ を p_j の制限とすれば，$(U'_k, V'_k, p'_k)_{k \in K}$ も X の局所座標系である．任意の $k \in K$ に対し，$V'_k \subset \mathbf{R}^n$ は開球であり，$U'_k \subset U_i$ をみたす $i \in I$ が存在する．■

次の命題で使う記号を定める．X を位相空間とし，$(U_i)_{i \in I}$ を X の開被覆，$(V_i)_{i \in I}$ を $\mathbf{R}^n$ の開集合の族とし，$(p_i)_{i \in I}$ を同相写像 $p_i\colon U_i \to V_i$ の族とする．$i, j \in I$ に対し，$U_{ij} = U_i \cap U_j$, $V_{ij} = p_i(U_{ij}) \subset V_i$ とおき，$\mathbf{R}^n$ の開集合の同相写像 $q_{ij}\colon V_{ij} \to V_{ji}$ を $q_{ij} = p_j|_{U_{ji}} \circ (p_i|_{U_{ij}})^{-1}$ で定める．$i, j, k \in I$ に対し，$U_{ijk} = U_i \cap U_j \cap U_k$, $V_{ijk} = p_i(U_{ijk}) \subset V_i$ とおき，同相写像 $q_{ij}\colon V_{ij} \to V_{ji}$ の V_{ijk} への制限も $q_{ij}\colon V_{ijk} \to V_{jki} = V_{jik}$ で表す．$i \in I$ に対し $q_{ii} = 1_{V_i}$ であり，$i, j, k \in I$ に対し図式

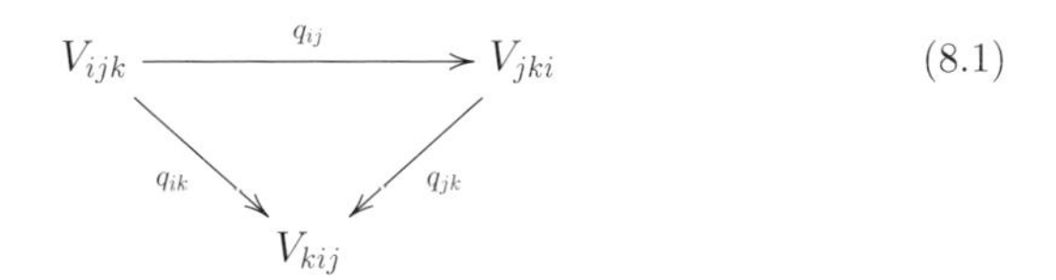

は可換である．

命題 8.1.5 1. X を n 次元多様体とし，$(U_i, V_i, p_i)_{i\in I}$ を局所座標系とすると次の条件 (PM) がなりたつ：

(PM) 任意の $i, j \in I$ に対し，$\mathbf{R}^n$ の開集合の写像 $q_{ij}\colon V_{ij} \to V_{ji}$ は C^∞ 同相写像である．

2. X をハウスドルフ空間，$(U_i)_{i\in I}$ を X の可算開被覆，$(V_i)_{i\in I}$ を $\mathbf{R}^n$ の開集合の族とし，$(p_i)_{i\in I}$ を同相写像 $p_i\colon U_i \to V_i$ の族で上の条件 (PM) をみたすものとする．このとき，X の n 次元多様体の構造 C_X^∞ で，$(U_i, V_i, p_i)_{i\in I}$ が X の局所座標系となるものがただ 1 つ存在する． ■

命題 8.1.5.1 は，n 次元多様体は $\mathbf{R}^n$ の開集合を C^∞ 同相写像ではりあわせたものであることを表している．逆に命題 8.1.5.2 は，n 次元多様体は $\mathbf{R}^n$ の開集合を C^∞ 同相写像ではりあわせて構成できることを表している．命題 8.1.5.1 の条件 (PM) を**はりあわせの条件**という．条件 (PM) がなりたつとき，多様体 X を $(V_i)_{i\in I}$ の $(p_i)_{i\in I}$ によるはりあわせという．C^∞ 同相写像 $q_{ij}\colon V_{ij} \to V_{ji}$ を**座標変換** (change of coordinates) という．

証明 1. $p_i|_{U_{ij}}\colon U_{ij} \to V_{ij}$ と $p_j|_{U_{ji}}\colon U_{ji} \to V_{ji}$ は C^∞ 同相写像だから，$q_{ij}\colon V_{ij} \to V_{ji}$ も C^∞ 同相写像である．

2. 連続関数の層 C_X の部分層 C_X^∞ をはりあわせにより定義する．$i \in I$ に対し，ひきもどしが定める同形 $p_i^* C_{V_i} \to C_{U_i}$ により部分層 $p_i^* C_{V_i}^\infty \subset p_i^* C_{V_i}$ に対応する部分層を $C_{U_i}^\infty \subset C_{U_i}$ とする．開集合 $U \subset U_i$ に対し，連続関数 $f \in C_{U_i}(U) = C(U, \mathbf{R})$ が $C_{U_i}^\infty(U)$ に含まれるとは，f と p_i の制限 $U \to p_i(U) \subset V_i$ の逆写像の合成関数 $f \circ (p_i|_U)^{-1}\colon p_i(U) \to \mathbf{R}$ が C^∞ 級関数となることである．

$q_{ij}\colon V_{ij} \to V_{ji}$ は C^∞ 同相写像だから，$C_{U_i}^\infty|_{U_{ij}} = C_{U_j}^\infty|_{U_{ij}}$ である．よって部分層のはりあわせの条件 (PS) がみたされ，系 7.3.5 より，C_X の部分層 C_X^∞ で $C_X^\infty|_{U_i} = C_{U_i}^\infty$ となるものがただ 1 つ定まる．

$(U_i)_{i\in I}$ は X の可算開被覆であり，$p_i\colon U_i \to V_i$ は同相写像であり，$p_i^*\colon C^\infty_{V_i} \to p_{i*}C^\infty_{U_i} = p_{i*}(C^\infty_X|_{U_i})$ は同形だから，X は n 次元多様体であり，$(U_i, V_i, p_i)_{i\in I}$ は X の局所座標系である． □

曲面は 2 次元の多様体だから，命題 8.1.5.2 のように $\mathbf{R}^2$ の開集合をはりあわせて構成できる．この構成法と立体射影を使って，**球面** $S^2 = \{(x, y, z) \in \mathbf{R}^3 \mid x^2 + y^2 + z^2 = 1\}$ に曲面の構造を定義する．

平面 $\mathbf{R}^2$ を 3 次元空間内の平面 $\{(x, y, 0) \mid (x, y) \in \mathbf{R}^2\}$ と同一視する．**南極** (south pole) $S = (0, 0, -1)$ 以外の点 P を直線 SP と平面 $\mathbf{R}^2$ の交点にうつすことにより可逆写像 $p_S\colon S^2 - \{S\} \to \mathbf{R}^2$ を定める．

$$p_S(x, y, z) = \left(\frac{x}{1+z}, \frac{y}{1+z}\right) \tag{8.2}$$

である．p_S を**立体射影** (stereographic projection) という．同様に，**北極** (north pole) $N = (0, 0, 1) \in S^2$ 以外の点 Q を直線 NQ と平面 $\mathbf{R}^2$ の交点にうつすことにより定まる可逆写像 $p_N\colon S^2 - \{N\} \to \mathbf{R}^2$ も立体射影という．

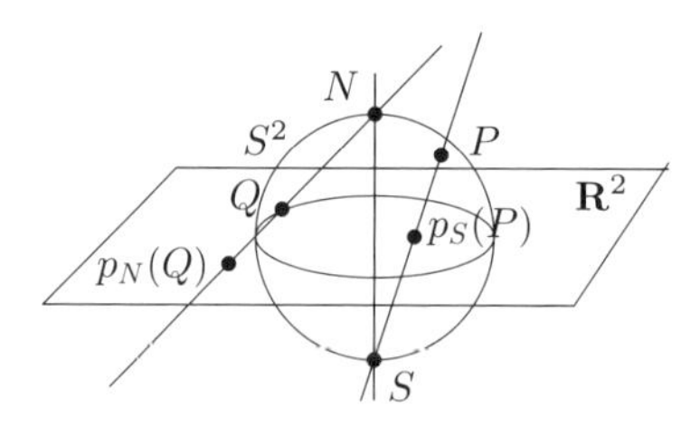

図 **8.1**　立体射影

命題 8.1.6　球面 S^2 の曲面の構造で，立体射影 $(S^2 - \{S\}, \mathbf{R}^2, p_S)$ と $(S^2 - \{N\}, \mathbf{R}^2, p_N)$ が局所座標系となるものがただ 1 つ存在する． ■

証明　立体射影 p_S の逆写像 $q_S\colon \mathbf{R}^2 \to S^2 - \{S\}$ が，

$$q_S(x, y) = \left(\frac{2x}{1+x^2+y^2}, \frac{2y}{1+x^2+y^2}, \frac{1-x^2-y^2}{1+x^2+y^2}\right) \tag{8.3}$$

で定まり，$p_S\colon S^2 - \{S\} \to \mathbf{R}^2$ は同相写像である．同様に $p_N\colon S^2 - \{N\} \to \mathbf{R}^2$ も同相写像である．q_S の制限 $\mathbf{R}^2 - \{0\} \to S^2 - \{S, N\}$ と p_N の制限

$S^2 - \{S, N\} \to \mathbf{R}^2 - \{0\}$ の合成写像 $q\colon \mathbf{R}^2 - \{0\} \to \mathbf{R}^2 - \{0\}$ は，

$$q(x, y) = \left(\frac{x}{x^2+y^2}, \frac{y}{x^2+y^2}\right) \tag{8.4}$$

で定まり，$q \circ q = 1_{\mathbf{R}^2 - \{0\}}$ だから C^∞ 同相写像である．$S^2 - \{S\}, S^2 - \{N\}$ は S^2 の開被覆だから，命題 8.1.5.2 の $n = 2$ の場合よりしたがう．□

C^∞ 写像について，次のような局所性がなりたつ．

命題 8.1.7 X, Y を多様体とし，$f\colon X \to Y$ を写像とする．

1. $(U_i)_{i \in I}$ を X の開被覆とすると，次の条件は同値である．

(1) $f\colon X \to Y$ は C^∞ 写像である．

(2) 任意の $i \in I$ に対し，f の U_i への制限 $f_i\colon U_i \to Y$ は C^∞ 写像である．

2. V を Y の開集合とし，$f(X) \subset V$ とする．f が定める写像を $f_V\colon X \to V$ とすると，次の条件は同値である．

(1) $f\colon X \to Y$ は C^∞ 写像である．

(2) $f_V\colon X \to V$ は C^∞ 写像である．

3. $(V_i)_{i \in I}$ を Y の開被覆とすると，次の条件は同値である．

(1) $f\colon X \to Y$ は C^∞ 写像である．

(2) 任意の $i \in I$ に対し，f の $U_i = f^{-1}(V_i)$ への制限 $f_i\colon U_i \to V_i$ は C^∞ 写像である．

4. W を多様体とし，$h\colon W \to X$ を全射局所 C^∞ 同相写像とする．次の条件は同値である．

(1) f は C^∞ 写像である．

(2) $f \circ h$ は C^∞ 写像である．■

証明 1. (1)⇒(2)：包含写像 $U_i \to X$ は C^∞ 写像であり，合成写像 $f_i\colon U_i \to X \to Y$ も C^∞ 写像である．

(2)⇒(1)：命題 4.2.10 より，$f\colon X \to Y$ は連続である．X の開被覆 $(U_i)_{i \in I}$ と Y の開被覆 Y に命題 7.3.1 を適用する．$f_i\colon U_i \to Y$ は C^∞ 写像だから，$f^*\colon C_Y \to f_* C_X$ の制限 $f_i^*\colon C_Y \to f_{i*} C_{U_i}$ は部分層の射 $f_i^*\colon C_Y^\infty \to f_{i*} C_{U_i}^\infty$ を定める．射 $f_i^*\colon C_Y \to f_{i*} C_{U_i}$ の族ははりあわせの条件 (PH) をみたすから，部分層の射 $f_i^*\colon C_Y^\infty \to f_{i*} C_{U_i}^\infty$ の族もはりあわせの条件 (PH) をみたす．よって命題 7.3.1 より，部分層の射 $f^*\colon C_Y^\infty \to f_* C_X^\infty$ が定まる．

2. (1)⇒(2)：$C^\infty_Y \to f_* C^\infty_X$ の V への制限は $C^\infty_V \to f_{V*} C^\infty_X$ を定める．

(2)⇒(1)：包含写像 $V \to Y$ は C^∞ 写像であり，合成写像 $f\colon X \to V \to Y$ も C^∞ 写像である．

3. (1)⇒(2)：1.(1)⇒(2) より $U_i \to Y$ は C^∞ 写像であり，2.(1)⇒(2) より $U_i \to V_i$ も C^∞ 写像である．

(2)⇒(1)：2.(2)⇒(1) より $U_i \to Y$ は C^∞ 写像であり，1.(2)⇒(1) より $X \to Y$ も C^∞ 写像である．

4. $I = \{V \in \mathrm{Op}(W) \mid h$ の制限 $h_V\colon V \to h(V)$ は C^∞ 同相写像 $\}$ とおき，$i = V$ に対し $V_i = V \subset W, U_i = h(V) \subset X$ とおく．h は局所 C^∞ 同相写像だから $(V_i)_{i\in I}$ は W の開被覆であり，さらに h は全射だから $(U_i)_{i\in I}$ は X の開被覆である．1. より，(1) は任意の $i \in I$ に対し $f|_{U_i}\colon U_i \to Y$ が C^∞ 写像であることと同値であり，(2) は任意の $i \in I$ に対し $f \circ h|_{V_i}\colon V_i \to Y$ が C^∞ 写像であることと同値である．$h_{V_i}\colon V_i \to U_i$ は C^∞ 同相写像だから，これらはたがいに同値である． □

C^∞ 写像とは，局所的に C^∞ 写像である写像のことである．

系 8.1.8 X を n 次元多様体，Y を m 次元多様体とし，$(U_i, U'_i, p_i)_{i\in I}$ と $(V_j, V'_j, q_j)_{j\in J}$ を X と Y の局所座標系とする．$f\colon X \to Y$ を連続写像とする．$i \in I, j \in J$ に対し，$U_{ij} = U_i \cap f^{-1}(V_j)$, $U'_{ij} = p_i(U_{ij}) \subset \mathbf{R}^n$ とおき，$h_{ij}\colon U'_{ij} \to V'_j \subset \mathbf{R}^m$ を可換図式

$$\begin{array}{ccc} U_{ij} & \xrightarrow{f|_{U_{ij}}} & V_j \\ {\scriptstyle p_i|_{U_{ij}}}\downarrow & & \downarrow{\scriptstyle q_j} \\ U'_{ij} & \xrightarrow{h_{ij}} & V'_j \subset \mathbf{R}^m \end{array}$$

で定めると，次の条件は同値である．

(1) f は C^∞ 写像である．

(2) 任意の $i \in I, j \in J$ に対し，写像 $h_{ij}\colon U'_{ij} \to \mathbf{R}^m$ は C^∞ 級（定義 5.4.1）である． ■

証明 命題 8.1.7.3, 1., 2. より，(1) は任意の $i \in I, j \in J$ に対し，$f|_{U_{ij}}\colon U_{ij} \to V_j$ が C^∞ 写像であることと同値であり，$h_{ij}\colon U'_{ij} \to V'_j \subset \mathbf{R}^m$ が C^∞ 写像であることと同値である．これは命題 8.1.1 より (2) と同値である． □

系 8.1.8 と命題 8.1.1 より，多様体 X 上の C^∞ 関数 $f \in \Gamma(X, C^\infty_X)$ とは，直線 $\mathbf{R}$ への C^∞ 写像のことである．したがって，多様体 X を $\Gamma(X, C^\infty_X)$ にうつす反変関手【多様体】$^{\mathrm{op}} \to$【集合】は，座標関数 $x \in \Gamma(\mathbf{R}, C^\infty_{\mathbf{R}})$ を普遍元として $\mathbf{R}$ によって表現される．

8.2 コンパクト

定義 8.1.2.1 の開被覆の可算性の条件の意味を調べる．有理数全体のなす集合 $\mathbf{Q}$ は，『集合と位相』系 7.1.9.2 より可算である．

命題 8.2.1 U を $\mathbf{R}^n$ の開集合とし，$(U_i)_{i\in I}$ を U の開被覆とする．$K = \{(x, r) \in \mathbf{Q}^n \times \mathbf{Q} \mid r > 0, U_r(x) \subset U_i$ をみたす $i \in I$ が存在する $\}$ とおく．

1. $(U_r(x))_{(x,r)\in K}$ は U の可算開被覆である．
2. 可算部分集合 $J \subset I$ で $(U_i)_{i\in J}$ が U の開被覆となるものが存在する．■

証明 1. $\mathbf{Q}^n \times \mathbf{Q}$ は『集合と位相』系 7.1.9 より可算であり，K はその部分集合だから『集合と位相』系 7.1.7.1 より可算である．

$x \in U$ とする．$(U_i)_{i\in I}$ は U の開被覆だから，$U_r(x) \subset U_i$ をみたす実数 $r > 0$ と $i \in I$ が存在する．有理数の稠密性（『集合と位相』系 3.1.3.2）より，$0 < s < \dfrac{r}{2}$ をみたす有理数と，$y \in U_s(x) \cap \mathbf{Q}^n$ が存在する．$U_s(y) \subset U_r(x) \subset U_i$ だから $(y, s) \in K$ であり，$x \in U_s(y)$ である．

2. 選択公理より，写像 $f\colon K \to I$ で $k = (x, r) \in K$ ならば $U_r(x) \subset U_{f(k)}$ となるものが存在する．K は可算だから，『集合と位相』系 7.1.7.2 より $J = f(K) \subset I$ も可算である．$(U_r(x))_{(x,r)\in K}$ は X の開被覆だから，$(U_i)_{i\in J}$ も X の開被覆である．□

系 8.2.2 X を多様体とする．$(U_i)_{i\in I}$ が X の開被覆ならば，可算部分集合 $J \subset I$ で $(U_i)_{i\in J}$ が X の開被覆となるものが存在する．■

証明 $(W_k, V_k, p_k)_{k\in K}$ を X の可算局所座標系とする．$k \in K$ に対し，$(p_k(U_i \cap W_k))_{i\in I}$ は $\mathbf{R}^n$ の開集合 V_k の開被覆だから，命題 8.2.1.2 より，I の可算部分集合 J_k で，$(p_k(U_i \cap W_k))_{i\in J_k}$ が V_k の開被覆となるものがある．$(U_i \cap W_k)_{i\in J_k}$ は W_k の開被覆で $(W_k)_{k\in K}$ は X の開被覆だから，$J = \displaystyle\bigcup_{k\in K} J_k \subset I$ とおけば $(U_i)_{i\in J}$ は X の開被覆である．K は可算であり，任意の $k \in K$ に

対し J_k も可算だから，『集合と位相』問題 7.1.5 より $J = \bigcup_{k \in K} J_k$ も可算である． □

定義 8.2.3 X を位相空間とする．X の部分集合 A が**コンパクト** (compact) 集合であるとは，次の条件 (C) をみたすことをいう：

(C) X の開集合の族 $(U_i)_{i \in I}$ が $A \subset \bigcup_{i \in I} U_i$ をみたすならば，有限部分集合 $J \subset I$ で $A \subset \bigcup_{i \in J} U_i$ をみたすものが存在する．

$X = A$ がコンパクト集合であるとき，X はコンパクト空間であるという． ■

$A \subset X$ がコンパクト集合であるとは，X の部分空間 A がコンパクト空間であることである．X がハウスドルフならば，X のコンパクト集合 A は閉集合である（『集合と位相』命題 6.4.1）．コンパクトな曲面を**閉曲面**ということがある．下の定理 8.2.5 より，球面は閉曲面の例である．

X と Y を位相空間とし，$f: X \to Y$ を写像とする．X の任意の閉集合 A に対し $f(A)$ が Y の閉集合であるとき，f は**閉写像**であるという（『集合と位相』定義 4.3.8.2）．

命題 8.2.4 X, Y を位相空間とする．

1. $f: X \to Y$ を連続写像とする．$(V_i)_{i \in I}$ を Y の開被覆とする．Y がハウスドルフであり，任意の $i \in I$ に対し逆像 $U_i = f^{-1}(V_i)$ がハウスドルフならば，X もハウスドルフである．

2. $f: X \to Y$ を閉写像とし，Y の任意の点 y の逆像 $f^{-1}(y)$ がコンパクトであるとする．$B \subset Y$ がコンパクト集合ならば，逆像 $f^{-1}(B) \subset X$ もコンパクトである．

3. X の閉集合 A について，次の条件を考える．

(1) A は有限集合である．

(2) $A \subset X$ は離散部分空間である．

X がハウスドルフならば (1)⇒(2) である．X がコンパクトならば (2)⇒(1) である． ■

証明 1. Y はハウスドルフだから，$(V_i \times V_i)_{i \in I}$ に対角集合 Δ_Y（デルタ）の補集合 $Y \times Y - \Delta_Y$ を合わせたものは $Y \times Y$ の開被覆である．f は連続だから，

$(U_i \times U_i)_{i\in I}$ に $X \times X - (f \times f)^{-1}(\Delta_Y)$ を合わせたものは $X \times X$ の開被覆である．

U_i はハウスドルフだから，$\Delta_X \cap (U_i \times U_i) = \Delta_{U_i}$ は $U_i \times U_i$ の閉集合である．さらに $\Delta_X \cap (X \times X - (f \times f)^{-1}(\Delta_Y)) = \varnothing$ は $(X \times X - (f \times f)^{-1}(\Delta_Y))$ の閉集合だから，Δ_X は $X \times X$ の閉集合であり X はハウスドルフである．

2. X の開集合 U に対し，f は閉写像だから $f(X - U)$ は Y の閉集合であり，その補集合 $f_!(U) = Y - f(X - U) = \{y \in Y \mid f^{-1}(y) \subset U\}$ は Y の開集合である．

$(U_i)_{i\in I}$ を X の開集合の族で $f^{-1}(B) \subset \bigcup_{i\in I} U_i$ をみたすものとする．I の部分集合 J に対し，$U_J = \bigcup_{i\in J} U_j$ とおく．$y \in B$ とすると $f^{-1}(y) \subset f^{-1}(B)$ はコンパクトだから，$f^{-1}(y) \subset U_J$ をみたす有限部分集合 $J \subset I$ があり，$y \in f_!(U_J)$ となる．よって $F(I) = \{J \in P(I) \mid J$ は有限集合 $\}$ とおくと，$B \subset \bigcup_{J\in F(I)} f_!(U_J)$ である．

$B \subset Y$ もコンパクトだから，I の有限個の有限部分集合 $J_1, \ldots, J_n$ で，$B \subset f_!(U_{J_1}) \cup \cdots \cup f_!(U_{J_n})$ をみたすものが存在する．このとき任意の $y \in B$ に対し $f^{-1}(y) \subset U_{J_1} \cup \cdots \cup U_{J_n}$ となるから，有限集合 $J \subset I$ を $J = J_1 \cup \cdots \cup J_n$ で定めれば $f^{-1}(B) \subset U_{J_1} \cup \cdots \cup U_{J_n} = \bigcup_{i\in J} U_i$ である．

3. (1)⇒(2)：X がハウスドルフならば，有限部分集合は離散部分空間である．

(2)⇒(1)：A の任意の点が孤立点であると仮定して A が有限集合であることを示せばよい．X の開集合からなる集合 $\mathcal{U}$ を $\mathcal{U} = \{U \in \mathrm{Op}(X) \mid U \cap A$ の元の個数は 1 以下 $\}$ で定める．A は閉集合だから，$X - A \in \mathcal{U}$ である．任意の $x \in A$ に対し，x は A の孤立点だから $U \cap A = \{x\}$ をみたす開集合 $U \subset X$ が存在する．よって $\mathcal{U}$ は X の開被覆である．

X がコンパクトならば，$U_1, \ldots, U_n \in \mathcal{U}$ で $X = U_1 \cup \cdots \cup U_n$ をみたすものが存在する．$A \cap U_i$ の元の個数は 1 以下だから，$A = (A \cap U_1) \cup \cdots \cup (A \cap U_n)$ の元の個数は n 以下である． □

定理 8.2.5 n を自然数とする．$\mathbf{R}^n$ の部分集合 A について，次の条件は同値である．

(1) A はコンパクト集合である．

(2) A は有界閉集合である．

(3) A は空集合であるかまたは，A で定義された任意の連続関数に対しその最大値が存在する．■

証明　(2)⇒(3)：最大値の定理（定理 4.1.4）で示されている．

(3)⇒(1)：$A \subset \mathbf{R}^n$ は空集合でないとし，A で定義された任意の連続関数に対しその最大値が存在するとする．X の開集合の族 $(U_i)_{i \in I}$ が $A \subset \bigcup_{i \in I} U_i$ をみたすとし，有限部分集合 $J \subset I$ で $A \subset \bigcup_{i \in J} U_i$ をみたすものが存在することを示す．$(U_i)_{i \in I}$ は $U = \bigcup_{i \in I} U_i$ の開被覆だから，命題 8.2.1.2 より I の可算部分集合 J で $U = \bigcup_{i \in J} U_i \supset A$ をみたすものが存在する．よって I は可算であるとして示せばよい．

I が有限集合ならば明らかである．また $A \subset U_i$ をみたす $i \in I$ が存在すれば明らかであり，$A \cap U_i = \varnothing$ をみたす $i \in I$ は省いてよい．よって，I は可算無限集合であり，任意の $i \in I$ に対し $A \not\subset U_i$ かつ $A \cap U_i \neq \varnothing$ であるとして示せばよい．$i \in I$ に対し $F_i = \mathbf{R}^n - U_i$ とおく．$A \not\subset U_i$ だから F_i は $\mathbf{R}^n$ の空でない閉集合であり，$A \cap U_i \neq \varnothing$ だから $A \not\subset F_i$ である．

$I = \mathbf{N} - \{0\}$ として示せばよい．A は条件 (3) をみたすから，$i \in I$ ならば連続関数 $d(x, F_i) \geqq 0$ の A での最大値 $M_i \geqq 0$ が存在する．$A \not\subset F_i$ で F_i は閉集合だから $M_i > 0$ である．A で定義された連続関数 $f_i(x)$ を $f_i(x) = \dfrac{d(x, F_i)}{M_i}$ で定める．$0 \leqq f_i(x) \leqq 1$ であり，$f_i(x) > 0$ は $x \in A - (A \cap F_i) = A \cap U_i$ と同値である．

$f(x) = \sum_{i=1}^{\infty} \dfrac{1}{2^i} f_i(x)$ は一様収束するから，『集合と位相』命題 5.2.11 より A で定義された連続関数を定める．$0 \leqq f(x) \leqq \sum_{i=1}^{\infty} \dfrac{1}{2^i} = 1$ であり，$A \subset \bigcup_{i=1}^{\infty} U_i$ だから A で $f(x) > 0$ である．A は条件 (3) をみたすから，$f(x)$ の最小値 $m > 0$ が存在する．アルキメデスの公理（『微積分』公理 1.1.1.1）より，$m > \dfrac{1}{2^N}$ をみたす自然数 $N \geqq 1$ が存在する．$x \in A$ ならば，$\sum_{i=1}^{N} f_i(x) = f(x) - \sum_{i=N+1}^{\infty} f_i(x) \geqq m - \sum_{i=N+1}^{\infty} \dfrac{1}{2^i} = m - \dfrac{1}{2^N} > 0$ となる．よって $A \subset \bigcup_{i=1}^{N} U_i$ である．

(1)⇒(2)：$A \subset \mathbf{R}^n = \bigcup_{r>0} U_r(0)$ だから，A がコンパクトならば $A \subset U_r(0)$ をみたす実数 $r > 0$ が存在する．よって A は有界である．

$a \notin A$ とすると，$A \subset \mathbf{R}^n - \{a\} = \bigcup_{r>0} (\mathbf{R}^n - D_r(a))$ である．よって，A がコンパクトならば $A \subset \mathbf{R}^n - D_r(a)$ をみたす実数 $r > 0$ が存在する．したがって $A \neq \varnothing$ ならば $d(a, A) > r > 0$ だから，A は閉集合である． □

定義 8.2.6 X を位相空間とする．

1. X 上の連続関数 $f\colon X \to \mathbf{R}$ に対し，$f|_U = 0$ をみたす最大の開集合 $U \subset X$ の補集合を f の**台** (support) とよび $\operatorname{supp} f$ で表す．

2. $(U_i)_{i \in I}$ を X の開被覆とする．X 上の連続関数 $f_1, \ldots, f_m$ が次の条件 (1) と (2) をみたすとき，$f_1, \ldots, f_m$ は開被覆 $(U_i)_{i \in I}$ に属する **1 の分解** (partition of unity) であるという．

(1) $f_1 \geqq 0, \ldots, f_m \geqq 0$ であり，$f_1 + \cdots + f_m = 1$ である．

(2) $k = 1, \ldots, m$ に対し，$\operatorname{supp} f_k \subset U_i$ をみたす $i \in I$ が存在する． ■

例 8.2.7 1. $t > 0$ を実数とする．関数 $g_t\colon \mathbf{R} \to \mathbf{R}$ を

$$g_t(x) = \begin{cases} (x^2 - t^2)^2 & |x| \leqq t \text{ のとき}, \\ 0 & |x| \geqq t \text{ のとき} \end{cases} \tag{8.5}$$

で定めると，g_t は連続微分可能であり，g_t の台は $[-t, t]$ である．

2. X を多様体，$(U, U_r(c), p)$ を局所座標とする．$0 < t < r$ とし，関数 $g_t\colon \mathbf{R} \to \mathbf{R}$ (8.5) を使って，関数 $g_{c,t}\colon X \to \mathbf{R}$ を

$$g_{c,t}(x) = \begin{cases} g_t(d(p(x), c)) & x \in U \text{ のとき}, \\ 0 & x \in X - U \text{ のとき} \end{cases} \tag{8.6}$$

で定める．$p^{-1}(D_t(c))$ はコンパクトだから，『集合と位相』命題 6.5.3.1 よりハウスドルフ空間 X の閉集合である．$g_{c,t} \geqq 0$ は連続微分可能である．$p^{-1}(U_t(c))$ で $g_{c,t} > 0$ だから，$\operatorname{supp} g_{c,t} = p^{-1}(D_t(c)) \subset U$ である． ■

命題 8.2.8 X をコンパクトな多様体とし，$(U_i)_{i \in I}$ を X の開被覆とする．X 上の連続微分可能な関数 $f_1, \ldots, f_m$ による 1 の分解で $(U_i)_{i \in I}$ に属するものが存在する． ■

証明 $(W_j, V_j, p_j)_{j\in J}$ を X の局所座標系とする．$K \subset I \times J \times \mathbf{R}^n \times \mathbf{R}$ を例 8.1.4.2 のとおりとし，$L = \{(i,j,c,r,t) \in K \times \mathbf{R} \mid 0 < t < r\}$ とおく．$l = (i,j,c,r,t) \in L$ に対し，$U''_l = p_j^{-1}(U_t(c)) \subset D_l = p_j^{-1}(D_t(c)) \subset U'_l = p_j^{-1}(U_r(c)) \subset U_i$ とおき，局所座標 $(U'_l, U_r(c), p_i|_{U'_l})$ に対し例 8.2.7.2 で定めた連続微分可能な関数 $g_{c,t} \geqq 0$ (8.6) を $g_l \colon X \to \mathbf{R}$ で表す．$\operatorname{supp} g_l = D_l \subset U_i$ であり，U''_l で $g_l > 0$ である．

$(U''_l)_{l\in L}$ は X の開被覆であり，X はコンパクトだから，$X \subset U''_{l_1} \cup \cdots \cup U''_{l_m}$ をみたす有限個の元 $l_1, \ldots, l_m \in L$ がある．X で $g = \sum_{k=1}^{m} g_{l_k} > 0$ である．$k = 1, \ldots, m$ に対し $f_k = \dfrac{g_{l_k}}{g} \geqq 0$ とおく．f_k は連続微分可能で，$\sum_{k=1}^{m} f_k = 1$ である．$\operatorname{supp} f_k = \operatorname{supp} g_{l_k} = D_{l_k} \subset U_i$ をみたす $i \in I$ がある． □

8.3 ホモロジー

X を位相空間とし，$x \in X$ とする．例 1.7.4 のように，$N(X,x)$ で x の近傍全体が包含関係に関してなす順序集合を表し，$M(X,x)$ で x の開近傍全体がなす部分集合を表す．$U \in N(X,x)$ を $U - \{x\}$ にうつす関手 $N(X,x) \to$【位相空間】は位相空間の逆系を定める．したがって，q を自然数とすると，$U \in N(X,x)$ を $H_q(U - \{x\})$ にうつす関手は加群の逆系を定める．この本だけの記号として逆極限（例 1.7.2.2）を

$$H_q(X\|x) = \varprojlim_{U\in N(X,x)} H_q(U - \{x\}) \tag{8.7}$$

で表す．x の近傍 $U \in N(X,x)$ に対し，射影 $H_q(X\|x) \to H_q(U - \{x\})$ が定まる．X のホモロジー群 $H_q(X)$ は X の大域的性質を表す対象であるのに対し，$H_q(X\|x)$ は x の近くでの局所的な性質を表す対象である．

順序集合 $N(X,x)$ は有向である．U が x の近傍ならば，部分集合 $N(U,x) \subset N(X,x)$ は共終だから，命題 1.7.6 より射影

$$H_q(X\|x) \to H_q(U\|x) \tag{8.8}$$

は同形である．$M(X,x) \subset N(X,x)$ も共終だから，射影

$$H_q(X\|x) \to \varprojlim_{U\in M(X,x)} H_q(U - \{x\}) \tag{8.9}$$

も同形である．(8.9) により，$H_q(X\|x)$ を $\varprojlim_{U\in M(X,x)} H_q(U - \{x\})$ と同一視する．

命題 8.3.1　1. $x \in \mathbf{R}^n$ とする．$U \subset \mathbf{R}^n$ が x の弧状連結で非輪状な近傍ならば，射影 $H_q(\mathbf{R}^n\|x) \to H_q(U - \{x\})$ は同形である．

2. X を n 次元多様体とし，(U, V, p) を $x \in X$ の座標近傍とすると，射影と同相写像 $p\colon U \to V$ と包含写像がひきおこす射の合成射

$$H_q(X\|x) \longrightarrow H_q(U - \{x\}) \xrightarrow{p_*} H_q(V - \{p(x)\}) \longrightarrow H_q(\mathbf{R}^n - \{p(x)\}) \tag{8.10}$$

は同形である．

$q \neq 0, n-1$ ならば，$H_q(X\|x) = 0$ である．$n = 1$ ならば，$H_0(X\|x)$ は $\mathbf{Z}^2$ と同形である．$n \geqq 2$ ならば，$H_0(X\|x)$ と $H_{n-1}(X\|x)$ は $\mathbf{Z}$ と同形である．■

命題 8.3.1.2 より，多様体の次元 n は $H_q(X\|x) \neq 0$ となる q で定まる．

証明　1. x を中心とする開球の族 $(U_r(x))_{r>0}$ は x の近傍の基本系だから，弧状連結かつ非輪状な近傍全体のなす部分集合 $N_0(\mathbf{R}^n, x) \subset N(\mathbf{R}^n, x)$ は共終である．$V \subset U$ が x の弧状連結かつ非輪状な近傍ならば，例題 4.7.8 より $H_q(V - \{x\}) \to H_q(U - \{x\}) \to H_q(\mathbf{R}^n - \{x\})$ は同形だから，命題 1.7.6 と命題 1.7.7.3 より射影 $H_q(\mathbf{R}^n\|x) \to \varprojlim_{V\in N_0(\mathbf{R}^n,x)} H_q(V - \{x\}) \to H_q(U - \{x\}) \to H_q(\mathbf{R}^n - \{x\})$ は同形である．

2. 図式

$$\begin{array}{ccccccc}
H_q(X\|x) & \overset{(8.8)}{\to} & H_q(U\|x) & \overset{p_*}{\to} & H_q(V\|p(x)) & \overset{(8.8)}{\leftarrow} & H_q(\mathbf{R}^n\|p(x)) \\
& \searrow & \downarrow & & \downarrow & & \downarrow \\
& & H_q(U - \{x\}) & \overset{p_*}{\to} & H_q(V - \{p(x)\}) & \to & H_q(\mathbf{R}^n - \{p(x)\})
\end{array} \tag{8.11}$$

を，左の 3 角と右の 4 角の射を射影と包含写像で定め，同相写像 $p\colon U \to V$ が定める同形を p_* として定める．(8.11) は可換である．$U \subset X$ は x の開近傍で $V \subset \mathbf{R}^n$ は $p(x)$ の開近傍だから，上の行の 1 つめの射と 3 つめの射は同形である．1. より右のたての射も同形だから，(8.10) の合成射は同形である．残りは定理 4.8.1 よりしたがう．□

x と $p(x)$ の近傍 $U' \subset U, V' \subset V$ が $p(U') \subset V'$ をみたすならば，(8.11) の

下の行で U, V を U', V' でおきかえたものも可換である．よって (8.10) の合成射は，このおきかえたものの合成射と等しい．

X をハウスドルフ空間，$x \in X$ とし，U を x の開近傍とする．$X = U \cup (X - \{x\})$ が定めるマイヤー–ヴィートリスの完全系列の境界射

$$\delta_{U,x} \colon H_{q+1}(X) \to H_q(U - \{x\}) \tag{8.12}$$

は，マイヤー–ヴィートリス完全系列の関手性（命題 4.7.6）より $H_{q+1}(X)$ からの射の逆系を定める．逆極限の普遍性より，加群の射

$$\delta_x \colon H_{q+1}(X) \to H_q(X \| x) \tag{8.13}$$

が定まる．射 $\delta_x \colon H_{q+1}(X) \to H_q(X \| x)$ は大域的な対象 $H_{q+1}(X)$ と局所的な対象 $H_q(X \| x)$ を結びつけている．

下の命題 8.3.2 で，射 (8.13) の関手性を調べる．これは次章でのリーマン面の射の大域的な不変量である次数と局所的な不変量である分岐指数の関係を表す命題 9.3.1 の証明で使われる．記号を用意する．

X を位相空間とし，A を閉集合とする．A を含む X の開集合を A の**開近傍**という（『集合と位相』定義 4.3.1.5）．$M(X, A)$ で A の開近傍全体が包含関係に関してなす順序集合を表し，(8.7) と同様に逆極限

$$H_q(X \| A) = \varprojlim_{U \in M(X,A)} H_q(U - A) \tag{8.14}$$

を定義する．(8.13) と同様に，$X = U \cup (X - A)$ が定めるマイヤー–ヴィートリス完全系列の境界射のなす逆系の逆極限を

$$\delta_A \colon H_{q+1}(X) \to H_q(X \| A) \tag{8.15}$$

とする．x が A の孤立点ならば，順序写像 $N(X, A) \to N(X, x)$ を U を $U_x = U - (A - \{x\})$ にうつすことで定める．$U_x - \{x\} = U - A$ だから，逆極限の関手性 (1.39) を適用して標準射

$$H_q(X \| x) \to H_q(X \| A) \tag{8.16}$$

が得られる．

Y をハウスドルフ空間，$f \colon X \to Y$ を連続写像とし，$y \in Y$ とする．順序写像 $f^* \colon N(Y, y) \to N(X, f^{-1}(y))$ を $f^*(V) = f^{-1}(V)$ で定め，(1.39) を適用して

$$f_*\colon H_q(X\|f^{-1}(y)) = \varprojlim_{U\in N(X,f^{-1}(y))} H_q(U - f^{-1}(y)) \tag{8.17}$$
$$\to \varprojlim_{V\in N(Y,y)} H_q(f^{-1}(V) - f^{-1}(y)) \xrightarrow{f_*} \varprojlim_{V\in N(Y,y)} H_q(V - \{y\}) = H_q(Y\|y)$$

を定義する．$x \in f^{-1}(y)$ が孤立点ならば，(8.16) と (8.17) の合成として

$$f_*\colon H_q(X\|x) \to H_q(Y\|y) \tag{8.18}$$

を定める．x の近傍 U と y の近傍 V で $f(U) \subset V$ と $U \cap f^{-1}(y) = \{x\}$ をみたすものに対し，たての射を射影とすると図式

$$\begin{array}{ccc} H_q(X\|x) & \xrightarrow{f_*} & H_q(Y\|y) \\ \downarrow & & \downarrow \\ H_q(U - \{x\}) & \xrightarrow{f_*} & H_q(V - \{y\}) \end{array} \tag{8.19}$$

は可換である．

命題 8.3.2 X をハウスドルフ空間とし，$q \geqq 0$ を自然数とする．

1. $A = \{x_1, \ldots, x_n\}$ を X の有限部分集合とする．標準射 (8.16) の直和

$$\bigoplus_{x\in A} H_q(X\|x) \to H_q(X\|A) \tag{8.20}$$

は同形である．$\delta_A\colon H_{q+1}(X) \to H_q(X\|A)$ (8.15) は，$\delta_x\colon H_{q+1}(X) \to H_q(X\|x)$ (8.13) の直和と同形 (8.20) の合成である．

2. Y もハウスドルフ空間とし，$f\colon X \to Y$ を連続写像とする．$y \in Y$ とし，逆像 $f^{-1}(y)$ は有限個の点 $x_1, \ldots, x_n$ からなるとする．図式

$$\begin{array}{ccc} H_{q+1}(X) & \xrightarrow{\bigoplus_{i=1}^{n} \delta_{x_i}} & \bigoplus_{i=1}^{n} H_q(X\|x_i) \\ {\scriptstyle f_*}\downarrow & & \downarrow{\scriptstyle \sum_{i=1}^{n} f_*} \\ H_{q+1}(Y) & \xrightarrow{\delta_y} & H_q(Y\|y) \end{array} \tag{8.21}$$

は可換である． ■

証明 1. X はハウスドルフで A は有限だから，$x \in A$ は孤立点であり，標準射 $H_q(X\|x) \to H_q(X\|A)$ (8.16) が定まる．さらに X はハウスド

ルフだから，$x \in A$ の開近傍の無縁和のなす $M(X,A)$ の部分集合は共終であり，命題 1.7.6 より標準射の直和 (8.20) は同形である．$x \in A$ に対し，$\delta_A\colon H_{q+1}(X) \to H_q(X\|A)$ と同形 $\bigoplus_{x\in A} H_q(X\|x) \to H_q(X\|A)$ の逆写像と射影の合成が $\delta_x\colon H_{q+1}(X) \to H_q(X\|x)$ (8.13) であることを示せばよい．

$U_1,\ldots,U_n$ を $x_1,\ldots,x_n$ の開近傍で，$1 \leqq i < j \leqq n$ ならば $U_i \cap U_j = \varnothing$ となるものとする．$1 \leqq i \leqq n$ とする．$X = (U_1 \cup \cdots \cup U_n) \cup (X - \{x_1,\ldots,x_n\})$, $X = (U_1 \cup \cdots \cup U_n) \cup (X - \{x_i\})$, $X = U_i \cup (X - \{x_i\})$ が定めるマイヤー–ヴィートリス完全系列に，X の恒等射と $X - \{x_1,\ldots,x_n\} \subset X - \{x_i\}$, $U_i \subset U_1 \cup \cdots \cup U_n$ から定まる関手性（命題 4.7.6）を適用して，可換図式

$$\begin{array}{ccc}
H_{q+1}(X) & \to & \bigoplus_{j=1}^{n} H_q(U_j - \{x_j\}) \\
{\scriptstyle \delta_{x_i,U_i}} \downarrow & \searrow & \downarrow \\
H_q(U_i - \{x_i\}) & \to & H_q(U_i - \{x_i\}) \oplus \bigoplus_{j \neq i} H_q(U_j)
\end{array}$$

が得られる．$\delta_A\colon H_{q+1}(X) \to H_q(X\|A)$ は上のよこの射の逆極限だから，その第 i 成分は左のたての射の逆極限 $\delta_{x_i}\colon H_{q+1}(X) \to H_q(X\|x_i)$ である．

2. 1. より，図式

$$\begin{array}{ccccc}
H_{q+1}(X) & \xrightarrow{\bigoplus_{i=1}^{n} \delta_x} & \bigoplus_{i=1}^{n} H_q(X\|x_i) & \xrightarrow{(8.20)} & H_q(X\|f^{-1}(y)) \\
{\scriptstyle f_*} \downarrow & & \downarrow {\scriptstyle (8.18)} & \swarrow {\scriptstyle (8.17)} & \\
H_{q+1}(Y) & \xrightarrow{\delta_y} & H_q(Y\|y) & &
\end{array}$$

の上の行の合成射は $\delta_{f^{-1}(y)}\colon H_{q+1}(X) \to H_q(X\|f^{-1}(y))$ (8.15) である．よってマイヤー–ヴィートリス完全系列の関手性より，台形は可換である．(8.18) の定義より，図式の右の 3 角は可換だから，左の 4 角も可換である． □

X を多様体とし，$r \geqq 0$ を自然数とする．5.5 節と同様に，r 回連続微分可能な写像 $I^q \to X$ の類によって生成される部分複体 $C(X)_{C^r} \subset C(X)$ が定義される．複体 $C(X)_{C^r}$ のホモロジー群として $H_q(X)_{C^r}$ を定義する．複体の包含射 $C(X)_{C^r} \to C(X)$ が定める線形写像

$$H_q(X)_{C^r} \to H_q(X) \tag{8.22}$$

が同形であることを示す．

定理 8.3.3 X を多様体とし，$r \geqq 0$ を自然数とする．U, V を X の開集合とする．$X = U \cup V$ ならば，包含射 $C(\mathcal{U})_{C^r} = C(U)_{C^r} + C(V)_{C^r} \to C(X)_{C^r}$ が定めるホモロジー群の射 $H_q(\mathcal{U})_{C^r} \to H_q(X)_{C^r}$ は，任意の自然数 $q \geqq 0$ に対し同形である． ■

証明は定理 4.7.1 と同様なので省略する．

命題 8.3.4 X を n 次元多様体とし，$r \geqq 0$ を自然数とする．任意の自然数 $q \geqq 0$ に対し，$H_q(X)_{C^r} \to H_q(X)$ (8.22) は同形である． ■

証明 はじめに，X の有限な局所座標系 $(U_i, V_i, p_i)_{i=1,\dots,m}$ が存在する場合に，m に関する帰納法で示す．$m = 1$ とする．$X = U_1$ だから，可換図式

$$\begin{array}{ccc} H_q(X)_{C^r} & \longrightarrow & H_q(X) \\ {\scriptstyle p_{1*}}\downarrow & & \downarrow{\scriptstyle p_{1*}} \\ H_q(V_1)_{C^r} & \longrightarrow & H_q(V_1) \end{array}$$

が得られる．p_1 は多様体の同形だから，命題 1.4.2.1 より，たての射は同形である．V_1 は $\mathbf{R}^n$ の開集合だから，命題 5.4.2 より，下のよこの射も同形である．よって上のよこの射 (8.22) も同形である．

$m-1$ まで示されたとし，$U = U_1 \cup \cdots \cup U_{m-1}$, $V = U_m$ とおく．定理 8.3.3 より，(4.39) と同様に $H_q(-)_{C^r}$ についてもマイヤー–ヴィートリス完全系列が得られ，完全系列の可換図式

$$\begin{array}{ccccccccccc} \cdots \to & H_{q+1}(X)_{C^r} & \to & H_q(U \cap V)_{C^r} & \to & H_q(U)_{C^r} \oplus H_q(V)_{C^r} & \to & H_q(X)_{C^r} & \to \cdots \\ & \downarrow & & \downarrow & & \downarrow & & \downarrow & \\ \cdots \to & H_{q+1}(X) & \to & H_q(U \cap V) & \to & H_q(U) \oplus H_q(V) & \to & H_q(X) & \to \cdots \end{array}$$

が得られる．U については，帰納法の仮定より $H_q(U)_{C^r} \to H_q(U)$ は同形である．V と $U \cap V \subset V$ についても $m = 1$ の場合より同形である．よって，5 項補題（命題 4.3.3.2）より (8.22) は同形である．

一般の場合を示す．有限な局所座標系がある場合はすでに示したから，X の可算無限な局所座標系 $(U_i, V_i, p_i)_{i \in \mathbf{N}}$ があるとして示せばよい．X の開集合の列 $W_0 \subset W_1 \subset \cdots$ を $W_m = U_0 \cup U_1 \cup \cdots \cup U_m$ で定める．$C(X)$ の部分複体 $C(X)_{C^r}$ と部分複体の列 $C(W_0) \subset C(W_1) \subset \cdots$ に，命題 4.4.8 を適用する．

$X = \bigcup_{m=0}^{\infty} W_m$ で，定理 8.2.5 より任意の自然数 $q \geqq 0$ に対し有界閉集合 $I^q \subset \mathbf{R}^q$ はコンパクトだから，$\sigma\colon I^q \to X$ を連続写像とすると，$I^q = \sigma^{-1}(W_m)$ をみたす自然数 m が存在する．よって $C(I^q, X) = \bigcup_{m=0}^{\infty} C(I^q, W_m)$ であり，$C(X) = \bigcup_{m=0}^{\infty} C(W_m)$ である．$m \in \mathbf{N}$ に対し $C(W_m)_{C^r} = C(X)_{C^r} \cap C(W_m)$ である．$(U_i, V_i, p_i)_{i=0,\ldots,m}$ は W_m の有限な局所座標系だから，すでに示したように任意の自然数 q に対し $H_q(W_m)_{C^r} \to H_q(W_m)$ は同形である．よって命題 4.4.8 より任意の自然数 q に対し (8.22) は同形である．□

8.4　層の構成

多様体上の層と射を統一的に構成する方法を与える．この構成法 (F) を適用して，8.6 節で曲面上の微分形式の層を定義する．本書では曲面の場合にしか使わないので，$n = 2$ と思って読んでもよい．

(F) $\mathcal{F}$ を $\mathbf{R}^n$ 上の層とする．$\mathbf{R}^n$ の開集合 U, V とその C^∞ 写像 $f\colon U \to V$ に対して定まる写像 $f^*\colon \mathcal{F}(V) \to \mathcal{F}(U)$ の族 $(f^*)_f$ が，次の条件 (F1) と (F2) をみたすとする．

(F1) $\mathbf{R}^n$ の開集合 $V \subset U$ の包含写像 $j\colon V \to U$ に対し，$j^*\colon \mathcal{F}(U) \to \mathcal{F}(V)$ は制限写像である．

(F2) C^∞ 写像 $f\colon U \to V$ と $g\colon V \to W$ に対し，$(g \circ f)^* = f^* \circ g^*$ である．

このとき，n 次元の任意の多様体 X に対し，X 上の層 $\mathcal{F}_X$ を構成する．さらに n 次元の任意の多様体 X, Y と任意の C^∞ 写像 $f\colon X \to Y$ に対し，Y 上の層の射 $f^*\colon \mathcal{F}_Y \to f_*\mathcal{F}_X$ を構成する．恒等射 $1_X\colon X \to X$ に対しては $1_X^* = 1_{\mathcal{F}_X}$ であり，$f\colon X \to Y$ と $g\colon Y \to Z$ が n 次元多様体の C^∞ 写像ならば，$(g \circ f)^* = f^* \circ g^*$ となる．

Y 上の層の射 $f^*\colon \mathcal{F}_Y \to f_*\mathcal{F}_X$ を f による**ひきもどし**という．X が $\mathbf{R}^n$ の開集合のときは，$\mathcal{F}_X$ は $\mathcal{F}|_X$ と自然に同一視され，f^* についても同様である．A が位相空間で，$\mathcal{F}$ が位相空間 A が定める $\mathcal{F}(U) = C(U, A)$ で定まる層（例題 7.1.2.1）であり，$f^*\colon \mathcal{F}(V) \to \mathcal{F}(U)$ がひきもどしならば，$\mathcal{F}_X$ も位相空間 A が定める層であり，f^* はひきもどしの射（例 7.1.4.1）である．この構成は適切に定義された圏の同値として定式化できるが，ここではそこまで

やらない．

次の順に進む．

(1) 条件 (F1) と (F2) を層のことばでいいかえる．

(2) 層と射を局所的に構成し，$(g \circ f)^* = f^* \circ g^*$ を局所的に確かめる．

(3) n 次元多様体 X 上に層 $\mathcal{F}_X$ を構成する．

(4) C^∞ 級写像 $f\colon X \to Y$ に対し，層の射 $f^*\colon \mathcal{F}_Y \to f_*\mathcal{F}_X$ を構成する．

(5) $f\colon X \to Y$, $g\colon Y \to Z$ に対し，$(g \circ f)^* = f^* \circ g^*$ を証明する．

構成 (1) $\mathbf{R}^n$ の開集合 U, V とその C^∞ 写像 $f\colon U \to V$ に対し，条件 (F1) と (F2) より V 上の層の射 $f^*\colon \mathcal{F}|_V \to f_*(\mathcal{F}|_U)$ が定まる．この族 $(f^*)_f$ は，次の条件 (FF1)–(FF3) をみたす．

(FF1) $\mathbf{R}^n$ の恒等射 $1_{\mathbf{R}^n}$ に対し，$1^*_{\mathbf{R}^n} = 1_{\mathcal{F}}$ である．

(FF2) C^∞ 写像 $f\colon U \to V$ と $g\colon V \to W$ に対し，$(g \circ f)^*\colon \mathcal{F}|_W \to (g \circ f)_*\mathcal{F}|_U$ は $g^*\colon \mathcal{F}|_W \to g_*\mathcal{F}|_V$ と $f^*\colon \mathcal{F}|_V \to f_*\mathcal{F}|_U$ の合成 $f^* \circ g^*$ (7.3) である．

(FF3) C^∞ 写像 $f\colon U \to V$ と開集合 $U' \subset U$, $V' \subset V$ で $f(U') \subset V'$ をみたすものに対し，$f'\colon U' \to V'$ を f の制限とすると $f'^*\colon \mathcal{F}|_{V'} \to f'_*\mathcal{F}|_{U'}$ は $f^*\colon \mathcal{F}|_V \to f_*\mathcal{F}|_U$ の制限 (7.5) である．

(2) X を n 次元多様体とし，(U, U', p) をその局所座標とする．U 上の層 $\mathcal{F}_U$ を $\mathcal{F}$ の $U' \subset \mathbf{R}^n$ への制限 $\mathcal{F}|_{U'}$ の同相写像 $p\colon U \to U'$ によるひきもどし $\mathcal{F}_U = p^*(\mathcal{F}|_{U'})$ として定義する．

X と Y を n 次元多様体，$f\colon X \to Y$ を C^∞ 写像とし，(U, U', p) と (V, V', q) をそれぞれ X と Y の局所座標とする．$U_V = U \cap f^{-1}(V) \subset U$ とおき $f_{UV}\colon U_V \to V$ を f の制限とする．$U'_{V'} = p(U_V) \subset U' \subset \mathbf{R}^n$ とおき，C^∞ 写像 $f'_{U'V'}\colon U'_{V'} \to V'$ を系 8.1.8 のように可換図式

$$
\begin{array}{ccc}
U_V & \xrightarrow{f_{UV}} & V \\
{\scriptstyle p|_{U_V}}\downarrow & & \downarrow{\scriptstyle q} \\
U'_{V'} & \xrightarrow{f'_{U'V'}} & V'
\end{array}
\tag{8.23}
$$

で定める．V 上の層の射

$$
f^*_{UV}\colon \mathcal{F}_V = q^*(\mathcal{F}|_{V'}) \to f_{UV*}(\mathcal{F}_U|_{U_V}) = q^*(f'_{U'V'*}(\mathcal{F}|_{U'_{V'}})) \tag{8.24}
$$

を，$f'^*_{U'V'}\colon \mathcal{F}|_{V'} \to f'_{U'V'*}(\mathcal{F}|_{U'_{V'}})$ の同相写像 q による逆像として定義する．

8・4

補題 8.4.1　X, Y, Z を n 次元多様体とし，$(U, U', p), (V, V', q), (W, W', r)$ をそれぞれ X, Y, Z の局所座標とする．C^∞ 写像 $f\colon X \to Y$, $g\colon Y \to Z$ と $h = g \circ f\colon X \to Z$ の制限のなす可換図式を

$$\begin{array}{ccc} U_{VW} = U \cap f^{-1}(V_W) & \xrightarrow{f_{UV_W}} & V_W = V \cap g^{-1}(W) \\ \cap \downarrow & \searrow^{h_{U_V W}} & \downarrow g_{VW} \\ U_W = U \cap h^{-1}(W) & \xrightarrow{h_{UW}} & W \end{array} \tag{8.25}$$

とし，$f_{UV}\colon U_V = U \cap f^{-1}(V) \to V$ も f の制限とすると，W 上の層の図式

$$\begin{array}{lcccc} g_{VW*}((f_{UV*}(\mathcal{F}_U|_{U_V}))|_{V_W}) & & \xleftarrow{g_{VW*}(f^*_{UV}|_{V_W})} & & g_{VW*}(\mathcal{F}_V|_{V_W}) \\ = g_{VW*}(f_{UV_W*}(\mathcal{F}_U|_{U_{VW}})) & & & & \uparrow g^*_{VW} \\ = h_{U_V W*}(\mathcal{F}_U|_{U_{VW}}) & \xleftarrow{\text{制限}} & h_{UW*}(\mathcal{F}_U|_{U_W}) & \xleftarrow{h^*_{UW}} & \mathcal{F}_W \end{array} \tag{8.26}$$

は可換である．■

証明　$f'_{U'V'}\colon U'_{V'} = p(U_V) \to V'$ などの記号を (8.23) と同様に定める．W 上の層の射の図式 (8.26) は，W' 上の層の射の図式

$$\begin{array}{lcccc} g'_{V'W'*}((f'_{U'V'*}(\mathcal{F}|_{U'_{V'}}))|_{V'_{W'}}) & & \xleftarrow{g'_{V'W'*}(f'^*_{U'V'}|_{V'_{W'}})} & & g'_{V'W'*}(\mathcal{F}|_{V'_{W'}}) \\ = g'_{V'W'*}(f'_{U'V'_{W'}*}(\mathcal{F}|_{U'_{V'W'}})) & & & & \uparrow g'^*_{V'W'} \\ = h'_{U'_{V'}W'*}(\mathcal{F}|_{U'_{V'W'}}) & \xleftarrow{\text{制限}} & h'_{U'W'*}(\mathcal{F}|_{U'_{W'}}) & \xleftarrow{h'^*_{U'W'}} & \mathcal{F}|_{W'} \end{array} \tag{8.27}$$

の同相写像 $r\colon W \to W'$ による逆像である．(8.27) の上の行が定める射 $g'_{V'W'*}(\mathcal{F}|_{V'_{W'}}) \to g'_{V'W'*}(f'_{U'V'_{W'}*}(\mathcal{F}|_{U'_{V'W'}}))$ は，条件 (FF3) を $U'_{V'W'} \subset U'_{V'}, V'_{W'} \subset V'$ に適用すれば $g'_{V'W'*}(f'^*_{U'_{V'}W'})$ である．(8.27) の下の行の合成射は，条件 (FF3) を $U'_{V'W'} \subset U'_{W'}, W' \subset W'$ に適用すれば $h'^*_{U'_{V'}W'}\colon \mathcal{F}|_{W'} \to h'_{U'_{V'}W'*}(\mathcal{F}|_{U'_{V'W'}})$ である．よって条件 (FF2) を (8.25) の右上の 3 角に $'$ をつけたものに適用すれば，(8.27) は可換である．□

(3) X を n 次元多様体とし，X 上の層 $\mathcal{F}_X$ を構成する．$\mathcal{U} = (U_i, U'_i, p_i)_{i \in I}$ を X の局所座標系とし，X 上の層 $\mathcal{F}_{X,\mathcal{U}}$ を定義する．そのために，同じ記号 $\mathcal{U}$ で X の開被覆 $(U_i)_{i \in I}$ も表すことにする．

$i \in I$ に対し，U_i 上の層 $\mathcal{F}_{U_i}$ は U'_i 上の層 $\mathcal{F}|_{U'_i}$ の同相写像 $p_i\colon U_i \to U'_i$ による

逆像 $p_i^*(\mathcal{F}|_{U_i'})$ である．命題 8.1.5.1 のように，$i, i' \in I$ に対し，$U_{ii'} = U_i \cap U_{i'}$ とおく．(8.24) を $f = 1_X$ と局所座標 (U_i, U_i', p_i), $(U_{i'}, U_{i'}', p_{i'})$ と包含写像 $1_{U_iU_{i'}} = j\colon U_{ii'} \to U_{i'}$ に適用して，$U_{i'}$ 上の層の射 $\mathcal{F}_{U_{i'}} \to j_*(\mathcal{F}_{U_i}|_{U_{ii'}})$ を定め，$\varphi_{ii'}\colon \mathcal{F}_{U_{i'}}|_{U_{ii'}} \to \mathcal{F}_{U_i}|_{U_{ii'}}$ をその $U_{ii'}$ への制限とする．

層の族 $(\mathcal{F}_{U_i})_{i\in I}$ と射の族 $(\varphi_{ii'}\colon \mathcal{F}_{U_{i'}}|_{U_{ii'}} \to \mathcal{F}_{U_i}|_{U_{ii'}})_{i,i'\in I}$ が，$\mathcal{U}$ 上の層 $\mathcal{F}_{\mathcal{U}}$ を定めることを示す．はりあわせの条件 (PF1) は (FF1) と (FF3) からしたがう．補題 8.4.1 を $X = Y = Z$, $f = g = 1_X$ に適用して得られる可換図式 (8.26) を $U_{ii'i''}$ に制限すれば，(PF2) もみたされる．命題 7.3.4 を $\mathcal{F}_{\mathcal{U}}$ に適用して，X 上の層 $\mathcal{F}_{X,\mathcal{U}}$ を定義する．X が $\mathbf{R}^n$ の開集合のときは，局所座標系として $\mathcal{U} = \{(X, X, 1_X)\}$ をとれば，$\mathcal{F}_{X,\mathcal{U}} = \mathcal{F}|_X$ である．X の局所座標系として全局所座標系 $\mathcal{U}_X$（例 8.1.4.1）をとり，X 上の層 $\mathcal{F}_X = \mathcal{F}_{X,\mathcal{U}_X}$ を定義する．

(4) $f\colon X \to Y$ を n 次元多様体の C^∞ 写像とし，$\mathcal{U} = (U_i, U_i', p_i)_{i\in I}$ を X の局所座標系，$\mathcal{V} = (V_j, V_j', q_j)_{j\in J}$ を Y の局所座標系とする．Y 上の層の射

$$f^*_{\mathcal{U}\mathcal{V}}\colon \mathcal{F}_{Y,\mathcal{V}} \to f_*\mathcal{F}_{X,\mathcal{U}} \tag{8.28}$$

を定義する．

$f\colon X \to Y$ と局所座標 (U_i, U_i', p_i), (V_j, V_j', q_j) と $f_{U_{ij}V_j}\colon U_{ij} = U_i \cap f^{-1}(V_j) \to V_j$ に (8.24) を適用して，V_j 上の層の射 $f^*_{U_{ij}V_j}\colon \mathcal{F}_{V_j} \to f_{U_{ij}V_j*}(\mathcal{F}_{U_i}|_{U_{ij}})$ を定める．層の射の族 $(f^*_{U_{ij}V_j}\colon \mathcal{F}_{V_j} \to f_{U_{ij}V_j*}\mathcal{F}_{U_{ij}})_{i\in I, j\in J}$ は，(FF3) より射のはりあわせの条件 (PH) をみたす．これに命題 7.3.1 を適用して，Y 上の層の射 $f^*_{\mathcal{U}\mathcal{V}}\colon \mathcal{F}_{Y,\mathcal{V}} \to f_*\mathcal{F}_{X,\mathcal{U}}$ を定義する．

$X = Y$, $f = 1_X$, $\mathcal{U} = \mathcal{V}$ のとき，$1^*_{X\mathcal{U}\mathcal{U}}\colon \mathcal{F}_{X,\mathcal{U}} \to \mathcal{F}_{X,\mathcal{U}}$ は (FF1) と (FF3) より $\mathcal{F}_{X,\mathcal{U}}$ の恒等射である．$\mathcal{U} = \mathcal{U}_X$ と $\mathcal{V} = \mathcal{U}_Y$ を全局所座標系として，Y 上の層の射 $f^*\colon \mathcal{F}_Y \to f_*\mathcal{F}_X$ を $f^* = f^*_{\mathcal{U}_X\mathcal{V}_Y}$ として定義する．

(5) $f\colon X \to Y$, $g\colon Y \to Z$ を n 次元多様体の C^∞ 写像とし，$h = g \circ f$ とする．$\mathcal{U} = (U_i, U_i', p_i)_{i\in I}$, $\mathcal{V} = (V_j, V_j', q_j)_{j\in J}$, $\mathcal{W} = (W_k, W_k', r_k)_{k\in K}$ をそれぞれ X, Y, Z の局所座標系とする．(4) より，Y 上の層の射 $f^*_{\mathcal{U}\mathcal{V}}\colon \mathcal{F}_{Y,\mathcal{V}} \to f_*\mathcal{F}_{X,\mathcal{U}}$ と Z 上の層の射 $g^*_{\mathcal{V}\mathcal{W}}\colon \mathcal{F}_{Z,\mathcal{W}} \to g_*\mathcal{F}_{Y,\mathcal{V}}$, $h^*_{\mathcal{U}\mathcal{W}}\colon \mathcal{F}_{Z,\mathcal{W}} \to h_*\mathcal{F}_{X,\mathcal{U}}$ が定まる．補題 8.4.1 より，$h^*_{\mathcal{U}\mathcal{W}}$ と合成 $f^*_{\mathcal{U}\mathcal{V}} \circ g^*_{\mathcal{V}\mathcal{W}}$ (7.3) の制限 $\mathcal{F}_{Z,\mathcal{W}}|_{W_k} \to h_{U_{ijk}W_k*}\mathcal{F}_{X,\mathcal{U}}|_{U_{ijk}}$ は等しい．よって層の射のはりあわせ（命題 7.3.1）の一意性より，

$$h^*_{\mathcal{U}\mathcal{W}} = f^*_{\mathcal{U}\mathcal{V}} \circ g^*_{\mathcal{V}\mathcal{W}} \tag{8.29}$$

である．$\mathcal{U} = \mathcal{U}_X$, $\mathcal{V} = \mathcal{U}_Y$, $\mathcal{W} = \mathcal{U}_Z$ とおけば，$h^* = f^* \circ g^*$ である． □

$X=Y=Z$, $g=f=1_X$ とすると，X の局所座標系 $\mathcal{U},\mathcal{V}$ に対し，(8.28) より標準射 $1^*_{X\mathcal{U}\mathcal{V}}\colon \mathcal{F}_{X,\mathcal{V}} \to \mathcal{F}_{X,\mathcal{U}}$ が定まる．同様に定まる射 $1^*_{X\mathcal{V}\mathcal{U}}\colon \mathcal{F}_{X,\mathcal{U}} \to \mathcal{F}_{X,\mathcal{V}}$ が (8.29) と $1^*_{X\mathcal{U}\mathcal{U}} = 1_{\mathcal{F}_{X,\mathcal{U}}}$, $1^*_{X\mathcal{V}\mathcal{V}} = 1_{\mathcal{F}_{X,\mathcal{V}}}$ より逆射だから，$1^*_{X\mathcal{U}\mathcal{V}}\colon \mathcal{F}_{X,\mathcal{V}} \to \mathcal{F}_{X,\mathcal{U}}$ は同形である．さらに (8.29) より

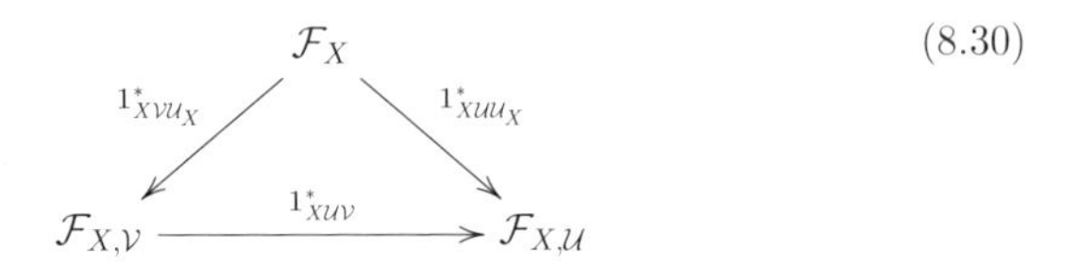
(8.30)

は可換である．よって，$\mathcal{F}_{X,\mathcal{U}}$ を $\mathcal{F}_X = \mathcal{F}_{X,\mathcal{U}_X}$ と同一視し，$\mathcal{F}_X$ の代わりとして使うことができる．$f\colon X \to Y$ を n 次元多様体の C^∞ 写像，$\mathcal{U}$ を X の局所座標系，$\mathcal{V}$ を Y の局所座標系とすると，(8.29) より図式

$$\begin{array}{ccc} f_*\mathcal{F}_X & \xleftarrow{\;f^*\;} & \mathcal{F}_Y \\ {\scriptstyle f_*(1^*_{X\mathcal{U}\mathcal{U}_X})}\downarrow & & \downarrow{\scriptstyle 1^*_{Y\mathcal{V}\mathcal{U}_Y}} \\ f_*\mathcal{F}_{X,\mathcal{U}} & \xleftarrow{\;f^*_{\mathcal{U}\mathcal{V}}\;} & \mathcal{F}_{Y,\mathcal{V}} \end{array} \tag{8.31}$$

は可換である．

構成法 (F) を適用して得られる層 $\mathcal{F}_X$ の部分層の構成法を与える．

(G) $\mathbf{R}^n$ 上の層 $\mathcal{F}$ と写像の族 $(f^*)_f$ を (F) のとおりとする．$\mathcal{G}$ を $\mathcal{F}$ の部分層で次の条件 (G1) をみたすものとする：

(G1) C^∞ 写像 $f\colon U \to V$ に対し，$f^*\colon \mathcal{F}(V) \to \mathcal{F}(U)$ は $\mathcal{G}(V) \to \mathcal{G}(U)$ をひきおこす．

このとき，$f^*\colon \mathcal{F}(V) \to \mathcal{F}(U)$ がひきおこす写像 $f^*\colon \mathcal{G}(V) \to \mathcal{G}(U)$ の族は条件 (F1) と (F2) をみたすから，構成法 (F) より，n 次元の任意の多様体 X に対し X 上の層 $\mathcal{G}_X$ が定まる．さらに n 次元の任意の多様体 X,Y と任意の C^∞ 写像 $f\colon X \to Y$ に対し，Y 上の層の射 $f^*\colon \mathcal{G}_Y \to f_*\mathcal{G}_X$ が定まる．$\mathcal{F}_X$ と $\mathcal{G}_X$ の構成より，$\mathcal{G}_X$ は $\mathcal{F}_X$ の部分層であり，$f^*\colon \mathcal{G}_Y \to f_*\mathcal{G}_X$ は $f^*\colon \mathcal{F}_Y \to f_*\mathcal{F}_X$ の部分層への制限である．

8.5 節では，次のように少し設定の違う構成法 (F′) を適用して，曲面上の向きの層を構成する．

(F′) $\mathcal{F}$ を $\mathbf{R}^n$ 上の層とする．$\mathbf{R}^n$ の開集合 U,V とその C^∞ 同相写像 $f\colon U \to V$ に対して定まる写像 $f^*\colon \mathcal{F}(V) \to \mathcal{F}(U)$ の族 $(f^*)_f$ が，次の条

件 (F′1)–(F′3) をみたすとする．

(F′1) $\mathbf{R}^n$ の恒等射 $1_{\mathbf{R}^n}$ に対し，$1^*_{\mathbf{R}^n} = 1_{\mathcal{F}(\mathbf{R})}$ である．

(F′2) C^∞ 同相写像 $f\colon U \to V$ と $g\colon V \to W$ に対し，$(g \circ f)^* = f^* \circ g^*$ (7.3) である．

(F′3) C^∞ 同相写像 $f\colon U \to V$ と開集合 $U' \subset U$ に対し，$f'\colon U' \to f(U') = V'$ を f の制限とし，たての射を制限写像とすると図式

$$\begin{array}{ccc} \mathcal{F}(V) & \xrightarrow{f^*} & \mathcal{F}(U) \\ \downarrow & & \downarrow \\ \mathcal{F}(V') & \xrightarrow{f'^*} & \mathcal{F}(U') \end{array} \tag{8.32}$$

は可換である．

このとき，n 次元の任意の多様体 X に対し，X 上の層 $\mathcal{F}_X$ を構成する．さらに n 次元の任意の多様体 X, Y と任意の局所 C^∞ 同相写像 $f\colon X \to Y$ に対し，Y 上の層の射 $f^*\colon \mathcal{F}_Y \to f_*\mathcal{F}_X$ を構成する．恒等射に対しては $1^*_X = 1_{\mathcal{F}_X}$ であり，$f\colon X \to Y$ と $g\colon Y \to Z$ が n 次元多様体の局所 C^∞ 同相写像ならば，$(g \circ f)^* = f^* \circ g^*$ もみたす．

構成と証明は (F) の場合とほぼ同様なので，概略だけ解説する．

(1′) 条件 (F′1)–(F′3) を層のことばでいいかえる．U と $V_1 \subset V$ を $\mathbf{R}^n$ の開集合とし，$f_1\colon U \to V_1$ を C^∞ 同相写像，$j\colon V_1 \to V$ を包含写像とする．$f = j \circ f_1\colon U \to V$ を合成とすると，(F′3) より V 上の層の射 $f^*\colon \mathcal{F}|_V \to f_*\mathcal{F}|_U$ が定まる．この族 $(f^*)_f$ は次の条件 (FF′1)–(FF′3) をみたす．

(FF′1) $\mathbf{R}^n$ の恒等射 $1_{\mathbf{R}^n}$ に対し，$1^*_{\mathbf{R}^n} = 1_{\mathcal{F}}$ である．

(FF′2) C^∞ 同相写像と開集合の包含写像の合成 $f\colon U \to V$ と $g\colon V \to W$ に対し，$(g \circ f)^* = f^* \circ g^*$ (7.3) である．

(FF′3) C^∞ 同相写像 f_1 と開集合の包含写像 j の合成 $f = j \circ f_1\colon U \to V$ と開集合 $U' \subset U, V' \subset V$ で $f(U') \subset V'$ をみたすものに対し，$f'\colon U' \to V'$ を f の制限とすると $f'^*\colon \mathcal{F}|_{V'} \to f'_*\mathcal{F}|_{U'}$ は $f^*\colon \mathcal{F}|_V \to f_*\mathcal{F}|_U$ の制限 (7.5) である．

(2′) n 次元多様体 X の局所座標 (U, U', p) に対し，U 上の層 $\mathcal{F}_U$ を $p^*(\mathcal{F}|_{U'})$ として定める．X, Y を n 次元多様体，$f\colon X \to Y$ を局所 C^∞ 同相写像とし，(U, U', p), (V, V', q) をそれぞれ X と Y の局所座標とする．$f(U)$ は Y の開集合であり，f の制限 $U \to f(U)$ は C^∞ 同相写像であるとする．この

とき，(F) の場合と同じ記号で $f'_{U'V'}: U'_{V'} \to V'$ の像 $V'_1 = f'_{U'V'}(U'_{V'})$ は $\mathbf{R}^n$ の開集合であり，$f'_{U'V'}$ は C^∞ 同相写像 $U'_{V'} \to V'_1$ を定める．V 上の層の射 $f^*_{UV}: \mathcal{F}_V \to f_{UV*}(\mathcal{F}_{U_V})$ を，(8.24) のように定義する．C^∞ 同相写像 f_1, g_1 と開集合の包含写像 j, k の合成 $f = j \circ f_1$ と $g = k \circ g_1$ に対し，補題 8.4.1 がなりたつ．

(3′) X を n 次元多様体とし，$\mathcal{U}$ を X の局所座標系とすると，(F) の場合と同様に $\mathcal{U}$ 上の層 $\mathcal{F}_{\mathcal{U}}$ を構成し，命題 7.3.4 を適用してはりあわせることにより，X 上の層 $\mathcal{F}_{X,\mathcal{U}}$ が得られる．局所座標系として X の全局所座標系 $\mathcal{U}_X$ をとることにより，$\mathcal{F}_X = \mathcal{F}_{X,\mathcal{U}_X}$ を定める．

(4′) X と Y を n 次元多様体とし，$f: X \to Y$ を局所 C^∞ 同相写像とする．X の局所座標系 $\mathcal{U} = (U_i, U'_i, p_i)_{i \in I}$ で，任意の $i \in I$ に対し，f の U_i への制限が C^∞ 同相写像 $U_i \to f(U_i)$ を定めるものがある．$\mathcal{V} = (V_j, V'_j, q_j)_{j \in J}$ を Y の局所座標系とする．(F) の場合と同様に (8.24) のように V_j 上の層の射 $f^*_{U_{ij}V_j}: \mathcal{F}_{V_j} \to f_{U_{ij}V_j*}(\mathcal{F}_{U_i}|_{U_{ij}})$ の族を構成し，それをはりあわせて Y 上の層の射 $f^*_{\mathcal{U}\mathcal{V}}: \mathcal{F}_{Y,\mathcal{V}} \to f_*\mathcal{F}_{X,\mathcal{U}}$ を定義する．$X = Y$, $f = 1_X, \mathcal{U} = \mathcal{V}$ のときは，$1^*_{X\mathcal{U}\mathcal{U}}: \mathcal{F}_{X,\mathcal{U}} \to \mathcal{F}_{X,\mathcal{U}}$ は $\mathcal{F}_{X,\mathcal{U}}$ の恒等射である．$X = Y$, $f = 1_X$ とし，$\mathcal{U}_X$ を全局所座標系とすれば，標準射 $1^*_{X\mathcal{U}\mathcal{U}_X}: \mathcal{F}_X \to \mathcal{F}_{X,\mathcal{U}}$ が定まる．

(5′) X, Y, Z を n 次元多様体とし，$f: X \to Y$, $g: Y \to Z$ を局所 C^∞ 同相写像とする．$\mathcal{U}, \mathcal{V}, \mathcal{W}$ をそれぞれ X, Y, Z の局所座標系とする．$\mathcal{U}$ が f と $h = g \circ f$ に対し，$\mathcal{V}$ が g に対し上と同様な条件をみたすとする．このとき，Y 上の層の射 $f^*_{\mathcal{U}\mathcal{V}}: \mathcal{F}_{Y,\mathcal{V}} \to f_*\mathcal{F}_{X,\mathcal{U}}$ と Z 上の層の射 $g^*_{\mathcal{V}\mathcal{W}}: \mathcal{F}_{Z,\mathcal{W}} \to g_*\mathcal{F}_{Y,\mathcal{V}}$, $h^*_{\mathcal{U}\mathcal{W}}: \mathcal{F}_{Z,\mathcal{W}} \to f_*\mathcal{F}_{X,\mathcal{U}}$ に対し，$h^*_{\mathcal{U}\mathcal{W}} = f^*_{\mathcal{U}\mathcal{V}} \circ g^*_{\mathcal{V}\mathcal{W}}$ がなりたつ．

$X = Y = Z$, $f = g = 1_X$ とすれば，標準射 $1^*_{X\mathcal{U}\mathcal{U}_X}: \mathcal{F}_X \to \mathcal{F}_{X,\mathcal{U}}$ は同形である．局所 C^∞ 同相写像 $f: X \to Y$ に対し，可換図式 (8.31) により $f^*: \mathcal{F}_Y \to f_*\mathcal{F}_X$ を定義する．可換図式 (8.30) より，これは $\mathcal{U}, \mathcal{V}$ のとりかたによらずに定まる．$f: X \to Y$ と $g: Y \to Z$ を局所 C^∞ 同相写像とし $h = g \circ f$ とすると，Y 上の層の射 $f^*: \mathcal{F}_Y \to f_*\mathcal{F}_X$ と Z 上の層の射 $g^*: \mathcal{F}_Z \to g_*\mathcal{F}_Y$, $h^*: \mathcal{F}_Z \to f_*\mathcal{F}_X$ に対し，$h^* = f^* \circ g^*$ がなりたつ．

8.5　向きと基本類

この節からは曲面を扱う．曲面とは 2 次元の多様体のことである．曲面全体は【多様体】の充満部分圏【曲面】をなす．

曲面上の向きの層を，8.4 節の 2 つめの構成法 (F′) を適用して定義する．n 次元多様体に対しても定義は同じようにできるが，ここでは $n=2$ の場合に限定する．$+$ を単位元とする位数 2 の群 μ_2(ミュー) $=\{+,-\}$ を，反時計回り ↺ と時計回り ↻ からなる 2 元集合 $\mathrm{or}=\{↺,↻\}$ に非自明に作用させる．

2 元集合 μ_2 と or が定める $\mathbf{R}^2$ 上の定数層を $\mu_{2,\mathbf{R}^2}$ と $\mathrm{or}_{\mathbf{R}^2}$ で表す．U を $\mathbf{R}^2$ の開集合とすると，μ_2 の or への作用は，$\mu_{2,\mathbf{R}^2}(U)=C(U,\mu_2)$ の $\mathrm{or}_{\mathbf{R}^2}(U)=C(U,\mathrm{or})$ への作用をひきおこす．

U,V を $\mathbf{R}^2$ の開集合とし，$f\colon U\to V$ を C^∞ 同相写像とする．連続関数 $\mathrm{sgn}\det f'\colon U\to\{+,-\}$ を，ヤコビアン $\det f'$ の符号として定義する．写像 $f^*\colon \mathrm{or}_{\mathbf{R}^2}(V)=C(V,\mathrm{or})\to\mathrm{or}_{\mathbf{R}^2}(U)=C(U,\mathrm{or})$ を f によるひきもどし（例 7.1.4.1）と符号 $\mathrm{sgn}\det f'\in\mu_2(U)=C(U,\mu_2)$ の作用の合成として定義する．

$\mathbf{R}^2$ 上の層 $\mathrm{or}_{\mathbf{R}^2}$ と写像の族 $(f^*)_f$ は 8.4 節の条件 (F′1) と (F′3) をみたし，さらにヤコビアンの連鎖律（『微積分』(3.41)）より (F′2) もみたす．よって 8.4 節の 2 つめの構成法 (F′) より，任意の曲面 X に対し X 上の層 or_X が定まり，任意の局所 C^∞ 同相写像 $f\colon X\to Y$ に対し，Y 上の層の射 $f^*\colon\mathrm{or}_Y\to f_*\mathrm{or}_X$ が定まる．層 or_X は局所定数層であり，局所的には定数層 $\mu_{2,X}$ と同形だが，X 上の層として同形とは限らない．

定義 8.5.1　X を曲面とする．

1. X 上の層 or_X を X の向きの層という．X 上の切断 $P\in\Gamma(X,\mathrm{or}_X)$ を X の**向き** (orientation) という．

2. X の向き P が 1 つ指定されているとき，X を**有向曲面** (oriented surface) という．**向きづけられた曲面**ともいう．P を X の**正の向き** (positive orientation) とよぶ．X が有向曲面であるとき，X の開集合 U は X の正の向き P の制限により有向曲面と考える．$\mathbf{R}^2$ は反時計回り $↺\in\Gamma(\mathbf{R}^2,\mathrm{or}_{\mathbf{R}^2})$ により有向曲面と考える．

3. X,Y を有向曲面とし，P_X,P_Y をそれぞれ X と Y の正の向きとする．$f\colon X\to Y$ を局所 C^∞ 同相写像とする．ひきもどし $f^*\colon\mathrm{or}_Y\to f_*\mathrm{or}_X$ により $f^*P_Y=P_X$ となるとき，f は**向きを保つ** (orientation preserving) という．有向曲面 X の局所座標 (U,V,p) は，p が向きを保つとき正の向きの局所座標という．■

命題 8.5.2　1. U, V を $\mathbf{R}^2$ の開集合とし，$\mathbf{R}^2$ の正の向きの制限により有向曲面と考える．$f\colon U \to V$ を局所 C^∞ 同相写像とすると，次の条件は同値である．

(1) $f\colon U \to V$ は向きを保つ．

(2) f のヤコビアンは U 上で $\det f' > 0$ である．

2. X を曲面とし $(U_i, V_i, p_i)_{i\in I}$ を X の局所座標系とする．命題 8.1.5 の記号で，任意の $i, j \in I$ に対し座標変換 $q_{ij}\colon V_{ij} \to V_{ji}$ は向きを保つとする．このとき，X の向き P で，$(U_i, V_i, p_i)_{i\in I}$ が正の向きの局所座標系となるものがただ 1 つ存在する．

3. X を有向曲面とする．X の正の向きの局所座標系 $(U_i, V_i, p_i)_{i\in I}$ で，任意の $i \in I$ に対し $V_i \subset \mathbf{R}^2$ は開円板 $U_{r_i}(c_i)$ であるものが存在する．■

証明　1. $f^*\circlearrowleft_V = \operatorname{sgn}\det f' \cdot \circlearrowleft_U$ だから，$f^*\circlearrowleft_V = \circlearrowleft_U$ となるための条件は $\det f' > 0$ である．

2. $i \in I$ に対し，$P_i \in \Gamma(U_i, \mathrm{or}_X)$ を C^∞ 同相写像 $p_i\colon U_i \to V_i$ による $V_i \subset \mathbf{R}^2$ の正の向き $\circlearrowleft$ のひきもどし $p_i^* \circlearrowleft$ とする．$q_{ij}\colon V_{ij} \to V_{ji}$ は向きを保つ C^∞ 同相写像だから，$(P_i)_{i\in I} \in \prod_{i\in I} \Gamma(U_i, \mathrm{or}_X)$ ははりあわせの条件 (P) をみたし，大域切断 $P \in \Gamma(X, \mathrm{or}_X)$ を定める．$P_i = p_i^* \circlearrowleft$ だから，$p_i\colon U_i \to V_i$ は向きを保つ．一意性は構成より明らかである．

3. P_X を X の正の向きとする．例 8.1.4.2 より X の局所座標系 $(U_i, V_i, p_i)_{i\in I}$ で，任意の $i \in I$ に対し V_i が開円板であるものが存在する．$p_{i*}(P_X|_{U_i}) \in \Gamma(V_i, \mathrm{or}_{V_i}) = \mathrm{or}$ が正の向きでないときは，$p_i\colon U_i \to V_i$ を y 座標を -1 倍する写像との合成写像でおきかえればよい．□

命題 8.5.3　球面 S^2 の向き $P_{S^2} \in \Gamma(S^2, \mathrm{or}_{S^2})$ で，立体射影 $p_S\colon S^2 - \{S\} \to \mathbf{R}^2$ が正の向きの局所座標となるものがただ 1 つ存在する．■

証明　立体射影 $p_S\colon S^2 - \{S\} \to \mathbf{R}^2$ と $p_N\colon S^2 - \{N\} \to \mathbf{R}^2$ は同相写像だから，ひきもどしの写像 $p_S^*\colon \Gamma(\mathbf{R}^2, \mathrm{or}_{S^2}) = \{\circlearrowleft, \circlearrowright\} \to \Gamma(S^2 - \{S\}, \mathrm{or}_{S^2})$ と $p_N^*\colon \Gamma(\mathbf{R}^2, \mathrm{or}_{S^2}) \to \Gamma(S^2 - \{N\}, \mathrm{or}_{S^2})$ は可逆である．座標変換 $q(x, y)$ (8.4) のヤコビアンは $\det \begin{pmatrix} \dfrac{y^2 - x^2}{(x^2+y^2)^2} & \dfrac{2xy}{(x^2+y^2)^2} \\ \dfrac{2xy}{(x^2+y^2)^2} & \dfrac{x^2 - y^2}{(x^2+y^2)^2} \end{pmatrix} = -\dfrac{1}{(x^2+y^2)^2}$ だか

ら，$\det q'(x,y) < 0$ である．よって $p_S^* \circlearrowleft \in \Gamma(S^2 - \{S\}, \mathrm{or}_{S^2})$ と $p_N^* \circlearrowleft \in \Gamma(S^2 - \{N\}, \mathrm{or}_{S^2})$ のはりあわせとして，条件をみたすただ 1 つの S^2 の向きが得られる． □

命題 8.5.3 の S^2 の向きを S^2 の正の向きとよぶ．

X を曲面とし，$x \in X$ とする．命題 8.3.1.2 より，$H_1(X\|x)$ は $\mathbf{Z}$ と同形である．X の向きが定まっているときに，標準同形 $H_1(X\|x) \to \mathbf{Z}$ を定義する．

命題 8.5.4　X を有向曲面とし，$x \in X$ とする．次の条件をみたす同形

$$n(-,x)\colon H_1(X\|x) \to \mathbf{Z} \tag{8.33}$$

がただ 1 つ存在する：(U,V,p) が x の正の向きの座標近傍ならば，$H_1(X\|x) \to H_1(U - \{x\})$ を射影とすると，$n(-,x)\colon H_1(X\|x) \to \mathbf{Z}$ は

$$H_1(X\|x) \to H_1(U - \{x\}) \xrightarrow{p_*} H_1(V - \{p(x)\}) \xrightarrow{n(-,p(x))} \mathbf{Z} \tag{8.34}$$

の合成射である． ■

証明　(U,V,p) を x の正の向きの座標近傍とすると，(8.34) の合成射は命題 8.3.1.2 の同形 $H_1(X\|x) \to H_1(\mathbf{R}^2 - \{p(x)\})$ と回転指数が定める同形 $n(-,p(x))\colon H_1(\mathbf{R}^2 - \{p(x)\}) \to \mathbf{Z}$ の合成だから同形である．よって (8.34) の合成射が正の向きの座標近傍 (U,V,p) のとり方によらないことを示せばよい．

$(U,V,p), (U',V',p')$ を x の正の向きの座標近傍とする．$V_1 = U_r(p(x)) \subset p(U \cap U') \subset V$ とし，$U_1 = p^{-1}(V_1)$, $V_1' = p'(U_1)$ とおく．命題 8.3.1 の証明のあとの注意より，$(U,V,p), (U',V',p')$ を $(U_1, V_1, p|_{U_1}), (U_1, V_1', p'|_{U_1})$ でそれぞれおきかえても (8.34) の合成射は変わらない．よって，図式

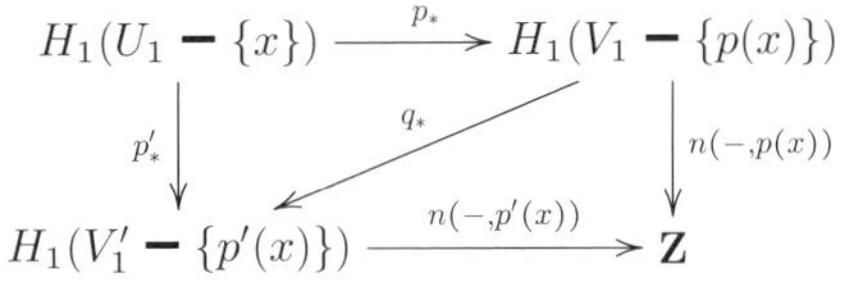

$$\begin{array}{ccc}
H_1(U_1 - \{x\}) & \xrightarrow{p_*} & H_1(V_1 - \{p(x)\}) \\
\downarrow{\scriptstyle p'_*} & \swarrow{\scriptstyle q_*} & \downarrow{\scriptstyle n(-,p(x))} \\
H_1(V_1' - \{p'(x)\}) & \xrightarrow{n(-,p'(x))} & \mathbf{Z}
\end{array}$$

の外側の 4 角が可換であることを示せばよい．

$q = p'|_{U_1} \circ (p|_{U_1})^{-1}\colon V_1 \to V_1'$ を座標変換とする．関手性より図式の左上

の3角は可換である．q は向きを保つ C^∞ 同相写像だから，命題8.5.2.1より $\det q' > 0$ である．よって，命題5.6.4より右下の3角も可換である． □

定義 8.5.5 X を有向曲面とし，$x \in X$ とする．マイヤー–ヴィートリス完全系列の境界射が定める標準射 $\delta_x\colon H_2(X) \to H_1(X\|x)$ (8.13) と回転指数が定める標準同形 $n(-,x)\colon H_1(X\|x) \to \mathbf{Z}$ (8.33) の合成射として，線形形式

$$T_x\colon H_2(X) \xrightarrow{\ \delta_x\ } H_1(X\|x) \xrightarrow{\ n(-,x)\ } \mathbf{Z} \tag{8.35}$$

を定義する． ■

(U,V,p) を $x \subset X$ の正の向きの座標近傍とする．$X = U \cup (X - \{x\})$ が定めるマイヤー–ヴィートリス完全系列の境界射を $\delta_{U,x}\colon H_2(X) \to H_1(U - \{x\})$ (8.12) とし，$c = p(x) \in V$ とすると，T_x は

$$H_2(X) \xrightarrow{\delta_{U,x}} H_1(U - \{x\}) \xrightarrow{p_*} H_1(V - \{c\}) \xrightarrow{n(-,c)} \mathbf{Z} \tag{8.36}$$

の合成射である．

命題 8.5.6 X を有向曲面とし，U を X の開集合とする．$W = [a,a'] \times [b,b'] \subset \mathbf{R}^2$ を閉区間とし，$f\colon W \to X$ を連続写像とする．f の $V = f^{-1}(U)$ への制限 $V \to U$ は同相写像であり，その逆写像 $p\colon U \to V$ は正の向きの局所座標 (U,V,p) を定めるとする．

連続写像 $\sigma\colon I^2 \to X$ を $\sigma(s,t) = f(a + s(a'-a), b + t(b'-b))$ で定める．$\partial\sigma = 0$ ならば，$x \in U$ に対し $T_x([\sigma]) = 1$ である． ■

証明 $c = p(x) \in V$ とおく．(8.36) の合成写像による $[\sigma] \in H_2(X)$ の像が1であることを示せばよい．命題4.7.9を $f\colon W \to X$ と $X = U \cup (X - \{x\})$ に適用する．連続写像 $\sigma'\colon I^2 \to W$ を $\sigma'(s,t) = (a + s(a'-a), b + t(b'-b))$ で定め，$\gamma' = \partial\sigma'$ とおく．$\sigma = f_*\sigma'$ であり，$\partial\sigma = 0$ だから $f_*\gamma' = 0$ である．

V は $\mathbf{R}^2$ の開集合だから，開円板 $U_r(c) \subset V \subset W$ が存在する．よって，$\gamma' = \partial\sigma'$ は $Z_1(W - \{c\})$ の元である．$s = \dfrac{r}{2}$ とおき，連続写像 $\alpha'\colon I \to U_r(c) - \{c\}$ を $\alpha'(t) = c + (s\cos 2\pi t, s\sin 2\pi t)$ で定める．開円板 $U_r(c)$ と閉区間 W は命題4.6.2.1より可縮だから，例題4.7.8と命題5.6.1.2より $n(-,c)\colon H_1(U_r(c) - \{c\}) \to H_1(W - \{c\}) \to \mathbf{Z}$ は同形である．例題5.6.5.1より $n(\alpha',c) = 1$ であり，例題5.6.5.2より $n(\gamma',c) = 1$ だから，$H_1(W - \{c\})$

の元として $\gamma' = \alpha'$ である．よって $\alpha = f_*\alpha' \in H_1(U - \{x\})$ とおくと，命題 4.7.9 より $\delta_{U,x}\sigma = \alpha$ である．

$p_*\colon H_1(U - \{x\}) \to H_1(V - \{c\})$ は $f_*\colon H_1(V - \{c\}) \to H_1(U - \{x\})$ の逆写像だから，$p_*\delta_{U,x}\sigma = p_*\alpha = \alpha'$ であり，$n(p_*\delta_{U,x}\sigma, c) = n(\alpha', c) = 1$ である． □

射 $n(-,x)\colon H_1(X\|x) \to \mathbf{Z}$ (8.33) は局所的なものだが，X の向きが定める射 $T_x\colon H_2(X) \to \mathbf{Z}$ (8.35) は大域的なものであることを示す．

命題 8.5.7　X を連結な有向曲面とする．線形形式 $T_x\colon H_2(X) \to \mathbf{Z}$ (8.35) は $x \in X$ によらない． ■

証明　$\sigma \in H_2(X)$ とし，$x \in X$ を $T_x(\sigma) \in \mathbf{Z}$ にうつす関数 $T_-(\sigma)\colon X \to \mathbf{Z}$ が連続であることを示す．$a \in X$ とし，(U,V,p) を a の正の向きの座標近傍とする．$x \in U$ ならば，T_x の特徴づけ (8.36) より $T_x(\sigma) = n(p_*\delta_{U,x}(\sigma), p(x))$ である．

$c = p(a) \in V$ とし，$r > 0$ を $D_r(c) \subset V$ をみたす実数とし，$W = X - p^{-1}(D_r(c))$ とおく．$x \in p^{-1}(D_r(c))$ とし，マイヤー–ヴィートリスの完全系列の関手性（命題 4.7.6）を，$X = U \cup W$ と $X = U \cup (X - \{a\})$，$X = U \cup (X - \{x\})$ と X の恒等写像に適用すると，可換図式

$$\begin{array}{ccc} H_2(X) & \xrightarrow{\ \delta_{U,a}\ } & H_1(U - \{a\}) \\ {\scriptstyle \delta_{U,x}}\big\downarrow & \searrow & \big\uparrow \\ H_1(U - \{x\}) & \longleftarrow & H_1(U - p^{-1}(D_r(c))) \end{array}$$

が得られる．$D_r(c)$ は弧状連結だから，命題 5.6.3 より

$$\begin{array}{ccc} H_1(V - D_r(c)) & \longrightarrow & H_1(V - \{c\}) \\ \big\downarrow & & \big\downarrow {\scriptstyle n(-,c)} \\ H_1(V - \{x\}) & \xrightarrow{\ n(-,p(x))\ } & \mathbf{Z} \end{array}$$

は可換である．よって $n(p_*\delta_{U,a}(\sigma), c) = n(p_*\delta_{U,x}(\sigma), p(x))$ であり，$T_x(\sigma) = T_a(\sigma)$ である．したがって関数 $T_-(\sigma)\colon X \to \mathbf{Z}$ は連続であり，X は弧状連結だから例題 4.7.5.2 より定数関数である．よって線形形式 $T_x\colon H_2(X) \to \mathbf{Z}$ は

$x \in X$ によらない. □

定義 8.5.8　X をコンパクトで連結な有向曲面とする.

1. c が階数1の自由加群 $H_2(X)$ の基底であり, 任意の $x \in X$ に対し線形形式 $T_x\colon H_2(X) \to \mathbf{Z}$ が c を1にうつす同形であるとき, c を X の**基本類** (fundamental class) とよび, $[X]$ で表す.

2. Y もコンパクトで連結な有向曲面とし, $f\colon X \to Y$ を連続写像とする. 基本類 $[X]$ と $[Y]$ が存在するとき, $f_*[X] = n \cdot [Y]$ で定まる整数 n を f の**次数**とよび, $\deg f$ で表す. **写像度**ともいう. ■

命題 8.5.7 より, 任意の $x \in X$ に対し $T_x(c) = 1$ という条件は, $T_x(c) = 1$ をみたす $x \in X$ の存在と同値である. コンパクトで連結な有向曲面 X に対し, その基本類は存在すればただ1つである. コンパクトで連結な任意の有向曲面 X に対し, その基本類が存在するが, ここでは証明しない.

球面の基本類を構成する.

命題 8.5.9　球面 S^2 への連続写像 $f\colon W = [0, \pi] \times [0, 2\pi] \to S^2$ を, **極座標** (polar coordinate)

$$f(s, t) = (\sin s \cos t,\ \sin s \sin t,\ \cos s) \tag{8.37}$$

で定義する. $\sigma\colon I^2 \to S^2$ を合成写像 $\sigma(s, t) = f(\pi s, 2\pi t)$ とすると, σ は S^2 の**基本類** $[\sigma] \in H_2(S^2)$ を定める. ■

証明　系 4.8.3 より $H_2(S^2)$ は $\mathbf{Z}$ と同形である. $\partial\sigma = 0$ だから $[\sigma]$ は $H_2(S^2)$ の元を定める. S^2 の標準子午線 $C = \{(x, y, z) \in S^2 \mid x \geqq 0, y = 0\}$ の補集合を $U = S^2 - C$ とおく. $x \in U$ ならば $T_x(\sigma) = 1$ であることを示せばよい.

逆像 $V = f^{-1}(U)$ は $(0, \pi) \times (0, 2\pi) \subset W$ である. f の V への制限と立体射影 $p_S\colon S^2 - \{S\} \to \mathbf{R}^2$ との合成写像 $q\colon V \to \mathbf{R}^2$ は, $q(s, t) = \left(\tan\dfrac{s}{2}\cos t, \tan\dfrac{s}{2}\sin t\right)$ で定まり. そのヤコビアンは $\det q'(s, t) = \det\begin{pmatrix} \left(\tan\dfrac{s}{2}\right)' \cdot \cos t & -\tan\dfrac{s}{2} \cdot \sin t \\ \left(\tan\dfrac{s}{2}\right)' \cdot \sin t & \tan\dfrac{s}{2} \cdot \cos t \end{pmatrix} = \dfrac{1}{2}\left(\tan^2\dfrac{s}{2}\right)' > 0$ である.

したがって f の V への制限は同相写像 $V \to U$ であり, その逆写像を $p\colon U \to V$ とすると, (U, V, p) は正の向きの局所座標である. よって命題 8.5.6 より, $x \in U$ ならば $T_x(\sigma) = 1$ である. □

8.6　微分形式と積分

曲面上の微分形式の層を，8.4 節の 1 つめの構成法 (F) を適用して定義する．

$q = 0, 1, 2$ とし，$A^q_{\mathbf{R}^2}$ で $\mathbf{R}^2$ 上の q 形式のなす層（例 7.2.5）を表す．$q = 0$ のときは，$A^0_{\mathbf{R}^2}$ は $\mathbf{R}^2$ 上の実数値関数の層である．U, V を $\mathbf{R}^2$ の開集合とし，$f\colon U \to V$ を C^∞ 写像とすると，微分形式のひきもどしにより $\mathbf{R}$ 線形写像 $f^*\colon \Gamma(V, A^q_{\mathbf{R}^2}) \to \Gamma(U, A^q_{\mathbf{R}^2})$ が定まる．$\mathbf{R}^2$ 上の層 $A^q_{\mathbf{R}^2}$ と写像の族 $(f^*)_f$ は 8.4 節の条件 (F1) をみたし，ひきもどしの連鎖律（命題 5.1.3）より条件 (F2) もみたす．

よって 8.4 節の構成法 (F) より，任意の曲面 X に対し X 上の層 A^q_X が定まり，任意の C^∞ 写像 $f\colon X \to Y$ に対し，Y 上の層の射 $f^*\colon A^q_Y \to f_*A^q_X$ が定まる．A^0_X は実数値関数の層であり，その f^* は関数のひきもどしである．

定義 8.6.1　X を曲面とし，$q = 0, 1, 2$ とする．

1. A^q_X を X 上の q 形式の層という．X 上の切断 $\omega \in \Gamma(X, A^q_X)$ を X 上の q **形式** (q-form) という．

2. Y も曲面とし，$f\colon X \to Y$ を C^∞ 写像とする．Y 上の q 形式 $\omega \in \Gamma(Y, A^q_Y)$ に対し，$f^*\omega \in \Gamma(X, A^q_X)$ を ω の f による**ひきもどし**とよぶ．■

X の局所座標 (U, V, p) に対し，p の逆写像 $p^{-1}\colon V \to U \subset X$ による，X 上の q 形式 ω の U への制限のひきもどしとして定まる $V \subset \mathbf{R}^2$ 上の q 形式を $p_*(\omega|_U)$ で表す．

X 上の q 形式は，局所座標系 $\mathcal{U} = (U_i, V_i, p_i)_{i \in I}$ を使うと次のように記述される．座標変換 $q_{ij}\colon V_{ij} \to V_{ji}$ の記号を命題 8.1.5 のように定め，構成法 (F) の記号で層 A^q_X を $A^q_{X,\mathcal{U}}$ と同一視する．X 上の q 形式 $\omega \in \Gamma(X, A^q_X) = \Gamma(X, A^q_{X,\mathcal{U}})$ は，V_i 上の q 形式 $\omega_i = p_{i*}(\omega|_{U_i})$ の族で，はりあわせの条件 $\omega_i|_{V_{ij}} = q^*_{ij}(\omega_j|_{V_{ji}})$ をみたすものと 1 対 1 に対応する．

連続微分可能な微分形式や微分可能な微分形式は $A^q_{\mathbf{R}^2}$ の部分層 $A^q_{C^1,\mathbf{R}^2} \subset A^q_{D,\mathbf{R}^2} \subset A^q_{\mathbf{R}^2}$ を定める．$\mathbf{R}^2$ の開集合 U, V の C^∞ 写像 $f\colon U \to V$ によるひきもどしは，8.4 節の条件 (G1) をみたす．よって，8.4 節の部分層の構成法 (G) により，微分可能な微分形式のなす部分層や連続微分可能な微分形式のなす部分層 $A^q_{C^1,X} \subset A^q_{D,X} \subset A^q_X$ が得られる．微分形式のひきもどし

$f^*\colon A_Y^q \to f_*A_X^q$ は部分層の射もひきおこす．

微分形式の外微分は層の射 $d\colon A_{D,X}^0 \to A_X^1$, $d\colon A_{D,X}^1 \to A_X^2$ を定める．偏微分の順序交換より $d\colon A_{C^2,X}^0 \to A_{C^1,X}^1$ と $d\colon A_{C^1,X}^1 \to A_{C^0,X}^2$ の合成射は零射である．

閉区間 $I=[0,1]$, $I^2=I\times I$ 上の連続な微分形式の層 $A_{C,I}^1$, A_{C,I^2}^1, A_{C,I^2}^2 も $A_{C,\mathbf{R}^2}^q$ と同様に定義する．関手性を気にしなければ，$A_{C,I}^1$, A_{C,I^2}^2 は実数値連続関数の層 $A_{C,I}^0$, A_{C,I^2}^0 と同形であり，A_{C,I^2}^1 は $A_{C,I^2}^0\times A_{C,I^2}^0$ と同形である．

I 上の連続な 1 形式 $\varphi=f(t)dt\in\Gamma(I,A_{C,I}^1)$ の積分は $\displaystyle\int_I\varphi=\int_0^1 f(t)dt$ である．同様に I^2 上の連続な 2 形式 $\omega=w(s,t)ds\wedge dt\in\Gamma(I^2,A_{C,I^2}^2)$ の積分は $\displaystyle\int_{I^2}\omega=\int_{I^2}w(s,t)dsdt$ である．I^2 上の連続な 1 形式 $\varphi\in\Gamma(I^2,A_{C,I^2}^1)$ に対し，その境界での積分 $\displaystyle\int_{\partial I^2}\varphi$ を，ひきもどし $\partial^*\varphi\in\Gamma(I,A_{C,I}^1)$ の積分 $\displaystyle\int_I\partial^*\varphi$ として定義する．

X を曲面とし，$\gamma\colon I=[0,1]\to X$ を連続微分可能な曲線とする．X 上の連続 1 形式 $\varphi\in\Gamma(X,A_{C,X}^1)$ のひきもどし $\gamma^*\varphi\in\Gamma(I,A_{C,I}^1)$ を定義する．$\mathcal{U}=(U_i,V_i,p_i)_{i\in I}$ を局所座標系とすると，V_i 上の 1 形式 $\varphi_i=p_{i*}(\varphi|_{U_i})$ のひきもどし $(p_i\circ\gamma|_{\gamma^{-1}(U_i)})^*(\varphi_i)$ が $\gamma^{-1}(U_i)\subset I$ 上の 1 形式として定まる．これはひきもどしの連鎖律 (5.17) よりはりあわせの条件 (P) をみたし，I 上の 1 形式 $\gamma^*\varphi\in\Gamma(I,A_{C,I}^1)$ を定める．これは局所座標系 $\mathcal{U}$ のとり方によらずに定まる．

γ 上での積分 $\displaystyle\int_\gamma\varphi$ を，ひきもどし $\gamma^*\varphi\in\Gamma(I,A_{C,I}^1)$ の積分 $\displaystyle\int_I\gamma^*\varphi$ として定義する．$f\colon X\to Y$ を曲面の C^∞ 写像とし，φ を Y 上の連続 1 形式とすると，ひきもどしの連鎖律 (5.17) より，$\displaystyle\int_\gamma f^*\varphi=\int_{f_*\gamma}\varphi$ がなりたつ．

同様に，X 上の連続 2 形式 ω と連続微分可能な写像 $\sigma\colon I^2\to X$ に対し，そのひきもどし $\sigma^*\omega\in\Gamma(I^2,A_{C,I^2}^2)$ を定義し，積分を $\displaystyle\int_\sigma\omega=\int_{I^2}\sigma^*\omega$ として定義する．$f\colon X\to Y$ を曲面の C^∞ 写像とし，ω を Y 上の連続 2 形式とすると，ひきもどしの連鎖律より，$\displaystyle\int_\sigma f^*\omega=\int_{f_*\sigma}\omega$ がなりたつ．

連続微分可能な写像 $\tau\colon I^3\to X$ に対し，連続微分可能な射 $\partial\tau\colon I^2\to X$ が $\partial\tau=\tau\circ\partial^3$ で定まる．$\displaystyle\int_{\partial\tau}\omega$ を $\displaystyle\int_{I^2}(\partial\tau)^*\omega$ として定義する．

定理 8.6.2 X を曲面とする．

1. f を X 上の連続微分可能な関数とし，$\gamma\colon I\to X$ を連続微分可能な写像

とすると，

$$f(\gamma(1)) - f(\gamma(0)) = \int_\gamma df \tag{8.38}$$

である．

2. (**ストークスの定理**) φ を X 上の微分可能な 1 形式とし，$\sigma\colon I^2 \to X$ を 2 回連続微分可能な写像とする．$d\varphi$ が連続ならば

$$\int_{\partial\sigma} \varphi = \int_\sigma d\varphi \tag{8.39}$$

である．

3. ω を X 上の連続微分可能な 2 形式とし，$\tau\colon I^3 \to X$ を 2 回連続微分可能な写像とすると，

$$\int_{\partial\tau} \omega = 0 \tag{8.40}$$

である．■

証明　1.　命題 5.2.2.1 と同様に，連鎖律（『微積分』命題 3.2.10.2）より $\gamma^* df = \dfrac{d}{dt} f(\gamma(t))dt$ である．$\displaystyle\int_\gamma df = \int_0^1 \gamma^* df = \int_0^1 \frac{d}{dt} f(\gamma(t))dt$ だから，命題 5.2.2.2 と同様に微積分の基本定理（『微積分』(5.4)）よりしたがう．

2. 系 5.3.4 と同様に，$\sigma^*\varphi$ は微分可能で $d(\sigma^*\varphi) = \sigma^* d\varphi$ は連続である．よって系 5.3.4 と同様に，グリーンの定理（定理 5.3.3）よりしたがう．

3. まず X が開円板 $U_r(c) \subset \mathbf{R}^2$ である場合に (8.40) を示す．ポワンカレの補題（命題 5.3.6）より，$\omega = d\varphi$ をみたす連続微分可能な 1 形式 φ が存在する．$\partial\tau$ も 2 回連続微分可能だから，グリーンの定理（定理 5.3.3）と $\partial\partial\tau = 0$ より $\displaystyle\int_{\partial\tau} \omega = \int_{\partial\tau} d\varphi = \int_{\partial\partial\tau} \varphi = 0$ である．

X が一般の場合を X が $U_r(c) \subset \mathbf{R}^2$ の場合に帰着させる．例 8.1.4.2 より，X の局所座標系 $(U_i, V_i, p_i)_{i\in I}$ で，任意の $i \in I$ に対し V_i が開円板 $U_{r_i}(c_i) \subset \mathbf{R}^2$ であるものが存在する．X が $V_i = U_{r_i}(c_i) \subset \mathbf{R}^2$ の場合にはすでに示したから，$\tau\colon I^3 \to X$ の像が U_i に含まれる場合には $\displaystyle\int_{\partial\tau} \omega = \int_{\partial p_i\tau} p_{i*}(\omega|_{U_i}) = 0$ である．

自然数 $N \geqq 1$ に対し，積分の加法性より $\displaystyle\int_{\partial\tau} \omega = \int_{\partial s_N\tau} \omega$ である．補題 4.7.4.1 より，次の条件をみたす自然数 $N \geqq 1$ が存在する：任意の $l \in [0,1)^3_N$ に対し，$i \in I$ で $\tau \circ j^3_{N,l}(I^3) \subset U_i$ となるものが存在する．$\tau\colon I^3 \to X$ の像が

U_i に含まれる場合にはすでに示したから，$\int_{\partial(\tau\circ j^3_{N,l})}\omega = 0$ である．$\partial s_N(\tau) = \sum_{l\in[0,1)^3_N} \partial(\tau\circ j^3_{N,l})$ だから $\int_{\partial\tau}\omega = \int_{\partial s_N\tau}\omega = \sum_{l\in[0,1)^3_N}\int_{\partial(\tau\circ j^3_{N,l})}\omega = 0$ である． □

曲面 X 上の連続微分可能な 1 形式 φ が閉形式であるとする．5.5 節と同様に，線形写像 $\langle\varphi, -\rangle\colon C_1(X)_{C^2} \to \mathbf{R}$ を $\langle\varphi,\gamma\rangle = \int_\gamma \varphi$ で定める．ストークスの定理（定理 8.6.2.2）より，$\sigma \in C_2(X)_{C^2}$ ならば $\langle\varphi, \partial\sigma\rangle = \langle d\varphi, \sigma\rangle = 0$ だから，余核の普遍性より線形写像

$$\langle\varphi, -\rangle\colon C_1(X)_{C^2}/B_1(X)_{C^2} \to \mathbf{R} \tag{8.41}$$

が定まる．同形 $H_1(X)_{C^2} \to H_1(X)$ (8.22) より $H_1(X)$ は $C_1(X)_{C^2}/B_1(X)_{C^2}$ の部分群と同一視されるから，$\langle\varphi, -\rangle$ は $H_1(X) \to \mathbf{R}$ を定める．

ω を X 上の連続微分可能な 2 形式とする．線形写像 $\langle\omega, -\rangle\colon C_2(X)_{C^2} \to \mathbf{R}$ を $\langle\omega,\sigma\rangle = \int_\sigma \omega$ で定める．定理 8.6.2.3 より，$\tau \in C_3(X)_{C^2}$ ならば $\langle\omega, \partial\tau\rangle = 0$ だから，余核の普遍性と同形 (8.22) より $\langle\omega, -\rangle$ は線形写像

$$\langle\omega, -\rangle\colon H_2(X) \to \mathbf{R} \tag{8.42}$$

を定める．

単連結な曲面に対しても，系 5.5.2 と同様にポワンカレの補題がなりたつ．

命題 8.6.3 1.（**ポワンカレの補題**）X を単連結な曲面とする．X 上の微分可能な 1 形式 φ が $d\varphi = 0$ をみたすならば，$\varphi = df$ をみたす連続微分可能な関数 $f\colon X \to \mathbf{R}$ が存在する．

2. X を連結な曲面とする．X 上の微分可能関数 $f\colon X \to \mathbf{R}$ が $df = 0$ をみたすならば，f は定数関数である． ■

証明 1. 証明は命題 5.5.1 (2)⇒(1) と同様である．$H_1(X) = 0$ だから，$\partial\colon C_1(X)_{C^2} \to C_0(X)$ がひきおこす射 $C_1(X)_{C^2}/B_1(X)_{C^2} \to B_0(X)$ は同形である．よって (8.38) と余核の普遍性より，(8.41) は線形写像 $\langle\varphi, -\rangle\colon B_0(X) \to \mathbf{R}$ を定める．$c \in X$ とし，関数 $f\colon X \to \mathbf{R}$ を $f(x) = \langle\varphi, [x] - [c]\rangle$ で定義する．f が連続微分可能で $df = \varphi$ であることを示す．

(U, V, p) を X の局所座標とし，V が開円板 $U_r(b) \subset \mathbf{R}^2$ であるとする．$p_*(\varphi|_U)$ は V 上の連続微分可能な 1 形式であり，ポワンカレの補題（命題

5.3.5) より $dg = p_*(\varphi|_U)$ をみたす V 上の連続微分可能な関数 g が存在する．

$x \in U$ に対し，連続写像 $\gamma\colon I \to U$ を $\gamma(t) = p^{-1}\big((1-t)b + tp(x)\big)$ で定め，$a = p^{-1}(b) = \gamma(0) \in U$ とおく．定理 8.6.2.1 より，$f(x) - f(a) = \langle \varphi, \partial\gamma \rangle = \int_\gamma \varphi = \int_{p_*\gamma} p_*(\varphi|_U) = \int_{p_*\gamma} dg = g(p(x)) - g(b)$ である．よって $f|_U - p^*g$ は定数関数 $f(a) - g(b)$ であり，$f|_U$ も連続微分可能で $df|_U = p^*dg = \varphi|_U$ である．

2. 証明は命題 5.5.3 (1)⇒(2) と同様である．線形写像 $\langle f, - \rangle\colon C_0(X) \to \mathbf{R}$ を $\langle f, [x] \rangle = f(x)$ で定める．$\gamma\colon I \to X$ を連続微分可能な曲線とすると，(8.38) より $\langle f, \partial\gamma \rangle = \langle df, \gamma \rangle = 0$ である．よって，余核の普遍性より $\langle f, - \rangle$ は $H_0(X) = \mathbf{Z} \to \mathbf{R}$ をひきおこし，$f(x) = \langle f, [x] \rangle$ は定数関数である． □

命題 8.6.4 $f\colon X \to Y$ を曲面の C^∞ 写像とする．

1. φ を Y 上の連続微分可能な 1 形式とする．$f^*\varphi$ も X 上の連続微分可能な 1 形式であり，$\gamma \in C_1(X)_{C^2}$ に対し

$$\langle f^*\varphi, \gamma \rangle = \langle \varphi, f_*\gamma \rangle \tag{8.43}$$

である．φ が閉形式ならば $f^*\varphi$ も閉形式である．

2. ω を Y 上の連続微分可能な 2 形式とする．$f^*\omega$ も X 上の連続微分可能な 2 形式であり，$\sigma \in C_2(X)_{C^2}$ に対し

$$\langle f^*\omega, \sigma \rangle = \langle \omega, f_*\sigma \rangle \tag{8.44}$$

である． ■

証明 1. 微分形式のひきもどしの連鎖律 (5.17) より，(8.43) がしたがう．$d\varphi = 0$ ならば $df^*\varphi = f^*d\varphi = 0$ である．

2. の証明も同様である． □

系 8.6.5 X, Y をコンパクトで連結な有向曲面とし，$f\colon X \to Y$ を連続写像とする．ω を Y 上の連続微分可能な 2 形式とする．基本類 $[X]$ と $[Y]$ が存在するならば，

$$\int_{[X]} f^*\omega = \deg f \cdot \int_{[Y]} \omega \tag{8.45}$$

である． ■

8・6

証明　(8.44) より，$\displaystyle\int_{[X]} f^*\omega = \int_{f_*[X]} \omega$ である．$f_*[X] = \deg f \cdot [Y]$ だから，これは (8.45) の右辺と等しい．　□

1 の分解の応用として，有向曲面上の 2 形式の基本類上の積分の正値性を示す．まず，有向曲面上の 2 形式についての**正値性** (positivity) を定義する．

U を $\mathbf{R}^2$ の開集合とし，$\omega = w(x,y)dx \wedge dy$ を U 上の 2 形式とする．U で $w(x,y) \geqq 0$ であるとき，$\omega \geqq 0$ と書く．条件 $\omega \geqq 0$ は 2 形式の層 $A^2_{\mathbf{R}^2}$ の部分層 $A^2_{\mathbf{R}^2,\geqq 0}$ を定める．

$f\colon U \to V$ を $\mathbf{R}^2$ の開集合の向きを保つ C^∞ 同相写像とすると，命題 8.5.2.1 より $\det f'(x,y) > 0$ だから，V 上の 2 形式 $\omega = u(x,y)dx \wedge dy \geqq 0$ に対し，ひきもどし $f^*\omega = u(f(x,y)) \det f'(x,y)dx \wedge dy$ も $f^*\omega \geqq 0$ をみたす．よって，層の射 $f^*\colon A^2_V \to f_*A^2_U$ は部分層の射 $f^*\colon A^2_{V,\geqq 0} \to f_*A^2_{U,\geqq 0}$ をひきおこす．

これは 8.4 節の部分層の構成法 (G) の条件 (G1) で C^∞ 写像を向きを保つ C^∞ 同相写像でおきかえたものをみたし，任意の有向曲面 X に対し，2 形式の層 A^2_X の部分層 $A^2_{X,\geqq 0}$ が定まる．

定義 8.6.6　X を曲面とし，ω を X 上の 2 形式とする．

1. X が有向曲面であるとする．ω が $\Gamma(X, A^2_{X,\geqq 0}) \subset \Gamma(X, A^2_X)$ の元であることを，$\omega \geqq 0$ で表す．

2. 連続な 2 形式 ω の**台** $\mathrm{supp}\,\omega \subset X$ を，$\omega|_U = 0$ をみたす最大の開集合 $U \subset X$ の補集合として定義する．　■

例題 8.6.7　球面 $S^2 = \{(x,y,z) \in \mathbf{R}^3 \mid x^2 + y^2 + z^2 = 1\}$ 上の 2 形式 ω を $\omega = zdx \wedge dy$ で定める．

1. $\omega \geqq 0$ を示せ．
2. $[S^2] \in H_2(S^2)$ を S^2 の基本類とする．$\displaystyle\int_{[S^2]} \omega$ を求めよ．　■

解　1. $f\colon [0,\pi] \times [0,2\pi] \to S^2$ を，球面 S^2 の極座標 $f(s,t) = (\sin s \cos t, \sin s \sin t, \cos s)$ (8.37) とする．命題 8.5.9 の証明より，合成写像 $q(s,t) = \left(\tan \dfrac{s}{2} \cos t, \tan \dfrac{s}{2} \sin t\right)$ のヤコビアンは $0 < s < \pi$ で $\det q'(s,t) > 0$ だから，命題 8.5.2.1 より f の $V = (0,\pi) \times (0,2\pi)$ への制限は向きを保つ C^∞ 同相写像である．

$f^*\omega = \cos s \det \begin{pmatrix} \cos s \cos t & -\sin s \sin t \\ \cos s \sin t & \sin s \cos t \end{pmatrix} ds \wedge dt = \cos^2 s\ \sin s \cdot ds \wedge dt$ であり，$[0, \pi]$ で $\cos^2 s\ \sin s \geqq 0$ だから $\omega \geqq 0$ である．

2. 命題 8.5.9 より，$\int_{[S^2]} \omega = \int_{[0,\pi]\times[0,2\pi]} f^*\omega = \int_{[0,\pi]\times[0,2\pi]} \cos^2 s\ \sin s \cdot dsdt = 2\pi\left[-\frac{\cos^3 s}{3}\right]_0^\pi = \frac{4}{3}\pi$ である． □

$\omega = zdx \wedge dy$ を $\mathbf{R}^3$ 上の 2 形式と考えると，$d\omega = dx \wedge dy \wedge dz$ だから，**ガウスの定理**（『微積分』(7.25)）とあわせると，例題 8.6.7.2 は単位球の体積が $\frac{4}{3}\pi$ であることを表している．

命題 8.6.8 X をコンパクトで連結な有向曲面とし，基本類 $[X] \in H_2(X)$ が存在するとする．ω を X 上の連続微分可能な 2 形式とする．

(U, V, p) を X の正の向きの局所座標とし，$D \subset V \subset \mathbf{R}^2$ を面積確定な有界閉集合とする．$\mathrm{supp}\,\omega \subset U$ であり，$p(\mathrm{supp}\,\omega) \subset D$ であるとする．V 上の連続微分可能関数 $w(x, y)$ を $p_*(\omega|_U) = w(x, y)dx \wedge dy$ で定める．$D \subset U_r(c) \subset V$ をみたす開円板が存在するならば

$$\int_{[X]} \omega = \int_D w(x, y)dxdy \tag{8.46}$$

である． ■

開円板 $U_r(c)$ が存在するという仮定は不要だが，ここでは仮定して証明する．

証明 D が空集合ならば $\omega = 0$ であり，(8.46) の両辺とも 0 である．D は空集合でないとし，連続関数 $d(x, c)$ の D での最大値を $0 \leqq d < r$ とする．$U, V \supset D$ をそれぞれ $p^{-1}(U_r(c)), U_r(c) \supset D_d(c)$ でおきかえて示せばよい．ポワンカレの補題（命題 5.3.6）より，$d\varphi = p_*(\omega|_U)$ をみたす $V = U_r(c)$ 上の連続微分可能な 1 形式 φ が存在する．

$q = \frac{d+r}{2} < r$ とおき，2 回連続微分可能な写像 $\rho\colon I^2 \to U_r(c) = V$ を $\rho(s, t) = c + (qs \cdot \cos 2\pi t,\ qs \cdot \sin 2\pi t)$ で定める．極座標への変数変換公式（『微積分』例 6.3.4）とグリーンの定理（系 5.3.4）より (8.46) の右辺は

$$\int_D w(x, y)dxdy = \int_\rho p_*(\omega|_U) = \int_\rho d\varphi = \int_{\partial\rho} \varphi \tag{8.47}$$

である．

$W = X - p^{-1}(D)$ とおき，$C_\bullet(X)_{C^2}$ の部分複体を $C_\bullet(\mathcal{U})_{C^2} = C_\bullet(U)_{C^2} + C_\bullet(W)_{C^2}$ で定める．$X = U \cup W$ だから，定理 8.3.3 と命題 8.3.4 より，標準射 $H_2(\mathcal{U})_{C^2} \to H_2(X)_{C^2} \to H_2(X)$ は同形である．よって，$[X] = [\sigma]$ をみたす $\sigma = \sigma_U + \sigma_W \in Z_2(\mathcal{U})_{C^2}$, $\sigma_U \in C_2(U)_{C^2}$, $\sigma_W \in C_2(W)_{C^2}$ がある．$\gamma = \partial\sigma_U = -\partial\sigma_W \in Z_1(U \cap W)_{C^2}$ とおく．$\omega|_W = 0$ だから $\displaystyle\int_{\sigma_W} \omega = 0$ であり，グリーンの定理（系 5.3.4）より (8.46) の左辺は

$$\int_{[X]} \omega = \int_\sigma \omega = \int_{\sigma_U + \sigma_W} \omega = \int_{\sigma_U} \omega = \int_{p_*\sigma_U} p_*(\omega|_U) = \int_{p_*\sigma_U} d\varphi = \int_{p_*\gamma} \varphi \quad (8.48)$$

である．

$X = U \cup W$ が定めるマイヤー–ヴィートリス完全系列の境界射 $H_2(X) \to H_1(U \cap W)$ による $[\sigma] = [X]$ の像は $[\gamma] \in H_1(U \cap W)$ である．マイヤー–ヴィートリス完全系列の関手性（命題 4.7.6）より，$x = p^{-1}(c) \in U$ とすると，$X = U \cup (X - \{c\})$ が定めるマイヤー–ヴィートリス完全系列の境界射 $\delta_{U,x}\colon H_2(X) \to H_1(U - \{x\})$ による $[\sigma] = [X]$ の像も $[\gamma]$ である．(U, V, p) は正の向きの局所座標だから，基本類の定義より $T_x(\sigma) = n(p_*\gamma, c) = 1$ である．

$V - D = p(U \cap W)$ は $S^1 \times (d, r)$ と同相だから，$n(-, c)\colon H_1(V - D) \to \mathbf{Z}$ は同形である．$n(\partial\rho, c) = n(\gamma_{c,s}, c)$ も 1 だから $[p_*\gamma] = [\partial\rho] \in H_1(V - D)$ である．

$\omega|_W = 0$ だから，$d\varphi = p_*(\omega|_U)$ の $V - D = p(U \cap W)$ への制限は 0 である．よって φ の $V - D$ への制限は閉形式であり，線形形式 $\langle\varphi, -\rangle\colon H_1(V - D) \to \mathbf{Z}$ (5.41) を定める．$[p_*\gamma] = [\partial\rho] \in H_1(V - D)$ だから $\displaystyle\int_{p_*\gamma} \varphi = \int_{\partial\rho} \varphi$ であり，(8.47) と (8.48) より (8.46) がしたがう．□

系 8.6.9　X をコンパクトで連結な有向曲面とし，$[X]$ を X の基本類とする．$\omega \geqq 0$ を X 上の連続微分可能な 2 形式とする．

このとき，$\displaystyle\int_{[X]} \omega \geqq 0$ である．さらに $\omega \neq 0$ ならば，$\displaystyle\int_{[X]} \omega > 0$ である．■

証明　命題 8.5.2.3 より，X の正の向きの局所座標系 $(U_i, V_i, p_i)_{i \in I}$ で，任意の $i \in I$ に対し $V_i \subset \mathbf{R}^2$ は開円板 $U_{r_i}(c_i)$ であるものが存在する．命題 8.2.8 より，X 上の連続微分可能な関数 $f_1, \ldots, f_m$ による 1 の分解で $(U_i)_{i \in I}$ に属するものが存在する．$f_1, \ldots, f_m \neq 0$ としてよい．

$k = 1, \ldots, m$ に対し，$i_k \in I$ を $\mathrm{supp}\ f_k \subset U_{i_k}$ をみたすものとする．X の閉集合 $\mathrm{supp}\ f_k$ は『集合と位相』系 6.4.2 よりコンパクトだから，その像 $p_{i_k}(\mathrm{supp}\ f_k)$ も『集合と位相』系 6.4.3 よりコンパクトである．よって最大値の定理（定理 8.2.5）より，$p_{i_k}(\mathrm{supp}\ f_k) \subset D_{t_k}(c_{i_k}) = D_k \subset U_{r_{i_k}}(c_{i_k}) = V_{i_k}$ をみたす $0 \leqq t_k < r_{i_k}$ が存在する．$p_{i_k *}(f_k\omega)|_{U_{i_k}} = w_k(x,y)dx \wedge dy$ とおく．

$\omega = \sum_{k=1}^{m} f_k\omega$ だから，命題 8.6.8 より $\int_{[X]} \omega = \sum_{k=1}^{m} \int_{D_k} w_k(x,y)dxdy$ である．

$\omega \geqq 0$ だから，$k = 1, \ldots, m$ に対し，$f_k \geqq 0$ より $w_k(x,y) \geqq 0$ である．重積分の正値性（『微積分』命題 6.2.10.2）より $\int_{D_k} w_k(x,y)dxdy \geqq 0$ であり，その和も $\int_{[X]} \omega \geqq 0$ である．

さらに $\omega \neq 0$ ならば，$f_k\omega \neq 0$ となる $k = 1, \ldots, m$ があり，その k に対し $\int_{[X]} f_k\omega = \int_{D_k} w_k(x,y)dxdy > 0$ となる．$\int_{[X]} \omega = \sum_{k=1}^{m} \int_{[X]} f_k\omega > 0$ である． □

8.7 トーラス

トーラス $T^2 = S^1 \times S^1 = \{(x,y,u,v) \in \mathbf{R}^4 \mid x^2 + y^2 = u^2 + v^2 = 1\}$ に曲面の構造を定める．$\mathbf{R}^2$ の同値関係 $\equiv \bmod \mathbf{Z}^2$ を，$x, y \in \mathbf{R}^2$ に対し $x \equiv y \bmod \mathbf{Z}^2$ であるとは $x - y \in \mathbf{Z}^2$ であることとして定める．商集合を $\mathbf{R}^2/\mathbf{Z}^2$ で表し，商写像を $q\colon \mathbf{R}^2 \to \mathbf{R}^2/\mathbf{Z}^2$ とする．商空間 $\mathbf{R}^2/\mathbf{Z}^2$ の位相は，商写像 $q\colon \mathbf{R}^2 \to \mathbf{R}^2/\mathbf{Z}^2$ による像位相（『集合と位相』定義 4.1.7.3）である．

命題 8.7.1　トーラスへの連続写像 $f\colon \mathbf{R}^2 \to T^2 \subset \mathbf{R}^4$ を

$$f(s,t) = (\cos 2\pi s, \sin 2\pi s, \cos 2\pi t, \sin 2\pi t) \tag{8.49}$$

で定める．f がひきおこす連続写像を $g\colon \mathbf{R}^2/\mathbf{Z}^2 \to T^2$ とする．

1. $g\colon \mathbf{R}^2/\mathbf{Z}^2 \to T^2$ は，コンパクト・ハウスドルフ空間の同相写像である．
2. $f\colon \mathbf{R}^2 \to T^2$ は開写像である．
3. T^2 の曲面の構造で，$f\colon \mathbf{R}^2 \to T^2$ が局所 C^∞ 同相写像となるものがただ 1 つ存在する．
4. 曲面 T^2 の向きで，局所 C^∞ 同相写像 $f\colon \mathbf{R}^2 \to T^2$ が向きを保つものがただ 1 つ存在する． ■

証明　1.　商空間の普遍性より，連続写像 $f\colon \mathbf{R}^2 \to T^2$ は連続全単射 $g\colon \mathbf{R}^2/\mathbf{Z}^2 \to T^2$ をひきおこす．商写像 $q\colon \mathbf{R}^2 \to \mathbf{R}^2/\mathbf{Z}^2$ のコンパクト集合 $I^2 \subset \mathbf{R}^2$ への制限は全射だから，『集合と位相』系 6.4.3 より商空間 $\mathbf{R}^2/\mathbf{Z}^2$ はコンパクトである．T^2 はハウスドルフだから，『集合と位相』系 6.5.2.1 より $g\colon \mathbf{R}^2/\mathbf{Z}^2 \to T^2$ は同相写像である．

2.　1. より，商写像 $q\colon \mathbf{R}^2 \to \mathbf{R}^2/\mathbf{Z}^2$ が開写像であることを示せばよい．$U \subset \mathbf{R}^2$ を開集合とする．$n \in \mathbf{Z}^2$ に対し，$\mathbf{R}^2$ の開集合 $\{x+n \mid x \in U\}$ を $U+n$ で表す．$q^{-1}(q(U)) = \bigcup_{n \in \mathbf{Z}^2}(U+n) \subset \mathbf{R}^2$ も開集合だから $q(U) \subset \mathbf{R}^2/\mathbf{Z}^2$ は開集合である．よって，商写像 $q\colon \mathbf{R}^2 \to \mathbf{R}^2/\mathbf{Z}^2$ は開写像である．

3.　1. より $f\colon \mathbf{R}^2 \to T^2$ は $q\colon \mathbf{R}^2 \to \mathbf{R}^2/\mathbf{Z}^2$ と同一視されるから，商写像 $q\colon \mathbf{R}^2 \to \mathbf{R}^2/\mathbf{Z}^2$ について示せばよい．$V_0 = \left(-\dfrac{1}{2}, \dfrac{1}{2}\right) \times \left(-\dfrac{1}{2}, \dfrac{1}{2}\right)$, $V_1 = \left\{(x,y) \in \mathbf{R}^2 \mid \left|x-\dfrac{1}{2}\right|+|y| < \dfrac{1}{2}\right\}$, $V_2 = \left\{(x,y) \in \mathbf{R}^2 \mid |x|+\left|y-\dfrac{1}{2}\right| < \dfrac{1}{2}\right\}$, $V_3 = (0,1) \times (0,1) \subset \mathbf{R}^2$ とおき，$i = 0,1,2,3$ に対し $U_i = q(V_i) \subset \mathbf{R}^2/\mathbf{Z}^2$ とおく．U_0, U_1, U_2, U_3 は $\mathbf{R}^2/\mathbf{Z}^2$ の開被覆である．$i = 0,1,2,3$ に対し，連続開写像 $q\colon \mathbf{R}^2 \to \mathbf{R}^2/\mathbf{Z}^2$ の制限 $q_i\colon V_i \to U_i$ は可逆だから同相写像である．q_i の逆写像を $p_i\colon U_i \to V_i$ とする．

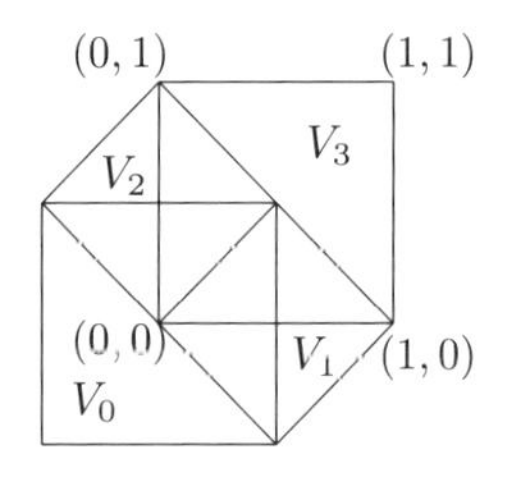

図 **8.2**　V_0, V_1, V_2, V_3

$i, j \in I = \{0,1,2,3\}$ とし，$V_{ij} = p_i(U_i \cap U_j)$ とおく．$n \in \mathbf{Z}^2$ に対し，$V_{ijn} = \{x \in V_i \mid x+n \in V_j\}$ とおく．V_{ij} は V_{ijn} の無縁和である．命題 8.1.5.2 の記号で，座標変換 $q_{ij}\colon V_{ij} \to V_{ji}$ の V_{ijn} への制限は平行移動 $+n\colon V_{ijn} \to V_{ji(-n)}$ だから，C^∞ 同相写像である．よって命題 8.1.5.2 より，$\mathbf{R}^2/\mathbf{Z}^2$ の曲面の構造で，$(U_i, V_i, p_i)_{i \in I}$ が局所座標系となるものがただ 1 つ存在する．この条件は $q\colon \mathbf{R}^2 \to \mathbf{R}^2/\mathbf{Z}^2$ が局所 C^∞ 同相写像となることと同値である．

4. 3. の証明の記号で，座標変換 $q_{ij}\colon V_{ij} \to V_{ji}$ は向きを保つから，命題 8.5.2.2 より，$\mathbf{R}^2/\mathbf{Z}^2$ の向きで $(U_i, V_i, p_i)_{i\in I}$ が正の向きの局所座標系となるものがただ 1 つ存在する．この条件は $q\colon \mathbf{R}^2 \to \mathbf{R}^2/\mathbf{Z}^2$ が向きを保つことと同値である． □

命題 8.7.1.4 の T^2 の向きを T^2 の正の向きとする．トーラスのホモロジー群を計算し，基本類を構成する．

命題 8.7.2 $c = (-1, 0, -1, 0) \in T^2 \subset \mathbf{R}^4$ とし，$T^{2\diamond} = T^2 - \{c\}$ とおく．

1. $H_0(T^{2\diamond}) = \mathbf{Z}$ であり，$q > 1$ ならば $H_q(T^{2\diamond}) = 0$ である．

$H_1(T^{2\diamond})$ は階数 2 の自由加群であり，命題 4.8.4 で定めた $[e_1], [e_2] \in H_1(T^{2\diamond})$ は $H_1(T^{2\diamond})$ の基底である．

2. $H_0(T^2) = \mathbf{Z}$ である．$q > 2$ ならば $H_q(T^2) = 0$ である．

3. $H_2(T^2)$ は階数 1 の自由加群である．連続写像 $f\colon \mathbf{R}^2 \to T^2$ (8.49) の制限 $\sigma\colon I^2 \to T^2$ は，トーラス T^2 の**基本類** $[\sigma] \in H_2(T^2)$ を定める．

4. $H_1(T^2)$ は階数 2 の自由加群であり，命題 4.8.4 で定めた $[e_1], [e_2] \in H_1(T^2)$ は $H_1(T^2)$ の基底である． ■

証明 命題 8.7.1.1 の同相写像 $g\colon \mathbf{R}^2/\mathbf{Z}^2 \to T^2$ により，$\mathbf{R}^2/\mathbf{Z}^2$ を T^2 と同一視し，命題 8.7.1.3 の証明で構成した $\mathbf{R}^2/\mathbf{Z}^2$ の開集合 U_0, U_3 を T^2 の開集合と考える．U_0, U_3 は開区間 $V_0, V_3 \subset \mathbf{R}^2$ と同相だから可縮である．

1. $U = S^1 \times (S^1 - \{(-1, 0)\})$, $V = (S^1 - \{(-1, 0)\}) \times S^1$ は $T^{2\diamond} - T^2 - \{c\}$ の開被覆であり，$U \cap V = U_0$ は可縮である．U, V は $S^1 \times \mathbf{R}$ と同相だから，系 4.6.7.2 と命題 4.7.10.1 より，$H_q(U), H_q(V)$ は $q = 0$ ならば $\mathbf{Z}$ であり，$q = 1$ ならば $\mathbf{Z}$ と同形であり，$q > 1$ ならば 0 である．さらに命題 4.7.10.2 より，$[e_1]$ は $H_1(U)$ の基底であり，$[e_2]$ は $H_1(V)$ の基底である．

よって，$T^{2\diamond} = U \cup V$ が定めるマイヤー–ヴィートリスの完全系列より，$q > 1$ ならば $H_q(T^{2\diamond}) = 0$ であり，完全系列

$$0 \to H_1(U) \oplus H_1(V) \to H_1(T^{2\diamond}) \to \mathbf{Z} \to \mathbf{Z}^2 \to H_0(T^{2\diamond}) \to 0 \qquad (8.50)$$

が得られる．よって，$H_0(T^{2\diamond}) = \mathbf{Z}$ であり，$H_1(T^{2\diamond})$ は $\mathbf{Z}^2$ と同形であり，$[e_1], [e_2]$ は $H_1(T^{2\diamond})$ の基底である．

2. U_3 は可縮だから，$T^2 = U_3 \cup T^{2\diamond}$ が定めるマイヤー–ヴィートリスの完

全系列と 1. より，$q > 2$ ならば $H_q(T^2) = 0$ であり，完全系列

$$0 \to H_2(T^2) \xrightarrow{\delta} H_1(U_3 - \{c\}) \to H_1(T^{2\diamond}) \to H_1(T^2) \qquad (8.51)$$
$$\to H_0(U_3 - \{c\}) \to H_0(U_3) \oplus H_0(T^{2\diamond}) \to H_0(T^2) \to 0$$

が得られる．$H_0(U_3 - \{c\})$, $H_0(U_3)$, $H_0(T^{2\diamond})$ はどれも $\mathbf{Z}$ だから，$H_0(T^2) = \mathbf{Z}$ である．

3. 命題 8.7.1.3 の証明で構成した (U_3, V_3, p_3) は正の向きの局所座標である．V_3 は可縮だから例題 4.7.8 より $n(-, p_3(c))\colon H_1(V_3 - \{p_3(c)\}) \to \mathbf{Z}$ は同形である．$\partial\sigma = 0$ だから，σ は $[\sigma] \in H_2(T^2)$ を定める．命題 8.5.6 より $x \in U_3$ ならば $T_x(\sigma) = 1$ である．よって (8.51) の境界射 $\delta\colon H_2(T^2) \to H_1(U_3 - \{c\})$ は同形であり，$[\sigma]$ は $H_2(T^2)$ の基底であり，T^2 の基本類である．

4. 完全系列 (8.51) と 2. の証明と 3. より，$H_1(T^{2\diamond}) \to H_1(T^2)$ は同形である．1. より，$[e_1], [e_2]$ は階数 2 の自由加群 $H_1(T^2)$ の基底である． □

第9章 リーマン面

第6章で調べた正則関数の値は複素数であり，その定義域は複素平面の開集合である．リーマン面は，正則関数を理解するための自然な対象として登場した．∞ を値としてとりうる有理形関数は，複素平面に無限遠点をつけくわえてコンパクト化したリーマン球面への写像である．2重被覆としてのリーマン面を定義域とすれば，正則関数の平方根が各点での値が1つに定まる関数になる．

単連結なリーマン面上ではポワンカレの補題がなりたち，正則な微分形式の積分が正則関数として定義される．複素平面から原点をのぞいたものは単連結でなく，対数関数を積分として定義することができない．複素平面の商として定義されるリーマン面への正則写像として対数関数を定義することを，この章での目標とする．次章ではこの方法を楕円曲線に適用し，複素トーラスへの正則写像を楕円積分で構成する．

まず9.1節で，リーマン面を層のことばで定義する．8.1節での多様体の定義の中の $\mathbf{R}^n$ の開集合を $\mathbf{C}$ の開集合でおきかえて，C^∞ 写像を正則関数でおきかえれば，そのままリーマン面の定義になる．リーマン面の正則写像は局所的には正則関数で定まる．リーマン球面を複素平面のコンパクト化として構成し，有理形関数をリーマン球面への正則写像として解釈する．

リーマン面の正則写像を9.2節では局所的に調べ，9.3節ではリーマン面がコンパクトな場合に大域的な性質を調べる．正則写像の定義域の各点での分岐指数を，リーマン面の自然な向きとホモロジー群を使って9.2節で定義し，正則関数の零点の位数で表す．コンパクトなリーマン面の正則写像の次数を，基本類を使って9.3節で定義する．次数と分岐指数との関係も調べて，有理形関数の因子に応用する．

リーマン面は，$\mathbf{C}$ の開集合を正則関数ではりあわせて構成される．リーマン面の例として，複素トーラスを 9.4 節で，有理形関数の平方根が定める 2 重被覆を 9.5 節で構成する．重根をもたない 3 次式が定める有理形関数の場合に，これらが楕円曲線として同じものを定めることが次章の主題になる．

9.6 節では，正則な微分形式を使ってリーマン面を調べる．コンパクトなリーマン面の種数を，正則微分形式のなす線形空間の次元として定義する．9.7 節では，$\dfrac{dz}{z}$ の積分としての対数関数を，複素平面の商として定義されるリーマン面への正則写像として定義する．

9.1　リーマン面と正則写像

前章と記号を変えて，位相空間 X に対し，C_X で**複素数値**連続関数のなす X 上の環の層を表す．$\mathbf{C}$ 上の正則関数の層 $\mathcal{O}_{\mathbf{C}}$ を $C_{\mathbf{C}}$ の部分層として定義する．$\mathbf{C}$ の開集合 U に対し，$\mathcal{O}_{\mathbf{C}}(U) \subset C_{\mathbf{C}}(U)$ を正則関数全体のなす $\mathbf{C}$ 上の部分環とする．$V \subset U$ を $\mathbf{C}$ の開集合とすると，定義域の制限が定める制限写像 $C_{\mathbf{C}}(U) \to C_{\mathbf{C}}(V)$ は $\mathbf{C}$ 上の部分環の射 $\mathcal{O}_{\mathbf{C}}(U) \to \mathcal{O}_{\mathbf{C}}(V)$ をひきおこす．よって，位相空間 $\mathbf{C}$ 上の体 $\mathbf{C}$ 上の環の部分前層 $\mathcal{O}_{\mathbf{C}} \subset C_{\mathbf{C}}$ が定まる．正則関数の定義は局所的だから，$\mathcal{O}_{\mathbf{C}}$ は命題 7.2.3 の条件 (2) をみたし，$C_{\mathbf{C}}$ の部分層である．開集合 $U \subset \mathbf{C}$ への $\mathcal{O}_{\mathbf{C}}$ の制限を $\mathcal{O}_U$ で表す．

命題 9.1.1　X を $\mathbf{C}$ の開集合とする．

1. 連続関数 $f\colon X \to \mathbf{C}$ に対し，次の条件は同値である．

(1) f は正則関数である．

(2) 連続関数の f によるひきもどしが定める層の射 $f^*\colon C_{\mathbf{C}} \to f_*C_X$ は部分層の射 $\mathcal{O}_{\mathbf{C}} \to f_*\mathcal{O}_X$ をひきおこす．

2. Y も $\mathbf{C}$ の開集合とする．同相写像 $f\colon X \to Y$ に対し，次の条件は同値である．

(1) f は正則関数であり，X で $f'(z) \neq 0$ である．

(2) 連続関数の f によるひきもどしが定める層の同形 $f^*\colon C_Y \to f_*C_X$ は部分層の同形 $\mathcal{O}_Y \to f_*\mathcal{O}_X$ をひきおこす．■

証明　1. (1)⇒(2)：V を $\mathbf{C}$ の開集合とし，$U = f^{-1}(V) \subset X$ とする．関数 $g\colon V \to \mathbf{C}$ が正則ならば，合成関数 $g \circ f|_U\colon U \to \mathbf{C}$ も正則である．よって，$f^*(V)\colon C_{\mathbf{C}}(V) \to (f_*C_X)(V) = C_X(U)$ は $\mathcal{O}_{\mathbf{C}}(V) \to (f_*\mathcal{O}_X)(V) = \mathcal{O}_X(U)$ を

ひきおこす．

(2)⇒(1)：関数 $f \in C_X(X)$ は，ひきもどし $f^*\colon \mathcal{O}_{\mathbf{C}}(\mathbf{C}) \to (f_*\mathcal{O}_X)(\mathbf{C}) = \mathcal{O}_X(X)$ による座標関数 $z \in \mathcal{O}_{\mathbf{C}}(\mathbf{C})$ の像だから，正則関数である．

2. (1)⇒(2)：命題 6.1.8 (1)⇒(2) より，f の逆写像 $f^{-1}\colon Y \to X$ も正則である．よって，X の開集合 U への f の制限 $f_U\colon U \to V = f(U)$ と U 上の連続関数 $g\colon U \to \mathbf{C}$ に対し，g が正則であることと $g \circ (f_U)^{-1}$ が正則であることとは同値である．

(2)⇒(1)：1.(2)⇒(1) より，f とその逆写像 $f^{-1}\colon Y \to X$ は正則である．よって命題 6.1.8 (2)⇒(1) よりしたがう． □

$X, Y \subset \mathbf{C}$ が開集合で $f\colon X \to Y$ が正則関数であるとき，$f^*\colon C_Y \to f_*C_X$ がひきおこす射も $f^*\colon \mathcal{O}_Y \to f_*\mathcal{O}_X$ で表す．多様体の定義（定義 8.1.2）の $\mathbf{R}^n$ を $\mathbf{C}$ で，C^∞ 関数を正則関数でおきかえて，リーマン面を定義する．

定義 9.1.2 1. X をハウスドルフ空間とする．複素数値連続関数のなす X 上の環の層を C_X とする．C_X の部分層 A_X が次の条件をみたすとき，(X, A_X) は**リーマン面** (Riemann surface) であるという：X の可算開被覆 $(U_i)_{i\in I}$ と，$\mathbf{C}$ の開集合の族 $(V_i)_{i\in I}$ と，同相写像 $p_i\colon U_i \to V_i$ の族 $(p_i)_{i\in I}$ で，任意の $i \in I$ に対しひきもどしの同形 $p_i^*\colon C_{V_i} \to p_{i*}C_{U_i}$ が部分層の同形 $\mathcal{O}_{V_i} \to p_{i*}(A_X|_{U_i})$ をひきおこすものが存在する．

(X, A_X) がリーマン面であるとき，A_X を X 上の**正則関数の層**とよび，$\mathcal{O}_X$ で表す．$\mathcal{O}_X$ を X のリーマン面の**構造**とよぶこともある．

2. $(X, \mathcal{O}_X)$ と $(Y, \mathcal{O}_Y)$ をリーマン面とし，$f\colon X \to Y$ を連続写像とする．f によるひきもどし $f^*\colon C_Y \to f_*C_X$ が部分層の射 $\mathcal{O}_Y \to f_*\mathcal{O}_X$ をひきおこすとき，$f\colon X \to Y$ は**正則写像**であるという．

$f\colon X \to Y$ が同相写像であり，$f^*\colon C_Y \to f_*C_X$ が部分層の同形 $\mathcal{O}_Y \to f_*\mathcal{O}_X$ をひきおこすとき，f は**双正則写像** (biholomorphic mapping) であるという．

■

リーマン面 X の恒等写像は正則である．リーマン面の正則写像 $f\colon X \to Y$ と $g\colon Y \to Z$ の合成写像 $g \circ f\colon X \to Z$ も正則である．リーマン面全体は，正則写像を射として圏【リーマン面】をなす．リーマン面の同形とは双正則写像のことである．

U がリーマン面 X の開集合であるとき，$(U, \mathcal{O}_X|_U)$ もリーマン面である．以下，リーマン面 X の開集合 U はこのようにリーマン面と考え，$\mathcal{O}_U = \mathcal{O}_X|_U$ とおく．包含写像 $U \to X$ は正則写像である．$U, V \subset \mathbf{C}$ が開集合であるとき，$f\colon U \to V$ が正則写像（定義 9.1.2.2）であることは，命題 9.1.1.1 より f が正則関数であることと同値である．

定義 9.1.3 1. X をリーマン面とする．X の開集合 U と $\mathbf{C}$ の開集合 V と双正則写像 $p\colon U \to V$ の組 (U, V, p) を X の**局所座標**という．(U, V, p) が X の局所座標であり $x \in U$ であるとき，(U, V, p) を x の**座標近傍**という．$(U_i)_{i \in I}$ が X の開被覆であるとき，局所座標の族 $(U_i, V_i, p_i)_{i \in I}$ を X の**局所座標系**という．

2. $f\colon X \to Y$ をリーマン面の正則写像とする．X の任意の点 x に対し，x の開近傍 U で，$V = f(U)$ は Y の開集合であり，$f\colon U \to V$ は双正則写像となるものがあるとき，f は**局所双正則写像**であるという． ■

(U, V, p) が X の局所座標であるとき，p によって U と V を同一視することもある．

例 9.1.4 X をリーマン面とする．$I = \coprod_{(U,V) \in \mathrm{Op}(X) \times \mathrm{Op}(\mathbf{C})} \{p \in \mathrm{Map}(U, V) \mid (U, V, p)$ は X の局所座標 $\}$ とすると，$\mathcal{U}_X = (U, V, p)_{(U,V,p) \in I}$ は X の局所座標系である．これを X の**全局所座標系**という． ■

命題 8.1.5 と同様に，リーマン面も $\mathbf{C}$ の開集合を正則関数ではりあわせて構成できる．位相空間 X の開被覆 $(U_i)_{i \in I}$ に対し，U_{ij} などの記号を命題 8.1.5 と同様に定める．

命題 9.1.5 1. X をリーマン面とし，$(U_i, V_i, p_i)_{i \in I}$ を局所座標系とすると，次の条件 (PR) がなりたつ．

(PR) 任意の $i, j \in I$ に対し，$\mathbf{C}$ の開集合の写像 $q_{ij}\colon V_{ij} \to V_{ji}$ は双正則写像である．

2. X をハウスドルフ空間，$(U_i)_{i \in I}$ を X の可算開被覆，$(V_i)_{i \in I}$ を $\mathbf{C}$ の開集合の族とし，$(p_i)_{i \in I}$ を同相写像 $p_i\colon U_i \to V_i$ の族で上の条件 (PR) をみたすものとする．このとき，X のリーマン面の構造 $\mathcal{O}_X$ で，$(U_i, V_i, p_i)_{i \in I}$ が X の局所座標系となるものがただ 1 つ存在する． ■

命題 9.1.5 の証明は，命題 8.1.5 と同様なので省略する．

複素平面 $\mathbf{C}$ に**無限遠点** ∞ をつけくわえて得られる集合を $\mathbf{P}^1_{\mathbf{C}}$ で表し，**複素射影直線** (complex projective line) とよぶ．

命題 9.1.6 $\mathbf{P}^1_{\mathbf{C}} - \{0\} = \mathbf{C}^\times \cup \{\infty\}$ を $\mathbf{C}_\infty$ で表し，可逆写像 $p_\infty \colon \mathbf{C}_\infty \to \mathbf{C}$ を，$z \in \mathbf{C}^\times$ に対しては $p_\infty(z) = \dfrac{1}{z}$ と $p_\infty(\infty) = 0$ で定める．

1. $\mathbf{P}^1_{\mathbf{C}}$ の位相で，$\mathbf{P}^1_{\mathbf{C}}$ は $\mathbf{C}$ と $\mathbf{C}_\infty$ を開部分空間として含み，$1_{\mathbf{C}}$ と p_∞ が同相写像となるものがただ 1 つ存在する．

2. $\mathbf{P}^1_{\mathbf{C}}$ は球面 S^2 と同相である．

3. $\mathbf{P}^1_{\mathbf{C}}$ のリーマン面の構造で，$(\mathbf{C}, \mathbf{C}, 1_{\mathbf{C}})$ と $(\mathbf{C}_\infty, \mathbf{C}, p_\infty)$ が局所座標系となるものがただ 1 つ存在する． ■

証明 1. と 2. 可逆写像 $f \colon S^2 \to \mathbf{P}^1_{\mathbf{C}}$ を定める．$\mathbf{C}$ を $\mathbf{R}^2$ と同一視する．$w = u + \sqrt{-1}v$ とすると $\dfrac{1}{w} = \dfrac{u - \sqrt{-1}v}{u^2 + v^2}$ だから，(8.4) より，立体射影 $p_S \colon S^2 - \{S\} \to \mathbf{R}^2 = \mathbf{C} \subset \mathbf{P}^1_{\mathbf{C}}$ と，$p_N \colon S^2 - \{N\} \to \mathbf{R}^2 = \mathbf{C}$ と複素共役 $\mathbf{C} \to \mathbf{C}$ と逆写像 $p_\infty^{-1} \colon \mathbf{C} \to \mathbf{C}_\infty \subset \mathbf{P}^1_{\mathbf{C}}$ の合成 $S^2 - \{N\} \to \mathbf{C} \subset \mathbf{P}^1_{\mathbf{C}}$ をはりあわせて，可逆写像 $f \colon S^2 \to \mathbf{P}^1_{\mathbf{C}}$ が得られる．

$\mathbf{P}^1_{\mathbf{C}}$ の位相を f による像位相として定める．$f \colon S^2 \to \mathbf{P}^1_{\mathbf{C}}$ は同相写像である．S^2 はハウスドルフだから $\mathbf{P}^1_{\mathbf{C}}$ もハウスドルフであり，$\mathbf{C}$ と $\mathbf{C}_\infty$ は $\mathbf{P}^1_{\mathbf{C}}$ の開集合である．立体射影 p_S と p_N は同相写像だから，$\mathbf{P}^1_{\mathbf{C}}$ の位相の制限に関して $1_{\mathbf{C}}$ と p_∞ は同相写像である．部分集合 $U \subset \mathbf{P}^1_{\mathbf{C}}$ が開集合であるための条件は，$U \cap \mathbf{C} \subset \mathbf{C}$ と $U \cap \mathbf{C}_\infty \subset \mathbf{C}_\infty$ が開集合となることである．

3. 2. より $\mathbf{P}^1_{\mathbf{C}}$ はハウスドルフである．$\mathbf{C}$ と $\mathbf{C}_\infty$ は $\mathbf{P}^1_{\mathbf{C}}$ の開被覆をなし，$p_\infty \colon \mathbf{C}_\infty \to \mathbf{C}$ は同相写像である．p_∞ の制限 $q_\infty \colon \mathbf{C}^\times \to \mathbf{C}^\times$ は双正則写像だから，命題 9.1.5.2 より，$\mathbf{P}^1_{\mathbf{C}}$ 上のリーマン面の構造が定まる． □

球面 S^2 はコンパクトで連結だから，$\mathbf{P}^1_{\mathbf{C}}$ もコンパクトで連結である．$\mathbf{P}^1_{\mathbf{C}}$ を**リーマン球面** (Riemann sphere) ともよぶ．コンパクトなリーマン面を**閉リーマン面** (closed Riemann surface) ということがある．リーマン球面は閉リーマン面の例である．$\mathbf{P}^1_{\mathbf{C}}$ は $\mathbf{C}$ の 1 点コンパクト化（『集合と位相』定義 6.6.1.3）であり，$\mathbf{P}^1_{\mathbf{C}}$ の開集合は次のどちらかである．

(1) $\mathbf{C}$ の開集合を $\mathbf{P}^1_{\mathbf{C}}$ の部分集合とみたもの．

(2) $\mathbf{C}$ のコンパクト集合 A の補集合 $\mathbf{P}^1_{\mathbf{C}} - A$．

9.1

正則写像に対して，次のような局所性がなりたつ．

命題 9.1.7 X, Y をリーマン面とし，$f\colon X \to Y$ を写像とする．

1. $(U_i)_{i\in I}$ を X の開被覆とすると，次の条件は同値である．

(1) $f\colon X \to Y$ は正則写像である．

(2) 任意の $i \in I$ に対し，f の U_i への制限 $f_i\colon U_i \to Y$ は正則写像である．

2. V を Y の開集合とし，$f(X) \subset V$ とする．f が定める写像を $f_V\colon X \to V$ とすると，次の条件は同値である．

(1) $f\colon X \to Y$ は正則写像である．

(2) $f_V\colon X \to V$ は正則写像である．

3. $(V_i)_{i\in I}$ を Y の開被覆とすると，次の条件は同値である．

(1) $f\colon X \to Y$ は正則写像である．

(2) 任意の $i \in I$ に対し，f の $U_i = f^{-1}(V_i)$ への制限 $f_i\colon U_i \to V_i$ は正則写像である．

4. W をリーマン面とし，$h\colon W \to X$ を全射局所双正則写像とする．次の条件は同値である．

(1) f は正則写像である．

(2) $f \circ h$ は正則写像である． ■

証明は命題 8.1.7 と同様だから省略する．

正則写像とは，局所的に正則関数である写像のことである．

系 9.1.8 X, Y をリーマン面とし，$f\colon X \to Y$ を連続写像とする．$(U_i, U'_i, p_i)_{i\in I}$ と $(V_j, V'_j, q_j)_{j\in J}$ を X と Y の局所座標系とする．$i \in I, j \in J$ に対し，$U_{ij} = U_i \cap f^{-1}(V_j)$, $U'_{ij} = p_i(U_{ij}) \subset \mathbf{C}$ とおき，$h_{ij}\colon U'_{ij} \to V'_j \subset \mathbf{C}$ を可換図式

$$\begin{array}{ccc} U_{ij} & \xrightarrow{f|_{U_{ij}}} & V_j \\ {\scriptstyle p_i|_{U_{ij}}}\downarrow & & \downarrow{\scriptstyle q_j} \\ U'_{ij} & \xrightarrow{h_{ij}} & V'_j \subset \mathbf{C} \end{array}$$

で定める．

1. 次の条件は同値である．

(1) f は正則写像である．

(2) 任意の $i \in I, j \in J$ に対し，$h_{ij}\colon U'_{ij} \to \mathbf{C}$ は正則関数である．

2. 次の条件は同値である.

(1) f は局所双正則写像である.

(2) 任意の $i \in I, j \in J$ に対し，$h_{ij}: U'_{ij} \to \mathbf{C}$ は正則関数であり，U'_{ij} 上いたるところ $h'_{ij}(z) \neq 0$ である. ■

証明 1. の証明は系 8.1.8 と同様だから省略する.

2. 命題 9.1.1.2 より，2. の証明も系 8.1.8 の証明と同様である. □

系 9.1.8 よりリーマン面 X 上の正則関数 $f \in \Gamma(X, \mathcal{O}_X)$ とは，リーマン面 $\mathbf{C}$ への正則写像のことである．したがってリーマン面 X を $\Gamma(X, \mathcal{O}_X)$ にうつす関手【リーマン面】→【集合】は，座標関数 $z \in \Gamma(\mathbf{C}, \mathcal{O}_{\mathbf{C}})$ を普遍元として $\mathbf{C}$ によって表現される.

リーマン面上の有理形関数をリーマン球面への正則写像としてとらえる．X をリーマン面とする．正則写像 $f: X \to \mathbf{P}^1_{\mathbf{C}}$ は，命題 9.1.7.3 より，f の $U_0 = f^{-1}(\mathbf{C})$ への制限が定める正則関数 $U_0 \to \mathbf{C} \subset \mathbf{P}^1_{\mathbf{C}}$ と，$U_\infty = f^{-1}(\mathbf{C}_\infty)$ への制限と $p_\infty: \mathbf{C}_\infty \to \mathbf{C}$ の合成が定める正則関数 $h: U_\infty \to \mathbf{C}$ の対で定まる．$f(z)$ と $h(z)$ は共通部分 $U_0 \cap U_\infty$ で $h(z) = \dfrac{1}{f(z)}$ をみたす．便宜的に $\dfrac{1}{0} = \infty, \dfrac{1}{\infty} = 0$ とおいて，$h(z)$ を $\dfrac{1}{f(z)}$ で表す．たとえば，$f(z) = \dfrac{1}{z}$, $f(0) = \infty$, $f(\infty) = 0$ は双正則写像 $f: \mathbf{P}^1_{\mathbf{C}} \to \mathbf{P}^1_{\mathbf{C}}$ を定める.

命題 9.1.9 U を $\mathbf{C}$ の開集合とする．写像 $f: U \to \mathbf{P}^1_{\mathbf{C}} = \mathbf{C} \cup \{\infty\}$ に対し，次は同値である.

(1) f は U 上の有理形関数である.

(2) $f: U \to \mathbf{P}^1_{\mathbf{C}}$ は正則写像であり，$f^{-1}(\infty) \subset U$ は離散部分集合である. ■

証明 (1), (2) どちらでも f の $U_0 = f^{-1}(\mathbf{C})$ への制限は正則関数である．f の $U_\infty = f^{-1}(\mathbf{C}_\infty)$ への制限と $p_\infty: \mathbf{C}_\infty \to \mathbf{C}$ の合成関数を $h: U_\infty \to \mathbf{C}$ とする.

(1)⇒(2)：$c \in f^{-1}(\infty)$ とすると，c は $f(z)$ の極だから $\lim_{z \to c} |f(z)| = \infty$ であり，f は $z = c$ で連続である．よって $f: U \to \mathbf{P}^1_{\mathbf{C}}$ は連続である．$h: U_\infty \to \mathbf{C}$ も命題 6.2.7 より正則関数であり，$f: U \to \mathbf{P}^1_{\mathbf{C}}$ は正則写像である.

極は $f^{-1}(\infty) \subset U$ の孤立点だから $f^{-1}(\infty) \subset U$ は離散部分集合である.

9.1

(2)⇒(1)：$f^{-1}(\infty)=h^{-1}(0)$ の点はすべて孤立点であり，$c\in f^{-1}(\infty)=h^{-1}(0)$ とすると，c は命題 6.2.7 より $f(z)$ の極である．よって f は U 上の有理形関数である． □

定義 9.1.10　X をリーマン面とし，$f\colon X\to \mathbf{P}^1_{\mathbf{C}}$ を正則写像とする．

1. $f^{-1}(\infty)$ が X の離散部分集合であるとき，f を X 上の**有理形関数**とよぶ．

2. f を X 上の有理形関数とする．$f^{-1}(0)$ の点を f の**零点**とよび，$f^{-1}(\infty)$ の点を f の**極**とよぶ． ■

9.2　分岐指数

リーマン面に向きを定める．$\mathbf{C}=\mathbf{R}^2$ の正の向きを $\mathbf{R}^2$ の正の向きとして定める．

例 9.2.1　$\omega_1=u_1+\sqrt{-1}v_1, \omega_2=u_2+\sqrt{-1}v_2\in\mathbf{C}$ を，$\mathbf{R}$ 線形空間 $\mathbf{C}$ の基底とし，$\mathbf{R}$ 線形空間の同形 $f\colon \mathbf{R}^2\to\mathbf{C}$ を $f(s,t)=s\omega_1+t\omega_2$ で定める．$\det f'(s,t)=\det\begin{pmatrix}u_1 & u_2\\ v_1 & v_2\end{pmatrix}=u_1v_2-v_1u_2$ だから，f が向きを保つための条件は $\operatorname{Im}\dfrac{\omega_2}{\omega_1}=\dfrac{u_1v_2-v_1u_2}{u_1^2+v_1^2}>0$ である． ■

命題 9.2.2　1. U を $\mathbf{C}$ の開集合とし，$f(z)$ を U で定義された正則関数とする．U で $f'(z)\neq 0$ とすると，$f\colon U\to\mathbf{C}$ は局所双正則写像であり，向きを保つ．

2. X をリーマン面とする．X の曲面の構造と X の向きで，X の任意の局所座標 (U,V,p) に対し $p\colon U\to V\subset\mathbf{C}$ が向きを保つ C^∞ 同相写像となるものが，ただ 1 つ存在する．

3. X と Y をリーマン面とし，X と Y を 2. の向きにより有向曲面と考える．$f\colon X\to Y$ が正則写像ならば，$f\colon X\to Y$ は C^∞ 写像である．さらに f が局所双正則写像ならば，f は向きを保つ． ■

証明　1. $\mathbf{C}$ の座標を $z=x+\sqrt{-1}y$ で表し，$f(z)=u(x,y)+\sqrt{-1}v(x,y)$ とおく．系 9.1.8.2 より $f\colon U\to\mathbf{C}$ は局所双正則写像である．コーシー–リーマ

ンの方程式 (6.7) より $\det\begin{pmatrix} u_x & u_y \\ v_x & v_y \end{pmatrix} = \det\begin{pmatrix} u_x & u_y \\ -u_y & u_x \end{pmatrix} = |f'(z)|^2 > 0$ だから f は向きを保つ．

2. $\mathcal{U}_X = (U_i, V_i, p_i)_{i\in I}$ を X の全局所座標系（例 9.1.4）とし，$\mathbf{C} = \mathbf{R}^2$ と考えると，命題 9.1.5.1 より，$(U_i, V_i, p_i)_{i\in I}$ は命題 8.1.5.1 のはりあわせの条件 (PM) をみたすから，X の曲面の構造が定まる．さらに 1. と命題 8.5.2.2 より，X の向きが定まり，任意の局所座標は向きを保つ．一意性は構成より明らかである．

3. 正則写像の局所性（系 9.1.8）と C^∞ 写像の局所性（系 8.1.8）より，正則写像 $f\colon X \to Y$ は C^∞ 写像である．さらに $f\colon X \to Y$ が局所双正則写像ならば，系 9.1.8.2 と 1. より f は向きを保つ． □

命題 9.2.2 により，圏【リーマン面】を【曲面】の部分圏と考える．前章の曲面や向きについての定義や性質は，すべてリーマン面に適用できる．命題 9.1.6.2 の証明で定めた同相写像 $S^2 \to \mathbf{P}^1_{\mathbf{C}}$ は向きを保つ．よってリーマン球面 $\mathbf{P}^1_{\mathbf{C}}$ の基本類が，命題 8.5.9 により得られる．リーマン面 X の点 x に対し標準同形 $n(-,x)\colon H_1(X\|x) \to \mathbf{Z}$ (8.33) が定まる．

定義 9.2.3　X, Y をリーマン面とし，$f\colon X \to Y$ をリーマン面の正則写像とする．$a \in X$, $b = f(a) \in Y$ とし，a は $f^{-1}(b)$ の孤立点であるとする．$f_*\colon H_1(X\|a) \to H_1(Y\|b)$ を (8.18) で定義した射とし，図式

$$\begin{array}{ccc} H_1(X\|a) & \xrightarrow{n(-,a)} & \mathbf{Z} \\ {\scriptstyle f_*}\downarrow & & \downarrow{\scriptstyle \times e} \\ H_1(Y\|b) & \xrightarrow{n(-,b)} & \mathbf{Z} \end{array} \tag{9.1}$$

が可換であるという条件で定まる整数 $e \in \mathbf{Z}$ を，$f\colon X \to Y$ の a での**分岐指数** (ramification index) とよび，$e_{a/b}$ で表す． ■

命題 9.2.4　X, Y をリーマン面とし，$f\colon X \to Y$ を正則写像とする．$a \in X$, $b = f(a) \in Y$ とする．

1. 次のどちらかがなりたつ．

(1) a は $f^{-1}(b)$ の孤立点である．

(2) $f^{-1}(b)$ は a の近傍である．

2. a は $f^{-1}(b)$ の孤立点であるとし，$e = e_{a/b} \in \mathbf{Z}$ を分岐指数とする．

(U, U', p) を $a \in X$ の座標近傍とし，(V, V', q) を $b \in Y$ の座標近傍とする．$f(U) \subset V$ とし，正則関数 $g\colon U' \to V' \subset \mathbf{C}$ を可換図式

$$\begin{array}{ccc} U & \xrightarrow{f|_U} & V \\ {\scriptstyle p}\downarrow & & \downarrow{\scriptstyle q} \\ U' & \xrightarrow{g} & V' \end{array} \tag{9.2}$$

で定め，$c = p(a) \in U' \subset \mathbf{C}$ とすると

$$e = \mathrm{ord}_c(g(z) - g(c)) \geqq 1 \tag{9.3}$$

である．■

証明　1. (U, U', p) を $a \in X$ の座標近傍とし，(V, V', q) を $b \in Y$ の座標近傍とする．(U, U', p) を $(U \cap f^{-1}(V), p(U \cap f^{-1}(V)), p|_{U \cap f^{-1}(V)})$ でおきかえて，$f(U) \subset V$ としてよい．正則関数 $g\colon U' \to V' \subset \mathbf{C}$ を可換図式 (9.2) で定め，$c = p(a) \in U' \subset \mathbf{C}$ とおく．命題 6.2.2 と 6.2.4 より，$g(z) - g(c)$ の $z = c$ での零点の位数が自然数ならば a は $f^{-1}(b)$ の孤立点であり，∞ ならば $f^{-1}(b)$ は a の近傍である．

2. $c = p(a), d = q(b)$ とし，実数 $s > 0$ が $U_s(d) \subset V'$ をみたし，実数 $r > 0$ が $U_r(c) \subset g^{-1}(U_s(d)) \subset U'$ と $U_r(c) \cap g^{-1}(d) = \{c\}$ をみたすとする．図式

$$\begin{array}{ccccccc} \mathbf{Z} & \xleftarrow{n(-,a)} & H_1(U\|a) & \xrightarrow{p_*} & H_1(U'\|c) & \longrightarrow & H_1(U_r(c) - \{c\}) \\ {\scriptstyle \times e}\downarrow & & {\scriptstyle f_*}\downarrow & & {\scriptstyle g_*}\downarrow & & {\scriptstyle g_*}\downarrow \\ \mathbf{Z} & \xleftarrow{n(-,b)} & H_1(V\|b) & \xrightarrow{q_*} & H_1(V'\|d) & \longrightarrow & H_1(U_s(d) - \{d\}) \end{array} \tag{9.4}$$

の左の 4 角は分岐指数の定義より可換であり，$H_1(-\|-)$ の関手性よりまん中の 4 角も可換である．右端のよこの射を射影とすると，命題 8.3.1.1 よりこれは同形であり，(8.19) より右の 4 角も可換である．

よこの射はすべて同形であり，よこの右端から左端への合成射は命題 8.5.4 の証明より，それぞれ $n(-, c), n(-, d)$ である．外側の 4 角も可換だから，系 6.3.7 より (9.3) がなりたつ．□

定義 9.2.5　X をリーマン面とし，$f\colon X \to \mathbf{P}^1_{\mathbf{C}}$ を有理形関数とする．$a \in X$ とする．

1. a が $f^{-1}(0)$ の孤立点であるとき，分岐指数 $e_{a/0}$ を f の a での零点の位数とよび，$\mathrm{ord}_a f$ で表す．$f^{-1}(0)$ が a の近傍であるときは，$\mathrm{ord}_a f = \infty$ とする．

2. a が f の極であるときは，分岐指数 $e_{a/\infty}$ を f の a での極の位数とよび，$\mathrm{ord}_a f = -e_{a/\infty}$ とおく．

3. a が f の零点でも極でもないときは $\mathrm{ord}_a f = 0$ とおく． ■

X が $\mathbf{C}$ の開集合のときは，$\mathrm{ord}_a f$ は定義 6.2.1 で定義したものと一致する．

例 9.2.6 $f(z)$ を z の有理式 $\dfrac{p(z)}{q(z)}$ が定める $\mathbf{P}^1_{\mathbf{C}}$ 上の有理形関数で，定数関数ではないものとする．$p(z)$, $q(z)$ はたがいに素な多項式であるとし，$p(z) = a(z-c_1)^{n_1}\cdots(z-c_k)^{n_k}$, $q(z) = (z-b_1)^{m_1}\cdots(z-b_l)^{m_l}$, $n_1,\ldots,n_k$, $m_1,\ldots,m_l > 0$, $a \in \mathbf{C}^\times$ とし，$c_1,\ldots,c_k,b_1,\ldots,b_l$ は相異なるとする．$n = \deg p(z) = n_1 + \cdots + n_k$, $m = \deg q(z) = m_1 + \cdots + m_l$ とおく．

$f^{-1}(0)$ は，$n \geqq m$ ならば $\{c_1,\ldots,c_k\}$ であり，$n < m$ ならば $\{c_1,\ldots,c_k,\infty\}$ である．$f^{-1}(\infty)$ は，$n > m$ ならば $\{b_1,\ldots,b_l,\infty\}$ であり，$n \leqq m$ ならば $\{b_1,\ldots,b_l\}$ である．

どの場合にも，$\mathrm{ord}_{c_i} f = n_i$, $\mathrm{ord}_{b_j} f = -m_j$, $\mathrm{ord}_\infty f = m - n$ である． ■

命題 9.2.7 $f\colon X \to Y$ をリーマン面の正則写像とし，$a \in X$, $b = f(a) \in Y$ とする．次の条件は同値である．

(1) a の開近傍 $U \subset X$ で，$V = f(U) \subset Y$ は b の開近傍であり，f の制限 $f|_U\colon U \to V$ が双正則写像となるものが存在する．

(2) f の a での分岐指数 $e_{a/b}$ は 1 である． ■

証明 (1)⇒(2)：$H_1(X\|a) \to H_1(U\|a) \xrightarrow{f|_{U*}} H_1(V\|b) \leftarrow H_1(Y\|b)$ は同形だから，$e_{a/b} = 1$ である．

(2)⇒(1)：記号を命題 9.2.4.2 のとおりとすると，$\mathrm{ord}_c(g(z) - g(c)) = e_{a/b} = 1$ だから $g'(c) \neq 0$ である．よって命題 6.1.8 (1)⇒(2) よりしたがう． □

系 9.2.8 $f\colon X \to Y$ をリーマン面の正則写像とする．

1. 次の条件は同値である．

(1) f はリーマン面の局所双正則写像である．

(2) X の任意の点 x と $y = f(x) \in Y$ に対し，$e_{x/y} = 1$ である．

9.2

2. 次の条件は同値である.

(1) f は双正則である.

(2) f は可逆であり，任意の $x \in X$ と $y = f(x)$ に対し，$e_{x/y} = 1$ である. ■

証明 1. 命題 9.2.7 よりしたがう.

2. 双正則写像は可逆な局所双正則写像だから，1. よりしたがう. □

命題 9.2.9 $f\colon X \to Y$ をリーマン面の正則写像とする．X は連結とし，f は定値写像でないとする.

1. 任意の $y \in Y$ に対し，逆像 $f^{-1}(y) \subset X$ は離散部分空間である．X がさらにコンパクトならば，$f^{-1}(y)$ は有限集合である.

2. $g\colon Y \to \mathbf{P}^1_{\mathbf{C}}$ が有理形関数ならば，$g \circ f\colon X \to \mathbf{P}^1_{\mathbf{C}}$ も有理形関数である. ■

証明 1. $y \in Y$ とする．X の閉集合 A を $A = f^{-1}(y) \subset X$ で定め，X の開集合 $U \subset A$ を $U = \{x \in A \mid A$ は x の近傍$\}$ で定める．命題 9.2.4.1 より $A - U$ の任意の点は孤立点だから，U は A の閉集合であり，X の閉集合である．したがって，X は開集合 U と開集合 $X - U$ の無縁和であり，$H_0(X) = H_0(U) \oplus H_0(X - U)$ である．$H_0(X) = \mathbf{Z}$ だから $H_0(U) = 0$ か $H_0(X - U) = 0$ であり，例題 4.5.6.2 より $U = \varnothing$ か $X = U$ である.

f は定値写像でないから，$X = U$ となる $y \in Y$ は存在しない．よって任意の $y \in Y$ に対し $A = f^{-1}(y)$ の任意の点は孤立点である．X がコンパクトならば，命題 8.2.4.3 より離散閉部分空間 $f^{-1}(y)$ は有限集合である.

2. $g^{-1}(\infty)$ は離散部分空間だから，1. より $(g \circ f)^{-1}(\infty) = \coprod_{y \in g^{-1}(\infty)} f^{-1}(y)$ も離散部分空間である. □

9.3 次数と因子

コンパクトで連結なリーマン面の正則写像の次数（定義 8.5.8.2）と分岐指数の関係を調べる.

命題 9.3.1 X, Y を連結なコンパクト・リーマン面とし，$f\colon X \to Y$ を正則写像とする．X, Y の基本類が存在するとし，f は定値写像ではないとする．

1. $\deg f \geqq 1$ である．

2. $y \in Y$ とする．逆像 $f^{-1}(y) \subset X$ は元の個数が f の次数 n 以下の空でない有限集合である．$f^{-1}(y)$ が相異なる点 $x_1, \ldots, x_m$ からなるとし，$i = 1, \ldots, m$ に対し f の x_i での分岐指数を $e_{x_i/y}$ とすると，

$$n = \sum_{i=1}^{m} e_{x_i/y} \tag{9.5}$$

である．■

(9.5) は f の次数という大域的な不変量と，分岐指数という各点での局所的な不変量を結ぶ式である．連結なコンパクト・リーマン面の正則写像 $f\colon X \to Y$ が $\deg f \geqq 1$ をみたすとき，f は**有限射** (finite morphism) であるという．

証明　1. と 2. $y \in Y$ とする．命題 9.2.9.1 より $f^{-1}(y)$ は有限集合である．$X \neq \varnothing$ だから，あとは (9.5) を示せばよい．命題 8.3.2.2 より，図式

$$\begin{array}{ccccc} H_2(X) & \xrightarrow{\bigoplus_{i=1}^{m} \delta_{x_i}} & \bigoplus_{i=1}^{m} H_1(X \| x_i) & \xrightarrow{\bigoplus_{i=1}^{m} n(-,x_i)} & \mathbf{Z}^m \\ {\scriptstyle f_*}\downarrow & & \downarrow{\scriptstyle \sum_{i=1}^{m} f_*} & & \downarrow{\scriptstyle \sum_{i=1}^{m} e_{x_i/y}} \\ H_2(Y) & \xrightarrow{\delta_y} & H_1(Y \| y) & \xrightarrow{n(-,y)} & \mathbf{Z} \end{array} \tag{9.6}$$

の左の 4 角は可換である．分岐指数の定義より右の 4 角も可換である．

上の行の合成射は $\bigoplus_{i=1}^{m} T_{x_i}$ (8.35) だから，基本類 $[X] \in H_2(X)$ の右上まわりの像は $\sum_{i=1}^{m} e_{x_i/y} \in \mathbf{Z}$ である．$f_*[X] \in H_2(Y)$ は基本類 $[Y]$ の f の次数 n 倍であり，下の行の合成射は T_y だから，その像は $n \in \mathbf{Z}$ である．□

系 9.3.2　$f\colon X \to Y$ をコンパクトな連結リーマン面の正則写像とする．X, Y の基本類が存在するならば，次の条件は同値である．

(1) f は双正則である．

(2) f の次数は 1 である．■

証明　(1)⇒(2)：f が双正則ならば，f は同相写像だから $f_*\colon H_2(X) \to H_2(Y)$ も同形である．

(2)⇒(1)：$y \in Y$ とすると，(9.5) より $f^{-1}(y)$ はちょうど 1 点 x だけから

なり，分岐指数 $e_{x/y}$ は 1 である．よって系 9.2.8.2 (2)⇒(1) より f は双正則である．□

定理 6.4.1 での代数学の基本定理の証明は，リーマン球面を使うと次のように解釈される．n 次多項式 f が定める正則写像 $\mathbf{P}^1_{\mathbf{C}} \to \mathbf{P}^1_{\mathbf{C}}$ も f で表す．命題 9.3.1.2 を $y = 0$ に適用すれば $\deg f = \sum_{i=1}^{m} n_i$ であり，$y = \infty$ に適用すれば $\deg f = n$ である．よって $n = \sum_{i=1}^{m} n_i$ である．

例 9.3.3　$f(z)$ を z の有理式 $\dfrac{p(z)}{q(z)}$ が定める $\mathbf{P}^1_{\mathbf{C}}$ 上の有理形関数で定数関数ではないものとし，記号を例 9.2.6 のとおりとする．$n = \deg p(z) \geqq m = \deg q(z)$ ならば，命題 9.3.1.2 を $y = 0$ に適用すれば例 9.2.6 より $\deg f = \sum_{i=1}^{k} n_i = n$ である．$n < m$ のときも同様に $\deg f = m$ である．よって $\deg f = \max(n, m)$ である．

命題 3.1.7 より，体の拡大次数 $[\mathbf{C}(z) : \mathbf{C}(f(z))]$ も $\max(n, m)$ だから，$\deg f = [\mathbf{C}(z) : \mathbf{C}(f(z))]$ である．■

命題 9.3.4　X を連結リーマン面とする．X で定義された有理形関数全体のなす集合を K_X で表す．

1. K_X は関数の加法と乗法に関して $\mathbf{C}$ 上の体である．
2. $x \in X$ とする．0 でない有理形関数 $f \in K_X^\times$ を $\mathrm{ord}_x f \in \mathbf{Z}$ にうつす写像

$$\mathrm{ord}_x : K_X^\times \to \mathbf{Z} \tag{9.7}$$

は可換群の射である．

3. Y も連結リーマン面とし，$f: X \to Y$ を定値写像でない正則写像とする．K_Y を Y で定義された有理形関数全体のなす体とすると，f によるひきもどしは $\mathbf{C}$ 上の体の射 $f^*: K_Y \to K_X$ を定める．■

証明　1. 系 9.1.8.1 と命題 6.2.11.1 より，K_X の加法と乗法が定義され，K_X は $\mathbf{C}$ 上の可換環である．$f \in K_X$ を 0 でない元とすると，X は連結だから命題 9.2.9.1 より，f の零点は孤立点だけからなる．よって系 9.1.8.1 と命題 6.2.11.2 より，$\dfrac{1}{f}$ も有理形関数である．

2. 系 9.1.8.1 と命題 6.2.11.1 よりしたがう．

3. 命題 9.2.9.2 よりしたがう． □

定義 9.3.5 X を連結なコンパクト・リーマン面とする．

1. X で定義された有理形関数全体のなす体 K_X を，X の**有理関数体**とよぶ．

2. X を基底の集合とする自由加群

$$\mathrm{Div}(X) = \mathbf{Z}^{(X)}$$

を X の**因子群** (group of divisors) とよぶ．X の因子群の元を X の**因子** (divisor) とよぶ．

0 でない有理形関数 $f\colon X \to \mathbf{P}^1_{\mathbf{C}}$ に対し，$\mathrm{Div}(X)$ の元

$$\mathrm{div}\ f = \sum_{x \in f^{-1}(0) \cup f^{-1}(\infty)} \mathrm{ord}_x f[x] \tag{9.8}$$

を，f の**因子**とよぶ． ■

命題 9.2.9.1 より，(9.8) の右辺の和の $f^{-1}(0)$ と $f^{-1}(\infty)$ は有限集合である．$\mathrm{Div}(X) = C_0(X) = Q_0(X)$ である．命題 9.3.4.2 より，0 でない有理形関数 $f \in K_X^\times$ をその因子 $\mathrm{div}\ f \in \mathrm{Div}(X)$ にうつす写像

$$\mathrm{div}\colon K_X^\times \to \mathrm{Div}(X) \tag{9.9}$$

は可換群の射である．

連結なコンパクト・リーマン面の有限射 $f\colon X \to Y$ の次数は体の拡大次数 $[K_X : K_Y]$ と等しいが，本書では証明しない．任意の連結なコンパクト・リーマン面上に定数でない有理形関数が存在するが，これも証明しない．

例 9.3.6 z の有理式 $f(z)$ を $\mathbf{P}^1_{\mathbf{C}}$ 上の有理形関数と考えることで，有理関数体 $\mathbf{C}(z)$ は $K_{\mathbf{P}^1_{\mathbf{C}}}$ の部分体になる．命題 9.3.9.2 で $\mathbf{C}(z) = K_{\mathbf{P}^1_{\mathbf{C}}}$ であることを示す．$f \in \mathbf{C}(z)^\times$ を有理式とすると，例 9.2.6 の記号で $\mathrm{div}\ f = \sum_{i=1}^{k} n_i[c_i] - \sum_{j=1}^{l} m_j[b_j] + (m-n)[\infty]$ である． ■

定義 9.3.7 X を連結なコンパクト・リーマン面とする．

1. 1 点集合 P への写像 $p\colon X \to P$ がひきおこす射

$$\deg\colon \mathrm{Div}(X) \to \mathbf{Z} = \mathbf{Z}^{(P)} \tag{9.10}$$

を**次数写像** (degree mapping) とよぶ．

次数写像 (9.10) の核 $\mathrm{Ker}(\deg\colon \mathrm{Div}(X) \to \mathbf{Z})$ を $\mathrm{Div}^0(X)$ で表す．

2. $f\colon X \to Y$ を連結なコンパクト・リーマン面の正則写像とする．$f_*\colon \mathrm{Div}(X) \to \mathrm{Div}(Y)$ を $f\colon X \to Y$ がひきおこす射とする．

さらに $f\colon X \to Y$ は定値写像ではないとする．$f^*\colon \mathrm{Div}(Y) \to \mathrm{Div}(X)$ を $y \in Y$ に対し

$$f^*[y] = \sum_{x \in f^{-1}(y)} e_{x/y}[x]$$

で定義する． ■

$\deg\colon \mathrm{Div}(X) \to \mathbf{Z}$ は $p_*\colon C_0(X) \to C_0(P)$ であり，$f_*\colon \mathrm{Div}(X) \to \mathrm{Div}(Y)$ は $f_*\colon C_0(X) \to C_0(Y)$ である．$f\colon X \to Y$ が定値写像でなければ，命題 9.2.9.1 より任意の $y \in Y$ に対し逆像 $f^{-1}(y)$ は有限集合である．

X を連結なコンパクト・リーマン面とする．$f\colon X \to \mathbf{P}^1_{\mathbf{C}}$ を定数関数ではない有理形関数とすると，

$$\mathrm{div}\, f = f^*([0] - [\infty]) \tag{9.11}$$

である．$f\colon X \to Y$ を連結なコンパクト・リーマン面の正則写像とすると，

$$\deg_Y \circ f_* = \deg_X \tag{9.12}$$

である．

定理 9.3.8 X を連結なコンパクト・リーマン面とし，X の基本類が存在するとする．

1. Y も連結なコンパクト・リーマン面とし，Y の基本類も存在するとする．$f\colon X \to Y$ をリーマン面の次数 n の有限射とすると，$f_* \circ f^*\colon \mathrm{Div}(Y) \to \mathrm{Div}(Y)$ は n 倍写像である．

2. 合成写像

$$K_X^\times \xrightarrow{\mathrm{div}} \mathrm{Div}(X) \xrightarrow{\deg} \mathbf{Z}$$

は零写像である．

3. X 上のいたるところ正則な関数は定数関数である：$\Gamma(X, \mathcal{O}_X) = \mathbf{C}$．$\mathrm{div}\colon K_X^\times \to \mathrm{Div}(X)$ の核は定数関数のなす群 $\mathbf{C}^\times$ である． ■

定理 9.3.8.2 は，局所的に定義されるものをすべてたしあわせると 0 になるという大域的な性質を表している．このような和が 0 になるという性質を一般に**相互法則** (reciprocity law) という．

証明 1. $y \in Y$ に対し，(9.5) より $f_* f^*([y]) = f_*\Bigl(\sum_{x \in f^{-1}(y)} e_{x/y}[x]\Bigr) = n[y]$ である．

2. $f \in K_X^\times$ を 0 でない有理形関数とし，$\deg \operatorname{div} f = 0$ を示す．$f \neq 0$ が定数関数ならば $\operatorname{div} f = 0$ である．$f \colon X \to \mathbf{P}^1_{\mathbf{C}}$ が定数関数でないとする．(9.11) より $\operatorname{div} f = f^*([0] - [\infty])$ だから，(9.12) と 1. より，$\deg \operatorname{div} f = \deg f_* f^*([0] - [\infty]) = \deg f \cdot \deg([0] - [\infty]) = 0$ である．

3. いたるところ正則な関数 f が定数関数でなかったとする．$x \in X$ とし $f(x) = c$ とおくと，$\deg \operatorname{div}\,(f - c) \geqq \operatorname{ord}_x(f - c) > 0$ となり 2. に矛盾する．

有理形関数 $f \neq 0$ が $\operatorname{div}\, f = 0$ をみたせばいたるところ正則であり，したがって定数関数である． □

(9.9) の余核

$$\operatorname{Cl}(X) = \operatorname{Coker}(\operatorname{div} \colon K_X^\times \to \operatorname{Div}(X))$$

を**因子類群** (divisor class group) とよぶ．X の基本類が存在すれば，定理 9.3.8.2 より $\deg \colon \operatorname{Div}(X) \to \mathbf{Z}$ は $\deg \colon \operatorname{Cl}(X) \to \mathbf{Z}$ をひきおこす．これの核を $\operatorname{Cl}^0(X)$ で表す．$\operatorname{Cl}^0(X) = \operatorname{Coker}(\operatorname{div} \colon K_X^\times \to \operatorname{Div}^0(X))$ である．

命題 9.3.9 1. $\deg \colon \operatorname{Cl}(\mathbf{P}^1_{\mathbf{C}}) \to \mathbf{Z}$ は同形である．

2. $\mathbf{P}^1_{\mathbf{C}}$ 上の有理形関数は有理関数である．

3. 正則写像 $f \colon \mathbf{P}^1_{\mathbf{C}} \to \mathbf{P}^1_{\mathbf{C}}$ は，座標 z の有理式が定める写像か定値写像 ∞ のどちらかである． ■

証明 1. $a \in \mathbf{C}$ とすると $\operatorname{div}\,(z - a) = [a] - [\infty]$ だから，$[\infty] \in \operatorname{Cl}(\mathbf{P}^1_{\mathbf{C}})$ が定める射 $\mathbf{Z} \to \operatorname{Cl}(\mathbf{P}^1_{\mathbf{C}})$ は全射である．$\deg \infty = 1$ だから，『集合と位相』補題 2.7.3 より，これは $\deg \colon \operatorname{Cl}(\mathbf{P}^1_{\mathbf{C}}) \to \mathbf{Z}$ の逆写像を与える．

2. ユークリッド整域 $\mathbf{C}[z]$ の極大イデアルは，既約多項式で生成される単項イデアルであり，代数学の基本定理（定理 6.4.1）より $\mathbf{C}[z]$ の既約多項式はすべて 1 次式である．よって例題 2.5.3.1 より複素数 $c \in \mathbf{C}$ を $\mathbf{C}[z]$ の極大イデアル $(z - c)$ にうつす写像

$$\mathbf{C} \to P(\mathbf{C}[z]) \tag{9.13}$$

は可逆である．

$\mathbf{P}^1_\mathbf{C} = \mathbf{C} \cup \{\infty\}$ だから，(9.13) より同形 $\mathrm{Div}(\mathbf{P}^1_\mathbf{C}) \to \mathrm{Div}(\mathbf{C}[z]) \oplus \mathbf{Z}$ が得られる．∞ の類が定める単射 $\mathbf{Z} \to \mathrm{Div}(\mathbf{P}^1_\mathbf{C})$ と $\deg\colon \mathrm{Div}(\mathbf{P}^1_\mathbf{C}) \to \mathbf{Z}$ の合成は同形だから，射影 $\mathrm{Div}(\mathbf{P}^1_\mathbf{C}) \to \mathrm{Div}(\mathbf{C}[z])$ の $\mathrm{Div}^0(\mathbf{P}^1_\mathbf{C}) = \mathrm{Ker}(\deg\colon \mathrm{Div}(\mathbf{P}^1_\mathbf{C}) \to \mathbf{Z})$ への制限は同形である．

これの逆写像を右のたてとし，例 9.3.6 の体の射 $\mathbf{C}(z) \to K_{\mathbf{P}^1_\mathbf{C}}$ でまん中のたての射を定義して図式

$$\begin{array}{ccccccccc} 0 & \longrightarrow & \mathbf{C}^\times & \longrightarrow & \mathbf{C}(z)^\times & \xrightarrow{\mathrm{div}} & \mathrm{Div}(\mathbf{C}[z]) & \longrightarrow & 0 \\ & & \| & & \downarrow & & \downarrow & & \\ 0 & \longrightarrow & \mathbf{C}^\times & \longrightarrow & K^\times_{\mathbf{P}^1_\mathbf{C}} & \xrightarrow{\mathrm{div}} & \mathrm{Div}^0(\mathbf{P}^1_\mathbf{C}) & \longrightarrow & 0 \end{array} \tag{9.14}$$

を定める．代数学の基本定理（定理 6.4.1）と例 9.3.6 より図式は可換である．

1. と定理 9.3.8.3 より，下の行は完全である．$\mathbf{C}[z]$ はユークリッド環だから，系 2.6.10.2 より上の行の $\mathrm{div}: \mathbf{C}(z)^\times \to \mathrm{Div}(\mathbf{C}[z])$ は全射であり，その核は $\mathbf{C}[z]^\times$ である．$\mathbf{C}[z]^\times = \mathbf{C}^\times$ だから，上の行も完全である．よって 5 項補題（命題 4.3.3.2）よりまん中のたての射 $\mathbf{C}(z)^\times \to K^\times_{\mathbf{P}^1_\mathbf{C}}$ も同形であり，$\mathbf{C}(z) \to K_{\mathbf{P}^1_\mathbf{C}}$ は同形である．

3. $f\colon \mathbf{P}^1_\mathbf{C} \to \mathbf{P}^1_\mathbf{C}$ を正則写像とする．f が定値写像 $0, \infty$ でなければ，命題 9.2.9.1 より $f\ {}^{1}(0), f^{-1}(\infty)$ は離散部分集合であり，f は有理形関数である．$f \in K^\times_{\mathbf{P}^1_\mathbf{C}} = \mathbf{C}(z)^\times$ だから，f は z の有理式が定める写像である． □

複素数 $a \neq 0$ をスカラー行列 $\begin{pmatrix} a & 0 \\ 0 & a \end{pmatrix}$ と同一視することにより，$\mathbf{C}^\times$ を $GL(2, \mathbf{C}) = \{A \in M(2, \mathbf{C}) \mid \det A \neq 0\}$ の正規部分群と考え，商群 $GL(2, \mathbf{C})/\mathbf{C}^\times$ を $PGL(2, \mathbf{C})$ で表す．

命題 9.3.10　1. $A = \begin{pmatrix} a & b \\ c & d \end{pmatrix} \in GL(2, \mathbf{C})$ に対し，有理形関数 $\dfrac{az+b}{cz+d}$ はリーマン球面の自己同形 $f_A \in \mathrm{Aut}(\mathbf{P}^1_\mathbf{C})$ を定める．$A \in GL(2, \mathbf{C})$ を $f_A \in \mathrm{Aut}(\mathbf{P}^1_\mathbf{C})$ にうつす写像は，群の同形 $PGL(2, \mathbf{C}) \to \mathrm{Aut}(\mathbf{P}^1_\mathbf{C})$ を定める．

2. $\mathrm{Aut}(\mathbf{P}^1_\mathbf{C})$ の $\mathbf{P}^1_\mathbf{C}$ への作用により，$X = \{(\alpha, \beta, \gamma) \in \mathbf{P}^1_\mathbf{C} \times \mathbf{P}^1_\mathbf{C} \times \mathbf{P}^1_\mathbf{C} \mid$

$\alpha \neq \beta \neq \gamma \neq \alpha\}$ への $\mathrm{Aut}(\mathbf{P}^1_{\mathbf{C}})$ の作用を定める．自己同形 $f \in \mathrm{Aut}(\mathbf{P}^1_{\mathbf{C}})$ を $(f(0), f(1), f(\infty)) \in X$ にうつす $\mathrm{Aut}(\mathbf{P}^1_{\mathbf{C}})$ 写像

$$\mathrm{Aut}(\mathbf{P}^1_{\mathbf{C}}) \to X \tag{9.15}$$

は可逆である． ■

$\mathbf{P}^1_{\mathbf{C}}$ の自己同形 f_A を，1 **次分数変換** (linear transformation) という．

証明 1. 有理形関数 $\dfrac{az+b}{cz+d}$ は正則写像 $f_A\colon \mathbf{P}^1_{\mathbf{C}} \to \mathbf{P}^1_{\mathbf{C}}$ を定める．$A, B \in GL(2, \mathbf{C})$ ならば，行列とベクトルの積の結合則より $f_{AB} = f_A \circ f_B$ であり，$f_I = 1_{\mathbf{P}^1_{\mathbf{C}}}$ である．よって A を f_A にうつす写像 $GL(2, \mathbf{C}) \to \mathrm{End}(\mathbf{P}^1_{\mathbf{C}})$ は単系の射であり，群の射 $GL(2, \mathbf{C}) \to \mathrm{Aut}(\mathbf{P}^1_{\mathbf{C}})$ を定める．

f が $\mathbf{P}^1_{\mathbf{C}}$ の自己同形ならば，命題 9.3.9.3 より f は有理形関数であり，したがって命題 9.3.9.2 より有理式 $\dfrac{p}{q}$ で定義される．多項式 $p, q \in \mathbf{C}[z]$ がたがいに素とすると，例 9.3.3 より $\deg f = \max(\deg p, \deg q) = 1$ だから，群の射 $GL(2, \mathbf{C}) \to \mathrm{Aut}(\mathbf{P}^1_{\mathbf{C}})$ は全射である．

$A = \begin{pmatrix} a & b \\ c & d \end{pmatrix} \in GL(2, \mathbf{C})$ が定める f_A が恒等写像ならば，$f_A(0) = 0$, $f_A(\infty) = \infty$, $f_A(1) = 1$ だから，$b = 0$, $c = 0$, $a = d$ である．よって群の全射 $GL(2, \mathbf{C}) \to \mathrm{Aut}(\mathbf{P}^1_{\mathbf{C}})$ の核は $\mathbf{C}^\times$ であり，群の準同形定理より同形 $PGL(2, \mathbf{C}) = GL(2, \mathbf{C})/\mathbf{C}^\times \to \mathrm{Aut}(\mathbf{P}^1_{\mathbf{C}})$ が定まる．

2. $(\alpha, \beta, \gamma) \in X$ とし，**複比** (cross ratio) $\dfrac{z-\alpha}{\beta-\alpha}\dfrac{\beta-\gamma}{z-\gamma}$ を $f(z)$ で表す．$\alpha = \infty$ のときは $\dfrac{z-\alpha}{\beta-\alpha} = 1$, $\beta = \infty$ のときは $\dfrac{\beta-\gamma}{\beta-\alpha} = 1$, $\gamma = \infty$ のときは $\dfrac{\beta-\gamma}{z-\gamma} = 1$ と考える．このとき f は $\mathbf{P}^1_{\mathbf{C}}$ の自己同形を定め，$f(\alpha) = 0$, $f(\beta) = 1$, $f(\gamma) = \infty$ である．(9.15) は f の逆写像を (α, β, γ) にうつすから全射である．

1. の証明で示したように，$A \in GL(2, \mathbf{C})$ に対し，$f_A(0, 1, \infty) = (0, 1, \infty)$ ならば A はスカラー行列である．よって $(0, 1, \infty) \in X$ の固定部分群は自明であり，(9.15) は単射である． □

9.4 複素トーラス

定義 9.4.1 部分群 $L \subset \mathbf{C}$ が**格子** (lattice) であるとは，$\mathbf{R}$ 線形空間 $\mathbf{C}$ の基

底 $\omega_1, \omega_2 \in \mathbf{C}$ で，$L = \mathbf{Z}\omega_1 + \mathbf{Z}\omega_2 = \{n\omega_1 + m\omega_2 \mid n, m \in \mathbf{Z}\}$ となるものが存在することをいう．■

$L \subset \mathbf{C}$ を格子とする．$\mathbf{C}$ の同値関係 $\equiv \bmod L$ を，$z, w \in \mathbf{C}$ に対し $z \equiv w \bmod L$ であるとは $z - w \in L$ であることとして定義する．同値関係 $\equiv \bmod L$ による $\mathbf{C}$ の商空間を $\mathbf{C}/L$ で表す．

命題 9.4.2　$L \subset \mathbf{C}$ を格子とする．

1. 商空間 $\mathbf{C}/L$ は，コンパクト・ハウスドルフ空間である．

2. $\mathbf{C}/L$ のリーマン面の構造で，商写像 $q\colon \mathbf{C} \to \mathbf{C}/L$ が局所双正則写像となるものがただ1つ存在する．

3. $L' \subset \mathbf{C}$ も格子とし，$\mathbf{C}/L'$ を 2. と同様にリーマン面と考えて，$q'\colon \mathbf{C} \to \mathbf{C}/L'$ を商写像とする．$u \in \mathbf{C}$ を $u \cdot L = \{u\omega \mid \omega \in L\} \subset L'$ をみたす複素数とし，v も複素数とすると，正則写像 $f_{u,v}\colon \mathbf{C}/L \to \mathbf{C}/L'$ で，図式

$$\begin{array}{ccc} \mathbf{C} & \xrightarrow{q} & \mathbf{C}/L \\ {\scriptstyle z\mapsto uz+v}\downarrow & & \downarrow{\scriptstyle f_{u,v}} \\ \mathbf{C} & \xrightarrow{q'} & \mathbf{C}/L' \end{array} \tag{9.16}$$

を可換にするものがただ1つ存在する．$u \neq 0$ ならば $f_{u,v}$ は局所双正則写像であり，$u = 0$ ならば $f_{u,v}$ は定値写像である．■

リーマン面 $\mathbf{C}/L$ は，複素平面の差が L の元である点どうしを同じ点とみなして構成したものである．命題 9.4.2.3 の逆として，正則写像 $\mathbf{C}/L \to \mathbf{C}/L'$ は，命題 9.4.2.3 で構成した $f_{u,v}$ しかないことを命題 9.7.2.3 で示す．

証明　1. ω_1, ω_2 を L の基底とし，同相写像 $g\colon \mathbf{R}^2 \to \mathbf{C}$ を $g(s,t) = s\omega_1 + t\omega_2$ で定めると，g は商空間の同相写像 $\bar{g}\colon \mathbf{R}^2/\mathbf{Z}^2 \to \mathbf{C}/L$ をひきおこす．命題 8.7.1.1 より，$\mathbf{R}^2/\mathbf{Z}^2$ はトーラス T^2 と同相であり，コンパクト・ハウスドルフ空間である．

2. 命題 8.7.1.3 の証明の $V_i \subset \mathbf{R}^2$ を $\mathbf{R}$ 線形空間の基底 $\omega_1, \omega_2 \in \mathbf{C}$ が定める同相写像 $g\colon \mathbf{R}^2 \to \mathbf{C}$ による V_i の像でおきかえて，命題 8.1.5.2 のかわりに命題 9.1.5.2 を適用すればよい．

3. 図式 (9.16) の左下まわりの合成写像はリーマン面の正則写像である．商空間の普遍性（『集合と位相』命題 5.4.8）より，連続写像 $f_{u,v}\colon \mathbf{C}/L \to \mathbf{C}/L'$

がただ1つ定まる．$q\colon \mathbf{C} \to \mathbf{C}/L$ は全射局所双正則写像だから，正則写像の局所性（命題 9.1.7.4）より，$f_{u,v}$ も正則である．

$u \neq 0$ ならば，z を $uz+v$ にうつす写像 $\mathbf{C} \to \mathbf{C}$ は双正則だから，$f_{u,v}$ は局所双正則写像である．$u = 0$ ならば，$f_{u,v}$ は定値写像である． □

リーマン面 $\mathbf{C}/L$ を**複素トーラス** (complex torus) とよぶ．$\mathbf{C}/L$ 上の有理形関数を 10.9 節で楕円関数として構成する．

命題 9.4.3 L を $\mathbf{C}$ の格子とする．ω_1, ω_2 を L の基底とし，同相写像 $g\colon \mathbf{R}^2 \to \mathbf{C}$ を $g(s,t) = s\omega_1 + t\omega_2$ で定める．

1. $\mathbf{C}/L$ は連結であり，$H_1(\mathbf{C}/L)$ は階数 2 の自由加群である．連続写像 $\gamma_1, \gamma_2\colon I = [0,1] \to \mathbf{C}/L$ を $\gamma_1(t) = t\omega_1$, $\gamma_2(t) = t\omega_2$ で定めると，$[\gamma_1], [\gamma_2]$ は $H_1(\mathbf{C}/L)$ の基底である．$H_2(\mathbf{C}/L)$ は $\mathbf{Z}$ と同形である．$q > 2$ ならば $H_q(\mathbf{C}/L) = 0$ である．

2. $\mathrm{Im}\dfrac{\omega_2}{\omega_1} > 0$ とする．g の I^2 への制限がひきおこす連続写像 $\sigma\colon I^2 \to \mathbf{C}/L$ は $\mathbf{C}/L$ の基本類を定める． ■

証明 g がひきおこす同相写像 $\bar{g}\colon \mathbf{R}^2/\mathbf{Z}^2 \to \mathbf{C}/L$ と命題 8.7.1.1 の同相写像 $\mathbf{R}^2/\mathbf{Z}^2 \to T^2$ の逆写像の合成写像を $f\colon T^2 \to \mathbf{C}/L$ とする．

1. 同相写像 f はホモロジー群の同形 $f_*\colon H_q(T^2) \to H_q(\mathbf{C}/L)$ をひきおこす．命題 4.8.4 で構成した $H_1(T^2)$ の基底 $[e_1], [e_2]$ の f_* による像は $[\gamma_1], [\gamma_2]$ である．残りも命題 8.7.2 からしたがう．

2. 例 9.2.1 より g は向きを保つから，$f\colon T^2 \to \mathbf{C}/L$ も曲面の向きを保つ C^∞ 同相写像である．命題 8.7.2.3 より，基本類 $[\mathbf{R}^2/\mathbf{Z}^2]$ は，包含写像 $I^2 \to \mathbf{R}^2$ と商写像 $q\colon \mathbf{R}^2 \to \mathbf{R}^2/\mathbf{Z}^2$ の合成写像 $I^2 \to \mathbf{R}^2/\mathbf{Z}^2$ の類である．よって，$\sigma = f_*[\mathbf{R}^2/\mathbf{Z}^2] = [\mathbf{C}/L]$ である． □

命題 9.4.4 $L \subset \mathbf{C}$ を格子とし，K_L でコンパクト・リーマン面 $\mathbf{C}/L$ の有理関数体を表す．

1. 合成射 $\deg \circ \mathrm{div}\colon K_L^\times \to \mathbf{Z}$ は零射である．

2. 可換群 $\mathbf{C}/L$ の恒等射が定める群の全射 $\mathrm{Div}(\mathbf{C}/L) \to \mathbf{C}/L$ と，$\mathrm{div} : K_L^\times \to \mathrm{Div}(\mathbf{C}/L)$ の合成射 $K_L^\times \to \mathbf{C}/L$ は零射である． ■

命題 9.4.4.1 より，$\deg\colon \mathrm{Div}(\mathbf{C}/L) \to \mathbf{Z}$ は $\deg\colon \mathrm{Cl}(\mathbf{C}/L) \to \mathbf{Z}$ をひきおこす．

この射の核を $\mathrm{Cl}^0(\mathbf{C}/L)$ で表す．命題 9.4.4.2 より，群の全射 $\mathrm{Div}(\mathbf{C}/L) \to \mathbf{C}/L$ は群の全射

$$\mathrm{Cl}^0(\mathbf{C}/L) \to \mathbf{C}/L \tag{9.17}$$

をひきおこす．系 10.10.4 で (9.17) は同形であることを示す．

証明 1. 命題 9.4.3.2 より $\mathbf{C}/L$ の基本類が存在するから，定理 9.3.8.2 よりしたがう．

2. $f \in K_L^\times$ を有理形関数とする．$a_1, \ldots, a_p, b_1, \ldots, b_q \in \mathbf{C}/L$ をそれぞれ f の相異なる零点と極すべてとし，$\mathrm{div}\, f = \sum_{i=1}^{p} n_i[a_i] - \sum_{j=1}^{q} m_j[b_j]$, $n_i > 0, m_j > 0$ とする．ω_1, ω_2 を L の基底とし，$c \in \mathbf{C}$ を，$S = \{\overline{c + s\omega_1} \mid s \in [0,1]\} \cup \{\overline{c + t\omega_2} \mid t \in [0,1]\} \subset \mathbf{C}/L$ と $A = \{a_1, \ldots, a_p, b_1, \ldots, b_q\}$ の共通部分 $S \cap A$ が空となるものとする．

$f\colon \mathbf{C}/L \to \mathbf{P}^1_{\mathbf{C}}$ と商写像 $g\colon \mathbf{C} \to \mathbf{C}/L$ の合成を $\tilde{f}\colon \mathbf{C} \to \mathbf{P}^1_{\mathbf{C}}$ で表し，$\tilde{a}_1, \ldots, \tilde{a}_p, \tilde{b}_1, \ldots, \tilde{b}_q \in \mathbf{C}$ を，$a_1, \ldots, a_p, b_1, \ldots, b_q$ の逆像の点で平行 4 辺形の内部 $\{c + s\omega_1 + t\omega_2 \mid (s,t) \in (0,1) \times (0,1)\}$ に含まれるものとする．$\sum_{i=1}^{p} n_i \tilde{a}_i - \sum_{j=1}^{q} m_j \tilde{b}_j \in L$ を示せばよい．

連続写像 $\sigma\colon I^2 \to \mathbf{C}$ を $\sigma(s,t) = c + s\omega_1 + t\omega_2$ で定める．命題 6.3.6.2 より

$$\sum_{i=1}^{p} n_i \tilde{a}_i - \sum_{j=1}^{q} m_j \tilde{b}_j = \frac{1}{2\pi\sqrt{-1}} \int_{\partial\sigma} \frac{z\tilde{f}'(z)}{\tilde{f}(z)} dz \tag{9.18}$$

である．連続写像 $\alpha_1, \beta_1, \alpha_2, \beta_2\colon I \to \mathbf{C}$ を $\alpha_1(t) = c + t\omega_2$, $\beta_1(t) = c + \omega_1 + t\omega_2$, $\alpha_2(s) = c + s\omega_1$, $\beta_2(s) = c + s\omega_1 + \omega_2$ で定める．$\partial\sigma = \alpha_2 + \beta_1 - \beta_2 - \alpha_1$ だから，(9.18) の右辺の積分は $\int_{\alpha_2} \frac{z\tilde{f}'(z)}{\tilde{f}(z)} dz - \int_{\beta_2} \frac{z\tilde{f}'(z)}{\tilde{f}(z)} dz = -\omega_1 \int_{\alpha_2} \frac{\tilde{f}'(z)}{\tilde{f}(z)} dz$ と $\int_{\beta_1} \frac{z\tilde{f}'(z)}{\tilde{f}(z)} dz - \int_{\alpha_1} \frac{z\tilde{f}'(z)}{\tilde{f}(z)} dz = \omega_2 \int_{\alpha_1} \frac{\tilde{f}'(z)}{\tilde{f}(z)} dz$ の和である．

$S \cap A = \varnothing$ だから，連続写像 $\tilde{f}_*\alpha_1, \tilde{f}_*\alpha_2\colon I \to \mathbf{P}^1_{\mathbf{C}}$ の像は $\mathbf{C}^\times$ に含まれる．$\partial\alpha_1 = [c + \omega_2] - [c]$ だから，$\partial g_*\alpha_1 = [\overline{c + \omega_2}] - [\bar{c}] = 0$ である．同様に $\partial g_*\alpha_2 = 0$ であり，$\partial\tilde{f}_*\alpha_1, \partial\tilde{f}_*\alpha_2 \in Z_1(\mathbf{C}^\times)$ である．よって命題 6.3.4.2 と命題 6.3.3.2 より，$\frac{1}{2\pi\sqrt{-1}} \int_{\alpha_1} \frac{\tilde{f}'(z)}{\tilde{f}(z)} dz = n(\tilde{f}_*\alpha_1, 0)$ と $\frac{1}{2\pi\sqrt{-1}} \int_{\alpha_2} \frac{\tilde{f}'(z)}{\tilde{f}(z)} dz = n(\tilde{f}_*\alpha_2, 0)$ は整数である．したがって，(9.18) の右辺

は $-n(\tilde{f}_*\alpha_2, 0)\cdot\omega_1 + n(\tilde{f}_*\alpha_1, 0)\cdot\omega_2 \in \mathbf{Z}\omega_1 + \mathbf{Z}\omega_2 = L$ である. □

9.5 平方根のリーマン面

X をリーマン面とし, $f\colon X \to \mathbf{P}^1_{\mathbf{C}}$ を X で定義された有理形関数とする. f の平方根の自然な定義域を, X の 2 重被覆となるリーマン面として, その普遍性により定義する. 圏【X 上のリーマン面】の充満部分圏【X 上のリーマン面】$_\flat$ を, 条件

($\flat$)(フラット) X の任意の点 x に対し, 逆像 $k^{-1}(x)$ は V の離散部分集合である.

をみたす正則写像 $k\colon V \to X$ 全体のなす圏として定義する.

命題 9.5.1 X をリーマン面とし, $f\colon X \to \mathbf{P}^1_{\mathbf{C}}$ を X 上の有理形関数とする. X の閉集合 $f^{-1}(0)$ は離散部分集合であるとする. $A = f^{-1}(0) \cup f^{-1}(\infty) \subset X$ とおき, $A_1 = \{x \in A \mid \mathrm{ord}_x f \text{ は奇数}\}$ とする.

z^2 が定める有理形関数を $q\colon \mathbf{P}^1_{\mathbf{C}} \to \mathbf{P}^1_{\mathbf{C}}$ とする. 反変関手 $R_f\colon$【X 上のリーマン面】$^{\mathrm{op}}_\flat \to$【集合】を, 条件 ($\flat$) をみたす正則写像 $k\colon V \to X$ を集合

$$R_f(V) = \{s \in \mathrm{Map}(V, \mathbf{P}^1_{\mathbf{C}}) \mid s \text{ は正則写像で, } q \circ s = f \circ k\}$$

にうつすことで定める.

1. 関手 $R_f\colon$【X 上のリーマン面】$^{\mathrm{op}}_\flat \to$【集合】は表現可能である.

2. X 上のリーマン面 $p\colon W \to X$ が関手 R_f を表現するとし, $u \in R_f(W)$ を普遍元とする. 正則写像 $p\colon W \to X$ は閉写像である. 可換図式

$$\begin{array}{ccc} W & \xrightarrow{u} & \mathbf{P}^1_{\mathbf{C}} \\ {\scriptstyle p}\downarrow & & \downarrow{\scriptstyle q} \\ X & \xrightarrow{f} & \mathbf{P}^1_{\mathbf{C}} \end{array} \tag{9.19}$$

が定める位相空間のファイバー積 (例 4.2.5.1) への連続写像 $W \to X \times_{\mathbf{P}^1_{\mathbf{C}}} \mathbf{P}^1_{\mathbf{C}}$ の制限 $p^{-1}(X - A) \to (X - A) \times_{\mathbf{P}^1_{\mathbf{C}}} \mathbf{P}^1_{\mathbf{C}}$ は同相写像である.

$p\colon W \to X$ の制限 $p^{-1}(X - A_1) \to X - A_1$ は, 局所双正則写像であり, 2 対 1 である. $x \in A_1$ ならば, $p^{-1}(x)$ は 1 点からなり, $w \in p^{-1}(x)$ とすると分岐指数 $e_{w/x}$ は 2 である. ■

関手 R_f の定義の条件 $q \circ s = f \circ k$ は，図式

$$\begin{array}{ccc} V & \xrightarrow{s} & \mathbf{P}^1_{\mathbf{C}} \\ {\scriptstyle k}\downarrow & & \downarrow{\scriptstyle q} \\ X & \xrightarrow{f} & \mathbf{P}^1_{\mathbf{C}} \end{array} \tag{9.20}$$

が可換ということである．k は (♭) をみたすから，このとき $f \circ k = k^* f$ は V 上の有理形関数であり，s も有理形関数であり，V 上の有理形関数の等式 $s^2 = k^* f$ をみたす．

命題 9.5.1 は，次の順に証明する．

(1) X 上局所的な問題であること．

(2) $A = \varnothing$ の場合．

(3) X が $\mathbf{P}^1_{\mathbf{C}}$ の開集合で，f が包含写像の場合．

(4) f を X 上の有理形関数の 2 乗でわったものでおきかえてよいこと．

(5) 一般の場合．

(1) と (2) より，離散閉部分集合 A の各点 a の近傍で示すことに帰着される．これを $\mathrm{ord}_a f$ の偶奇で場合分けして示す．(3) より，$\mathrm{ord}_a f = \pm 1$ の場合にはなりたつ．(4) を使って，$\mathrm{ord}_a f$ が偶数のときは (2) に帰着させ，奇数の場合は (3) に帰着させて証明する．

証明 (1) $(U_i)_{i \in I}$ を X の開被覆とし，任意の $i \in I$ に対し U_i 上のリーマン面 $p_i\colon W_i \to U_i$ が，f の制限 $f_i\colon U_i \to \mathbf{P}^1_{\mathbf{C}}$ に対し関手 R_{f_i} を表現するとする．共通部分 $U_{ij} = U_i \cap U_j$ 上で逆像 $W_{ij} = p_i^{-1}(U_{ij})$ と $W_{ji} = p_j^{-1}(U_{ij})$ は同じ関手 $R_{f|_{U_{ij}}}$ を表現するから，標準同形 $W_{ij} \to W_{ji}$ が定まる．これは『集合と位相』問題 2.7.7 と問題 5.4.10 のはりあわせの条件をみたし，位相空間 $W = \bigcup_{i \in I} W_i$ と連続写像 $p\colon W \to X$ が得られる．

X と $W_i = p^{-1}(U_i)$, $i \in I$ はハウスドルフだから，命題 8.2.4.1 より W もハウスドルフである．命題 8.2.1 より，I は可算集合であるとしてよい．各 $i \in I$ に対し W_i の可算局所座標系が存在し，それをあわせて得られる $W = \bigcup_{i \in I} W_i$ の局所座標系も，『集合と位相』問題 7.1.5 より可算である．よって命題 9.1.5.2 より，W 上のリーマン面の構造 $\mathcal{O}_W$ で，任意の $i \in I$ に対し $\mathcal{O}_W|_{W_i} = \mathcal{O}_{W_i}$ をみたすものが定まる．正則写像の局所性（命題 9.1.7.3）より，$p\colon W \to X$

は正則写像である．$p_i\colon W_i \to U_i$ が条件 (♭) をみたすから，$p\colon W \to X$ も条件 (♭) をみたす．

$p\colon W \to X$ が関手 R_f を表現することを示す．普遍元 $u_i \in R_{f_i}(W_i)$ の族 $(u_i)_{i\in I}$ のはりあわせとして，$u \in R_f(W)$ が定まる．$k\colon V \to X$ を条件 (♭) をみたす正則写像とし $s \in R_f(V)$ とする．各 $i \in I$ に対し，W_i は u_i を普遍元として関手 R_{f_i} を表現するから，$t_i^* u_i = s|_{V_i}$ をみたす正則写像 $t_i\colon V_i = k^{-1}(U_i) \to W_i$ が定まる．$(t_i)_{i\in I}$ のはりあわせは写像 $t\colon V \to W$ を定める．正則写像の局所性（命題 9.1.7.3）より $t\colon V \to W$ は X 上の正則写像であり，$s = t^* u$ である．よって R_f は $p\colon W \to X$ で表現される．

任意の $i \in I$ に対し $p_i\colon W_i = p^{-1}(U_i) \to U_i$ が 2. の条件をみたすならば，$p\colon W \to X$ も 2. の条件をみたす．

(2) X 上 $f(x) \neq 0, \infty$ であるとする．$f(X) \subset \mathbf{C}^\times$ であり，$A = \varnothing$ である．命題 6.2.5 の証明のように，$\mathbf{C}^\times$ の開被覆 V_1, V_2 を $V_1 = \mathbf{C} - \{x \in \mathbf{R} \mid x \leqq 0\}$, $V_2 = \mathbf{C} - \{x \in \mathbf{R} \mid x \geqq 0\}$ で定める．$U_1 = f^{-1}(V_1), U_2 = f^{-1}(V_2)$ は X の開被覆だから，(1) より，f の U_1 への制限 f_1 と U_2 への制限 f_2 について示せばよい．

$Y_1^+ = \{z \in \mathbf{C} \mid \mathrm{Re}\, z > 0\}$, $Y_1^- = \{z \in \mathbf{C} \mid \mathrm{Re}\, z < 0\}$ とおく．$q^{-1}(V_1)$ は無縁和 $Y_1^+ \amalg Y_1^-$ であり，q の制限 $Y_1^+ \to V_1$, $Y_1^- \to V_1$ は双正則である．よって，位相空間のファイバー積 $W_1 = U_1 \times_{\mathbf{P}^1_{\mathbf{C}}} \mathbf{P}^1_{\mathbf{C}}$ は $W_1^+ = U_1 \times_{V_1} Y_1^+$ と $W_1^- = U_1 \times_{V_1} Y_1^-$ の無縁和であり，射影 $p_1^+\colon W_1^+ \to U_1$, $p_1^-\colon W_1^- \to U_1$ は同相写像である．同相写像 $p_1^+\colon W_1^+ \to U_1$, $p_1^-\colon W_1^- \to U_1$ が双正則になるものとして W_1^+, W_1^- のリーマン面の構造を定義し，そのはりあわせとして $W_1 = W_1^+ \amalg W_1^-$ のリーマン面の構造を定義する．第 1 射影 $p_1\colon W_1 \to U_1$ は閉写像であり，2 対 1 の局所双正則写像であり，条件 (♭) をみたす．

第 2 射影 $u_1\colon W_1 \to \mathbf{P}^1_{\mathbf{C}}$ は $q \circ u_1 = f_1 \circ p_1$ をみたし $R_{f_1}(W_1)$ の元を定める．$k\colon V \to U_1$ を条件 (♭) をみたす正則写像とし $s \in R_{f_1}(V)$ とすると，ファイバー積の普遍性により定まる連続写像 $h = (k, s)\colon V \to W_1$ は，命題 9.1.7.3 より正則写像であり，$s = h^* u_1$ である．よって，関手 R_{f_1} は u_1 を普遍元として $p_1\colon W_1 \to U_1$ で表現される．したがって f_1 についてはなりたつ．f_2 についても同様だから省略する．

(3) $W = q^{-1}(X) \subset \mathbf{P}^1_{\mathbf{C}}$ とおき，$p\colon W \to X$ を $q\colon \mathbf{P}^1_{\mathbf{C}} \to \mathbf{P}^1_{\mathbf{C}}$ の制限とする．$A_1 = A = X \cap \{0, \infty\}$ である．

$X - A$ の点 $x = \exp z$ の逆像 $p^{-1}(x)$ は2点 $\pm \exp \dfrac{z}{2}$ からなる離散部分集合であり，$x = 0, \infty \in A$ ならば逆像 $q^{-1}(x)$ はそれぞれ1点 $0, \infty$ からなる離散部分集合だから，$p\colon W \to X$ は条件 ($\flat$) をみたす．包含写像 $u\colon W \to \mathbf{P}^1_{\mathbf{C}}$ は $R_f(W)$ の元を定める．$k\colon V \to X$ を条件 ($\flat$) をみたす正則写像とし $s \in R_f(V)$ とすると，$s\colon V \to W \subset \mathbf{P}^1_{\mathbf{C}}$ は正則写像であり $s = s^*u$ である．よって，関手 R_f は u を普遍元として $p\colon W \to X$ で表現される．

W の閉集合は $\mathbf{P}^1_{\mathbf{C}}$ の閉集合 F と W の共通部分 $F \cap W$ である．$\mathbf{P}^1_{\mathbf{C}}$ はコンパクト・ハウスドルフだから，『集合と位相』命題 6.5.1.2 より $q(F)$ は $\mathbf{P}^1_{\mathbf{C}}$ の閉集合であり，$p(F \cap W) = q(F) \cap X$ は X の閉集合である．よって $p\colon W \to X$ は閉写像である．$W = q^{-1}(X)$ は例 1.1.1.1 よりファイバー積 $X \times_{\mathbf{P}^1_{\mathbf{C}}} \mathbf{P}^1_{\mathbf{C}}$ である．$w \neq 0, \infty$ ならば $(w^2)' = 2w \neq 0$ だから，系 9.1.8.2 より q の制限 $W - q^{-1}(A) \to X - A$ は局所双正則写像である．$x = w = 0, \infty$ ならば分岐指数 $e_{w/x}$ は2である．

(4) $g\colon X \to \mathbf{P}^1_{\mathbf{C}}$ を X 上の有理形関数で逆像 $g^{-1}(0)$ は離散部分集合であるものとし，X 上の有理形関数 $h = \dfrac{f}{g^2}$ について 1. と 2. がなりたつとする．f についても 1. と 2. がなりたつことを示す．

$A'_1 = \{x \in h^{-1}(0) \cup h^{-1}(\infty) \mid \mathrm{ord}_x h \text{ は奇数}\}$ は A_1 と等しく，f の $X - A$ への制限については (2) で示されているから，関手の同形 $R_h \to R_f$ を定めればよい．$k\colon V \to X$ を条件 ($\flat$) をみたす正則写像とする．$t^2 = h \circ k$ をみたす V 上の有理形関数 $t\colon V \to \mathbf{P}^1_{\mathbf{C}}$ を有理形関数の積 $s = (g \circ k) \cdot t$ にうつすことで，関手の射 $g\cdot\colon R_h \to R_f$ が定まる．同様に逆射 $\dfrac{1}{g}\cdot\colon R_h \to R_f$ が定まるから，$g\cdot\colon R_h \to R_f$ は同形である．

(5) $A = f^{-1}(0) \cup f^{-1}(\infty)$ は X の離散閉部分集合だから，(1) と (2) より，A の各点 a に対し，その開近傍 U で f の U への制限について 1. と 2. がなりたつものが存在することを示せばよい．A は離散部分集合だから，a の座標近傍 (U, V, t) で，$U \cap A = \{a\}$, $t(a) = 0$ となるものがある．

$n = \mathrm{ord}_a f$ が偶数 $2m$ のときは，$g = t^m$ とおき，U 上の正則関数 h を $h = \dfrac{f}{g^2}$ で定める．U 上で $h(z) \neq 0$ だから，h については (2) で示されている．(4) より f についてもなりたつ．

$n = \mathrm{ord}_a f$ が奇数 $2m+1$ のときも，$g = t^m$ とおき，U 上の正則関数 h を $h = \dfrac{f}{g^2}$ で定める．$\mathrm{ord}_a h = 1$ だから，必要なら U をさらに a の開近傍で

おきかえれば，命題 9.2.7 より $h\colon U \to \mathbf{C}$ は a の座標近傍 $(U, h(U), h)$ を定める．よって h については (3) で示されている．(4) より f についてもなりたつ． □

系 9.5.2　$p\colon W \to X$ を命題 9.5.1 のとおりとし，$A_0 = A - A_1 = \{x \in A \mid \mathrm{ord}_x f$ は偶数 $\}$ とおく．

1. 可換図式 (9.19) が定める写像 $W \to X \times_{\mathbf{P}^1_{\mathbf{C}}} \mathbf{P}^1_{\mathbf{C}}$ の制限 $p^{-1}(X - A_0) \to (X - A_0) \times_{\mathbf{P}^1_{\mathbf{C}}} \mathbf{P}^1_{\mathbf{C}}$ は，可逆写像である．

2. X がコンパクトならば，W もコンパクトである．さらに X と W は連結で X と W の基本類が存在するならば，$p\colon W \to X$ は有限射であり，その次数は 2 である． ■

$p^{-1}(X - A_0) \to (X - A_0) \times_{\mathbf{P}^1_{\mathbf{C}}} \mathbf{P}^1_{\mathbf{C}}$ は同相写像だが，ここでは証明しない．

証明　1. 命題 9.5.1.2 より $p^{-1}(X - A) \to (X - A) \times_{\mathbf{P}^1_{\mathbf{C}}} \mathbf{P}^1_{\mathbf{C}}$ は，同相写像である．$x \in A_1$ ならば，$p^{-1}(x)$ も $\{x\} \times_{\mathbf{P}^1_{\mathbf{C}}} \mathbf{P}^1_{\mathbf{C}}$ もどちらも 1 点だけからなる．

2. 命題 9.5.1.2 より $p\colon W \to X$ は閉写像であり，任意の点 $x \in X$ に対し有限集合 $p^{-1}(x)$ はコンパクトである．よって命題 8.2.4.2 より，X がコンパクトならば，W もコンパクトである．

$x \in X - A$ とする．命題 9.5.1.2 より逆像 $p^{-1}(x)$ は 2 点からなり，その各点の開近傍で局所双正則写像である．よって，$w \in p^{-1}(x)$ ならば命題 9.2.7 より $e_{w/x} = 1$ であり，命題 9.3.1.2 より $\deg p = \# p^{-1}(x) = 2$ である． □

定義 9.5.3　X をリーマン面とし，$f\colon X \to \mathbf{P}^1_{\mathbf{C}}$ を X 上の有理形関数とする．命題 9.5.1 の関手 R_f:【X 上のリーマン面】$^{\mathrm{op}}_{\flat} \to$【集合】を表現する，$X$ 上のリーマン面 W を f の**平方根のリーマン面**とよぶ． ■

9.6　種数と積分

リーマン面は曲面だから，リーマン面 X 上の微分形式が定義される．前章までとは違い，複素係数の微分形式を考える．$q = 0, 1, 2$ に対し，A^q_X で X 上の複素係数の q 形式のなす層を表す．前章で構成した曲面としての X 上の実係数の q 形式のなす層を $A^q_{X,\mathbf{R}}$ で表すと，ここでの A^q_X は実部と虚部を考えることにより層の積 $A^q_{X,\mathbf{R}} \times A^q_{X,\mathbf{R}}$ と同形である．ひきもどしや外積，外微分なども同様に定義される．虚部を -1 倍することで微分形式の複素共役も定義される．

リーマン面上の正則な 1 形式を定義する．本節ではおもに 1 形式しか扱わないので，1 形式を ω で表す．(U,V,p) を X の局所座標とし，$\omega \in \Gamma(U, A^1_X)$ を U 上の複素係数の 1 形式とすると，$p_*(\omega|_U)$ は $V \subset \mathbf{C}$ 上の 1 形式 $u(x,y)dx + v(x,y)dy$ を定める．$p_*(\omega|_U)$ が V 上の正則な 1 形式（定義 6.3.1）であるとは，V で定義された正則関数 $g(z)$ で $u(x,y)dx + v(x,y)dy = g(z)dz$ をみたすものが存在することである．

定義 9.6.1　X をリーマン面とし，$\omega \in \Gamma(X, A^1_X)$ を X 上の 1 形式とする．

1. X の任意の局所座標 (U,V,p) に対し V 上の 1 形式 $p_*(\omega|_U)$ が正則であるとき，ω は**正則**であるという．

2. ω が正則であるとし，$x \in X$ とする．(U,V,p) を x の座標近傍とし，$p_*(\omega|_U) = g(z)dz$ とおく．$c = p(x) \in V$ が $g(z)$ の零点であるとき，x は ω の**零点**であるという．■

$f\colon X \to \mathbf{C}$ が正則関数ならば，df は正則な 1 形式である．ω の零点は，命題 9.1.1.2 より局所座標によらずに定まる．

命題 9.6.2　X をリーマン面とし，ω を X 上の正則な 1 形式とする．

1. $d\omega = 0$ である．
2. $\sqrt{-1}\cdot\omega\wedge\bar{\omega} \geq 0$ であり，$\omega \neq 0$ ならば $\omega\wedge\bar{\omega} \neq 0$ である．■

証明　(U,V,p) を局所座標とし，V で定義された正則関数 $g(z)$ を $p_*(\omega|_U) = g(z)dz$ で定める．

1. $ddz = 0$ だから $d(g(z)dz) = g'(z)dz\wedge dz = 0$ である．

2. $\sqrt{-1}p_*(\omega|_U\wedge\bar{\omega}|_U) = \sqrt{-1}g(z)(dx + \sqrt{-1}dy)\wedge\bar{g}(z)(dx - \sqrt{-1}dy) = 2|g(z)|^2\cdot dx\wedge dy$ である．$g(z) \neq 0$ ならば $|g(z)|^2 > 0$ である．□

例 9.6.3　$\mathbf{C}$ 上の 1 形式 $dz = dx + \sqrt{-1}dy$ は平行移動で不変だから，複素トーラス $\mathbf{C}/L$ 上の正則な 1 形式を定める．これも dz で表す．dz の複素共役 $d\bar{z}$ との外積は $\mathbf{C}/L$ 上の 2 形式 $dz\wedge d\bar{z}$ を定める．

命題 9.4.3.2 より，複素トーラス $\mathbf{C}/L$ の基本類 $[\mathbf{C}/L] \in H_2(\mathbf{C}/L)$ はそこで定義した連続写像 $\sigma\colon I^2 \to \mathbf{C}/L$ の類である．$\sigma^*(dz\wedge d\bar{z}) = (\omega_1 ds + \omega_2 dt)\wedge$

$(\bar{\omega}_1 ds + \bar{\omega}_2 dt) = (\omega_1\bar{\omega}_2 - \omega_2\bar{\omega}_1) ds \wedge dt$ だから，$\int_{[\mathbf{C}/L]} dz \wedge d\bar{z} = \int_{I^2} \sigma^*(dz \wedge d\bar{z}) = (\omega_1\bar{\omega}_2 - \omega_2\bar{\omega}_1)\int_{I^2} dsdt = \omega_1\bar{\omega}_2 - \omega_2\bar{\omega}_1 = -2\sqrt{-1}\cdot\omega_1\bar{\omega}_1\cdot \mathrm{Im}\dfrac{\omega_2}{\omega_1} \neq 0$ である． ■

X 上の正則な 1 形式全体のなす $\mathbf{C}$ 線形部分空間を，$\Omega^1_X(X) \subset A^1_X(X)$ で表す．正則な 1 形式は，命題 6.3.4.1 より 8.4 節の部分層の構成法 (G) の条件 (G1) と同様な条件をみたし，A^1_X の部分層 Ω^1_X を定める．Ω^1_X も $\mathbf{C}$ 線形空間の層である．さらに $f\colon X \to Y$ がリーマン面の正則写像ならば，ひきもどしの射 $f^*\colon A^1_Y \to f_*A^1_X$ は部分層の射 $f^*\colon \Omega^1_Y \to f_*\Omega^1_X$ をひきおこす．

定義 9.6.4　X をコンパクト連結リーマン面とする．$\mathbf{C}$ 線形空間 $\Gamma(X, \Omega^1_X)$ が有限次元のとき，次元 $g = \dim\Gamma(X, \Omega^1_X)$ を X の**種数** (genus) という． ■

X がコンパクトなリーマン面ならば $\Gamma(X, \Omega^1_X)$ は有限次元だが，この本では証明しない．

命題 9.6.5　1. リーマン球面 $\mathbf{P}^1_{\mathbf{C}}$ の種数は 0 である．

2. L を $\mathbf{C}$ の格子とする．複素トーラス $\mathbf{C}/L$ の種数は 1 である． ■

証明　1. dz は $\mathbf{C}$ 上零点をもたない正則な 1 形式であり，$w = \dfrac{1}{z}$ とすると，$dz = -\dfrac{1}{w^2}dw$ である．よって ω を $\mathbf{P}^1_{\mathbf{C}}$ 上の正則な 1 形式とすると，$\omega = f(z)dz$ をみたす $\mathbf{P}^1_{\mathbf{C}}$ 上の正則関数 $f(z)$ が存在し，$f(z)$ の ∞ での零点の位数は 2 以上である．したがって定理 9.3.8.3 より $f(z)$ は定数関数であり，$f(\infty) = 0$ だから $\omega = f(z)dz = 0$ である．

2. 例 9.6.3 で定めた $\mathbf{C}/L$ 上の正則 1 形式 dz は零点をもたない．よって ω を $\mathbf{C}/L$ 上の正則 1 形式とすると，$\omega = f(z)dz$ をみたす E 上の正則関数 $f(z)$ が存在する．定理 9.3.8.3 より $f(z)$ は定数関数だから，dz は $\Gamma(\mathbf{C}/L, \Omega^1_{\mathbf{C}/L})$ の基底である． □

逆に，種数が 0 の連結コンパクト・リーマン面はリーマン球面 $\mathbf{P}^1_{\mathbf{C}}$ と同形であり，種数が 1 ならば複素トーラスと同形だが，この本では証明しない．

ω をリーマン面 X 上の正則な 1 形式とする．$\gamma \in C_1(X)_{C^2}$ を $\int_\gamma \omega \in \mathbf{C}$ にうつす線形写像 $\langle\omega, -\rangle\colon C_1(X)_{C^2} \to \mathbf{C}$ は，命題 9.6.2.1 とストークスの定理（定理 8.6.2.2）と余核の普遍性より，線形写像

$$\langle \omega, - \rangle \colon C_1(X)_{C^2}/B_1(X)_{C^2} \to \mathbf{C} \tag{9.21}$$

をひきおこす．その制限は線形写像 $\langle \omega, - \rangle \colon H_1(X) \to \mathbf{C}$ を定める．

例 9.6.6 1. 円周 $\gamma_{0,1}$ (6.6) は $H_1(\mathbf{C}^\times)$ の基底で $\displaystyle\int_{\gamma_{0,1}} \frac{dz}{z} = 2\pi\sqrt{-1}$ だから，線形写像 $\langle \frac{dz}{z}, - \rangle \colon H_1(\mathbf{C}^\times) \to \mathbf{C}$ の像は $2\pi\sqrt{-1}\mathbf{Z}$ である．

2. L を $\mathbf{C}$ の格子とし，ω_1, ω_2 を L の基底とする．$[\gamma_1], [\gamma_2]$ を命題 9.4.3.1 で定めた $H_1(\mathbf{C}/L)$ の基底とし，dz を例 9.6.3 で定めた $\mathbf{C}$ 線形空間 $\Gamma(\mathbf{C}/L, \Omega^1_{\mathbf{C}/L})$ の基底とすると $\displaystyle\int_{\gamma_1} dz = \omega_1$, $\displaystyle\int_{\gamma_2} dz = \omega_2$ だから，線形写像 $\langle dz, - \rangle \colon H_1(\mathbf{C}/L) \to \mathbf{C}$ の像は L である． ■

正則な 1 形式に対しても，命題 8.6.3 よりポワンカレの補題がなりたつ．

命題 9.6.7（ポワンカレの補題） X を単連結なリーマン面とし，ω を X 上の正則な 1 形式とする．$\omega = df$ をみたす正則関数 $f \colon X \to \mathbf{C}$ が存在する． ■

証明 命題 9.6.2.1 より $d\omega = 0$ だから，ポワンカレの補題（命題 8.6.3.1）より，実連続微分可能な関数 $f \colon X \to \mathbf{C}$ で $df = \omega$ をみたすものが存在する．f が正則関数であることを示す．

(U, V, p) を X の局所座標とし，V は開円板 $U_r(c) \subset \mathbf{C}$ であるとする．$p_*(\omega|_U)$ は V 上の正則な 1 形式であり，定理 6.1.4 $(3') \Rightarrow (6)$ の証明より，$dg = p_*(\omega|_U)$ をみたす V 上の正則関数 $g(z)$ が存在する．$d(f|_U - p^*g) = \omega|_U - \omega|_U = 0$ で U は連結だから，命題 8.6.3.2 より $f|_U - p^*g$ は定数関数である．よって f は正則である． □

$\omega = df$ をみたす正則関数 $f \colon X \to \mathbf{C}$ を ω の**積分**とよぶ．

系 9.6.8 X を単連結なリーマン面とする．$f \colon X \to \mathbf{C}^\times$ を正則関数とすると，$g^2 = f$ をみたす正則関数 $g \colon X \to \mathbf{C}^\times$ が存在する． ■

証明 $\dfrac{df}{f} = f^*\dfrac{dz}{z}$ は正則な 1 形式である．よって命題 9.6.7 より $\dfrac{df}{f}$ の積分 $h \colon X \to \mathbf{C}$ が存在する．$d(\exp(-h) \cdot f) = \exp(-h) \cdot (df - fdh) = 0$ であり $H_0(X) = \mathbf{Z}$ だから，X は連結だから，命題 8.6.3.2 より $\exp(-h) \cdot f$ は定数

関数 $c \neq 0$ である．$g = \sqrt{c}\exp\dfrac{h}{2}$ とおけば，$g^2 = c\exp h = f$ である． □

9.7 対数関数

例 9.6.6.1 より線形形式 $\langle\dfrac{dz}{z}, -\rangle\colon H_1(\mathbf{C}^\times) \to \mathbf{C}$ は 0 でないから，複素数値関数としての対数関数を $\dfrac{dz}{z}$ の積分として定義することはできない．この節では，$\langle\dfrac{dz}{z}, -\rangle\colon H_1(\mathbf{C}^\times) \to \mathbf{C}$ の像 $2\pi\sqrt{-1}\mathbf{Z}$ による $\mathbf{C}$ の商空間 $\mathbf{C}/2\pi\sqrt{-1}\mathbf{Z}$ をリーマン面と考えることで，正則写像 $\mathbf{C}^\times \to \mathbf{C}/2\pi\sqrt{-1}\mathbf{Z}$ として対数関数を定義する．次章では，楕円曲線にこの方法を適用する．

$\mathbf{C}$ の同値関係 $\equiv \bmod 2\pi\sqrt{-1}\mathbf{Z}$ を，$z \equiv w \bmod 2\pi\sqrt{-1}\mathbf{Z}$ とは $\dfrac{z-w}{2\pi\sqrt{-1}} \in \mathbf{Z}$ であることとして定義し，この同値関係による $\mathbf{C}$ の商空間を $\mathbf{C}/2\pi\sqrt{-1}\mathbf{Z}$ で表す．$\mathbf{C}/2\pi\sqrt{-1}\mathbf{Z}$ の位相は，商写像 $q\colon \mathbf{C} \to \mathbf{C}/2\pi\sqrt{-1}\mathbf{Z}$ による像位相（『集合と位相』定義 4.1.7.3）である．

例 9.6.6.1 より $\langle\dfrac{dz}{z}, H_1(\mathbf{C}^\times)\rangle = 2\pi\sqrt{-1}\mathbf{Z}$ である．命題 8.6.3.1 の証明と同様に完全系列の可換図式

$$\begin{array}{ccccccc}
0 \to H_1(\mathbf{C}^\times) & \xrightarrow{\subset} & C_1(\mathbf{C}^\times)_{C^2}/B_1(\mathbf{C}^\times)_{C^2} & \xrightarrow{\partial} & B_0(\mathbf{C}^\times) & \to 0 \\
\downarrow & & \downarrow{\scriptstyle \langle\frac{dz}{z}, -\rangle} & & & \\
0 \to 2\pi\sqrt{-1}\mathbf{Z} & \longrightarrow & \mathbf{C} & \longrightarrow & \mathbf{C}/2\pi\sqrt{-1}\mathbf{Z} & \to 0
\end{array} \tag{9.22}$$

と余核の普遍性より，線形写像 $B_0(\mathbf{C}^\times) \to \mathbf{C}/2\pi\sqrt{-1}\mathbf{Z}$ が定まる．この写像と $z \in \mathbf{C}^\times$ を $[z]-[1]$ にうつす写像 $[-]-[1]\colon \mathbf{C}^\times \to B_0(\mathbf{C}^\times)$ の合成として，**対数関数** (logarithmic function) $\log\colon \mathbf{C}^\times \to \mathbf{C}/2\pi\sqrt{-1}\mathbf{Z}$ を定義する．$w \in \mathbf{C}^\times$ に対し，$\gamma\colon I \to \mathbf{C}^\times$ を $\gamma(0) = 1, \gamma(1) = w$ をみたす連続微分可能な曲線とすると，$\log w \in \mathbf{C}/2\pi\sqrt{-1}\mathbf{Z}$ は $\displaystyle\int_\gamma \frac{dz}{z} \in \mathbf{C}$ の類である．

命題 9.7.1 1. $\mathbf{C}/2\pi\sqrt{-1}\mathbf{Z}$ のリーマン面の構造で，商写像 $q\colon \mathbf{C} \to \mathbf{C}/2\pi\sqrt{-1}\mathbf{Z}$ が局所双正則写像となるものがただ 1 つ存在する．

2. 対数関数 $\log\colon \mathbf{C}^\times \to \mathbf{C}/2\pi\sqrt{-1}\mathbf{Z}$ は双正則であり，指数関数がひきおこす双正則写像 $e\colon \mathbf{C}/2\pi\sqrt{-1}\mathbf{Z} \to \mathbf{C}^\times$ の逆写像である． ■

証明 1. オイラーの公式 $\exp(x+\sqrt{-1}y) = \exp x\cdot(\cos y+\sqrt{-1}\sin y)$ と商空間

の普遍性より，指数関数 $\exp\colon \mathbf{C} \to \mathbf{C}^\times$ は可逆な連続写像 $e\colon \mathbf{C}/2\pi\sqrt{-1}\mathbf{Z} \to \mathbf{C}^\times$ をひきおこす．$\mathbf{C}$ 上で $\exp' z = \exp z \neq 0$ だから系 9.1.8.2 より $\exp\colon \mathbf{C} \to \mathbf{C}^\times$ は局所双正則写像であり，したがって開写像である．U を $\mathbf{C}/2\pi\sqrt{-1}\mathbf{Z}$ の開集合とすると，$e(U) = \exp(q^{-1}(U))$ は $\mathbf{C}^\times$ の開集合だから，$e\colon \mathbf{C}/2\pi\sqrt{-1}\mathbf{Z} \to \mathbf{C}^\times$ も開写像である．よって可逆写像 $e\colon \mathbf{C}/2\pi\sqrt{-1}\mathbf{Z} \to \mathbf{C}^\times$ は同相写像であり，これが双正則写像となる $\mathbf{C}/2\pi\sqrt{-1}\mathbf{Z}$ のリーマン面の構造が定まる．これは $q\colon \mathbf{C} \to \mathbf{C}/2\pi\sqrt{-1}\mathbf{Z}$ が局所双正則写像になるただ1つのものである．

2. 次の図式を考える．

$$\begin{array}{ccccc} \mathbf{C} & \xrightarrow{[-]-[0]} & B_0(\mathbf{C}) & \xrightarrow{\langle dz,-\rangle} & \mathbf{C} \\ {\scriptstyle \exp}\downarrow & & {\scriptstyle \exp_*}\downarrow & & \downarrow{\scriptstyle q} \\ \mathbf{C}^\times & \xrightarrow{[-]-[1]} & B_0(\mathbf{C}^\times) & \xrightarrow{\langle \frac{dz}{z},-\rangle} & \mathbf{C}/2\pi\sqrt{-1}\mathbf{Z}. \end{array} \tag{9.23}$$

左のよこの写像はそれぞれ $z \in \mathbf{C}$ を $[z]-[0] \in B_0(\mathbf{C})$ に，$z \in \mathbf{C}^\times$ を $[z]-[1] \in B_0(\mathbf{C}^\times)$ にうつす写像である．$\exp 0 = 1$ だから，左の4角は可換である．$\exp^* \dfrac{dz}{z} = \dfrac{de^z}{e^z} = dz$ だから，(8.43) より右の4角も可換である．

$c \in \mathbf{C}$ に対し，連続写像 $\gamma_c\colon I \to \mathbf{C}$ を $\gamma_c(t) = tc$ で定めると $\partial\gamma_c = [c]-[0]$ だから，上の行の合成写像による $c \in \mathbf{C}$ の像は $\langle dz, [c]-[0]\rangle = \displaystyle\int_{\gamma_c} dz = c$ である．よって，上の行の合成写像は恒等写像 $1_\mathbf{C}$ である．下の行の合成写像は対数関数である．

可換図式 (9.23) より合成写像 $\log \circ \exp$ は商写像 $q\colon \mathbf{C} \to \mathbf{C}/2\pi\sqrt{-1}\mathbf{Z}$ である．よって対数関数 $\log$ は 1. の証明の双正則写像 $e\colon \mathbf{C}/2\pi\sqrt{-1}\mathbf{Z} \to \mathbf{C}^\times$ の逆写像である．□

可換図式 (9.23) は，$\log$ の源 $\mathbf{C}^\times$ を局所双正則写像 $\exp\colon \mathbf{C} \to \mathbf{C}^\times$ により $\mathbf{C}$ でおきかえると，$\log\colon \mathbf{C}^\times \to \mathbf{C}/2\pi\sqrt{-1}\mathbf{Z}$ は恒等写像 $1_\mathbf{C}$ でひきおこされる写像であることを表している．

上の方法を複素トーラスにも適用する．

命題 9.7.2　L を $\mathbf{C}$ の格子とし，dz を例 9.6.3 で定めた $\mathbf{C}$ 線形空間 $\Gamma(\mathbf{C}/L, \Omega^1_{\mathbf{C}/L})$ の基底とする．

1.　線形写像 $\langle dz, -\rangle\colon C_1(\mathbf{C}/L)_{C^2}/B_1(\mathbf{C}/L)_{C^2} \to \mathbf{C}$ は商加群に写像 $\langle dz, -\rangle\colon B_0(\mathbf{C}/L) \to \mathbf{C}/L$ をひきおこす．

2. 1. の写像と $z \in \mathbf{C}/L$ を $[z]-[0]$ にうつす写像 $\mathbf{C}/L \to B_0(\mathbf{C}/L)$ の合成

$$\mathbf{C}/L \xrightarrow{[-]-[0]} B_0(\mathbf{C}/L) \xrightarrow{\langle dz,-\rangle} \mathbf{C}/L \tag{9.24}$$

は $\mathbf{C}/L$ の恒等写像である．

3. L' も $\mathbf{C}$ の格子とし，$f\colon \mathbf{C}/L \to \mathbf{C}/L'$ をリーマン面の正則写像とする．$q\colon \mathbf{C} \to \mathbf{C}/L$ と $q'\colon \mathbf{C} \to \mathbf{C}/L'$ を商写像とし，1 つめの $\mathbf{C}$ の座標を z で，2 つめの $\mathbf{C}$ の座標を w で表す．複素数 $u \in \mathbf{C}$ を $f^*dw = u \cdot dz \in \Gamma(\mathbf{C}/L, \Omega^1_{\mathbf{C}/L})$ で定め，$v \in \mathbf{C}$ を $f(0) = v \in \mathbf{C}/L'$ をみたすものとする．このとき $uL \subset L'$ であり，$f\colon \mathbf{C}/L \to \mathbf{C}/L'$ は命題 9.4.2.3 の正則写像 $f_{u,v}$ である． ■

証明 1. 例 9.6.6.2 より，(9.22) の $\mathbf{C}^\times$ と $2\pi\sqrt{-1}\mathbf{Z}$ を，$\mathbf{C}/L$ と L でおきかえて，$\dfrac{dz}{z}$ を dz でおきかえればよい．

2. $c \in \mathbf{C}$ とし，$\partial\gamma_c = [c]-[0]$ をみたす連続写像 $\gamma_c\colon I \to \mathbf{C}/L$ を $\gamma_c(t) = tc$ で定める．$\displaystyle\int_{\gamma_c} dz = c$ だから，$\langle dz, [c]-[0]\rangle = c \in \mathbf{C}/L$ である．

3. dz は $\Gamma(\mathbf{C}/L, \Omega^1_{\mathbf{C}/L})$ の基底であり $f^*dw \in \Gamma(\mathbf{C}/L, \Omega^1_{\mathbf{C}/L})$ だから，$f^*dw = u \cdot dz$ をみたす複素数 $u \in \mathbf{C}$ が定まる．

正則写像 $f\colon \mathbf{C}/L \to \mathbf{C}/L'$ はホモロジー群の射 $f_*\colon H_1(\mathbf{C}/L) \to H_1(\mathbf{C}/L')$ をひきおこす．$\gamma \in C_1(\mathbf{C}/L)_{C^2}$ に対し，(8.43) より

$$\langle dw, f_*\gamma\rangle = \langle f^*dw, \gamma\rangle = u\langle dz, \gamma\rangle \tag{9.25}$$

である．よって例 9.6.6.2 より，$u \cdot L \subset L'$ である．(9.23) と同様に図式

$$\begin{array}{ccccc} \mathbf{C}/L & \xrightarrow{[-]-[0]} & B_0(\mathbf{C}/L) & \xrightarrow{\langle dz,-\rangle} & \mathbf{C}/L \\ {\scriptstyle f}\downarrow & & \downarrow{\scriptstyle f_*+[v]-[0]} & & \downarrow{\scriptstyle z\mapsto uz+v} \\ \mathbf{C}/L' & \xrightarrow{[-]-[0]} & B_0(\mathbf{C}/L') & \xrightarrow{\langle dw,-\rangle} & \mathbf{C}/L' \end{array} \tag{9.26}$$

を定めると，$f(0) = v$ だから左の 4 角は可換である．(9.25) より右の 4 角も可換である．2. よりよこの合成写像は恒等写像だから，$f = f_{u,v}$ である． □

第10章 楕円曲線

複素数体上の楕円曲線には，2 変数の方程式で定義する代数的表示と，複素平面の格子による商として定義する解析的表示がある．代数的表示は複素数体に限らず，有理数体や有限体でも有効である．アーベルの定理により，楕円曲線の点の集合を，座標関数で生成される環のイデアル類群でとらえることができ，加法が定義される．楕円曲線の同形類は j 不変量で分類される．

複素数体上の楕円曲線はリーマン面として扱うことができる．リーマン面としての楕円曲線は複素トーラスと同形であり，逆に複素トーラスは楕円曲線と同形である．これを，楕円曲線の代数的表示と解析的表示の同値性という．

楕円曲線が複素トーラスと同形であることを示すには，正則微分形式の積分として定義される楕円積分によるホモロジー群の像として，周期格子を構成する．逆に複素トーラスが楕円曲線と同形であることを示すには，格子に関する級数として複素トーラス上の楕円関数を解析的に構成する．

楕円曲線の同形類を点と考えることでモジュラー曲線が定義される．代数的には，j 不変量により楕円曲線の同形類が定数体の元として定まる．とくに複素数体上では，モジュラー曲線は複素平面と同一視される．一方解析的には，格子の同形類は複素上半平面の商の点を定める．この章では，楕円曲線の代数的表示と解析的表示の同値性から，格子の同形類のなす複素上半平面の商が，複素平面と同形であることを導くことを目標とする．

前半の 10.5 節まででは，一般の体上の楕円曲線を代数的に調べる．10.4 節で楕円曲線を 2 変数の 3 次式で定まる曲線として定義し，その加法を構成する．加法が結合則をみたすことは，アーベルの定理でイデアル類群と結びつけて証明する．

アーベルの定理の証明の準備として，まず 10.1 節で線形代数から加群の長さ，10.2 節で可換環論から環の有限射について基本的な内容を紹介する．加群の長さは線形空間の次元の一般化であり，環の有限射は体の有限次拡大の一般化である．10.3 節ではさらに可換環論から，第 2 章で調べた素元分解の拡張である素イデアル分解を解説する．10.5 節では，楕円曲線の同形類が j 不変量とよばれる定数体の元として定まることを示す．

後半の 10.6 節から 10.8 節では，複素数体上の楕円曲線をリーマン面として調べ，代数的に方程式で定義される楕円曲線が，解析的に複素平面の格子による商として定義される複素トーラスと同形であることを示す．まず 10.6 節で楕円曲線を平方根のリーマン面として定義する．複素トーラスを定義する格子を構成するために，10.7 節で楕円曲線のホモロジー群を計算する．その準備として，楕円曲線の局所座標系を 10.6 節で構成する．

10.8 節ではまず楕円曲線の種数が 1 であることを示し，正則微分形式の積分として楕円積分を定義して，複素トーラスへの同形を構成する．周期積分が格子をなすことは 8.6 節で示した基本類上での積分の正値性から導く．10.9 節では複素トーラス上の楕円関数を格子に関する無限級数として構成し，逆に複素トーラスは楕円曲線であることを証明する．10.7 節，10.8 節，10.9 節で使う方法は，それぞれホモロジー，微分形式，正則関数という第 4 章から第 6 章の内容に対応している．

前半の代数的な内容と，後半の解析的な内容を 10.10 節で結びつける．まずアーベルの定理と，9.4 節で構成した複素トーラスの因子類群から複素トーラスへの全射を使って，楕円曲線の代数的に定義される加法が複素トーラスの加法と一致することを示す．この一致より，有理数体上の楕円曲線についても，その位数有限部分群の構造が調べられる．楕円曲線上の有理形関数の体が，代数的に定義される分数体と一致することも導く．

最後に 10.11 節で楕円曲線の代数的表示と解析的表示の同値性を使って，上半平面の $SL(2,\mathbf{Z})$ による商が複素平面と同形であることを証明する．

10.1 加群の長さ

定義 10.1.1 A を環とし，M を A 加群とする．

1. $0 = M_0 \subsetneqq M_1 \subsetneqq \cdots \subsetneqq M_n = M$ が部分 A 加群の列であるとき，n を $(M_i)_{0 \leqq i \leqq n}$ の**長さ**という．M の部分 A 加群の列 $(M_i)_{0 \leqq i \leqq n}$ の長さの最大値が存在するとき，A 加群 M は**長さ有限** (of finite length) であるといい，その

最大値を M の長さという．

M が長さ 1 の A 加群であるとき，M は**単純** (simple)A 加群であるという．

2. $0 = M_0 \subsetneqq M_1 \subsetneqq \cdots \subsetneqq M_n = M$ を部分 A 加群の列とする．$i = 1, \ldots, n$ に対し，M_i/M_{i-1} が単純 A 加群であるとき，$(M_i)_{0 \leqq i \leqq n}$ は M の**組成列** (composition series) であるという． ■

A が体 K のとき，長さ有限 A 加群とは有限次元 K 線形空間のことであり，その長さとは次元のことである．

命題 10.1.2　A を環とし，M を A 加群とする．

1. 次は同値である．

(1) M は単純 A 加群である．

(2) A の極大イデアル $\mathfrak{m}$ と A 加群の同形 $A/\mathfrak{m} \to M$ が存在する．

2. $0 = M_0 \subsetneqq M_1 \subsetneqq \cdots \subsetneqq M_n = M$ を M の部分 A 加群の列とし，n をその長さとする．次は同値である．

(1) A 加群 M は長さ有限であり，その長さは n である．

(2) $(M_i)_{0 \leqq i \leqq n}$ は M の組成列である． ■

命題 10.1.2.2 は『線形代数の世界』定理 1.5.4 の一般化であり，証明の方法も同じである．命題 10.1.2.2 の (2)⇒(1) の証明のための準備をする．

補題 10.1.3　M を A 加群とし，$M_1 \subset M_2$ と $N_1 \subset N_2$ を M の部分 A 加群とする．A 加群 $(M_1 + (M_2 \cap N_2))/(M_1 + (M_2 \cap N_1))$ と $(N_1 + (M_2 \cap N_2))/(N_1 + (M_1 \cap N_2))$ は同形である． ■

証明　どちらも，$M' = M/(M_1 + N_1)$ の部分加群 $L = ((M_2 + N_1) \cap (M_1 + N_2))/(M_1 + N_1)$ と同形であることを示す．合成 $M_2 \to M \to M'$ の像は，$M_2 + (M_1 + N_1) = M_2 + N_1 \supset (M_2 + N_1) \cap (M_1 + N_2)$ より，L を含む．

$M_2 \cap ((M_2 + N_1) \cap (M_1 + N_2)) = M_2 \cap (M_1 + N_2) = M_1 + (M_2 \cap N_2)$, $M_2 \cap (M_1 + N_1) = M_1 + (M_2 \cap N_1)$ だから，$M_2 \to M'$ による L の逆像は $M_1 + (M_2 \cap N_2)$ であり，核は $M_1 + (M_2 \cap N_1)$ である．よって準同形定理（命題 2.2.6.1）より，$(M_1 + (M_2 \cap N_2))/(M_1 + (M_2 \cap N_1))$ は L と同形である．

同形 $(N_1 + (M_2 \cap N_2))/(N_1 + (M_1 \cap N_2)) \to L$ も同様である． □

命題 10.1.2 の証明　1. (1)⇒(2)：M を単純 A 加群とする．A 加群 0 の長さ

は 0 だから，$M \neq 0$ である．$x \in M, x \neq 0$ とする．$0 \subsetneqq Ax \subset M$ だから，$M = Ax$ である．$A \to M$ を $1 \mapsto x$ で定まる A 加群の全射とし，I をその核とする．準同形定理（命題 2.2.6.1）より A/I は M と同形だから，命題 2.3.6 より I を含む A のイデアルは I と A のちょうど 2 つである．よって，I は極大イデアルである．

(2)⇒(1)：$\mathfrak{m}$ を A の極大イデアルとすると，命題 2.3.6 より A 加群 $A/\mathfrak{m} \neq 0$ の部分 A 加群は $A/\mathfrak{m}$ と 0 のちょうど 2 つである．

2. (1)⇒(2)：M の長さが n ならば，命題 2.3.6 よりすべての $i = 1, \ldots, n$ に対し，M_i/M_{i-1} の長さは 1 である．

(2)⇒(1)：$(N_j)_{0 \leqq j \leqq m}$ を M の部分加群の列 $0 = N_0 \subsetneqq N_1 \subsetneqq \cdots \subsetneqq N_m = M$ とする．$n \geqq m$ を示せばよい．$i = 1, \ldots, n$, $j = 1, \ldots, m$ に対し，部分加群 $M_{ij} = M_{i-1} + (M_i \cap N_j)$ と $N_{ij} = N_{j-1} + (M_i \cap N_j)$ を定める．補題 10.1.3 より，$M_{ij}/M_{i(j-1)}$ と $N_{ij}/N_{(i-1)j}$ は同形である．

写像 $f \colon \{1, \ldots, n\} \to \{1, \ldots, m\}$ を定める．$i = 1, \ldots, n$ に対し，$M_{i-1} = M_{i0} \subset M_{i1} \subset \cdots \subset M_{im} = M_i$ であり M_i/M_{i-1} は単純だから，$M_{i(j-1)} = M_{i-1}$, $M_{ij} = M_i$ をみたす $j = 1, \ldots, m$ がただ 1 つ存在する．この j を $f(i)$ とおいて写像 $f \colon \{1, \ldots, n\} \to \{1, \ldots, m\}$ を定める．

$j = 1, \ldots, m$ とする．$N_{j-1} \subsetneqq N_{ij} = N_{j-1} + (M_i \cap N_j)$ をみたす最小の i をとる．補題 10.1.3 より，$M_{ij}/M_{i(j-1)}$ と $N_{ij}/N_{(i-1)j} = N_{ij}/N_{j-1} \neq 0$ は同形だから，$j = f(i)$ である．よって $f \colon \{1, \ldots, n\} \to \{1, \ldots, m\}$ は全射であり，$n \geqq m$ である．□

系 10.1.4 M を A 加群とし，$0 = N_0 \subset N_1 \subset \cdots \subset N_m = M$ を M の部分 A 加群の列とする．

1. 次は同値である．

(1) A 加群 M は長さ有限である．

(2) $j = 1, \ldots, m$ に対し，A 加群 N_j/N_{j-1} は長さ有限である．

2. 1. の同値な条件がなりたつとき，n を M の長さとし，n_j を N_j/N_{j-1} の長さとすると，$n = \sum_{j=1}^{m} n_j$ である．■

証明 1. (1)⇒(2)：$0 = L_0 \subsetneqq L_1 \subsetneqq \cdots \subsetneqq L_n = N_j/N_{j-1}$ を部分 A 加群の列とすると，命題 2.3.6 より M の部分 A 加群の列 $0 \subset N_{j-1} = M_0 \subsetneqq M_1 \subsetneqq \cdots \subsetneqq$

$M_n = N_j \subset M$ が得られる．よって M が長さ有限ならば，N_j/N_{j-1} の部分 A 加群の列の長さは M の長さ以下であり，最大値が存在する．

(2)⇒(1) と 2：$j = 1, \ldots, m$ に対し，$(L_{ij})_{0 \leqq i \leqq n_j}$ を N_j/N_{j-1} の組成列とする．L_{ij} の逆像を $M_{ij} \subset N_j \subset M$ とすると，$M_{ij}/M_{(i-1)j}$ は $L_{ij}/L_{(i-1)j}$ と同形だから単純 A 加群である．よって，M_{ij} をあわせたものは M の組成列であり，その長さは $\sum_{j=1}^{m} n_j$ である． □

系 10.1.5　A を環とし，M を長さ有限 A 加群とする．

1. M は有限生成である．
2. A が体でない整域ならば，M はねじれ加群である． ■

証明　$0 = M_0 \subsetneqq M_1 \subsetneqq \cdots \subsetneqq M_n = M$ を M の組成列とする．

1. M_i/M_{i-1} は単純だから，$M_{i-1} \subsetneqq M_i$ であり $x_i \in M_i - M_{i-1}$ とすると，$M_i = Ax_i + M_{i-1}$ である．よって i に関する帰納法により $M_i = \langle x_1, \ldots, x_i \rangle$ であり，$M = \langle x_1, \ldots, x_n \rangle$ は有限生成である．

2. $\mathfrak{m}_i$ を A の極大イデアルとし，M_i/M_{i-1} が $A/\mathfrak{m}_i$ と同形とする．$\mathfrak{m}_i \cdot M_i/M_{i-1} = 0$ だから $\mathfrak{m}_i \cdot M_i \subset M_{i-1}$ である．よって i に関する帰納法により $\mathfrak{m}_1 \cdots \mathfrak{m}_i M_i = 0$ であり，$\mathfrak{m}_1 \cdots \mathfrak{m}_n M = 0$ である．A は体でないから $\mathfrak{m}_i \neq 0$ であり，A は整域だから $\mathfrak{m}_1 \cdots \mathfrak{m}_n \neq 0$ である．よって M はねじれ加群である． □

整域 A に対し，A の 0 でないイデアル全体の集合を $I(A)$ で表し，包含関係に関して順序集合と考える．$I, I', J \in I(A)$ が $I \subset I'$ をみたすならば $IJ \subset I'J$ である．

命題 10.1.6　A を整域とする．I, I' を A の 0 でないイデアルとし，積 II' が単項イデアルであるとする．

1. A のイデアル J を積 IJ にうつす写像

$$I(A) \to \{J' \in I(A) \mid J' \subset I\} \tag{10.1}$$

は順序集合の同形である．

2. J を A のイデアルとする．A/J が長さ有限であることと I/IJ が長さ有限であることは同値である．A/J が長さ有限ならば，A/J の長さと I/IJ

の長さは等しい． ■

証明 1. 逆写像を構成する．$II' = (a)$ とおく．I に含まれる A のイデアル J' に対し，$J'I' \subset II' = (a)$ で a は整域 A の 0 でない元だから，$J = \{x \in A \mid ax \in J'I'\}$ は $J'I' = aJ$ をみたす A のただ 1 つのイデアルである．J' を J にうつすことで，(10.1) の逆写像が定まる．どちらも包含関係を保つから順序集合の同形である．

2. 命題 2.3.6.2 より，順序集合の同形 $\{J' \in I(A) \mid J \subset J'\} \to \{A/J$ の部分 A 加群 $\}$ と，$\{J'' \in I(A) \mid IJ \subset J'' \subset I\} \to \{I/IJ$ の部分 A 加群 $\}$ が定まる．よって (10.1) より，順序集合の同形 $\{A/J$ の部分 A 加群 $\} \to \{I/IJ$ の部分 A 加群 $\}$ が得られる． □

10.2 環の有限射

定義 10.2.1 $f\colon A \to B$ を環の射とする．B が A 加群として有限生成であるとき，f は**有限射** (finite morphism) であるという． ■

例題 10.2.2 k を体とし，$f\colon k[t] \to k[x]$ を k 上の環の射とする．$g = f(t) \in k[x]$ の次数を $n \geqq 0$ とおく．

1. f が有限射となるための n についての条件を求めよ．
2. f が同形となるための n についての条件を求めよ． ■

解 1. $n > 0$ ならば，$k[x] = k[t,x]/(g-t)$ は命題 2.4.6 より階数 n の有限生成自由 $k[t]$ 加群であり，$f\colon k[t] \to k[x]$ は有限射である．$n = 0$ ならば，f は $k[t] \to k \to k[x]$ の合成射であり，有限射でない．

2. 1. の解より，f が同形であるための条件は $n = 1$ である． □

命題 10.2.3 A と B を環とし，$f\colon A \to B$ を環の有限射とする．

1. $b \in B$ とすると，最高次係数が 1 の多項式 $P \in A[X]$ で $P(b) = 0$ をみたすものがある．

2. f は単射であり，B は整域であるとする．次の条件は同値である．

(1) A は体である．

(2) B は体である． ■

証明　1. $x_1, \ldots, x_n$ を A 加群 B の生成系とする．$bx_i = \sum_{j=1}^{n} t_{ij}x_j, t_{ij} \in A$ とし，行列 $T \in M(n, A)$ を $T = (t_{ij})$ で定める．T の固有多項式 $P = \det(X \cdot 1_n - T) \in A[X]$ の最高次係数は 1 であり，ケイリー–ハミルトンの定理（命題 2.4.7.2）を $M = B$ に適用すれば $P(b) = 0$ である．

2. (1)⇒(2)：B は整域だから零環でない．$b \in B$ を 0 でない元とすると，b 倍写像 $B \to B$ は有限次元 A 線形空間の自己射であり，単射である．よって『線形代数の世界』命題 2.1.10 より b 倍写像 $B \to B$ は同形であり，$b \in B^\times$ である．

(2)⇒(1)：$a \in A, a \neq 0$ とする．$f(a) \in B$ は可逆だから，$f(a)^{-1} \in B$ に 1. を適用すれば最高次係数が 1 の多項式 $P = X^n + a_1X^{n-1} + \cdots + a_n \in A[X]$ で $P(f(a)^{-1}) = 0$ をみたすものがある．$Q = a_1 + \cdots + a_nX^{n-1}$ とおけば $1 + f(a) \cdot Q(f(a)) = f(a)^nP(f(a)^{-1}) = 0$ だから，$f(a \cdot (-Q(a))) = -f(a) \cdot Q(f(a)) = 1$ である．f は単射だから $a \cdot (-Q(a)) = 1$ であり，a は可逆である．B は体だから，A は零環でない．□

系 10.2.4　A と B を環とし，$f\colon A \to B$ を環の有限射とする．$\mathfrak{n}$ を B の極大イデアルとすると，$\mathfrak{m} = f^{-1}(\mathfrak{n})$ は A の極大イデアルである．■

証明　$B/\mathfrak{n}$ は体で，f がひきおこす射 $A/\mathfrak{m} \to B/\mathfrak{n}$ は有限射で単射である．よって命題 10.2.3.2 より $A/\mathfrak{m}$ は体であり，$\mathfrak{m}$ は極大イデアルである．□

系 10.2.5　A と B を整域とし，$f\colon A \to B$ を環の有限射とする．f は単射であるとする．K を A の分数体とする．

1. L を B の分数体とする．整域の単射 $A \to B \to L$ は分数体の射 $K \to L$ をひきおこし，環の同形 $B_K \to L$ を定める．

2. $J \subset B$ を 0 でないイデアルとすると，B 加群 B/J はねじれ A 加群である．

3. $\mathfrak{n}$ を B の 0 でない極大イデアルとすると，$\mathfrak{m} = f^{-1}(\mathfrak{n})$ は A の 0 でない極大イデアルである．■

証明　1. 分数体の普遍性（命題 2.5.6）より，整域の単射 $A \to B \to L$ は分数体の射 $K \to L$ を定める．係数拡大の普遍性（命題 2.5.8）より，A 加群 B から K 線形空間 L への A 線形写像 $B \to L$ は A 加群の単射 $B_K \to L$ を定める．B_K は L の部分環であり，$K \to B_K$ は環の有限射である．したがって B_K は整域だから，命題 10.2.3.2 より体である．よって分数体の普遍性より $L = B_K$ である．

2. 1. より，係数拡大 J_K は体 B_K の 0 でないイデアルだから $J_K = B_K$ である．よって $(B/J)_K = B_K/J_K = 0$ であり，B/J はねじれ A 加群である．

3. 系 10.2.4 より，$\mathfrak{m}$ は A の極大イデアルである．$\mathfrak{m} = 0$ だったとすると $A \to B/\mathfrak{n}$ は単射だから，命題 10.2.3.2(2)⇒(1) より A は体である．命題 10.2.3.2(1)⇒(2) より B も体になり，$\mathfrak{n} \neq 0$ に矛盾する． □

10.3 素イデアル分解

定義 10.3.1 A を整域とする．A の 0 でない極大イデアル全体の集合を $P(A)$ で表し，$P(A)$ を基底の集合とする自由可換単系を $\mathrm{Div}^+(A)$ で表す．A の 0 でないイデアル全体の集合を $I(A)$ で表し，イデアルの積に関して可換単系と考える．

1. 包含写像 $P(A) \to I(A)$ がひきおこす可換単系の射

$$\mathrm{Div}^+(A) \to I(A) \tag{10.2}$$

が同形であるとき，A は**デデキント環** (Dedekind ring) であるという．

2. A をデデキント環とする．可換単系 $\mathrm{Div}^+(A)$ の群化 $\mathbf{Z}^{(P(A))}$ を A の**イデアル群**とよび $\mathrm{Div}(A)$ で表す．(2.9) と同様に，$a \in A - \{0\}$ をイデアル (a) にうつす可換単系の射 $A - \{0\} \to I(A)$ と (10.2) の逆写像の合成が定める可換群の射として

$$\mathrm{div}_A\colon K^\times \to \mathrm{Div}(A) \tag{10.3}$$

を定義する．(10.3) の余核

$$\mathrm{Cl}(A) = \mathrm{Coker}(\mathrm{div}_A\colon K^\times \to \mathrm{Div}(A)) \tag{10.4}$$

を A の**イデアル類群** (ideal class group) とよぶ．

$P(A)$ を基底とする自由加群 $\mathrm{Div}(A) = \mathbf{Z}^{(P(A))}$ の順序を，$\mathrm{Map}(P(A), \mathbf{Z})$ の積順序の制限として定める． ■

デデキント環は, 0 でないイデアルは極大イデアルの積としてただ 1 とおりに表せるという, 素因数分解の一意性の一般化がなりたつ環である．定理 2.6.8 より, A がユークリッド整域ならば A はデデキント環である．$\mathfrak{m}_1, \ldots, \mathfrak{m}_n \in P(A)$ を相異なる極大イデアルとすると，$\sum_{i=1}^{n} e_i[\mathfrak{m}_i] \leqq \sum_{i=1}^{n} l_i[\mathfrak{m}_i]$ とは，$i = 1, \ldots, n$ に対し $e_i \leqq l_i$ ということである．

命題 10.3.2　A をデデキント環とする．

1. $\mathfrak{m}$ を A の極大イデアルとし，$a \in \mathfrak{m}$ を 0 でない元とすると，$\mathfrak{m}I = (a)$ をみたす A のイデアル I が存在する．
2. 可逆写像 $\mathrm{Div}^+(A) \to I(A)$ は逆転順序に関して順序集合の同形である．
3. $\mathfrak{p}$ が A の 0 でない素イデアルならば，$\mathfrak{p}$ は極大イデアルである．■

証明　1. と 2. イデアルの積は包含関係を保つから, 写像 $\mathrm{Div}^+(A) \to I(A)$ は順序を逆にする．逆写像も順序を逆にすることを示す．$\mathfrak{m}_1^{e_1} \cdots \mathfrak{m}_n^{e_n} \supset \mathfrak{m}_1^{l_1} \cdots \mathfrak{m}_n^{l_n}$ と仮定して，$i = 1, \ldots, n$ に対し $e_i \leqq l_i$ を示せばよい．$e = \sum_{i=1}^{n} e_i$ に関する帰納法で示す．$e = 0$ のときは明らかである．

$e = 1$ とする．イデアルの番号をつけかえて $e_1 = 1, e_2 = \cdots = e_n = 0$ としてよい．$\mathfrak{m}_1 \supset \mathfrak{m}_1^{l_1} \cdots \mathfrak{m}_n^{l_n}$ だから，命題 2.6.9 より $l_1 \geqq e_1 = 1$ であり，$i = 2, \ldots, n$ ならば $l_i \geqq e_i = 0$ である．

1. を示す．$a \in \mathfrak{m} = \mathfrak{m}_1$ を 0 でない元とし，上で示した $e = 1$ の場合を $\mathfrak{m} = \mathfrak{m}_1 \supset (a) = \mathfrak{m}_1^{l_1} \cdots \mathfrak{m}_n^{l_n}$ に適用すれば，$I = \mathfrak{m}_1^{l_1-1} \cdots \mathfrak{m}_n^{l_n}$ とおくと $\mathfrak{m}_1 I = (a)$ となる．

$e > 1$ とする．イデアルの番号をつけかえて $e_1 \geqq 1$ としてよい．$\mathfrak{m}_1 \supset \mathfrak{m}_1^{e_1} \cdots \mathfrak{m}_n^{e_n} \supset \mathfrak{m}_1^{l_1} \cdots \mathfrak{m}_n^{l_n}$ だから命題 2.6.9 より $l_1 \geqq 1$ である．1. と命題 10.1.6.1 より $\mathfrak{m}_1^{e_1-1} \cdots \mathfrak{m}_n^{e_n} \supset \mathfrak{m}_1^{l_1-1} \cdots \mathfrak{m}_n^{l_n}$ である．よって帰納法の仮定より $e_1 - 1 \leqq l_1 - 1, e_2 \leqq l_2, \cdots, e_n \leqq l_n$ である．

3. $\mathfrak{p} = \mathfrak{m}_1^{e_1} \cdots \mathfrak{m}_n^{e_n} \subsetneqq A$, $n \geqq 1$, $e_1 > 0, \cdots, e_n > 0$ とする．$I = \mathfrak{m}_1^{e_1-1} \cdots \mathfrak{m}_n^{e_n} \supsetneqq \mathfrak{p}$ とおき，$b \in I - \mathfrak{p}$ とする．$a \in \mathfrak{m}_1$ ならば，$ab \in \mathfrak{p}$ だから $a \in \mathfrak{p}$ である．よって $\mathfrak{p} = \mathfrak{m}_1^{e_1} \cdots \mathfrak{m}_n^{e_n} \subset \mathfrak{m}_1 \subset \mathfrak{p}$ である．□

系 10.3.3　A をデデキント環とし，K を A の分数体とする．

1. $a \in K^\times$ に対し，$a \in A - \{0\}$ と $\mathrm{div}_A a \in \mathrm{Div}^+(A)$ は同値である．

2. 可換群の射 $\mathrm{div}_A\colon K^\times \to \mathrm{Div}(A)$ (10.3) の核は $A^\times$ である．

3. 次の条件は同値である．

(1) A は単項イデアル整域である．

(2) $\mathrm{Cl}(A) = 0$ である． ■

単項イデアル整域はデデキント環だが，選択公理を使うのでここでは証明しない．

証明 1. $a \in A - \{0\}$ ならば $(a) \in I(A)$ であり $\mathrm{div}_A a \in \mathrm{Div}^+(A)$ である．$a = \dfrac{b}{c} \in K^\times$ とし，$\mathrm{div}_A a = \mathrm{div}_A b - \mathrm{div}_A c \in \mathrm{Div}^+(A)$ とすると，$\mathrm{div}_A b \geqq \mathrm{div}_A c$ だから命題 10.3.2.2 より $(b) \subset (c)$ であり $(a) \subset A$ である．

2. $a \in A^\times$ は $(a) = A$ と同値であり，$\mathrm{div}_A\, a = 0$ と同値である．

3. (1)⇒(2)：$A - \{0\} \to I(A)$ は全射で $\mathrm{Div}^+(A) \to I(A)$ は同形だから，群化 $\mathrm{div}\colon K^\times \to \mathrm{Div}(A)$ も全射である．よって $\mathrm{Cl}(A) = 0$ である．

(2)⇒(1)：$I(A)$ を $\mathrm{Div}^+(A)$ と同一視し $\mathrm{Div}(A)$ の部分集合と考える．$\mathrm{div}_A\colon K^\times \to \mathrm{Div}(A)$ が全射とする．I を A の 0 でないイデアルとすると，$\mathrm{div}_A a = I$ をみたす $a \in K^\times$ が存在する．$\mathrm{div}_A a \in \mathrm{Div}^+(A)$ だから，1. より $a \in A$ であり，$I = (a)$ である． □

命題 10.3.4 A を整域とする．次の条件は同値である．

(1) A はデデキント環である．

(2) I が A の 0 でないイデアルならば A 加群 A/I は長さ有限である．$\mathfrak{m}$ が A の 0 でない極大イデアルならば，A の 0 でないイデアル I で $\mathfrak{m}I$ が単項イデアルとなるものが存在する． ■

証明 (1)⇒(2)：$I = \mathfrak{m}_1^{e_1} \cdots \mathfrak{m}_n^{e_n}$ を A の 0 でないイデアルとする．I を含む A のイデアル J を J/I にうつす写像は，命題 2.3.6.2 より，順序集合の同形 $\{J \in I(A) \mid J \supset I\} \to \{A/I$ の部分 A 加群$\}$ を定める．命題 10.3.2.2 より，順序集合 $\{J \in I(A) \mid J \supset I\}$ は積順序集合 $\{0, 1, \ldots, e_1\} \times \cdots \times \{0, 1, \ldots, e_n\}$ の順序を逆転したものと同形である．よって A 加群 A/I は長さ有限であり，その長さは $e = \displaystyle\sum_{i=1}^{n} e_i$ である．

$\mathfrak{m}$ を A の 0 でない極大イデアルとすると，命題 10.3.2.1 より，A の 0 でないイデアル I で $\mathfrak{m}I$ が単項イデアルとなるものが存在する．

(2)⇒(1)：(10.2) が全射であることを示す．$I \subset A$ を 0 でないイデアルとする．仮定より，A 加群 A/I は長さ有限である．A/I の長さ n に関する帰納法で，$I = \mathfrak{m}_1 \cdots \mathfrak{m}_n$ をみたす極大イデアル $\mathfrak{m}_1, \ldots, \mathfrak{m}_n$ が存在することを示す．$n = 0$ のときは $I = A$ である．

$n \geqq 1$ とする．A/I は長さ有限だから，命題 10.1.2.1(1)⇒(2) より，$I \subset \mathfrak{m}$ をみたす A の極大イデアル $\mathfrak{m}$ が存在する．(2) より A の 0 でないイデアル J で $\mathfrak{m}J$ が単項イデアルとなるものが存在する．よって命題 10.1.6.1 より，A のイデアル I' で $I = \mathfrak{m}I'$ をみたすものが存在する．命題 10.1.6.2 より，A 加群 A/I' の長さは $\mathfrak{m}/\mathfrak{m}I' = \mathfrak{m}/I$ の長さと等しく，系 10.1.4.2 より $n-1$ である．よって帰納法の仮定より，$I' = \mathfrak{m}_1 \cdots \mathfrak{m}_{n-1}$ をみたす極大イデアルが存在し，$I = \mathfrak{m}\mathfrak{m}_1 \cdots \mathfrak{m}_{n-1}$ である．

単射を示す．$\mathfrak{m} \supset I = \mathfrak{m}_1 \cdots \mathfrak{m}_n$ ならば，命題 2.6.9 より，$\mathfrak{m} = \mathfrak{m}_i$ となる $i = 1, \ldots, n$ が存在する．よって補題 2.1.2 の条件 (1) がみたされる．$\mathfrak{m}$ を A の 0 でない極大イデアルとすると，$A = \mathfrak{m}I \subset \mathfrak{m}$ をみたす A のイデアル I は存在しない．さらに条件 (2) より A の 0 でないイデアル I で $\mathfrak{m}I$ が単項イデアルとなるものが存在するから，命題 10.1.6.1 より補題 2.1.2 の条件 (2) もみたされる．よって補題 2.1.2 より，(10.2) は単射であり同形である．□

系 10.3.5　A を体ではないデデキント環とする．A 加群 M に対し，次の条件は同値である．

(1) M は長さ有限である．

(2) M は有限生成なねじれ加群である．■

証明　(1)⇒(2)：系 10.1.5 で示されている．

(2)⇒(1)：I が A の 0 でないイデアルで $M = A/I$ ならば，命題 10.3.4(1)⇒(2) より M は長さ有限である．$x_1, \ldots, x_n$ を M の生成系とし，M の部分 A 加群の列 $0 = M_0 \subset M_1 \subset \cdots \subset M_n = M$ を $M_i = \langle x_1, \ldots, x_i \rangle$ で定める．A のイデアル I_i を x_i が定める線形写像 $A \to M_i/M_{i-1}$ の核とすると，M はねじれ加群だから $I_i \neq 0$ であり，準同形定理（命題 2.2.6.1）より M_i/M_{i-1} は A/I_i と同形だから M_i/M_{i-1} も長さ有限である．よって系 10.1.4.1 より，M も長さ有限である．□

系 10.3.6　A, B を整域とし，$f \colon A \to B$ を環の有限射とする．A はデデキ

ント環であり，f は単射であるとする．B の 0 でない任意の極大イデアル $\mathfrak{n}$ と A の極大イデアル $\mathfrak{m} = f^{-1}(\mathfrak{n})$ に対し，B のイデアル J で $\mathfrak{n}J = \mathfrak{m}B$ をみたすものが存在するならば，B もデデキント環である． ■

証明　B が命題 10.3.4 の条件 (2) をみたすことを示す．J を B の 0 でないイデアルとする．B は体でないから命題 10.2.3.2 より A も体でない．系 10.2.5.2 より A 加群 B/J はねじれ加群であり，有限生成だから，系 10.3.5 より長さ有限 A 加群である．B/J の部分 B 加群の列は部分 A 加群の列だから，B/J は長さ有限 B 加群である．

$\mathfrak{n}$ を B の 0 でない極大イデアルとする．仮定より B のイデアル J で $\mathfrak{n}J = \mathfrak{m}B$ をみたすものが存在する．系 10.2.5.3 より $\mathfrak{m} = f^{-1}(\mathfrak{n})$ は A の 0 でない極大イデアルである．命題 10.3.2.1 より，A の 0 でないイデアル I で $\mathfrak{m}I$ が単項イデアルとなるものが存在する．このとき IJ は B の 0 でないイデアルで $\mathfrak{n}IJ = \mathfrak{m}IB$ は単項イデアルとなる．よって命題 10.3.4(2)⇒(1) より，B はデデキント環である． □

デデキント環にその 1 つの元の平方根を添加して得られる環がデデキント環になるための十分条件を与える．

命題 10.3.7　A をデデキント環，$a \in A$ を 0 でも可逆でもない元とし，aA は相異なる極大イデアルの積 $\mathfrak{m}_1 \cdots \mathfrak{m}_n$ であるとする．$B = A[x]/(x^2 - a)$ とおき，K を A の分数体とする．

1. B は整域である．B の分数体 L は K の 2 次拡大である．

2. $\mathfrak{m}$ を A の 0 でない極大イデアルで 2 を含まないものとすると，次のどれか 1 つがなりたつ．$N = \{\mathfrak{n} \mid \mathfrak{n}$ は B の極大イデアルで $\mathfrak{n} \cap A = \mathfrak{m}\}$ とおく．

(1) $\#N = 2$ である．$N = \{\mathfrak{n}_1, \mathfrak{n}_2\}$ とすると，$\mathfrak{m}B = \mathfrak{n}_1\mathfrak{n}_2$ である．

(2) $N = \{\mathfrak{m}B\}$ である．

(3) $\#N = 1$ である．$N = \{\mathfrak{n}\}$ とすると，$\mathfrak{n} \supsetneqq \mathfrak{n}^2 = \mathfrak{m}B$ である．

3. $2 \in A$ が可逆ならば，B はデデキント環である． ■

証明　1. $a \in A$ は 0 でも可逆でもなく，aA は相異なる極大イデアルの積 $\mathfrak{m}_1 \cdots \mathfrak{m}_n$ だから，$n \geqq 1$ であり a は K の元の 2 乗にならない．よって $x^2 - a \in K[x]$ は既約であり，$L = K[x]/(x^2 - a)$ は K の 2 次拡大である．

命題 2.4.6 より B は A 加群として階数 2 の自由加群だから L の部分環で

あり，整域である．$A \to B$ は環の有限射で単射だから，系 10.2.5.1 より，$B_K = L$ は B の分数体である．

2. $\mathfrak{m}$ を A の極大イデアルとし，$F = A/\mathfrak{m}$ とする．B の極大イデアル $\mathfrak{n}$ に対し，$\mathfrak{m}$ は極大イデアルだから条件 $\mathfrak{n} \cap A = \mathfrak{m}$ と $\mathfrak{n} \supset \mathfrak{m}B$ は同値である．さらに B の極大イデアル $\mathfrak{n}$ で $\mathfrak{n} \supset \mathfrak{m}B$ をみたすものは，命題 2.3.6 より $B/\mathfrak{m}B = F[x]/(x^2 - a)$ の極大イデアルと 1 対 1 に対応する．これは $x^2 - a$ をわりきる $F[x]$ の最高次係数が 1 の既約多項式と対応する．次の 3 つの場合がある．

(1′) $b^2 = a$ をみたす F の元 $b \neq 0$ がある．

(2′) $b^2 = a$ をみたす F の元 b はない．

(3′) $a \in \mathfrak{m}$ である．

(1′) のとき，$x^2 - a = (x - b)(x + b)$ であり，$2 \in F$ は可逆で $b \neq 0$ だから，$b \neq -b$ である．よって $B/\mathfrak{m}B$ の極大イデアルは $(x-b), (x+b)$ の 2 つである．$\mathfrak{n}_1, \mathfrak{n}_2$ を $\mathfrak{m}B$ を含む 2 つの極大イデアルとすると，$B/\mathfrak{m}B \to B/\mathfrak{n}_1 \times B/\mathfrak{n}_2$ は同形である．よって中国の剰余定理（命題 2.3.7）より，$\mathfrak{m}B = \mathfrak{n}_1\mathfrak{n}_2$ である．

(2′) のとき，$x^2 - a \in F[x]$ は既約だから，$F[x]/(x^2 - a) = B/\mathfrak{m}B$ は体である．よって $\mathfrak{m}B$ は B の極大イデアルである．

(3′) のとき，$\mathfrak{n} = xB + \mathfrak{m}B$ が $\mathfrak{m}B$ を含むただ 1 つの極大イデアルである．$x \in \mathfrak{n} - \mathfrak{m}B$ だから $\mathfrak{n} \supsetneqq \mathfrak{m}B$ である．$x^2 \in \mathfrak{m}B$ だから $\mathfrak{n}^2 \subset \mathfrak{m}B$ である．$a \in \mathfrak{m} - \mathfrak{m}^2$ だから，命題 10.3.2.2 より $\mathfrak{m}^2 + aA = \mathfrak{m}$ である．$a = x^2 \in \mathfrak{n}^2$ だから，$\mathfrak{m}B = \mathfrak{m}^2B + aB \subset \mathfrak{n}^2$ である．よって $\mathfrak{n}^2 = \mathfrak{m}B$ である．

3. 2. と系 10.3.6 より，B はデデキント環である．　□

命題 10.3.7 で A が体上の 1 変数多項式環の場合を調べる．

命題 10.3.8　k を標数が 2 ではない体とし，$f(x) \in k[x]$ とする．多項式 $f(x)$ は定数ではなく，相異なる既約多項式の積 $f_1 \cdots f_n$ の定数倍であるとする．商環 $k[x,y]/(y^2 - f(x))$ を A で表す．A の極大イデアル全体の集合を $P(A)$ で表し，$X(k) = \{(x,y) \in k^2 \mid y^2 = f(x)\}$ とおく．

1. A はデデキント環であり，A の分数体 K は $k(x)$ の 2 次拡大体である．

2. f の次数が奇数ならば，環の射 $k \to A$ は乗法群の同形 $k^\times \to A^\times$ をひきおこす．

3. $P = (p,s) \in X(k)$ とする．A のイデアル $\mathfrak{m}_P = (x - p, y - s) \subset A$ は極

大イデアルであり，合成射 $k \to A \to A/\mathfrak{m}_P$ は同形である．

f の次数が 3 以上の奇数ならば，$\mathfrak{m}_P$ は単項イデアルではない．

4. 点 $P = (p, s) \in X(k)$ を極大イデアル $\mathfrak{m}_P = (x - p, y - s) \subset A$ にうつす写像

$$X(k) \to P(A) \tag{10.5}$$

は単射であり，その像は $\{\mathfrak{m} \in P(A) \mid k \to A/\mathfrak{m}$ は同形$\}$ である．k が代数閉体ならば，(10.5) は可逆である． ■

証明 1. $k[x]$ はユークリッド整域だからデデキント環である．$f(x)$ は 0 でも可逆でもなく，$f(x) \cdot k[x]$ は相異なる極大イデアルの積だから，命題 10.3.7 を適用すればよい．

2. $u \in A^\times$ とする．$u = v + wy \in A = k[x] \oplus k[x]y$ とすると，u のノルム $c = N_{A/k[x]}u \in k[x]$ は $\det \begin{pmatrix} v & w \cdot f \\ w & v \end{pmatrix} = v^2 - w^2 \cdot f$ である．$u \in A^\times$ だから命題 2.4.7.3 より $c \in k[x]^\times = k^\times$ である．f の次数は奇数で $w^2 \cdot f = v^2 - c$ だから，$w = 0$ であり，$u = v \in k^\times$ である．

3. 例 2.5.4 より，$\mathfrak{m}_P$ は A の極大イデアルであり $k \to A/\mathfrak{m}_P$ は同形である．

$\mathfrak{m}_P \subset A$ が単項イデアルでないことを背理法で示す．$\mathfrak{m}_P = t \cdot A$ だったとして，$t = v + wy, v, w \in k[x]$ とおく．t のノルム $F = N_{A/k[x]}t \in k[x]$ は $\det \begin{pmatrix} v & w \cdot f \\ w & v \end{pmatrix} = v^2 - w^2 \cdot f$ である．f の次数は奇数だから，v^2 と $w^2 \cdot f$ の最高次の項はうち消し合わない．f の次数は 3 以上であり t は定数でないから，F の次数は 2 以上である．

$x \in k[x]$ の $k = A/\mathfrak{m}_P = A/tA$ での像を $a \in k$ とすると，$k[x]$ 加群 A/tA は $k[x]/(x - a)$ と同形である．よって系 2.7.6 より $F \cdot k[x] = (x - a) \cdot k[x]$ である．これは F の次数が 2 以上であることに矛盾するから，$\mathfrak{m}_P$ は単項イデアルでない．

4. 例 2.5.4 より (10.5) は可逆写像 $X(k) \to \{\mathfrak{m} \in P(A) \mid k \to A/\mathfrak{m}$ は同形$\}$ を定める．

k を代数閉体とする．$\mathfrak{m}$ が A の極大イデアルならば，$k \to A/\mathfrak{m}$ が同形であることを示せばよい．系 10.2.4 より $\mathfrak{n} = k[x] \cap \mathfrak{m}$ は $k[x]$ の極大イデアルであり，k は代数閉体だから $k \to k[x]/\mathfrak{n}$ は同形である．命題 10.3.7.2 をデデキ

ント環 $k[x]$ とその元 f に適用すると，$F = k$ は代数閉体だからその証明の $(2')$ はおこらない．よって，$k \to A/\mathfrak{m}$ は同形である．□

10.4　加法

定義 10.4.1　k を標数が 2 でない体とする．3 次式 $ax^3 + bx^2 + cx + d$, $a \in k^\times, b, c, d \in k$ が重根をもたないとき，方程式

$$y^2 = ax^3 + bx^2 + cx + d \tag{10.6}$$

は k 上の**楕円曲線** (elliptic curve) を定めるという．■

この本では楕円曲線がどういう対象であるかの定義はしない．体 k が複素数体の場合に限り，10.6 節でリーマン面として定義する．

例題 10.4.2　k を標数が 2 でも 3 でもない体とし，$g_2, g_3 \in k$ とする．3 次式 $4x^3 - g_2x - g_3$ が重根をもたないための条件は $g_2^3 - 27g_3^2 \neq 0$ であることを示せ．■

解　$f(x) = 4x^3 - g_2x - g_3$ と $f'(x) = 12x^2 - g_2$ でユークリッドの互除法をしていくと，$-2g_2x - 3g_3$, $-18g_3x - g_2$, $g_2^3 - 27g_3^2$ となる．$g_2^3 - 27g_3^2 \neq 0$ ならば，$f(x)$ と $f'(x)$ はたがいに素であり，$f(x)$ は重根をもたない．$g_2^3 - 27g_3^2 = 0$ ならば，$f(x)$ と $f'(x)$ は共通の 1 次式でわりきれ，$f(x)$ は重根をもつ．□

方程式 (10.6) で定まる楕円曲線 E の有理点の集合 $E(k)$ を

$$E^\circ(k) = \{(x, y) \in k^2 \mid y^2 = ax^3 + bx^2 + cx + d\} \subset E(k) = E^\circ(k) \amalg \{O\} \tag{10.7}$$

で定める．$E(k)$ が加法群であることを示す．まず，写像 $-\colon E(k) \to E(k)$ を定める．$O \in E(k)$ に対し $-O = O$ とおき，$P = (x, y) \in E^\circ(k)$ に対し $-P = (x, -y) \in E^\circ(k)$ とおく．$E(k)$ に加法 $+$ を定義するための準備をする．

命題 10.4.3　k を標数が 2 でない体とし，$f(x) = ax^3 + bx^2 + cx + d \in k[x]$ を重根をもたない 3 次式とする．$P, Q \in E^\circ(k)$ とする．$P \neq Q$ のときは l_{PQ} で直線 $PQ \subset k^2$ を表す．

1. $P = (p, s)$ とする．$s \neq 0$ ならば直線 $y = \dfrac{f'(p)}{2s}(x - p) + s$ が点 P での

$y^2 = f(x)$ の接線であり，$s = 0$ ならば $x = p$ が接線である．

l_{PP} で点 P での $y^2 = f(x)$ の接線を表す．

2. 次の条件は同値である．

(1) $Q = -P$ である．

(2) l_{PQ} は y 軸と平行である．

$Q = -P$ ならば，$\{P, Q\} = l_{PQ} \cap E^\circ(k)$ である．

3. $Q \neq -P$ とする．

(1) $\{P, Q\} \subsetneqq l_{PQ} \cap E^\circ(k)$ とすると，$l_{PQ} \cap E^\circ(k) = \{P, Q, R\}$ をみたす点 $R \in E^\circ(k)$ がただ 1 つ存在する．$l_{PQ} \neq l_{RR}$ である．

(2) $\{P, Q\} = l_{PQ} \cap E^\circ(k)$ とすると，$l_{PQ} = l_{RR}$ をみたす点 $R \in \{P, Q\}$ がただ 1 つ存在する． ■

証明 1. $s \neq 0$ とする．$y = s + m \cdot (x - p)$ を $y^2 = f(x)$ に代入すると，$s^2 + 2sm \cdot (x - p) \equiv f(p) + f'(p)(x - p) \bmod (x - p)^2$ である．$s^2 = f(p)$ だから，この合同式がなりたつための条件は $2sm = f'(p)$ である．

$s = 0$ とすると $f(x)$ は $(x-p)^2$ でわりきれないから，$x = p$ は，$y = l \cdot (x-p)$ を $y^2 = f(x)$ に代入したものの重根にならない．$x = p$ を $y^2 = f(x)$ に代入すれば $y^2 = 0$ となる．

2. (1)⇒(2)：$Q = -P \neq P$ ならば，l_{PQ} は $P = (p, s) \neq Q = (p, -s)$ を通る直線 $x = p$ である．$Q = -P = P = (p, 0)$ のときも 1. より l_{PP} は直線 $x = p$ である．

(2)⇒(1)：$f(p) \neq 0$ ならば，直線 $x = p$ は $E^\circ(k)$ と 2 点 $P = (p, s) \neq -P = (p, -s)$ で交わり，$P, -P$ 以外の点では交わらない．$f(p) = 0$ のときは 1. より $Q = P = -P$ であり，l_{PP} は E° と P 以外の点では交わらない．

3. 直線 l_{PQ} が方程式 $y = mx + n, m, n \in k$ で定義されるとする．これを (10.6) に代入し移項して整理すると，$ax^3 - (m^2 - b)x^2 + (x$ の 1 次式$) = 0$ となる．P, Q の x 座標を p, q とし，$r \in k$ を 1 次方程式 $a(p + q + r) = m^2 - b$ の解とする．$R = (r, mr + n)$ とおく．

$r \neq p, q$ とすると，直線 l_{PQ} と $E^\circ(k)$ の P, Q 以外の交点は，根と係数の関係より R だけであり，R は l_{PQ} と $E^\circ(k)$ の接点ではない．$r = p$ とすると，直線 l_{PQ} と $E^\circ(k)$ の交点は P, Q だけであり，$R = P$ は l_{PQ} と $E^\circ(k)$ のただ 1 つの接点である．$r = q$ のときも同様である． □

$E(k)$ の**加法** $+\colon E(k)\times E(k)\to E(k)$ を定める．$P\in E(k)$ に対し，$P+O=O+P=P$, $P+(-P)=(-P)+P=O$ とおく．$P,Q\in E^\circ(k)$, $Q\neq -P$ のときは，命題 10.4.3.3 の R に対し $P+Q=Q+P=-R$ とおく．この加法 $+$ について，O は零元であり，$P\in E(k)$ の逆元は $-P$ であり，交換則はなりたつ．結合則を，$E(k)$ を環のイデアル類群と結びつけることで証明する．

命題 10.4.4　k を標数が 2 でない体とし，$f(x)=ax^3+bx^2+cx+d\in k[x]$, $a\neq 0$ を重根をもたない 3 次式とする．商環 $k[x,y]/(y^2-f(x))$ を A で表す．

1. A はデデキント環であり，A の分数体 K は $k(x)$ の 2 次拡大体である．環の射 $k\to A$ は乗法群の同形 $k^\times\to A^\times$ をひきおこす．

2. デデキント環 A の極大イデアル全体の集合を $P(A)$ で表す．点 $P=(p,s)\in E^\circ(k)=\{(x,y)\in k^2\mid y^2=ax^3+bx^2+cx+d\}$ を極大イデアル $\mathfrak{m}_P=(x-p,y-s)\subset A$ にうつす写像

$$E^\circ(k)\to P(A) \tag{10.8}$$

は単射であり，その像は $\{\mathfrak{m}\in P(A)\mid k\to A/\mathfrak{m}$ は同形 $\}$ である．k が代数閉体ならば，(10.8) は可逆である．

3. $P\in E^\circ(k)$ ならば，極大イデアル $\mathfrak{m}_P$ は単項イデアルではない．■

証明　3 次式 ax^3+bx^2+cx+d は重根をもたないから，既約であるか，1 次式と既約な 2 次式の積であるか，相異なる 1 次式 3 つの積である．よって f は相異なる既約多項式の積の定数倍だから，命題 10.3.8 を適用すればよい．□

定義 10.4.5　k を標数が 2 でない体とし，$f(x)=ax^3+bx^2+cx+d\in k[x]$ を重根をもたない 3 次式とする．E を方程式 $y^2=f(x)$ で定まる楕円曲線とする．$E^\circ(k)$ の点 P をデデキント環 $A=k[x,y]/(y^2-f(x))$ の極大イデアル $\mathfrak{m}_P\subset A$ の類にうつし，O をイデアル類群 $\mathrm{Cl}(A)$ の単位元にうつす写像

$$a\colon E(k)\to \mathrm{Cl}(A) \tag{10.9}$$

を，E の**アーベル–ヤコビ写像** (Abel-Jacobi mapping) という．点 $P\in E(k)$ の像 $a(P)\in \mathrm{Cl}(A)$ を $[P]$ で表す．■

定理 10.4.6（アーベルの定理）　k を標数が 2 でない体とし，$f(x)=ax^3+bx^2+cx+d\in k[x]$ を重根をもたない 3 次式とする．$A=k[x,y]/(y^2-f(x))$

とおき，E を方程式 $y^2 = f(x)$ で定まる楕円曲線とする．

1. アーベル–ヤコビ写像 $a\colon E(k) \to \mathrm{Cl}(A)$ (10.9) は，加法を保つ．$P \in E(k)$ に対し $[P] + [-P] = 0$ である．
2. アーベル–ヤコビ写像は可換群の単射である．
3. k が代数閉体ならば，アーベル–ヤコビ写像は可換群の同形である． ■

アーベル–ヤコビ写像は k が代数閉体でなくても可換群の同形であるが，この本では証明しない．

証明 1. $[O] = 0$ だから，$[P+O] = [O+P] = [P] = [P]+[O] = [O]+[P]$ である．$P = (p, s) \in E^\circ(k)$ に対し，$[P] + [-P] = [-P] + [P]$ が $[P + (-P)] = [(-P) + P] = [O] = 0$ と等しいことを示す．命題 10.3.7.2 と命題 10.4.3.2 より，$s \neq 0$ ならば $\mathrm{div}(x - p) = [P] + [-P]$ である．$s = 0$ のときは $P = -P$ だから $\mathrm{div}(x - p) = 2[P] = [P] + [-P]$ である．

$P = (p, s), Q = (q, t) \in E^\circ(k), Q \neq -P$ とし，直線 l_{PQ} の方程式を $y = mx + n$ とする．命題 10.4.3.3 の (1) のときは，その証明の記号を使って l_{PQ} と $E^\circ(k)$ のもう 1 つの交点を R とすれば，$A/(y - (mx + n)) = k[x]/((mx+n)^2 - f(x))$ だから，$A/(y-(mx+n)) = A/\mathfrak{m}_P \times A/\mathfrak{m}_Q \times A/\mathfrak{m}_R$ である．よって中国の剰余定理（命題 2.3.7）より $[P]+[Q]+[R] = \mathrm{div}(y-(mx+n)) = 0$ である．(2) のときも P, Q のうち接点である方を $R = (r, mr + n)$ とすれば，同様に $\mathrm{div}(y - (mx + n)) = [P] + [Q] + [R]$ である．

どちらの場合も $[R] + [P + Q] = \mathrm{div}(x - r) = 0$ であり，$[P] + [Q] = [P + Q]$ である．以上で (10.9) が加法を保つことが示された．

2. (10.9) が単射であることを示す．命題 10.4.4.3 より，$P \in E^\circ(k)$ ならば $\mathfrak{m}_P$ は単項イデアルでない．よって $[P]$ は $\mathrm{Cl}(A)$ の元として 0 でなく，$[P] \neq [O]$ である．

$P, Q \in E^\circ(k)$ に対し，$P \neq Q$ ならば $[P] \neq [Q]$ を示す．$-Q \neq -P$ だから $R = P + (-Q) \in E^\circ(k)$ であり，1. より $[R] = [P + (-Q)] = [P] - [Q]$ である．命題 10.4.4.3 より $\mathfrak{m}_R$ は単項イデアルでないから $[R] = [P] - [Q] \neq 0$ であり，$[P] \neq [Q]$ である．

よって (10.9) は単射であり，1. より $E(k)$ は $\mathrm{Cl}(A)$ の部分群と同一視され，(10.9) は可換群の単射である．

3. k は代数閉体であるとする．2. より (10.9) は可換群の単射である．命題

10.4.4.2 よりその像は生成系 $P(A)$ を含むから，(10.9) は全射である．　□

10.5　同形

前節にひきつづき，k を標数が 2 でない体とする．k の拡大体のなす圏を【k の拡大体】で表す．$f(x) = ax^3 + bx^2 + cx + d \in k[x]$ を重根をもたない 3 次式とし，E で楕円曲線 $y^2 = ax^3 + bx^2 + cx + d$ を表す．$A = k[x, y]/(y^2 - f(x))$ とおく．k の拡大体 L に対し，

$$E(L) = \{(x, y) \in L^2 \mid y^2 = ax^3 + bx^2 + cx + d\} \amalg \{O\} \tag{10.10}$$

とおく．$E(L)$ の部分集合 $E^\circ(L) = \{(x, y) \in L^2 \mid y^2 = ax^3 + bx^2 + cx + d\}$ を商環の普遍性により k 上の環の射の集合 $\mathrm{Mor}_k(A, L)$ と同一視する．k の拡大体 L を可換群 $E(L)$ にうつす関手を E:【k の拡大体】$\to$【可換群】で表す．

$g(x) = a'x^3 + b'x^2 + c'x + d' \in k[x]$ も重根をもたない 3 次式とし，E' で楕円曲線 $y^2 = a'x^3 + b'x^2 + c'x + d'$ を表す．関手 E':【k の拡大体】$\to$【可換群】を E と同様に定める．関手の同形 $E \to E'$ 全体の集合を $\mathrm{Isom}(E, E')$ で表す．

命題 10.5.1　k を標数が 2 でない体とする．$f(x) = ax^3 + bx^2 + cx + d$, $g(x) = a'x^3 + b'x^2 + c'x + d' \in k[x]$ を重根をもたない 3 次式とし，$A = k[x, y]/(y^2 - f(x))$, $B = k[x, y]/(y^2 - g(x))$ とおく．

1. $p\colon B \to A$ を k 上の環の同形とする．k の拡大体 L に対し定まる写像 $p^*\colon E^\circ(L) = \mathrm{Mor}_k(A, L) \to E'^\circ(L) = \mathrm{Mor}_k(B, L)$ は，関手の同形 $p^*\colon E \to E'$ を定める．
2. k 上の環の同形 $p\colon B \to A$ を，関手の同形 $p^*\colon E \to E'$ にうつす写像

$$\mathrm{Isom}_k(B, A) \to \mathrm{Isom}(E, E') \tag{10.11}$$

は単射である．　■

証明　1. L を k の拡大体とし，p が定める可逆写像 $p^*\colon E(L) \to E'(L)$ が可換群の射であることを示せばよい．$A_L = L[x, y]/(y^2 - f(x))$, $B_L = L[x, y]/(y^2 - g(x))$ とし，$p_L\colon B_L \to A_L$ を p がひきおこす環の同形とする．図式

$$\begin{array}{ccc} E(L) & \xrightarrow{(10.9)} & \mathrm{Cl}(A_L) \\ {\scriptstyle p^*}\downarrow & & \downarrow{\scriptstyle p_L^*} \\ E'(L) & \xrightarrow{(10.9)} & \mathrm{Cl}(B_L) \end{array}$$

は可換であり，定理 10.4.6.2 よりよこの射は可換群の単射であり，右のたては可換群の射だから，$p^*\colon E(L) \to E'(L)$ も可換群の射である．

2. K で A の分数体を表し，包含射 $i\colon A \to K$ が定める点を $i \in E(K)$ とする．$\mathrm{ev}_i\colon \mathrm{Isom}(E, E') \to E'(K)$ を，関手の同形 $q\colon E \to E'$ を $q(i) \in E'(K)$ にうつす写像とする．

$p\colon B \to A$ を k 上の同形とし，$p^*\colon E \to E'$ を p が定める同形とすると，$\mathrm{ev}_i(p^*) \in E'(K)$ は $p\colon B \to A$ と包含射 $i\colon A \to K$ の合成が定める点である．よって図式

$$\begin{array}{ccc} \mathrm{Isom}_k(B, A) & \xrightarrow{(10.11)} & \mathrm{Isom}(E, E') \\ {\scriptstyle i_*}\downarrow & & \downarrow{\scriptstyle \mathrm{ev}_i} \\ \mathrm{Mor}_k(B, K) = E'^{\circ}(K) & \xrightarrow{\subset} & E'(K) \end{array}$$

は可換である．$i\colon A \to K$ は包含写像だから左のたての射 i_* は単射であり，したがって写像 (10.11) も単射である． □

命題 10.5.2 k を標数が 2 でない体とする．$f(x) = ax^3 + bx^2 + cx + d$, $g(x) = a'x^3 + b'x^2 + c'x + d' \in k[x]$ を重根をもたない 3 次式とし，$A = k[x, y]/(y^2 - f(x))$, $B = k[x, y]/(y^2 - g(x))$ とおく．

1. $u, w \in k^\times$, $v \in k$ が $g(ux + v) = w^2 f(x)$ をみたすならば，k 上の環の同形 $p\colon B \to A$ が $p(x) = ux + v$, $p(y) = wy$ で定まる．

2. $p\colon B \to A$ を k 上の環の同形とすると，$u, w \in k^\times$, $v \in k$ で $p(x) = ux + v$, $p(y) = wy$ をみたすものがただ 1 つ存在する． ■

証明 1. $g(ux+v) = w^2 f(x)$ ならば，商環の普遍性より k 上の環の射 $p\colon B \to A$ が $p(x) = ux + v$, $p(y) = wy$ で定まる．$u' = \dfrac{1}{u}$, $w' = \dfrac{1}{w} \in k^\times$, $v' = -\dfrac{v}{u} \in k$ とおけば，逆射 $q\colon A \to B$ が定まるから，$p\colon B \to A$ は同形である．

2. $p\colon B \to A$ を k 上の環の同形とする．A の k 上の自己同形 $-_A\colon A \to A$ を $-_A(x) = x$, $-_A(y) = -y$ で定める．同様に $-_B\colon B \to B$ を定める．$-_A^*\colon E \to E$, $-_B^*\colon E' \to E'$ は可換群の -1 倍が定める射だから，関手の射の図式

$$\begin{array}{ccc} E & \xrightarrow{p^*} & E' \\ {\scriptstyle -_A^*}\downarrow & & \downarrow{\scriptstyle -_B^*} \\ E & \xrightarrow{p^*} & E' \end{array} \tag{10.12}$$

は可換である．

可換図式 (10.12) と命題 10.5.1 より，$p \circ -_B = -_A \circ p$ である．したがって，同形 $p\colon B \to A$ は B の部分環 $k[x] = \{b \in B \mid -_B(b) = b\}$ を A の部分環 $k[x] = \{a \in A \mid -_A(a) = a\}$ へ同形にうつす．したがって，例題 10.2.2 より，$p(x) = ux + v$ をみたす $u \in k^\times, v \in k$ がただ1つ存在する．

さらに同形 $p\colon B \to A$ は，B の部分加群 $k[x]\cdot y = \{b \in B \mid -_B(b) = -b\}$ を A の部分加群 $k[x]\cdot y = \{a \in A \mid -_A(a) = -a\}$ へ同形にうつす．$k[x]^\times = k^\times$ だから，$p(y) = wy$ をみたす $w \in k^\times$ がただ1つ存在する． □

系 10.5.3 k を標数が2でも3でもない体とし，$f(x) = ax^3 + bx^2 + cx + d$ を重根をもたない3次式とする．k の元 g_2, g_3 で $g_2^3 - 27g_3^2 \neq 0$ をみたすものと，k 上の環の同形 $k[x,y]/(y^2 - (4x^3 - g_2x - g_3)) \to k[x,y]/(y^2 - f(x))$ が存在する． ■

証明 例題 10.4.2 より，$4x^3 - g_2x - g_3$ が重根をもたないための条件は $g_2^3 - 27g_3^2 \neq 0$ である．命題 10.5.2 より，$u = w \in k^\times, v \in k$ を $4u = a$, $12v = b$ で定め，$g_2, g_3 \in k$ を $4(ux+v)^3 - g_2(ux+v) - g_3 = u^2 f(x)$ をみたすように定めればよい． □

系 10.5.3 より，k の標数が2でも3でもなければ，k 上の楕円曲線としては方程式 $y^2 = 4x^3 - g_2x - g_3$ で定まるものだけを考えれば十分である．

定義 10.5.4 k を標数が2でも3でもない体とする．

$$M(k) = \{(g_2, g_3) \in k^2 \mid g_2^3 - 27g_3^2 \neq 0\} \tag{10.13}$$

とおく．乗法群 $k^\times$ の $M(k) = \{(g_2, g_3) \in k^2 \mid g_2^3 - 27g_3^2 \neq 0\}$ への作用を $u \in k^\times, (g_2, g_3) \in M(k)$ に対し，

$$u \cdot (g_2, g_3) = (u^4 g_2, u^6 g_3) \tag{10.14}$$

で定める． ■

命題 10.5.5 $(g_2,g_3),(h_2,h_3)\in M(k)$, $A=k[x,y]/(y^2-(4x^3-g_2x-g_3))$, $B=k[x,y]/(y^2-(4x^3-h_2x-h_3))$ とする．

1. $u\in k^\times$ とし，$(h_2,h_3)=u\cdot(g_2,g_3)$ とする．$p_u(x)=u^2x$, $p_u(y)=u^3y$ とおくことで，k 上の環の同形 $p_u\colon B\to A$ が定まる．

2. $(h_2,h_3)=u\cdot(g_2,g_3)$ をみたす $u\in k^\times$ を k 上の環の同形 $p_u\colon B\to A$ にうつす写像

$$\{u\in k^\times \mid (h_2,h_3)=u\cdot(g_2,g_3)\}\to \mathrm{Isom}_k(B,A) \tag{10.15}$$

は，可逆である． ■

証明 1. $h_2=u^4g_2$, $h_3=u^6g_3$ ならば，$4(u^2x)^3-h_2(u^2x)-h_3=u^6(4x^3-g_2x-g_3)$ だから，命題 10.5.2.1 よりしたがう．

2. $4(vx+t)^3-h_2(vx+t)-h_3=w^2(4x^3-g_2x-g_3)$ とすると，係数を比較すれば $w^2=v^3, t=0, h_2=v^2g_2, h_3=v^3g_3$ である．よって，$u=w/v$ とおけば，$v=u^2, w=u^3$ であり，$h_2=u^4g_2$, $h_3=u^6g_3$ である．命題 10.5.2.1 より同形 $p\colon B\to A$ を u にうつすことで (10.15) の逆写像が定まる．よって (10.15) は可逆である． □

系 10.5.6 $(g_2,g_3)\in M(k)$ とし，$A=k[x,y]/(y^2-(4x^3-g_2x-g_3))$ とおく．

1. $(h_2,h_3)\in M(k)$ とし，$B=k[x,y]/(y^2-(4x^3-h_2x-h_3))$ とおく．次の条件は同値である．

(1) k 上の環 A と B は同形である．

(2) $u\cdot(g_2,g_3)=(h_2,h_3)$ をみたす $u\in k^\times$ が存在する．

2. $g_2g_3\neq 0$ ならば，k 上の環の自己同形群 Aut_kA は位数 2 の巡回群である．$g_2=0$ ならば Aut_kA は位数が 2 か 6 の巡回群であり，$g_3=0$ ならば Aut_kA は位数 2 か 4 の巡回群である． ■

証明 1. 命題 10.5.5.2 よりしたがう．

2. 命題 10.5.5.2 より，$\mathrm{Aut}_kA=\{u\in k^\times \mid g_2=u^4g_2,\ g_3=u^6g_3\}$ である． □

命題 10.5.7 k を標数が 2 でも 3 でもない体とする．写像 $j\colon M(k)=\{(g_2,g_3)\in k^2 \mid g_2^3-27g_3^2\neq 0\}\to k$ を

$$j(g_2, g_3) = 1728 \cdot \frac{g_2^3}{g_2^3 - 27g_3^2} \tag{10.16}$$

で定める．

1. $j\colon M(k) \to k$ は商集合からの写像 $M(k)/k^\times \to k$ をひきおこす．

2. 写像 $j\colon M(k) \to k$ は全射である．

3. 6 乗写像 $k^\times \to k^\times$ が全射ならば，j がひきおこす写像 $M(k)/k^\times \to k$ は可逆である．■

$(g_2, g_3) \in M(k)$ に対し，$j(g_2, g_3) \in k$ を j **不変量** (j-invariant) という．

証明　1. $(h_2, h_3) = (u^4 g_2, u^6 g_3)$ ならば，$\dfrac{h_2^3}{h_2^3 - 27h_3^2} = \dfrac{u^{12}}{u^{12}} \dfrac{g_2^3}{g_2^3 - 27g_3^2}$ である．

2. $g_2 = g_3 = g$ とおき，(10.16) を g についての方程式 $j = 1728 \cdot \dfrac{g^3}{g^3 - 27g^2}$ と考えれば，$j \neq 0, 1728$ のときただ 1 つの解 $g = 27 \cdot \dfrac{j}{j - 1728}$ がある．$j(0,1) = 0$, $j(1,0) = 1728$ である．

3. 2. より，$(g_2, g_3), (h_2, h_3) \in M(k)$, $j = j(g_2, g_3) = j(h_2, h_3) \in k$ として，$u \cdot (g_2, g_3) = (h_2, h_3)$ をみたす $u \in k^\times$ の存在を示せばよい．6 乗写像が全射ならば，2 乗写像も全射であり，4 乗写像も全射である．

$j \neq 0, 1728$ とする．このとき $g_2, g_3, h_2, h_3 \in k^\times$ であり，$\left(\dfrac{h_2}{g_2}\right)^3 = \left(\dfrac{h_3}{g_3}\right)^2$ である．よって $s = \dfrac{g_2}{h_2}\dfrac{h_3}{g_3} \in k^\times$ とおけば，$s^2 = \dfrac{h_2}{g_2}, s^3 = \dfrac{h_3}{g_3}$ である．u を s の平方根とすればよい．

$j = 0$ のときは，$g_2 = h_2 = 0$ であり $g_3, h_3 \in k^\times$ である．よって，$u \in k^\times$ を $\dfrac{h_3}{g_3}$ の 6 乗根とすればよい．$j = 1728$ のときは，$g_3 = h_3 = 0$ であり $g_2, h_2 \in k^\times$ である．よって，$u \in k^\times$ を $\dfrac{h_2}{g_2}$ の 4 乗根とすればよい．□

系 10.5.6.1 と命題 10.5.7 より，6 乗写像 $k^\times \to k^\times$ が全射ならば，j がひきおこす可逆写像

$$M(k)/k^\times \to k \tag{10.17}$$

により，k は k 上の楕円曲線の同形類の集合と考えられる．これを（レベル 1 の）**モジュラー曲線** (modular curve) という．これはモジュラー曲線の代数的表示である．k が複素数体の場合の解析的な表示を 10.11 節で与える．

10.6 局所座標系

この節からは，複素数体 $\mathbf{C}$ 上の楕円曲線をリーマン面として調べる．$(g_2, g_3) \in M(\mathbf{C})$（定義 10.5.4）に対し，$E(\mathbf{C}) = \{(x, y) \in \mathbf{C}^2 \mid y^2 = 4x^3 - g_2x - g_3\} \cup \{\infty\}$ を次のようにコンパクト・リーマン面と考える．

定義 10.6.1 $(g_2, g_3) \in M(\mathbf{C})$ とする．$\mathbf{C} \subset \mathbf{P}^1_{\mathbf{C}}$ の座標を x で表す．$\mathbf{P}^1_{\mathbf{C}}$ 上の有理形関数 $4x^3 - g_2x - g_3$ の平方根のリーマン面 $p\colon E \to \mathbf{P}^1_{\mathbf{C}}$（定義 9.5.3）を，方程式 $y^2 = 4x^3 - g_2x - g_3$ が定める**楕円曲線**という． ■

方程式 $y^2 = 4x^3 - g_2x - g_3$ が定める楕円曲線 E を，楕円曲線 $y^2 = 4x^3 - g_2x - g_3$ とよぶこともある．楕円曲線は 2 変数の方程式で定まる 1 次元の対象なので，曲線とよばれる．複素数体は実数体の 2 次拡大なので，複素数体上の曲線が多様体としては 2 次元の曲面になる．楕円ということばは，円弧の長さが積分 $\arcsin x = \displaystyle\int \frac{1}{\sqrt{1 - x^2}} dx$ で表されるように，楕円の弧の長さが楕円積分で表せることに由来する（『微積分』問題 7.1.3）．

命題 10.6.2 E を $\mathbf{C}$ 上の楕円曲線 $y^2 = 4x^3 - g_2x - g_3$ とする．

1. E はコンパクトなリーマン面である．
2. 標準射 $p\colon E \to \mathbf{P}^1_{\mathbf{C}}$ による開集合 $\mathbf{C} \subset \mathbf{P}^1_{\mathbf{C}}$ の逆像は $E^\circ(\mathbf{C}) = \{(x, y) \in \mathbf{C}^2 \mid y^2 = 4x^3 - g_2x - g_3\}$ であり，その補集合は 1 点 ∞ からなる． ■

証明 1. $\mathbf{P}^1_{\mathbf{C}}$ はコンパクトだから，命題 9.5.1 とその系 9.5.2 よりしたがう．

2. $\mathbf{P}^1_{\mathbf{C}}$ 上の有理形関数 $4x^3 - g_2x - g_3$ に命題 9.5.1 を適用する．3 次式 $4x^3 - g_2x - g_3$ は重根をもたないから，有理形関数 $4x^3 - g_2x - g_3$ の零点は $\mathbf{C}$ 上の 3 点であり，極は ∞ だけである．零点はすべて 1 位であり極は 3 位だから，命題 9.5.1 の記号で $A = A_1 = \{x \in \mathbf{C} \mid 4x^3 - g_2x - g_3 = 0\} \cup \{\infty\}$ である．よって系 9.5.2.1 より，ファイバー積への写像 $E \to \mathbf{P}^1_{\mathbf{C}} \times_{\mathbf{P}^1_{\mathbf{C}}} \mathbf{P}^1_{\mathbf{C}}$ は可逆である．第 1 射影 $\mathbf{P}^1_{\mathbf{C}} \times_{\mathbf{P}^1_{\mathbf{C}}} \mathbf{P}^1_{\mathbf{C}} \to \mathbf{P}^1_{\mathbf{C}}$ による $\mathbf{C} \subset \mathbf{P}^1_{\mathbf{C}}$ の逆像は $E^\circ(\mathbf{C})$ であり，$\infty \in \mathbf{P}^1_{\mathbf{C}}$ の逆像は 1 点からなる． □

10.7 節で楕円曲線 E のホモロジー群を計算し，E の基本類を構成する．そのための準備として，E の局所座標系を構成し，その開集合の共通部分を記述する．さらに，リーマン面 W と全射局所双正則写像 $u\colon W \to E$ を構成し，$H_1(E)$ の基底と E の基本類の構成につかう曲線も定義する．本節のこれ以降の内容は込みいっているので詳細を確認するのはあとまわしにしてもよいかもしれない．

(1) 局所座標系の構成

E を $\mathbf{C}$ 上の楕円曲線 $y^2 = 4x^3 - g_2x - g_3$ とする．$4x^3 - g_2x - g_3 = 4(x-a)(x-b)(x-c)$ とする．命題 9.5.1 の記号で $A = A_1 = \{a, b, c, \infty\}$ である．必要なら文字をいれかえて，$\dfrac{a-c}{b-c}$ が正の実数ではないとする．

$\mathbf{P}^1_{\mathbf{C}}$ の開被覆 U_a, U_b, U_c, U_∞ を構成する．c, ∞ の開近傍 $U_c, U_\infty \subset \mathbf{P}^1_{\mathbf{C}}$ を

$$
\begin{aligned}
U_c &= \mathbf{C} - \bigl(\{t(a-c)+c \mid 1 \leqq t\} \cup \{s(b-c)+c \mid 1 \leqq s\}\bigr), \qquad (10.18)\\
U_\infty &= \mathbf{P}^1_{\mathbf{C}} - \bigl(\{t(a-c)+c \mid 0 \leqq t \leqq 1\} \cup \{s(b-c)+c \mid 0 \leqq s \leqq 1\}\bigr)
\end{aligned}
$$

で定める．複素平面 $\mathbf{C}$ を角 acb の 2 等分線 l で分割し，a を含む方を U_a, b を含む方を U_b とおいて $\mathbf{C} - l = U_a \cup U_b$ とする．U_a, U_b, U_c, U_∞ は $\mathbf{P}^1_{\mathbf{C}}$ の開被覆を定め，それぞれ a, b, c, ∞ の開近傍である．

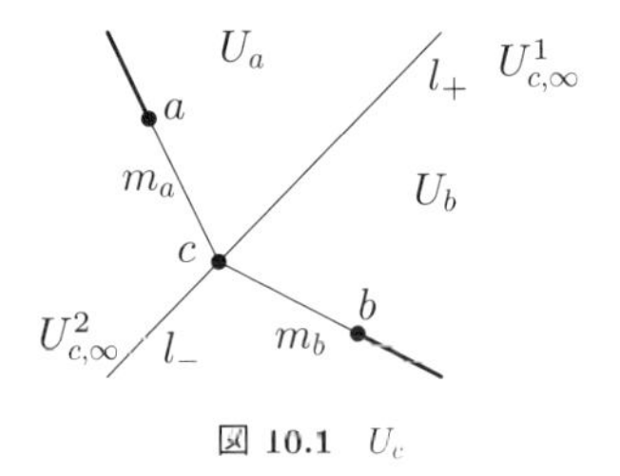

図 10.1　U_c

共通部分 $U_{c,\infty} = U_c \cap U_\infty$ を調べる．c を頂点とし a, b をとおる半直線 m_a, m_b を $m_a = \{t(a-c)+c \mid t \geqq 0\}$, $m_b = \{s(b-c)+c \mid s \geqq 0\}$ で定める．$\mathbf{C}$ を $m_a \cup m_b$ で分割し，$l_+ = \{z \in l \mid \operatorname{Im}\dfrac{z-c}{b-c} > 0\}$ を含む方を $U^1_{c,\infty}$, $l_- = \{z \in l \mid \operatorname{Im}\dfrac{z-c}{b-c} < 0\}$ を含む方を $U^2_{c,\infty}$ とおく．$U_{c,\infty} = \mathbf{C} - (m_a \cup m_b)$ は $U^1_{c,\infty}$ と $U^2_{c,\infty}$ の無縁和である．

補題 10.6.3　1. U_a, U_b, U_c, U_∞ は可縮である．$U^1_{c,\infty}, U^2_{c,\infty}$ も可縮である．

2. U_c で定義された正則関数 $s_c\colon U_c \to \mathbf{C}^\times$ と U_∞ で定義された有理形関数 $s_\infty\colon U_\infty \to \mathbf{P}^1_{\mathbf{C}}$ で，$s_c(z)^2 = 4(z-a)(z-b)$, $s_\infty(z)^2 = 4(z-a)(z-b)$ をみた

し，$\lim_{z\to\infty}\dfrac{s_\infty(z)}{z-c}=2$ であり，$U^1_{c,\infty}$ 上では $s_c=-s_\infty$, $U^2_{c,\infty}$ 上では $s_c=s_\infty$ となるものがただ 1 組存在する． ■

証明 1. U_a の任意の点と a を結ぶ線分は U_a に含まれる．よって命題 4.6.2.2 より U_a は可縮である．U_b, U_c についても同様である．

写像 $h\colon U_\infty\times I\to U_\infty$ を，$w=\infty$ または $t=1$ ならば $h(w,t)=\infty$ と，$w\neq\infty$ かつ $0\leqq t<1$ ならば $h(w,t)=\dfrac{w-tc}{1-t}$ で定めると，h は連続である．$h(w,0)=w$ だから，命題 4.6.2.1 より U_∞ は可縮である．

$U^1_{c,\infty}$ の任意の点と l_+ 上の点を結ぶ線分は $U^1_{c,\infty}$ に含まれる．よって命題 4.6.2.2 より $U^1_{c,\infty}$ は可縮である．$U^2_{c,\infty}$ についても同様である．

2. 1. より U_∞ は可縮だから，系 9.6.8 より U_∞ で定義された正則関数 $s_1\colon U_\infty\to\mathbf{C}^\times$ で，$s_1(\infty)=1$ と $z\neq\infty$ ならば $s_1(z)^2=\dfrac{(z-a)(z-b)}{(z-c)^2}$ をみたすものがある．有理形関数 $s_\infty\colon U_\infty\to\mathbf{P}^1_{\mathbf{C}}$ を，$s_\infty(z)=2s_1(z)\cdot(z-c)$ で定める．$U_c\subset\mathbf{C}$ も可縮だから，系 9.6.8 より $s_c(z)^2=4(z-a)(z-b)$ をみたす正則関数 $s_c\colon U_c\to\mathbf{C}^\times$ が存在する．

1. より $U^1_{c,\infty}$ も可縮だから，命題 7.4.1.3 より $U^1_{c,\infty}$ では $s_c=s_\infty$ か $s_c=-s_\infty$ である．必要なら s_c を $-s_c$ でおきかえれば，$U^1_{c,\infty}$ 上で $s_c=-s_\infty$ となる．系 6.2.6 より $\mathbf{C}-\{a,b\}\subset U_c\cup U_\infty$ 上で $s(z)^2=4(z-a)(z-b)$ をみたす正則関数 s は存在しないから，$U^2_{c,\infty}$ では $s_c=s_\infty$ である． □

$p\colon E\to\mathbf{P}^1_{\mathbf{C}}$ による a,b,c,∞ の逆像をそれぞれ $\tilde a,\tilde b,\tilde c,\tilde\infty\in E$ で表す．$p^{-1}(U_a)$, $p^{-1}(U_b)$, $p^{-1}(U_c)$, $p^{-1}(U_\infty)$ は $\tilde a,\tilde b,\tilde c,\tilde\infty$ の開近傍であり，E の開被覆を定める．局所座標を定義する．$\alpha=\sqrt{a-c}$, $\beta=\sqrt{b-c}$ とする．$\dfrac{a-c}{b-c}$ が正の実数ではないから，その平方根 $\dfrac{\alpha}{\beta}$ は実数ではない．必要なら α を $-\alpha$ でおきかえて，$\mathrm{Im}\dfrac{\alpha}{\beta}>0$ とする．

はじめに，局所座標 $(p^{-1}(U_c),V_c,p_c)$ を構成する．正則写像 $g_c\colon\mathbf{P}^1_{\mathbf{C}}\to\mathbf{P}^1_{\mathbf{C}}$ を $g_c(w)=w^2+c$ で定める．$\mathbf{C}$ の開集合 V_c を $V_c=g_c^{-1}(U_c)$ で定める．

$$V_c=\mathbf{C}-\bigl(\{t\alpha\mid t\in\mathbf{R},|t|\geqq1\}\cup\{s\beta\mid s\in\mathbf{R},|s|\geqq1\}\bigr)\tag{10.19}$$

である．命題 9.5.1 の証明の (3) の場合より，U_c 上のリーマン面 V_c は $z-c$ の平方根が定めるリーマン面である．U_c 上のリーマン面 $p^{-1}(U_c)$ は U_c 上の有理形関数 $4(z-a)(z-b)(z-c)$ の平方根が定めるリーマン面である．

$s_c^2 = 4(z-a)(z-b)$ だから命題 9.5.1 の証明の (4) より，s_c は U_c 上のリーマン面の同形 $p_c\colon p^{-1}(U_c) \to V_c$ を定める．

次に，局所座標 $(p^{-1}(U_\infty), V_\infty, p_\infty)$ を構成する．$r\colon \mathbf{P}^1_{\mathbf{C}} \to \mathbf{P}^1_{\mathbf{C}}$ を有理形関数 $\dfrac{1}{z}$ が定める双正則写像とし，$g_\infty = g_c \circ r\colon \mathbf{P}^1_{\mathbf{C}} \to \mathbf{P}^1_{\mathbf{C}}$ を $g_c\colon \mathbf{P}^1_{\mathbf{C}} \to \mathbf{P}^1_{\mathbf{C}}$ との合成写像として定める．$\mathbf{C}$ の開集合 V_∞ を $V_\infty = g_\infty^{-1}(U_\infty)$ で定める．$g_c^{-1}(U_\infty) = \mathbf{P}^1_{\mathbf{C}} - \bigl(\{t\alpha \mid -1 \leqq t \leqq 1\} \cup \{s\beta \mid -1 \leqq s \leqq 1\}\bigr)$ だから，

$$V_\infty = \mathbf{C} - \Bigl(\Bigl\{\frac{t}{\alpha} \mid t \in \mathbf{R}, |t| \geqq 1\Bigr\} \cup \Bigl\{\frac{s}{\beta} \mid s \in \mathbf{R}, |s| \geqq 1\Bigr\}\Bigr) \tag{10.20}$$

である．上と同様に命題 9.5.1 の証明の (4) と (3) より，有理形関数 $s_\infty\colon U_\infty \to \mathbf{P}^1_{\mathbf{C}}$ は双正則写像 $p^{-1}(U_\infty) \to g_c^{-1}(U_\infty)$ を定める．これと $r = r^{-1}$ の制限 $g_c^{-1}(U_\infty) \to V_\infty$ の合成が定める双正則写像として局所座標 $p_\infty\colon p^{-1}(U_\infty) \to V_\infty$ を定める．

最後に局所座標 $(p^{-1}(U_a), V_a, p_a)$ と $(p^{-1}(U_b), V_b, p_b)$ を構成する．正則写像 $g_a, g_b\colon \mathbf{C} \to \mathbf{C}$ を $g_a(w) = w^2 + a$, $g_b(w) = w^2 + b$ で定め，$V_a = g_a^{-1}(U_a)$, $V_b = g_b^{-1}(U_b)$ とおく．U_a, U_b で定義された正則関数 s_a, s_b で，$s_a^2(z) = 4(z-b)(z-c)$, $s_b^2(z) = 4(z-a)(z-c)$ をみたすものが存在する．s_a, s_b はそれぞれ双正則写像 $p_a\colon p^{-1}(U_a) \to V_a$, $p_b\colon p^{-1}(U_b) \to V_b$ を定める．

(2) V_c での共通部分の記述と曲線の構成

$i = a, b, c, \infty$ に対し，局所座標 $p_i\colon p^{-1}(U_i) \to V_i$ の逆写像を $q_i\colon V_i \to p^{-1}(U_i) \subset E$ で表す．$i, j \in \{a, b, c, \infty\}$ に対し，V_i の開集合を $V_{i,j} = p_i(p^{-1}(U_i \cap U_j))$ で定め，座標変換 $q_{ij}\colon V_{i,j} \to V_{j,i}$ を q_i の制限 $V_{i,j} \to p^{-1}(U_i \cap U_j)$ と p_j の制限 $p^{-1}(U_i \cap U_j) \to V_{j,i}$ の合成として定める．

$V_c^\diamond = V_c - \{0\}$ の開被覆 $V^1_{c,\infty}, V^2_{c,\infty}, V^3_{c,\infty}, V^4_{c,\infty}, V^1_{c,a}, V^2_{c,b}, V^3_{c,a}, V^4_{c,b}$ を定める．

$$\begin{aligned} V^1_{c,\infty} &= \{t\alpha + s\beta \mid t < 0, s < 0\}, \quad & V^2_{c,\infty} &= \{t\alpha + s\beta \mid t < 0, s > 0\}, \\ V^3_{c,\infty} &= \{t\alpha + s\beta \mid t > 0, s > 0\}, \quad & V^4_{c,\infty} &= \{t\alpha + s\beta \mid t > 0, s < 0\} \end{aligned} \tag{10.21}$$

とおく．複素平面 $\mathbf{C}$ を角 $(-\beta)0(-\alpha)$ の 2 等分線 l_1 と角 $(-\alpha)0\beta$ の 2 等分線 l_2 で 4 分割し，$-\alpha, \beta, \alpha, -\beta$ を含むものと V_c との共通部分をそれぞれ $V^1_{c,a}, V^2_{c,b}, V^3_{c,a}, V^4_{c,b}$ とおいて，$V_c - (l_1 \cup l_2) = V^1_{c,a} \cup V^2_{c,b} \cup V^3_{c,a} \cup V^4_{c,b}$ とする（図 10.2 左）．

補題 10.6.4 1. $V_{c,\infty} = V^1_{c,\infty} \cup V^2_{c,\infty} \cup V^3_{c,\infty} \cup V^4_{c,\infty}$ である．$V_{c,a} = V^1_{c,a} \cup V^3_{c,a}$ であり，$V_{c,b} = V^2_{c,b} \cup V^4_{c,b}$ である．

2. $V^1_{c,\infty}, V^2_{c,\infty}, V^3_{c,\infty}, V^4_{c,\infty}$ と $V^1_{c,a}, V^2_{c,b}, V^3_{c,a}, V^4_{c,b}$ は可縮である．

3. $x = a$ または b とし，$x = a$ のときは $i = 1, 3$ とし，$x = b$ のときは $i = 2, 4$ とする．共通部分 $V^i_{c,x} \cap V^j_{c,\infty}$ は，$j - i \equiv 0, 1 \bmod 4$ ならば可縮であり，$j - i \equiv 2, 3 \bmod 4$ ならば空である．

4. $z \in V^1_{c,\infty} \cup V^3_{c,\infty}$ ならば $q_{c,\infty}(z) = -\dfrac{1}{z}$ であり，$z \in V^2_{c,\infty} \cup V^4_{c,\infty}$ ならば $q_{c,\infty}(z) = \dfrac{1}{z}$ である． ■

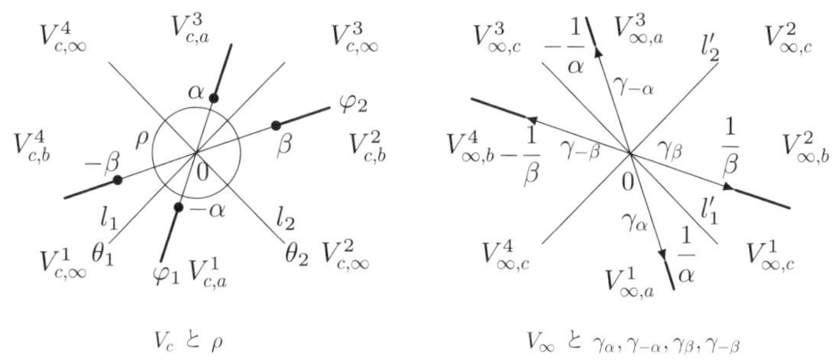

V_c と ρ　　　　V_∞ と $\gamma_\alpha, \gamma_{-\alpha}, \gamma_\beta, \gamma_{-\beta}$

図 10.2

証明 1. $g_c^{-1}(U_c \cap U_\infty) = V^1_{c,\infty} \cup V^2_{c,\infty} \cup V^3_{c,\infty} \cup V^4_{c,\infty}$, $g_c^{-1}(U_a \cap U_c) = V^1_{c,a} \cup V^3_{c,a}$, $g_c^{-1}(U_b \cap U_c) = V^2_{c,b} \cup V^4_{c,b}$ と，同相写像 $p_c\colon p^{-1}(U_c) \to V_c$ からしたがう．

2. $V^1_{c,\infty}, V^2_{c,\infty}, V^3_{c,\infty}, V^4_{c,\infty}$ はどれも，その任意の 2 点を結ぶ線分を含むから命題 4.6.2.2 より可縮である．$V^1_{c,a}$ の任意の点と $-\dfrac{\alpha}{2}$ を結ぶ線分は $V^1_{c,a}$ に含まれるから，$V^1_{c,a}$ も可縮である．$V^2_{c,b}, V^3_{c,a}, V^4_{c,b}$ も同様に可縮である．

3. 2. の証明と同様に，共通部分は空でなければ可縮である．

4. $z \in V_{c,\infty}$ と $w \in V_{\infty,c}$ が $q_c(z) = q_\infty(w)$ をみたすとすると，$g_c(z) = g_c\left(\dfrac{1}{w}\right)$, $s_c(g_c(z)) \cdot z = s_\infty\left(g_c\left(\dfrac{1}{w}\right)\right) \cdot \dfrac{1}{w}$ である．よって補題 10.6.3.2 より，$g_c(z) \in U^1_{c,\infty}$ ならば $w = -\dfrac{1}{z}$ であり，$g_c(z) \in U^2_{c,\infty}$ ならば $w = \dfrac{1}{z}$ である． □

$H_1(V_c^\diamond)$ の基底を構成する．共通部分 $l_1 \cap V^1_{c,\infty}$, $l_2 \cap V^2_{c,\infty}$ の偏角 θ_1, θ_2 と $-\alpha, \beta$ の偏角 φ_1, φ_2 を $\theta_1 < \varphi_1 < \theta_2 < \varphi_2 < \theta_3 = \theta_1 + \pi$ をみたすようにと

り，$\theta_3 < \varphi_3 = \varphi_1 + \pi < \theta_4 = \theta_2 + \pi < \varphi_4 = \varphi_2 + \pi < \theta_5 = \theta_1 + 2\pi$ とおく．$r > 0$ を $r < |\alpha|, r < |\beta|$ をみたす実数とする．$i = 1, 2, 3, 4$, $j = i, i+1$ に対し，連続写像 $\rho_{ij}\colon I \to V_c$ を $\rho_{ij}(t) = r \cdot \exp\sqrt{-1}(\theta_j + t(\varphi_i - \theta_j))$ で定め，

$$\rho = \sum_{i=1}^{4}(\rho_{ii} - \rho_{i(i+1)}) \in C_1(V_c^{\diamond}) \tag{10.22}$$

とおく（図 10.2 左）．$\partial\rho = 0$ であり，$[\rho] \in H_1(V_c^{\diamond})$ が定まる．

補題 10.6.5　1. V_c は可縮である．

2. $[\rho] \in H_1(V_c^{\diamond})$ は，階数 1 の自由加群 $H_1(V_c^{\diamond})$ の基底であり，$n(\rho, 0) = 1$ をみたす．$H_0(V_c^{\diamond}) = \mathbf{Z}$ であり，$q > 1$ ならば $H_q(V_c^{\diamond}) = 0$ である．■

証明　1. (10.19) より，V_c の任意の点と原点を結ぶ線分は V_c に含まれる．よって命題 4.6.2.2 より V_c は可縮である．

2. 1. より V_c は可縮だから，例題 4.7.8 と命題 5.6.1.2 より，$H_0(V_c^{\diamond}) = \mathbf{Z}$ であり，$H_1(V_c^{\diamond})$ は $\mathbf{Z}$ と同形であり，$q > 1$ ならば $H_q(V_c^{\diamond}) = 0$ である．

$\dfrac{1}{\sqrt{-1}}\displaystyle\int_\rho \dfrac{dz}{z} = \sum_{i=1}^{4}((\varphi_i - \theta_i) - (\varphi_i - \theta_{i+1})) = \theta_5 - \theta_1 = 2\pi$ だから，命題 6.3.3.2 より $n(\rho, 0) = 1$ であり，$[\rho]$ は $H_1(V_c^{\diamond})$ の基底である．□

(3) V_∞ での共通部分の記述と曲線の構成

V_∞ の開集合 $V^1_{\infty,c}, V^2_{\infty,c}, V^3_{\infty,c}, V^4_{\infty,c}, V^1_{\infty,a}, V^2_{\infty,b}, V^3_{\infty,a}, V^4_{\infty,b}$ を定める．

$$V^1_{\infty,c} = \left\{\frac{t}{\alpha} + \frac{s}{\beta} \mid t > 0, s > 0\right\}, \quad V^2_{\infty,c} = \left\{\frac{t}{\alpha} + \frac{s}{\beta} \mid t < 0, s > 0\right\},$$
$$V^3_{\infty,c} = \left\{\frac{t}{\alpha} + \frac{s}{\beta} \mid t < 0, s < 0\right\}, \quad V^4_{\infty,c} = \left\{\frac{t}{\alpha} + \frac{s}{\beta} \mid t > 0, s < 0\right\}$$

とおく．複素平面 $\mathbf{C}$ を角 $\dfrac{1}{\alpha}0\dfrac{1}{\beta}$ の 2 等分線 l'_1 と角 $\dfrac{1}{\beta}0\left(-\dfrac{1}{\alpha}\right)$ の 2 等分線 l'_2 で 4 分割し，$\dfrac{1}{\alpha}, \dfrac{1}{\beta}, -\dfrac{1}{\alpha}, -\dfrac{1}{\beta}$ を含むものと V_∞ との共通部分をそれぞれ $V^1_{\infty,a}, V^2_{\infty,b}, V^3_{\infty,a}, V^4_{\infty,b}$ とおいて，$V_\infty - (l'_1 \cup l'_2) = V^1_{\infty,a} \cup V^2_{\infty,b} \cup V^3_{\infty,a} \cup V^4_{\infty,b}$ とする（図 10.2 右）．

補題 10.6.6　1. $V_{\infty,a} = V^1_{\infty,a} \cup V^3_{\infty,a}$, $V_{\infty,b} = V^2_{\infty,b} \cup V^4_{\infty,b}$ である．

2. V_∞, V_a, V_b と $V^1_{\infty,a}, V^2_{\infty,b}, V^3_{\infty,a}, V^4_{\infty,b}$ は可縮である．

3. $i = 1, 2, 3, 4$ に対し $V^i_{\infty,c} = q_{c,\infty}(V^i_{c,\infty}) \subset V_\infty$ である．■

証明 1. 補題 10.6.4.1 の証明と同様である.

2. 補題 10.6.3.1 と補題 10.6.4.2 の証明と同様である.

3. 補題 10.6.4.4 よりしたがう. □

$E^\diamond = E - \{\tilde{c}\}$ とおく. 連続写像 $\gamma_\alpha, \gamma_{-\alpha}, \gamma_\beta, \gamma_{-\beta}\colon [0,1) \to V_\infty$ を,

$$\gamma_\alpha(t) = \frac{t}{\alpha}, \quad \gamma_{-\alpha}(t) = -\frac{t}{\alpha}, \quad \gamma_\beta(t) = \frac{t}{\beta}, \quad \gamma_{-\beta}(t) = -\frac{t}{\beta} \tag{10.23}$$

で定義する (図 10.2 右). $q_\infty\colon V_\infty \to E^\diamond$ との合成写像の連続な延長 $\gamma_{11}, \gamma_{12}, \gamma_{22}, \gamma_{23}\colon\ I \to E^\diamond$ を, $\gamma_{11}(1) = \gamma_{12}(1) = \tilde{a}$, $\gamma_{22}(1) = \gamma_{23}(1) = \tilde{b}$ で定義する. $\partial\gamma_{11} = \partial\gamma_{12} = [\tilde{a}] - [\tilde{\infty}]$, $\partial\gamma_{22} = \partial\gamma_{23} = [\tilde{b}] - [\tilde{\infty}]$ だから,

$$\gamma_1 = \gamma_{11} - \gamma_{12}, \quad \gamma_2 = \gamma_{22} - \gamma_{23} \tag{10.24}$$

は $Z_1(E^\diamond)$ の元を定める.

(4) リーマン面 W と全射局所双正則写像 $u\colon W \to E$ と W 上の曲線の構成 $i = 1,2,3,4$ に対し, $V^i_\infty = V_\infty \times \{i\}$ とおき, $V^1_a = V_a \times \{1\}$, $V^2_b = V_b \times \{2\}$ とおく. これらを次のようにはりあわせて

$$W_1 = V^1_\infty \cup V^1_a \cup V^2_\infty, \qquad W_2 = V^2_\infty \cup V^2_b \cup V^3_\infty \tag{10.25}$$

を定義する. V^1_∞ と V^1_a は座標変換 $q_{\infty,a}$ の $V^1_{\infty,a}$ への制限で, V^2_∞ と V^1_a は $q_{\infty,a}$ の $V^3_{\infty,a}$ への制限ではりあわせ, V^1_∞ と V^2_∞ の共通部分は $\varnothing$ とする. 同様に, V^2_∞ と V^2_b は $V^2_{\infty,b}$ で, V^3_∞ と V^2_b は $V^4_{\infty,b}$ ではりあわせ, V^2_∞ と V^3_∞ の共通部分は $\varnothing$ とする.

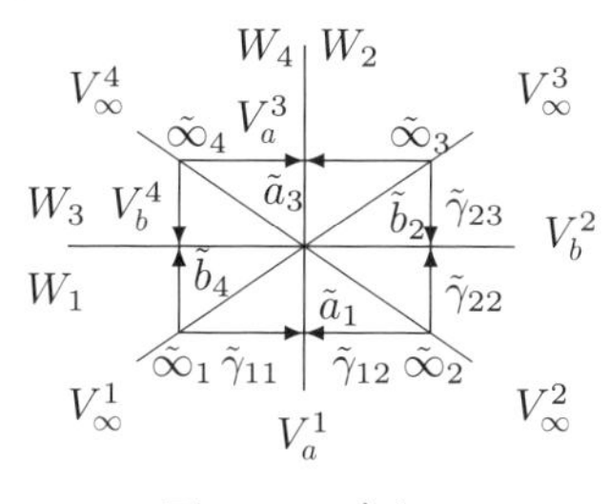

図 10.3 $W^\diamond$ と $\tilde{\gamma}$

さらに $V^3_a = V_a \times \{3\}$, $V^4_b = V_b \times \{4\}$ とおく. W_1 の定義の $V^1_\infty, V^1_a, V^2_\infty$ を順に $V^4_\infty, V^3_a, V^3_\infty$ でおきかえて $W_3 = V^4_\infty \cup V^3_a \cup V^3_\infty$ を定義する. $l_1\colon W_1 \to W_3$ を

標準同形 $V_\infty^1 \to V_\infty^4, V_a^1 \to V_a^3, V_\infty^2 \to V_\infty^3$ のはりあわせとして定める．同様に W_2 の定義の $V_\infty^2, V_b^2, V_\infty^3$ を順に $V_\infty^1, V_b^4, V_\infty^4$ でおきかえて $W_4 = V_\infty^1 \cup V_b^4 \cup V_\infty^4$ を定義し，$l_2\colon W_2 \to W_4$ を標準同形とする．

W_1, W_2, W_3, W_4 と V_c を次のようにはりあわせて

$$W^\diamond = W_1 \cup W_2 \cup W_3 \cup W_4 \subset W = W^\diamond \cup V_c \tag{10.26}$$

を定義する．W_1 と W_2 は V_∞^2 で，W_2 と W_3 は V_∞^3 で，W_3 と W_4 は V_∞^4 で，W_4 と W_1 は V_∞^1 ではりあわせる．$W_1 \cap W_3 = W_2 \cap W_4 = \varnothing$ とする．

補題 10.6.6.3 にしたがって，$i = 1, 2, 3, 4$ に対し，$V_\infty^i \subset W^\diamond$ と V_c は $V_{\infty,c}^i \subset V_\infty^i$ と $V_{c,\infty}^i \subset V_c$ を座標変換 $q_{\infty,c} = q_{c,\infty}^{-1}$ ではりあわせる．$V_a^1, V_a^3 \subset W^\diamond$ と V_c は $V_{c,a}^1, V_{c,a}^3$ ではりあわせ，$V_b^2, V_b^4 \subset W^\diamond$ と V_c は $V_{c,b}^2, V_{c,b}^4$ ではりあわせる．$W^\diamond \cap V_c \subset V_c$ は $V_{c,\infty}^1, V_{c,\infty}^2, V_{c,\infty}^3, V_{c,\infty}^4, V_{c,a}^1, V_{c,b}^2, V_{c,a}^3, V_{c,b}^4$ の合併だから，$V_c^\diamond = V_c - \{0\}$ と等しく，$W^\diamond = W - \{0\}$ である．連続写像

$$u\colon W \to E \tag{10.27}$$

を $q_i\colon V_i \to E$ が定める写像のはりあわせとして定義する．

命題 10.6.7 1. W はリーマン面である．

2. $u\colon W \to E$ は全射局所双正則写像である． ■

証明 1. W がハウスドルフであることを示せばよい．E はハウスドルフだから，対角集合 $\Delta_E \subset E \times E$ の逆像 $(q \times q)^{-1}(\Delta_E)$ は $W \times W$ の閉集合である．対角集合 $\Delta_W \subset W \times W$ は，閉集合 $(q \times q)^{-1}(\Delta_E)$ から開集合 $U_\infty^i \times U_\infty^j, i \neq j$, $U_a^i \times U_a^j, i \neq j, U_b^i \times U_b^j, i \neq j$ との共通部分をすべて除いたものだから，閉集合である．

2. $V_a^1, V_b^2, V_a^3, V_b^4, V_c, V_\infty^1, V_\infty^2, V_\infty^3, V_\infty^4$ は W の開被覆であり，$p^{-1}(U_a)$, $p^{-1}(U_b)$, $p^{-1}(U_c)$, $p^{-1}(U_\infty)$ は E の開被覆だから，$u\colon W \to E$ は全射局所双正則写像である． □

$\tilde\gamma_1, \tilde\gamma_2 \in C_1(W^\diamond)$ で $u_*\tilde\gamma_1 = \gamma_1, u_*\tilde\gamma_2 = \gamma_2 \in Z_1(E^\diamond)$ をみたすものを定義する．点 $x \in V_\infty$ を $V_\infty^i \subset W$ の点とみたものを x_i で表す．V_a の点と V_b の点についても同様とする．$\gamma_\alpha, \gamma_{-\alpha}\colon [0,1) \to V_\infty$ (10.23) がそれぞれ定める写像 $[0,1) \to V_\infty^1 \subset W_1$ と $[0,1) \to V_\infty^2 \subset W_1$ の連続な延長 $\tilde\gamma_{11}, \tilde\gamma_{12}\colon I \to W_1$ を

$\tilde{\gamma}_{11}(1) = \tilde{\gamma}_{12}(1) = \tilde{a}_1$ で定める．同様に $\gamma_\beta, \gamma_{-\beta}\colon [0,1) \to V_\infty$ がそれぞれ定める写像 $[0,1) \to V_\infty^2 \subset W_2$ と $[0,1) \to V_\infty^3 \subset W_2$ の連続な延長 $\tilde{\gamma}_{22}, \tilde{\gamma}_{23}\colon I \to W_1$ を $\tilde{\gamma}_{22}(1) = \tilde{\gamma}_{23}(1) = \tilde{b}_2$ で定める（図 10.3）．

$\tilde{\gamma}_1 = \tilde{\gamma}_{11} - \tilde{\gamma}_{12}, \tilde{\gamma}_2 = \tilde{\gamma}_{22} - \tilde{\gamma}_{23}$ とおく．$u_*\tilde{\gamma}_1 = \gamma_1, u_*\tilde{\gamma}_2 = \gamma_2$ である．さらに $\tilde{\gamma}_3 = l_{1*}\tilde{\gamma}_1 = \tilde{\gamma}_{34} - \tilde{\gamma}_{33}, \tilde{\gamma}_4 = l_{2*}\tilde{\gamma}_2 = \tilde{\gamma}_{45} - \tilde{\gamma}_{44}$ とおく．$\partial\tilde{\gamma}_1 = [\tilde{\infty}_2] - [\tilde{\infty}_1]$, $\partial\tilde{\gamma}_2 = [\tilde{\infty}_3] - [\tilde{\infty}_2]$, $\partial\tilde{\gamma}_3 = [\tilde{\infty}_3] - [\tilde{\infty}_4]$, $\partial\tilde{\gamma}_4 = [\tilde{\infty}_4] - [\tilde{\infty}_1]$ だから，

$$\tilde{\gamma} = \tilde{\gamma}_1 + \tilde{\gamma}_2 - \tilde{\gamma}_3 - \tilde{\gamma}_4 \tag{10.28}$$

は $Z_1(W^\diamond)$ の元を定める．

10.7 ホモロジー

命題 10.7.1 E を $\mathbf{C}$ 上の楕円曲線 $y^2 = 4(x-a)(x-b)(x-c)$ とする．$\dfrac{a-c}{b-c}$ が正の実数ではないとする．

1. $E^\diamond = E - \{\tilde{c}\}$ とする．$H_0(E^\diamond) = \mathbf{Z}$ であり，$H_1(E^\diamond)$ は階数 2 の自由加群である．$q > 1$ ならば $H_q(E^\diamond) = 0$ である．

2. W_1, W_2 (10.25) は単連結である．$[\gamma_1], [\gamma_2]$ (10.24) は $H_1(E^\diamond)$ の基底である．

3. 包含写像 $V_c^\diamond \to W^\diamond$ がひきおこす写像

$$H_q(V_c^\diamond) \to H_q(W^\diamond) \tag{10.29}$$

は任意の自然数 $q \geqq 0$ に対し同形である．$H_0(W^\diamond) = \mathbf{Z}$ であり，$H_1(W^\diamond)$ は $\mathbf{Z}$ と同形である．$q > 1$ ならば $H_q(W^\diamond) = 0$ である．

4. 同形 $H_1(V_c^\diamond) \to H_1(W^\diamond)$ は $H_1(V_c^\diamond)$ の基底 $[\rho]$ (10.22) を $[\tilde{\gamma}] \in H_1(W^\diamond)$ (10.28) にうつし，$[\tilde{\gamma}]$ は階数 1 の自由加群 $H_1(W^\diamond)$ の基底である．■

証明 1. $i = a, b, c, \infty$ に対し，局所座標 p_i の逆写像 $q_i\colon V_i \to p^{-1}(U_i) \subset E$ により V_i を E の開集合 $p^{-1}(U_i)$ と同一視する．補題 10.6.6.2 と補題 10.6.4.2 より，$q > 0$ ならば $H_q(V_a), H_q(V_b), H_q(V_\infty), H_q(V_a \cap V_\infty), H_q(V_b \cap V_\infty)$ はすべて 0 であり，$V_a \cap V_b = \varnothing$ である．よって $E^\diamond = (V_a \cup V_b) \cup V_\infty$ が定めるマイヤー–ヴィートリス完全系列より，$q > 1$ ならば $H_q(E^\diamond) = 0$ である．

$H_1(E^\diamond)$ を調べるために，トーラス T^2 から命題 8.7.2 のように $c' = (-1, 0, -1, 0) \in T^2 \subset \mathbf{R}^4$ を除いたものを $T^{2\diamond} = T^2 - \{c'\}$ とし，同形

10.7

$H_q(E^\diamond) \to H_q(T^{2\diamond})$ を構成する．命題 8.7.1.3 の証明のように $\mathbf{R}^2$ の開集合 V_0, V_1, V_2 と $T^{2\diamond}$ の開被覆 U_0, U_1, U_2 を定め，$V_{ijn} \subset \mathbf{R}^2$ の像を $U_{ijn} \subset T^2$ で表す．

$E^\diamond = (V_a \cup V_b) \cup V_\infty$ と $T^{2\diamond} = (U_1 \cup U_2) \cup U_0$ が定めるマイヤー–ヴィートリス完全系列を比較する．V_a, V_b, V_∞ と U_1, U_2, U_0 を対応させ，さらに $V^1_{\infty,a}, V^3_{\infty,a}, V^2_{\infty,b}, V^4_{\infty,b}$ と $U_{01(0,0)}, U_{01(1,0)}, U_{02(0,0)}, U_{02(0,1)}$ を対応させることにより，図式

$$\begin{array}{ccccccccc} 0 \to H_1(E^\diamond) & \xrightarrow{\delta} & H_0(V_a \cap V_\infty) & \to & H_0(V_a) \oplus H_0(V_b) & \to & H_0(E^\diamond) \to 0 \\ & & \oplus H_0(V_b \cap V_\infty) & & \oplus H_0(V_\infty) & & \\ & & \downarrow & & \downarrow & & \\ 0 \to H_1(T^{2\diamond}) & \xrightarrow{\delta} & H_0(U_1 \cap U_0) & \to & H_0(U_1) \oplus H_0(U_2) & \to & H_0(T^{2\diamond}) \to 0 \\ & & \oplus H_0(U_2 \cap U_0) & & \oplus H_0(U_0) & & \end{array} \tag{10.30}$$

のたての同形を定める．よこの列はマイヤー–ヴィートリス完全系列である．まん中の 4 角は可換だから，核と余核の同形 $H_1(E^\diamond) \to H_1(T^{2\diamond})$, $H_0(E^\diamond) \to H_0(T^{2\diamond})$ が定まる．よって命題 8.7.2.1 より，$H_0(E^\diamond) = \mathbf{Z}$ であり，$H_1(E^\diamond)$ は階数 2 の自由加群である．

2. $V_4 = \left(\frac{1}{2}, \frac{3}{2}\right) \times \left(-\frac{1}{2}, \frac{1}{2}\right) \subset \mathbf{R}^2$ とおく．V_0, V_1, V_4 は $W_1' = \left(-\frac{1}{2}, \frac{3}{2}\right) \times \left(-\frac{1}{2}, \frac{1}{2}\right)$ の開被覆である．1. の証明と同様に $W_1 = (V^1_\infty \cup V^2_\infty) \cup V^1_a$ と $W_1' = (V_0 \cup V_4) \cup V_1$ が定めるマイヤー–ヴィートリス完全系列を比較すれば，補題 10.6.6.2 と補題 10.6.4.2 より，同形 $H_q(W_1) \to H_q(W_1')$ が得られる．W_1' は単連結だから，W_1 も単連結である．同様に W_2 も単連結である．

$f\colon \mathbf{R}^2 \to T^2$ (8.49) を命題 8.7.1 の局所 C^∞ 同相写像とし，$[\alpha_1], [\alpha_2] \in H_1(T^{2\diamond})$ を $\alpha_1(t) = f(t, 0)$, $\alpha_2(t) = f(0, t)$ で定める．(10.30) で定義した同形 $H_1(E^\diamond) \to H_1(T^{2\diamond})$ が，$[\gamma_1], [\gamma_2] \in H_1(E^\diamond)$ を $[\alpha_1], [\alpha_2] \in H_1(T^{2\diamond})$ にうつすことを示す．

連続写像 $\alpha_{11}, \alpha_{12}, \alpha_{22}, \alpha_{23}\colon I \to T^{2\diamond}$ を $\alpha_{11}(t) = f\left(\frac{t}{2}, 0\right)$, $\alpha_{12}(t) = f\left(1 - \frac{t}{2}, 0\right)$, $\alpha_{22}(t) = f\left(0, \frac{t}{2}\right)$, $\alpha_{23}(t) = f\left(0, 1 - \frac{t}{2}\right)$ で定める．例 4.5.3 より，$[\alpha_1] = [\alpha_{11}] - [\alpha_{12}]$, $[\alpha_2] = [\alpha_{22}] - [\alpha_{23}]$ である．$i = 1, 2, j = i, i+1$ に対し，γ_{ij} による V_a, V_b, V_∞, $V^1_{\infty,a}, V^3_{\infty,a}, V^2_{\infty,b}, V^4_{\infty,b}$ の逆像と，α_{ij} による U_1, U_2, U_0, $U_{01(0,0)}, U_{01(1,0)}, U_{02(0,0)}, U_{02(0,1)}$ の逆像は一致するから，2 等分 $s_2(\gamma_i), s_2(\alpha_i)$

を使ってマイヤー–ヴィートリス完全系列の境界射による像 $\delta(\gamma_i), \delta(\alpha_i)$ を計算すると，(10.30) の左のたての同形は $\delta(\gamma_i)$ を $\delta(\alpha_i)$ にうつす．

よって，同形 $H_1(E^\diamond) \to H_1(T^{2\diamond})$ は $[\gamma_1], [\gamma_2] \in H_1(E^\diamond)$ を $[\alpha_1], [\alpha_2] \in H_1(T^{2\diamond})$ にうつす．命題 4.8.4 と命題 8.7.2.1 より，$[\alpha_1], [\alpha_2]$ は $H_1(T^{2\diamond})$ の基底だから，$[\gamma_1], [\gamma_2]$ も $H_1(E^\diamond)$ の基底である．

3.　同形 (10.29) を示す．$W^\diamond$ の開集合を $U = V_\infty^1 \cup V_\infty^2 \cup V_\infty^3 \cup V_\infty^4$, $V = V_a^1 \cup V_b^2 \cup V_a^3 \cup V_b^4$ で定める．補題 10.6.4 と 10.6.6 より $q > 0$ ならば $H_q(U), H_q(V), H_q(U \cap V), H_q(U \cap V_c), H_q(V \cap V_c), H_q(U \cap V \cap V_c)$ はすべて 0 であり，包含写像がひきおこす写像 $H_0(U \cap V_c) \to H_0(U), H_0(V \cap V_c) \to H_0(V)$, $H_0(U \cap V \cap V_c) \to H_0(U \cap V)$ は同形である．よって $W^\diamond = U \cup V$ と $V_c^\diamond = (U \cap V_c) \cup (V \cap V_c)$ が定めるマイヤー–ヴィートリスの完全系列とその関手性より，同形 (10.29) が得られる．

補題 10.6.5.2 で $H_q(V_c^\diamond)$ を求めたから，$W^\diamond$ についても同様である．

4.　$W^\diamond = U \cup V$ が定めるマイヤー–ヴィートリスの完全系列の境界射 $\delta\colon H_1(W^\diamond) \to H_0(U \cap V)$ は 3. の証明より単射である．$V_\infty^1, V_\infty^2, V_\infty^3, V_\infty^4$, $V_a^1, V_b^2, V_a^3, V_b^4$ とそれらの共通部分の開集合 $U_{\infty,x}^k$ の，ρ_{ij} と $\tilde{\gamma}_{ij}\colon I \to W^\diamond$ による逆像は図 10.2 と 10.3 を比較すれば一致するから，2. の証明と同様に ρ と $\tilde{\gamma} \in H_1(W^\diamond)$ の境界射 $\delta\colon H_1(W^\diamond) \to H_0(U \cap V)$ による像は等しい：$\delta(\rho) = \delta(\tilde{\gamma})$．よって $H_1(V_c^\diamond) \to H_1(W^\diamond)$ による $[\rho]$ の像は $[\tilde{\gamma}]$ である．□

系 10.7.2　1. γ_1, γ_2 は階数 2 の自由加群 $H_1(E)$ の基底である．$H_0(E) = \mathbf{Z}$ である．

2. $H_2(E)$ は階数 1 の自由加群であり，$E = V_c \cup E^\diamond$ が定めるマイヤー–ヴィートリスの完全系列の境界射 $\delta\colon H_2(E) \to H_1(V_c^\diamond)$ は同形である．$q > 2$ ならば $H_q(E) = 0$ である．■

証明　$E = V_c \cup E^\diamond$ が定めるマイヤー–ヴィートリス完全系列

$$\cdots \to H_{q+1}(E) \xrightarrow{\delta} H_q(V_c^\diamond) \to H_q(V_c) \oplus H_q(E^\diamond) \to H_q(E) \to \cdots \quad (10.31)$$

を考える．

1. $u_*\tilde{\gamma}_1 = u_*\tilde{\gamma}_3 = \gamma_1$, $u_*\tilde{\gamma}_2 = u_*\tilde{\gamma}_4 = \gamma_2$ だから，$H_1(E^\diamond)$ の元として

$$u_*\tilde{\gamma} = 0 \quad (10.32)$$

である．よって命題 10.7.1.4 より $H_1(W^\diamond) \to H_1(E^\diamond)$ は零写像であり，命題

10.7.1.3 より $H_1(V_c^\diamond) \to H_1(E^\diamond)$ も零写像である．V_c は可縮だから，$q \geqq 1$ ならば $H_q(V_c) = 0$ である．よって (10.31) より，完全系列

$$0 \to H_1(E^\diamond) \to H_1(E) \to H_0(V_c^\diamond) \to H_0(E^\diamond) \oplus \mathbf{Z} \to H_0(E) \to 0$$

が得られる．さらに補題 10.6.5.2 と命題 10.7.1.1 より $H_0(V_c^\diamond) = H_0(E^\diamond) = \mathbf{Z}$ だから，$H_0(E) = \mathbf{Z}$ であり，$H_1(E^\diamond) \to H_1(E)$ は同形である．命題 10.7.1.2 より $[\gamma_1], [\gamma_2]$ は $H_1(E^\diamond)$ の基底だから，$H_1(E)$ の基底である．

2. 命題 10.7.1.1 より $q \geqq 2$ ならば $H_q(V_c) = H_q(E^\diamond) = 0$ だから，1. の証明より (10.31) の境界射 $\delta\colon H_q(E) \to H_{q-1}(V_c^\diamond)$ は同形である．補題 10.6.5.2 より $H_1(V_c^\diamond)$ は階数 1 の自由加群だから，$H_2(E)$ も階数 1 の自由加群である．$q > 2$ ならば，$H_{q-1}(V_c^\diamond) = 0$ だから $H_q(E) = 0$ である． □

系 10.7.3 $u\colon W \to E$ を命題 10.6.7 の正則写像とする．

1. W は単連結である．

2. $\tilde{\gamma} \in B_1(W)$ である．$\tilde{\sigma} \in C_2(W)$ を $\partial\tilde{\sigma} = \tilde{\gamma}$ をみたす元とすると，$\sigma = u_*\tilde{\sigma} \in Z_2(E)$ である．$[\sigma]$ は階数 1 の自由加群 $H_2(E)$ の基底であり，E の基本類である． ■

証明 1. $W = V_c \cup W^\diamond$ と $W = W \cup W^\diamond$ が定めるマイヤー–ヴィートリス完全系列の関手性（命題 4.7.6）と命題 10.7.1.3 と，系 4.7.7 より包含写像 $V_c \to W$ がひきおこす射 $H_q(V_c) \to H_q(W)$ は任意の自然数 $q \geqq 0$ に対し同形である．V_c は可縮だから単連結であり，W も単連結である．

2. $H_1(W) = 0$ だから，$\tilde{\gamma} \in Z_1(W) = B_1(W)$ である．(10.32) より $\partial\sigma = u_*\tilde{\gamma} = 0$ である．

命題 4.7.9 を連続写像 $u\colon W \to E$ と $E = V_c \cup E^\diamond, W = V_c \cup W^\diamond$ に適用する．命題 10.7.1.4 より，$[\tilde{\gamma}] \in H_1(W^\diamond)$ は $[\rho] \in H_1(V_c^\diamond)$ の同形 $H_1(V_c^\diamond) \to H_1(W^\diamond)$ による像である．よって命題 4.7.9 より，$E = V_c \cup E^\diamond$ が定めるマイヤー–ヴィートリス完全系列の境界射 $\delta\colon H_2(E) \to H_1(V_c^\diamond)$ による $[\sigma] \in H_2(E)$ の像は，$H_1(V_c^\diamond)$ の基底 $[\rho]$ である．

系 10.7.2.2 より $\delta\colon H_2(E) \to H_1(V_c^\diamond)$ は同形だから，$[\sigma]$ は階数 1 の自由加群 $H_2(E)$ の基底である．$(p^{-1}(U_c), V_c, p_c)$ は正の向きの局所座標で，補題 10.6.5.2 より $n(\delta(\sigma), 0) = n(\rho, 0) = 1$ だから，$[\sigma]$ は E の基本類である． □

10.8　楕円積分

$y^2 = 4x^3 - g_2x - g_3$ で定まる $\mathbf{C}$ 上の楕円曲線 E は，命題 10.6.2.1 よりコンパクトであり，系 10.7.2.1 より連結なリーマン面である．

命題 10.8.1　E を $\mathbf{C}$ 上の楕円曲線 $y^2 = 4x^3 - g_2x - g_3$ とする．

1. E 上の正則な 1 形式 ω で，$E - \{\tilde{a}, \tilde{b}, \tilde{c}, \tilde{\infty}\}$ では

$$\omega = \frac{dx}{y} \tag{10.33}$$

となるものが存在する．ω は零点をもたない．

2. コンパクト・リーマン面 E の種数は 1 である．E 上の正則な 1 形式 ω (10.33) は $\mathbf{C}$ 線形空間 $\Gamma(E, \Omega_E^1)$ の基底である．■

証明　1. $\dfrac{dx}{y}$ は $E - \{\tilde{a}, \tilde{b}, \tilde{c}, \tilde{\infty}\}$ 上の正則 1 形式であり，命題 9.5.1.2 より零点をもたない．$\tilde{a}, \tilde{b}, \tilde{c}$ の近傍で y は局所座標であり，$\tilde{a}, \tilde{b}, \tilde{c}$ を除き $\dfrac{dx}{y} = \dfrac{2dy}{(4x^3 - g_2x - g_3)'}$ である．$4x^3 - g_2x - g_3$ は重根をもたないから，$x = a, b, c$ は分母 $(4x^3 - g_2x - g_3)'$ の零点ではない．よって，$\dfrac{2dy}{(4x^3 - g_2x - g_3)'}$ は $\tilde{a}, \tilde{b}, \tilde{c}$ の近傍で正則 1 形式であり，零点をもたない．

$w = \dfrac{1}{x}$, $u = w^2y$ とおくと，$u^2 = 4w - g_2w^3 - g_3w^4$ である．$w = 0$ は $4w - g_2w^3 - g_3w^4$ の 1 位の零点だから，$\tilde{\infty}$ の近傍で u は局所座標であり，$\tilde{\infty}$ を除き $\dfrac{dx}{y} = -\dfrac{dw}{w^2y} = -\dfrac{2du}{(4w - g_2w^3 - g_3w^4)'}$ である．$w = 0$ は分母 $(4w - g_2w^3 - g_3w^4)'$ の零点ではないから，$-\dfrac{2du}{(4w - g_2w^3 - g_3w^4)'}$ は $\tilde{\infty}$ の近傍で正則 1 形式であり，零点をもたない．

2. 定理 9.3.8.3 より E 上の正則関数は定数関数だけだから，1. より，命題 9.6.5.2 と同様に証明される．□

種数が 1 の連結コンパクト・リーマン面はすべて楕円曲線であることがリーマン–ロッホの定理からしたがうが，この本では証明しない．

定義 10.8.2　E を $\mathbf{C}$ 上の楕円曲線 $y^2 = 4x^3 - g_2x - g_3$ とする．$\omega = \dfrac{dx}{y}$ (10.33) を $\Gamma(E, \Omega_E^1)$ の基底とする．

$\gamma \in C_1(E)_{C^2}$ に対し，$\int_\gamma \omega \in \mathbf{C}$ を**楕円積分** (elliptic integral) という．$\gamma \in H_1(E)$ のとき，$\int_\gamma \omega$ を**周期積分** (period integral) という．系 10.7.2.1 で定めた $H_1(E)$ の基底 γ_1, γ_2 に対し，

$$\omega_1 = \int_{\gamma_1} \omega, \quad \omega_2 = \int_{\gamma_2} \omega \tag{10.34}$$

を**基本周期** (fundamental period) とよぶ．■

楕円積分を使って楕円曲線から複素トーラスへの同形を構成する．この構成は，9.7 節での対数関数の定義と同じ方法によるものである．はじめに周期積分が $\mathbf{C}$ の格子をなすことを，微分形式の基本類での積分の正値性（系 8.6.9）から導く．

E を $\mathbf{C}$ 上の楕円曲線 $y^2 = 4x^3 - g_2x - g_3$ とする．系 10.7.3.1 より W は単連結だから，正則微分形式に対するポワンカレの補題（命題 9.6.7）を正則 1 形式 ω (10.33) の正則写像 $u\colon W \to E$ による W へのひきもどし $\tilde{\omega} = u^*\omega$ に適用すれば，W 上の正則関数 k で，$dk = \tilde{\omega}$ をみたすものが存在する．

命題 10.8.3　E を $\mathbf{C}$ 上の楕円曲線 $y^2 = 4x^3 - g_2x - g_3$ とする．

1. 正則 1 形式 ω (10.33) の正則写像 $u\colon W \to E$ (10.27) による W へのひきもどしを $\tilde{\omega} = u^*\omega$ とし，W 上の正則関数 k を $dk = \tilde{\omega}$ と $k(\tilde{\infty}_1) = 0$ で定める．$i = 1, 2, 3, 4$ に対し，k の W_i への制限を k_i とし，$l_1\colon W_1 \to W_3$, $l_2\colon W_2 \to W_4$ を標準同形とする．このとき，W_1, W_2 上の正則関数の等式

$$l_1^*k_3 = k_1 + \omega_2, \quad k_2 = l_2^*k_4 + \omega_1 \tag{10.35}$$

がなりたつ．

2. ω_1, ω_2 を基本周期 (10.34) とすると，

$$\int_{[E]} \omega \wedge \bar{\omega} = \omega_1\bar{\omega}_2 - \omega_2\bar{\omega}_1 \tag{10.36}$$

である．■

証明　1. 命題 10.7.1.2 より $H_0(W_1) = \mathbf{Z}$ である．W_1 上の 1 形式 dk_1, $l_1^*dk_3$ はどちらも $\tilde{\omega}$ の制限だから，系 5.5.4 より W_1 上の正則関数 $l_1^*k_3 - k_1$ は定数関数である．その $\tilde{\infty}_1$ での値 $k(\tilde{\infty}_4) - k(\tilde{\infty}_1)$ は，$[\tilde{\infty}_4] - [\tilde{\infty}_1] = \partial\tilde{\gamma}_4$ だから

定理 8.6.2.1 と (8.43) より $\int_{\tilde{\gamma}_4} \tilde{\omega} = \int_{\gamma_2} \omega = \omega_2$ である．よって $l_1^* k_3 = k_1 + \omega_2$ である．$k_2 = l_2^* k_4 + \omega_1$ の証明も同様である．

2. $d\bar{\tilde{\omega}} = dd\bar{k} = 0$ だから，$u^*(\omega \wedge \bar{\omega}) = \tilde{\omega} \wedge \bar{\tilde{\omega}} = dk \wedge \bar{\tilde{\omega}} = d(k \cdot \bar{\tilde{\omega}})$ である．$\tilde{\sigma} \in C_2(W)$ を系 10.7.3.2 のとおり $\partial\tilde{\sigma} = \tilde{\gamma} = \tilde{\gamma}_1 + \tilde{\gamma}_2 - \tilde{\gamma}_3 - \tilde{\gamma}_4$ をみたす元とする．$[E] = [u_*\tilde{\sigma}] \in H_2(E)$ だから，

$$\int_{[E]} \omega \wedge \bar{\omega} = \int_{\tilde{\sigma}} u^*(\omega \wedge \bar{\omega}) = \int_{\tilde{\sigma}} d(k \cdot \bar{\tilde{\omega}})$$

である．右辺はストークスの定理（定理 8.6.2.2）より

$$\int_{\tilde{\gamma}} k \cdot \bar{\tilde{\omega}} = \left(\int_{\tilde{\gamma}_1} k \cdot \bar{\tilde{\omega}} - \int_{\tilde{\gamma}_3} k \cdot \bar{\tilde{\omega}} \right) + \left(\int_{\tilde{\gamma}_2} k \cdot \bar{\tilde{\omega}} - \int_{\tilde{\gamma}_4} k \cdot \bar{\tilde{\omega}} \right)$$

である．$\tilde{\gamma}_3 = l_{1*}\tilde{\gamma}_1$, $\tilde{\gamma}_4 = l_{2*}\tilde{\gamma}_2$ だから, (10.35) より右辺は $\int_{\tilde{\gamma}_1} -\omega_2 \cdot \bar{\tilde{\omega}} + \int_{\tilde{\gamma}_2} \omega_1 \cdot \bar{\tilde{\omega}}$ である．$\gamma_1 = u_*\tilde{\gamma}_1$, $\gamma_2 = u_*\tilde{\gamma}_2$ だから，これはさらに $-\omega_2 \int_{\gamma_1} \bar{\omega} + \omega_1 \int_{\gamma_2} \bar{\omega} = -\omega_2\bar{\omega}_1 + \omega_1\bar{\omega}_2$ である． □

系 10.8.4 $\sqrt{-1}\,(\omega_1\bar{\omega}_2 - \omega_2\bar{\omega}_1) > 0$ であり，

$$L = \left\{ \int_\gamma \omega \;\middle|\; \gamma \in H_1(E) \right\} = \{ n\omega_1 + m\omega_2 \mid n, m \in \mathbf{Z} \} \tag{10.37}$$

は $\mathbf{C}$ の格子である． ■

証明 ω は零点をもたない正則な 1 形式だから, 命題 9.6.2.2 より $\sqrt{-1}\,\omega \wedge \bar{\omega} \geqq 0$ であり $\omega \wedge \bar{\omega} \neq 0$ である．よって系 8.6.9 より $\sqrt{-1}\int_{[E]} \omega \wedge \bar{\omega} > 0$ であり，(10.36) より $\sqrt{-1}\,(\omega_1\bar{\omega}_2 - \omega_2\bar{\omega}_1) > 0$ である．

$\omega_1\bar{\omega}_2 - \omega_2\bar{\omega}_1 \neq 0$ だから, L の元 $\omega_1, \omega_2 \in \mathbf{C}$ は $\mathbf{R}$ 上線形独立である． □

格子 $L \subset \mathbf{C}$ (10.37) を楕円曲線 E の**周期格子** (period lattice) とよぶ．E の周期格子 $L \subset \mathbf{C}$ が定める複素トーラスを $\mathbf{C}/L$ とする．E 上の正則な 1 形式 ω (10.33) は，(9.21) と同様に，線形写像 $\langle \omega, - \rangle \colon C_1(E)_{C^2} \to \mathbf{C}$ を定め，線形写像 $\langle \omega, - \rangle \colon C_1(E)_{C^2}/B_1(E)_{C^2} \to \mathbf{C}$ をひきおこす．完全系列の可換図式

$$\begin{array}{ccccccccc}
0 & \longrightarrow & H_1(E) & \longrightarrow & C_1(E)_{C^2}/B_1(E)_{C^2} & \longrightarrow & B_0(E) & \longrightarrow & 0 \\
 & & \downarrow & & \downarrow & & & & \\
0 & \longrightarrow & L & \longrightarrow & \mathbf{C} & \longrightarrow & \mathbf{C}/L & \longrightarrow & 0
\end{array}$$

と商加群の普遍性より，線形写像 $B_0(E) \to \mathbf{C}/L$ が定まる．

対数関数の定義と同様に，E の点 P を $[P]-[\infty] \in B_0(E)$ にうつす写像 $[-]-[\infty]\colon E \to B_0(E)$ との合成写像

$$E \xrightarrow{[-]-[\infty]} B_0(E) \xrightarrow{\langle\omega,-\rangle} \mathbf{C}/L \tag{10.38}$$

として，楕円積分が定める写像 $h\colon E \to \mathbf{C}/L$ を定義する．h は，$P \in E$ に対し $\partial\gamma = [P]-[\infty]$ をみたす $\gamma \in C_1(E)_{C^2}$ をとり，$h(P) \in \mathbf{C}/L$ を楕円積分 $\displaystyle\int_\gamma \omega \in \mathbf{C}$ の像とおいたものである．

定理 10.8.5　E を $\mathbf{C}$ 上の楕円曲線 $y^2 = 4x^3 - g_2x - g_3$ とし，$L \subset \mathbf{C}$ を E の周期格子とする．

楕円積分が定める写像 $h\colon E \to \mathbf{C}/L$ (10.38) は，コンパクトなリーマン面の双正則写像である．$h^*dz = \dfrac{dx}{y}$ である． ■

$h\colon E \to \mathbf{C}/L$ (10.38) が可換群の同形であることを 10.10 節で示す．

証明　$h\colon E \to \mathbf{C}/L$ (10.38) が正則写像であることを示す．$\omega = \dfrac{dx}{y}$ (10.33) の $u\colon W \to E$ (10.27) によるひきもどし $\tilde\omega = u^*\omega$ を，命題 10.8.3 のように定める．$\gamma \in C_1(W)_{C^2}$ を $\displaystyle\int_\gamma \tilde\omega \in \mathbf{C}$ にうつす線形写像は，$H_1(W) = 0$ だから写像 $B_0(W) \to \mathbf{C}$ をひきおこす．(9.23), (9.26) と同様に図式

$$\begin{array}{ccccc}
W & \xrightarrow{[-]-[\tilde\infty_1]} & B_0(W) & \xrightarrow{\langle\tilde\omega,-\rangle} & \mathbf{C} \\
{\scriptstyle u}\downarrow & & \downarrow & & \downarrow \\
E & \xrightarrow{[-]-[\infty]} & B_0(E) & \xrightarrow{\langle\omega,-\rangle} & \mathbf{C}/L
\end{array}$$

を定める．図式は可換で，よこの射の合成写像はそれぞれ命題 10.8.3.1 の正則関数 $k\colon W \to \mathbf{C}$ と，$h\colon E \to \mathbf{C}/L$ (10.38) である．右と左のたての射は局所双正則写像で左の射 u は全射だから，命題 9.1.7.4 より h は正則である．$k^*dz = dk = \tilde\omega = u^*\omega$ だから，$h^*dz = \omega$ である．

正則写像 $h\colon E \to \mathbf{C}/L$ (10.38) が双正則写像であることを示す．命題 10.8.3.2 と系 10.8.4 より $\displaystyle\int_{[E]} \omega \wedge \bar\omega = \omega_1\bar\omega_2 - \omega_2\bar\omega_1 \neq 0$ であり，例 9.6.3 より $\displaystyle\int_{[\mathbf{C}/L]} dz \wedge d\bar z = \omega_1\bar\omega_2 - \omega_2\bar\omega_1$ である．$\omega = h^*dz$ だから，$\omega \wedge \bar\omega = h^*(dz \wedge d\bar z)$ である．系 10.7.3.2 と命題 9.4.3.2 より，E の基本類と $\mathbf{C}/L$ の基本類がそれ

ぞれ存在する．よって系 8.6.5 より $\deg h = 1$ であり，系 9.3.2 より h は双正則である． □

10.9 楕円関数

定理 10.8.5 では，$(g_2, g_3) \in M(\mathbf{C})$ に対し，$y^2 = 4x^3 - g_2x - g_3$ が定める楕円曲線 E が，E の周期格子 L が定める複素トーラスと同形であることを示した．逆に $L \subset \mathbf{C}$ を格子として，楕円曲線 E を定義し，複素トーラス $\mathbf{C}/L$ からの双正則写像 $\mathbf{C}/L \to E$ を構成する．商写像 $\mathbf{C} \to \mathbf{C}/L$ との合成写像 $\mathbf{C} \to E$ を与えることになる関数として，ワイエルシュトラスの $\overset{ペー}{\wp}$ **関数** ($\wp$-function) $\wp_L(z)$ を定義する．

命題 10.9.1　$L \subset \mathbf{C}$ を格子とする．

1.
$$\wp_L(z) = \frac{1}{z^2} + \sum_{\omega \in L, \omega \neq 0} \left(\frac{1}{(z-\omega)^2} - \frac{1}{\omega^2} \right) \tag{10.39}$$

は $\mathbf{C} - L$ で収束し，複素トーラス $\mathbf{C}/L$ 上の有理形関数を定める．

2. 偶数 $2k \geqq 4$ に対し，**アイゼンシュタイン級数** (Eisenstein series)

$$G_{2k}(L) = \sum_{\omega \in L, \omega \neq 0} \frac{1}{\omega^{2k}} \tag{10.40}$$

は収束する．$\wp_L(z)$ の $z = 0$ のまわりでの巾級数展開は

$$\wp_L(z) = \frac{1}{z^2} + \sum_{k=1}^{\infty} (2k+1) G_{2k+2}(L) z^{2k} \tag{10.41}$$

である．

3. $g_2(L) = 60G_4(L)$, $g_3(L) = 140G_6(L)$ とおく．$\mathbf{C}/L$ 上の有理形関数 $\wp_L(z), \wp_L'(z)$ は，**ワイエルシュトラスの方程式**

$$\wp_L'(z)^2 = 4\wp_L(z)^3 - g_2(L)\wp_L(z) - g_3(L) \tag{10.42}$$

をみたす． ■

9.7 節では，対数関数 $\log \colon \mathbf{C}^\times \to \mathbf{C}/2\pi\sqrt{-1}\mathbf{Z}$ についての図式 (9.23) を可換にする関数として指数関数 $\exp \colon \mathbf{C} \to \mathbf{C}^\times$ を考えた．10.11 節の (10.54) でみるように $\wp$ 関数は指数関数の類似だが，定義の式 (10.39) は三角関数 $\cot = \dfrac{\cos}{\sin}$

の公式 $\cot z = \dfrac{1}{z} + \sum_{n\neq 0}\Bigl(\dfrac{1}{z-n\pi} + \dfrac{1}{n\pi}\Bigr)$ の類似である．

記号 $\wp_L$ や $G_{2k}(L)$ の L は省略することがある．

証明　1. (10.39) の収束を調べる．ω_1, ω_2 を L の基底とし，原点を中心とする平行 4 辺形 $\{s\omega_1 + t\omega_2 \mid |s|, |t| \leqq 1\}$ の辺上での絶対値 $|s\omega_1 + t\omega_2|$ の最大値を M, 最小値を $K > 0$ とおく．

$r > 0$ を実数とし，$z \in U_r(0)$ とする．$\omega = n\omega_1 + m\omega_2 \in L$, $\max(|n|, |m|) = N \geqq \dfrac{2r}{K}$ とすると，$NK - r \geqq \dfrac{1}{2}NK$, $r \leqq \dfrac{1}{2}NM$ だから

$$\left|\frac{1}{(z-\omega)^2} - \frac{1}{\omega^2}\right| = \frac{|2\omega - z||z|}{|z-\omega|^2|\omega|^2} < \frac{(2NM + r)r}{(NK-r)^2N^2K^2} \leqq \frac{10Mr}{K^4}\frac{1}{N^3}$$

である．$\max(|n|, |m|) = N$ をみたす整数 n, m の対は $8N$ 個だから，$U_r(0)$ 上で

$$\sum_{\max(|n|,|m|)=N}\left|\frac{1}{(z-\omega)^2} - \frac{1}{\omega^2}\right| < \sum_{\max(|n|,|m|)=N}\frac{10Mr}{K^4}\frac{1}{N^3} \leqq \frac{80Mr}{K^4}\frac{1}{N^2}$$

である．よって，$\displaystyle\sum_{N\geqq\frac{2r}{K}}\ \sum_{\max(|n|,|m|)=N}\Bigl(\frac{1}{(z-\omega)^2} - \frac{1}{\omega^2}\Bigr)$ は一様絶対収束し，命題 6.1.7 より $U_r(0)$ 上の正則関数を定める．したがって，$\wp$ は $U_r(0)$ 上の有理形関数であり，その極は $U_r(0) \cap L$ である．$r > 0$ は任意だから，$\wp$ は $\mathbf{C}$ 上の有理形関数であり，その極は L である．

(10.39) より $\wp$ は偶関数である．さらに命題 6.1.7 より，(10.39) を項別微分して

$$\wp'(z) = -2\sum_{\omega\in L}\frac{1}{(z-\omega)^3} \tag{10.43}$$

が得られる．$\wp'$ も $\mathbf{C}$ 上の有理形関数であり，(10.43) より $\omega \in L$ に対し $\wp'(z+\omega) = \wp'(z)$ をみたす．よって $\wp'$ は $\mathbf{C}/L$ 上の有理形関数を定める．$\wp'$ は奇関数である．

$\wp$ が $\mathbf{C}/L$ 上の有理形関数を定めることを示す．$\omega \in L$ として $\wp(z+\omega) = \wp(z)$ を示せばよい．ω_1, ω_2 を L の基底として，$\omega = \omega_1, \omega_2$ に対して示せばよいから，$\dfrac{\omega}{2} \notin L$ として示せばよい．$\wp'(z+\omega) = \wp'(z)$ より，$\wp(z+\omega) - \wp(z)$ は定数関数である．$\wp$ は偶関数だから，$z = -\dfrac{\omega}{2} \notin L$ での値 $\wp\Bigl(\dfrac{\omega}{2}\Bigr) - \wp\Bigl(-\dfrac{\omega}{2}\Bigr)$ は 0 である．よって $\wp(z+\omega) = \wp(z)$ であり，$\wp$ も $\mathbf{C}/L$ 上の有理形関数で

ある．

2. (10.39) を項別微分（命題 6.1.7）して，$n \geqq 1$ に対し，

$$(\wp(z) - \frac{1}{z^2})^{(n)} = \sum_{\omega \in L, \omega \neq 0} (-1)^n \frac{(n+1)!}{(z-\omega)^{n+2}} \tag{10.44}$$

が得られる．よって，$z = 0, n = 2k - 2 \geqq 2$ とおけば，アイゼンシュタイン級数 $G_{2k}(L)$ は収束する．

(10.44) は n が偶数なら偶関数，奇数なら奇関数である．$\wp(z) - \dfrac{1}{z^2}$ の $z = 0$ での値は 0 である．$n \geqq 1$ とすると，$(\wp(z) - \dfrac{1}{z^2})^{(n)}$ の $z = 0$ での値は (10.44) より，$n = 2k$ なら $(2k+1)!G_{2k+2}$ であり，n が奇数なら 0 である．よって命題 6.1.6.1 より，(10.41) が得られる．

3. (10.41) とその項別微分（命題 6.1.7）より，

$$\wp(z) = \frac{1}{z^2} + 3G_4 z^2 + 5G_6 z^4 + \cdots, \ \wp'(z) = -\frac{2}{z^3} + 6G_4 z + 20G_6 z^3 + \cdots$$

である．よって

$$\begin{aligned} \wp'(z)^2 - 4\wp(z)^3 &= \Big(\frac{4}{z^6} - \frac{24G_4}{z^2} - 80G_6 + \cdots\Big) - 4\Big(\frac{1}{z^6} + \frac{9G_4}{z^2} + 15G_6 + \cdots\Big) \\ &= -60G_4\frac{1}{z^2} - 140G_6 - \cdots \end{aligned}$$

である．$\mathbf{C}/L$ 上の有理形関数 $\wp$ と $\wp'$ の極は $z = 0$ だけだから，(10.42) の両辺の差 $\wp'(z)^2 - (4\wp(z)^3 - g_2\wp(z) - g_3)$ は $\mathbf{C}/L$ 上の正則関数で，$z = 0$ での値は 0 である．よって定理 9.3.8.3 よりこれは定数関数 0 であり，(10.42) がなりたつ． □

系 10.9.2 $L \subset \mathbf{C}$ を格子とし，ω_1, ω_2 を L の基底とする．

1. 有理形関数 $\wp \colon \mathbf{C}/L \to \mathbf{P}^1_{\mathbf{C}}$ の次数は 2 である．

2. $\alpha_1 = \dfrac{\omega_1}{2}, \alpha_2 = \dfrac{\omega_2}{2}, \alpha_3 = \alpha_1 + \alpha_2$ とおく．$x = \wp(\alpha_1), \wp(\alpha_2), \wp(\alpha_3)$ は，3 次方程式 $4x^3 - g_2(L)x - g_3(L) = 0$ の相異なる 3 根である．

$4x^3 - g_2(L)x - g_3(L) = 4(x - \wp(\alpha_1))(x - \wp(\alpha_2))(x - \wp(\alpha_3))$ である．

3. $(g_2(L), g_3(L)) \in M(\mathbf{C})$ である． ■

証明 1. 命題 8.5.9 と命題 9.4.3.2 より，$\mathbf{P}^1_{\mathbf{C}}$ の基本類と $\mathbf{C}/L$ の基本類がそれぞれ存在する．$\wp$ の極は 0 だけであり極の位数は 2 だから，定理 9.3.8.1 よ

り $\wp\colon \mathbf{C}/L \to \mathbf{P}^1_{\mathbf{C}}$ の次数は 2 である．

2. $\wp'$ は奇関数だから $\wp'(\alpha_i) = -\wp'(\alpha_i) = 0$ $(i = 1, 2, 3)$ である．よって (10.42) より $x = \wp(\alpha_1), \wp(\alpha_2), \wp(\alpha_3)$ は，$4x^3 - g_2(L)x - g_3(L) = 0$ の根である．

$\wp'(\alpha_i) = 0$ だから 1. と定理 9.3.8.1 より，$\wp\colon \mathbf{C}/L \to \mathbf{P}^1_{\mathbf{C}}$ の α_i での分岐指数は 2 であり，$\wp(z) = \wp(\alpha_i)$ をみたす $z \in \mathbf{C}/L$ は $z = \alpha_i$ だけである．

3. 2. より 3 次式 $4x^3 - g_2(L)x - g_3(L) = 0$ は重根をもたないから，例題 10.4.2 より $g_2(L)^3 - 27g_3(L)^2 \neq 0$ である．□

例 10.9.3　$\zeta_4 = \sqrt{-1}$, $L = \mathbf{Z} + \mathbf{Z}\cdot\zeta_4$ とすれば，$G_6(L) = G_6(\zeta_4 \cdot L) = \displaystyle\sum_{\omega\in L,\neq 0} \frac{1}{(\zeta_4\omega)^6} = -\sum_{\omega\in L,\neq 0} \frac{1}{\omega^6} = -G_6(L)$ であり，$G_6(L) = 0$ である．

$\zeta_3 = \dfrac{-1+\sqrt{-3}}{2}$, $L = \mathbf{Z} + \mathbf{Z}\cdot\zeta_3$ とすれば，同様に $G_4(L) = G_4(\zeta_3 \cdot L) = \displaystyle\sum_{\omega\in L,\neq 0} \frac{1}{(\zeta_3\omega)^4} = \frac{1}{\zeta_3}\sum_{\omega\in L,\neq 0} \frac{1}{\omega^4} = \frac{1}{\zeta_3}G_4(L)$ であり，$G_4(L) = 0$ である．■

定理 10.9.4　$L \subset \mathbf{C}$ を格子とする．方程式 $y^2 = 4x^3 - g_2(L)x - g_3(L)$ が定める楕円曲線を E とおく．

ワイエルシュトラスの方程式 $\wp'(z)^2 = 4\wp(z)^3 - g_2(L)\wp(z) - g_3(L)$ と $p\colon E \to \mathbf{P}^1_{\mathbf{C}}$ の普遍性により定まるコンパクト・リーマン面の射

$$\wp\colon \mathbf{C}/L \to E \tag{10.45}$$

は双正則である．$\wp^*\dfrac{dx}{y} = dz$ である．■

証明　$\wp$ 関数が定める正則写像 $\mathbf{C}/L \to \mathbf{P}^1_{\mathbf{C}}$ は有限射だから，命題 9.5.1 の条件 (b) をみたす．よって平方根が定めるリーマン面 $p\colon E \to \mathbf{P}^1_{\mathbf{C}}$ の普遍性とワイエルシュトラスの方程式 (10.42) より，正則写像 (10.45) が定まる．

系 10.7.3.2 と命題 8.5.9，命題 9.4.3.2 より，E の基本類と $\mathbf{P}^1_{\mathbf{C}}$ の基本類と $\mathbf{C}/L$ の基本類がそれぞれ存在する．正則写像 $p\colon E \to \mathbf{P}^1_{\mathbf{C}}$ は，系 9.5.2.2 より有限射であり，その次数は 2 である．合成写像 $\mathbf{C}/L \to E \to \mathbf{P}^1_{\mathbf{C}}$ は有理形関数 $\wp$ が定める正則写像だから，系 10.9.2.1 よりこれも次数 2 である．よって $\mathbf{C}/L \to E$ の次数は 1 であり，系 9.3.2 より双正則である．

$\wp^*\dfrac{dx}{y} = \dfrac{d\wp}{\wp'} = \dfrac{\wp' dz}{\wp'} = dz$ である．□

10.10　有理形関数

リーマン面としての楕円曲線上の有理関数体は，本章前半で代数的に調べた整域 A の分数体と一致することを示す．

E を $\mathbf{C}$ 上の楕円曲線 $y^2 = 4x^3 - g_2x - g_3$ とし，E の有理関数体を K_E で表す．多項式環の普遍性より，$x, y \in \Gamma(E^\circ, \mathcal{O}_E)$ は $\mathbf{C}$ 上の環の射 $\mathbf{C}[x, y] \to \Gamma(E^\circ, \mathcal{O}_E)$ を定める．E° 上の正則関数の等式 $y^2 = 4x^3 - g_2x - g_3$ がなりたつから，商環の普遍性より，環の射 $\mathbf{C}[x, y] \to \Gamma(E^\circ, \mathcal{O}_E)$ は環の射 $A = \mathbf{C}[x, y]/(y^2 - (4x^3 - g_2x - g_3)) \to \Gamma(E^\circ, \mathcal{O}_E)$ をひきおこす．

x と y は E 上の有理形関数だから，その $\mathbf{C}$ 係数の多項式として表される関数も，命題 9.3.4.1 より E 上の有理形関数である．よって $A \to \Gamma(E^\circ, \mathcal{O}_E)$ の像は共通部分 $\Gamma(E^\circ, \mathcal{O}_E) \cap K_E$ の部分環であり，環の射

$$A \to \Gamma(E^\circ, \mathcal{O}_E) \cap K_E \tag{10.46}$$

を定める．命題 10.4.4.1 より，A はデデキント環である．

命題 10.10.1　E を $\mathbf{C}$ 上の楕円曲線 $y^2 = 4x^3 - g_2x - g_3$ とし，E の有理関数体を K_E で表す．デデキント環 $A = \mathbf{C}[x, y]/(y^2 - (4x^3 - g_2x - g_3))$ の分数体を K_A とする．点 $P \in E^\circ$ に対し，$a \in A$ を $a(P) \in \mathbf{C}$ にうつす $\mathbf{C}$ 上の環の射 $\mathrm{ev}_P\colon A \to \mathbf{C}$ の核を，$\mathfrak{m}_P$ で表す．

1. 点 $P \in E^\circ$ に対し，$\mathrm{ev}_P\colon A \to \mathbf{C}$ は $\mathbf{C}$ 上の環の全射であり，その核 $\mathfrak{m}_P$ はデデキント環 A の極大イデアルである．

2. 点 $P \in E^\circ$ を極大イデアル $\mathfrak{m}_P \in P(A)$ にうつす写像

$$E^\circ \to P(A) \tag{10.47}$$

は可逆である．

3. $\mathbf{C}$ 上の環の射 $A \to \Gamma(E^\circ, \mathcal{O}_E) \cap K_E$ (10.46) は単射であり，体の射

$$K_A \to K_E \tag{10.48}$$

を定める．

4. $P \in E^\circ$ とする．$\mathfrak{m}_P$ の係数が定める射 $\mathrm{Div}(A) \to \mathbf{Z}$ と $\mathrm{div}_A\colon K_A^\times \to$

$\mathrm{Div}(A)$ の合成射 $v_P\colon K_A^\times \to \mathbf{Z}$ は，(10.48) が定める射 $K_A^\times \to K_E^\times$ と $\mathrm{ord}_P\colon K_E^\times \to \mathbf{Z}$ の合成射に等しい． ■

環の射 $A \to \Gamma(E^\circ, \mathcal{O}_E) \cap K_E$ (10.46) と体の射 $K_A \to K_E$ (10.48) が同形であることを，命題 10.10.2 で示す．

証明　1. $\mathrm{ev}_P\colon A \to \mathbf{C}$ は $\mathbf{C}$ 上の環の射であり，$A \supset \mathbf{C}$ だから全射である．$A/\mathfrak{m}_P$ は体だから，$\mathfrak{m}_P$ は極大イデアルである．

2. 代数学の基本定理（定理 6.4.1）より $\mathbf{C}$ は代数閉体だから，命題 10.4.4.2 と命題 10.6.2.2 より (10.47) は可逆である．

3. $A \to K_E$ が単射であることを示す．K_E は体だから，系 2.5.7.2 より核 $\mathfrak{p} = \mathrm{Ker}(A \to K_E)$ は素イデアルである．$\mathfrak{p}$ が 0 でなかったと仮定して矛盾を導く．A はデデキント環だから，$\mathfrak{p}$ が 0 でなければ，命題 10.3.2.3 より $\mathfrak{p}$ は極大イデアルであり，2. より $\mathfrak{p} = \mathfrak{m}_P$ となる点 $P \in E^\circ$ がある．

商環の普遍性より，$A \to K_E$ は合成射 $A \to A/\mathfrak{m}_P = \mathbf{C} \to K_E$ であり，有理形関数 $x, y \in K_E$ は定数関数になる．これは $x\colon E \to \mathbf{P}^1_{\mathbf{C}}$ が有限射であることに矛盾する．よって $\mathfrak{p} = 0$ であり $A \to K_E$ は単射である．分数体の普遍性より，整域の単射 $A \to K_E$ は体の射 $K_A \to K_E$ をひきおこす．

4. $f \in K_A^\times$ とし，$v_P(f) = \mathrm{ord}_P f$ を示せばよい．$f \in A$, $v_P(f) = 0$ ならば，$f \in A - \mathfrak{m}_P$ だから $f(P) \neq 0$ であり，$\mathrm{ord}_P f = 0$ である．

一般の場合を上の場合に帰着させるために，$v_P(g_P) = \mathrm{ord}_P g_P = 1$ をみたす元 $g_P \in A$ を構成する．$P = (a, b)$ とする．$b \neq 0$ ならば，命題 10.3.7.2 の (1) の場合より $v_P(x - a) = 1$ であり，命題 9.5.1.2 より $\mathrm{ord}_P(x - a) = 1$ である．$b = 0$ ならば，命題 10.3.7.2 の (3) の場合より $v_P(y) = \dfrac{1}{2} v_P(x - a) = 1$ であり，命題 9.5.1.2 より $\mathrm{ord}_P(y) = 1$ である．

$f \in K_A^\times$ とし，$v_P(f) = n$ とおく．有限集合 $S \subset P(A) - \{P\}$ を $S = \{Q \in P(A) \mid v_Q(f) < n \cdot v_Q(g_P)\}$ で定めて，中国の剰余定理（命題 2.3.7）を A のたがいに素なイデアル $\mathfrak{m}_P$ と $I = \prod_{Q \in S} \mathfrak{m}_Q^{n v_Q(g_P) - v_Q(f)}$ に適用すれば，A の元 h で，$h(P) = 1$ であり $h \in I$ となるものが存在する．

$k = f \cdot g_P^{-n} \cdot h \in K^\times$ とおけば，$\mathrm{div}_A k = \mathrm{div}_A f - n \cdot \mathrm{div}_A g_P + \mathrm{div}_A h \in \mathrm{Div}^+(A)$ だから系 10.3.3.1 より $k \in A$ である．$v_P(h) = v_P(k) = 0$ だから，すでに示したことより $\mathrm{ord}_P h = \mathrm{ord}_P k = 0$ であり，$\mathrm{ord}_P f = n \cdot \mathrm{ord}_P g_P - \mathrm{ord}_P h + \mathrm{ord}_P k = n$ である． □

$E = E^\circ \cup \{\infty\}$ だから，可逆写像 $E^\circ \to P(A)$ (10.47) より同形 $\mathrm{Div}(E) \to \mathrm{Div}(A) \oplus \mathbf{Z}$ が得られる．命題 10.10.1.4 より，

$$K_A^\times \xrightarrow{(10.48)} K_E^\times \xrightarrow{\mathrm{div}_E} \mathrm{Div}(E) \longrightarrow \mathrm{Div}(A) \oplus \mathbf{Z} \xrightarrow{\mathrm{pr}_1} \mathrm{Div}(A) \tag{10.49}$$

の合成射は $\mathrm{div}_A\colon K_A^\times \to \mathrm{Div}(A)$ である．$\infty \in E$ が定める射 $\mathbf{Z} \to \mathrm{Div}(E)$ と $\deg\colon \mathrm{Div}(E) \to \mathbf{Z}$ の合成射は恒等射だから，(10.49) の右の 2 つの射の合成射の $\mathrm{Div}^0(E) = \mathrm{Ker}(\deg\colon \mathrm{Div}(E) \to \mathbf{Z})$ への制限は同形である．定理 9.3.8.2 より，$\mathrm{div}_E\colon K_E^\times \to \mathrm{Div}(E)$ の像は $\mathrm{Div}^0(E)$ に含まれるから，(9.14) と同様に可換図式

$$\begin{array}{ccc} K_A^\times & \xrightarrow{\mathrm{div}_A} & \mathrm{Div}(A) \\ \downarrow & & \downarrow \\ K_E^\times & \xrightarrow{\mathrm{div}_E} & \mathrm{Div}^0(E) \end{array} \tag{10.50}$$

が得られる．

命題 10.10.2 E を $\mathbf{C}$ 上の楕円曲線 $y^2 = 4x^3 - g_2x - g_3$ とする．デデキント環 $A = \mathbf{C}[x,y]/(y^2 - (4x^3 - g_2x - g_3))$ の分数体を K_A とし，E の有理関数体を K_E とする．

1. (**アーベルの定理**) $L \subset \mathbf{C}$ を E の周期格子とする．$h\colon E \to \mathbf{C}/L$ (10.38) は加法群の同形である．

2. 可換図式 (10.50) が定める可換群の射

$$\mathrm{Cl}(A) \to \mathrm{Cl}^0(E) \tag{10.51}$$

は同形である．

3. 体の射 $K_A \to K_E$ (10.48) は同形であり，環の単射 $A \to \Gamma(E^\circ, \mathcal{O}_E) \cap K_E$ (10.46) も同形である．

4. E' を $\mathbf{C}$ 上の楕円曲線 $y'^2 = 4x'^3 - h_2x' - h_3$ とし，$f\colon E \to E'$ を $f(\infty) = \infty'$ をみたす双正則写像とする．複素数 $u \in \mathbf{C}^\times$ で，$h_2 = u^4g_2, h_3 = u^6g_3$ と $f^*x' = u^2x, f^*y' = u^3y$ をみたすものがただ 1 つ存在する．さらに，$f^*\dfrac{dx'}{y'} = u^{-1}\dfrac{dx}{y}$ である． ■

楕円積分が定める双正則写像 $h\colon E \to \mathbf{C}/L$ (10.38) により，直線との交点によって代数的に定義された E の加法が，複素数の和で定義される $\mathbf{C}/L$ の

加法と結びついている．これは，対数関数により複素数の乗法が，複素数の和で定義される $\mathbf{C}/2\pi\sqrt{-1}\mathbf{Z}$ の加法と結びついていることの類似である．

証明 1. 可換群の射

$$E \xrightarrow{(10.9)} \mathrm{Cl}(A) \xrightarrow{(10.51)} \mathrm{Cl}^0(E) \xrightarrow{h_*} \mathrm{Cl}^0(\mathbf{C}/L) \xrightarrow{(9.17)} \mathbf{C}/L \tag{10.52}$$

は点 $P \in E^\circ$ を順に，$[\mathfrak{m}_P] \in \mathrm{Div}(A)$ の類，$[P]-[O] \in \mathrm{Div}^0(E)$ の類，$[h(P)]-[0] \in \mathrm{Div}^0(\mathbf{C}/L)$ の類，$h(P)$ にうつすから，h はその合成であり，加法群の射である．定理 10.8.5 より $h\colon E \to \mathbf{C}/L$ は可逆だから，同形である．

2. (10.52) で，アーベルの定理（定理 10.4.6）より $E \to \mathrm{Cl}(A)$ は同形であり，h_* も同形である．$\mathrm{Div}(A) \to \mathrm{Div}^0(E)$ は同形だから，(10.51) は全射である．$\mathrm{Cl}^0(\mathbf{C}/L) \to \mathbf{C}/L$ (9.17) も全射だから，1. よりすべての射が同形である．

3. 可換図式 (10.50) と命題 10.3.8.2 と定理 9.3.8.3 より，完全系列の可換図式

$$\begin{array}{ccccccccc}
0 & \longrightarrow & \mathbf{C}^\times & \longrightarrow & K_A^\times & \longrightarrow & \mathrm{Div}(A) & \longrightarrow & \mathrm{Cl}(A) & \longrightarrow & 0 \\
 & & \| & & \downarrow & & \downarrow & & \downarrow{\scriptstyle (10.51)} & & \\
0 & \longrightarrow & \mathbf{C}^\times & \longrightarrow & K_E^\times & \longrightarrow & \mathrm{Div}^0(E) & \longrightarrow & \mathrm{Cl}^0(E) & \longrightarrow & 0
\end{array}$$

が得られる．2. より右の 2 つのたての射は同形だから，5 項補題（命題 4.3.3.2）より $K_A^\times \to K_E^\times$ も同形である．よって $K_A \to K_E$ も同形である．

A はデデキント環だから，系 10.3.3.1 より $A = \{f \in K_A^\times \mid \mathrm{div} f \in \mathrm{Div}^+(A)\} \amalg \{0\}$ である．命題 10.10.1.4 より，有理形関数 $f \in K_A^\times = K_E^\times$ に対し，$\mathrm{div}_A f \in \mathrm{Div}^+(A)$ と f が E° で正則であることは同値である．

4. 双正則写像 $f\colon E \to E'$ は有理関数体の同形 $f^*\colon K_{E'} \to K_E$ をひきおこす．$f(\infty) = \infty'$ だから，3. より f^* は $\mathbf{C}$ 上の環の同形 $A' = \mathbf{C}[x,y]/(y'^2 - (4x'^3 - h_2x' - h_3)) \to A$ をひきおこす．よって命題 10.5.5.2 よりしたがう．□

体の乗法群の有限部分群についての命題 3.5.3 の類似として，次がなりたつ．

系 10.10.3 k を $\mathbf{C}$ の部分体とし，$y^2 = 4x^3 - g_2x - g_3$ を k 上の楕円曲線とする．A を $E(k)$ の有限部分群とすると，自然数 $m_1 \geqq 1$ とその倍数 m_2 と同形 $\mathbf{Z}/m_1\mathbf{Z} \oplus \mathbf{Z}/m_2\mathbf{Z} \to A$ が存在する．■

系 10.10.3 での k が $\mathbf{C}$ の部分体という仮定は不要だが，ここでは仮定して証明する．

証明 $E(k)$ は $E(\mathbf{C})$ の部分群だから，$k = \mathbf{C}$ として示せばよい．命題 10.10.2.1 より，$E(\mathbf{C})$ は $(\mathbf{R}/\mathbf{Z})^2$ と同形である．$m \geqq 1$ を A の元の位数の最小公倍数とすると，A は $(\mathbf{Z}/m\mathbf{Z})^2$ の部分群と同形である．よって，有限アーベル群の構造定理（系 2.7.7）よりしたがう． □

系 10.10.4 $L \subset \mathbf{C}$ を格子とし，$\wp_L$ を $\wp$ 関数とする．$g_2 = g_2(L), g_3 = g_3(L)$ とし，E を楕円曲線 $y^2 = 4x^3 - g_2x - g_3$ とする．

1. 複素トーラス $\mathbf{C}/L$ の有理関数体 K_L は $\mathbf{C}(\wp_L, \wp'_L)$ である．
2. $\mathrm{Cl}^0(\mathbf{C}/L) \to \mathbf{C}/L$ (9.17) と $\mathbf{C}/L \to E$ (10.45) は可換群の同形である．

■

証明 1. 定理 10.9.4 より $\mathbf{C}/L \to E$ (10.45) は双正則であり，有理関数体の同形 $K_E \to K_L$ を定める．命題 10.10.2.3 より $K_E = \mathbf{C}(x, y)$ であり，x, y の像は $\wp_L, \wp'_L \in K_L$ だから，$K_L = \mathbf{C}(\wp_L, \wp'_L)$ である．

2. $E \to \mathrm{Cl}(A)$ (10.9) と $\mathrm{Cl}(A) \to \mathrm{Cl}^0(E)$ (10.51) は，アーベルの定理（定理 10.4.6）と命題 10.10.2.2 より同形であり，その合成は $P \in E$ を $[P] - [O]$ の類にうつす写像である．双正則写像 $\mathbf{C}/L \to E$ (10.45) でたての射を定め，$\mathbf{C}/L$ の点 x を $[x] - [0]$ の類にうつす写像を上のよこの射とすると，図式

$$\begin{array}{ccc} \mathbf{C}/L & \longrightarrow & \mathrm{Cl}^0(\mathbf{C}/L) \\ {\scriptstyle (10.45)}\downarrow & & \downarrow \\ E & \longrightarrow & \mathrm{Cl}^0(E) \end{array} \tag{10.53}$$

は可換である．よって $\mathbf{C}/L \to \mathrm{Cl}^0(\mathbf{C}/L)$ は可逆であり，$\mathrm{Cl}^0(\mathbf{C}/L) \to \mathbf{C}/L$ (9.17) の逆写像だから，(9.17) も同形である．図式 (10.53) の (10.45) 以外の射は可換群の同形だから，(10.45) も可換群の同形である． □

10.11 モジュラー曲線

$\mathbf{C}$ 上のモジュラー曲線 $\mathbf{C}^\times \backslash M(\mathbf{C}) = \mathbf{C}$ (10.17) の，上半平面 $H = \{\tau \in \mathbf{C} \mid \mathrm{Im}\,\tau > 0\}$ の商としての解析的表示を与える．まず，$M(\mathbf{C})$ の点と複素平面

$\mathbf{C}$ の格子との対応を定める．

命題 10.11.1　1. $(g_2, g_3) \in M(\mathbf{C})$ (10.13) とし，$y^2 = 4x^3 - g_2x - g_3$ が定める楕円曲線 E の周期格子を $L \subset \mathbf{C}$ とする．$(g_2(L), g_3(L)) = (g_2, g_3)$ であり，同形 $E \to \mathbf{C}/L$ (10.38) と $\mathbf{C}/L \to E$ (10.45) はたがいに逆写像である．

2. $L \subset \mathbf{C}$ を格子とし，$y^2 = 4x^3 - g_2(L)x - g_3(L)$ が定める楕円曲線を E とする．E の周期格子は L であり，同形 $\mathbf{C}/L \to E$ (10.45) と $E \to \mathbf{C}/L$ (10.38) はたがいに逆写像である．■

証明　1. 方程式 $y^2 = 4x^3 - g_2(L)x - g_3(L)$ が定める楕円曲線を E' とする．定理 10.8.5 と定理 10.9.4 より，(10.38) と $\mathbf{C}/L \to E'$ (10.45) は同形である．さらに，E' 上の微分形式 $\dfrac{dx}{y}$ の $\mathbf{C}/L$ へのひきもどしは dz であり，その E へのひきもどしは $\dfrac{dx}{y}$ である．よって命題 10.10.2.4 より，$(g_2(L), g_3(L)) = (g_2, g_3)$ であり，合成射は恒等射である．

2. 定理 10.9.4 より，$\wp\colon \mathbf{C}/L \to E$ (10.45) は同形であり，E 上の微分形式 ω の $\mathbf{C}/L$ へのひきもどしは $\wp^*\omega = dz$ である．よって (8.43) と例 9.6.6.2 より，E の周期格子 $\langle \omega, H_1(E)\rangle$ は $L = \langle dz, H_1(\mathbf{C}/L)\rangle$ と等しい．図式

$$
\begin{array}{ccccc}
\mathbf{C}/L & \xrightarrow{[-]-[0]} & B_0(\mathbf{C}/L) & \xrightarrow{\langle dz, -\rangle} & \mathbf{C}/L \\
{\scriptstyle\wp}\downarrow & & {\scriptstyle\wp_*}\downarrow & & \| \\
E & \xrightarrow{[-]-[0]} & B_0(E) & \xrightarrow{\langle \omega, -\rangle} & \mathbf{C}/L
\end{array}
\tag{10.54}
$$

の上のよこの行を (9.24) で定め，下のよこの行を (10.38) で定める．上のよこの行の合成写像は命題 9.7.2.1 より恒等写像であり，下のよこの行の合成写像は同形 (10.38) である．関手性と $\wp^*\omega = dz$ より図式は可換だから，合成射 $\mathbf{C}/L \to E \to \mathbf{C}/L$ は恒等射である．□

R で $\mathbf{C}$ の格子全体の集合を表す．$\mathbf{C}^\times$ の R への作用を，$u \in \mathbf{C}^\times$ と格子 $L \in R$ に対し，$u \cdot L = \{u\omega \mid \omega \in L\} \in R$ で定める．命題 9.7.2.3 より，格子の同形類の集合 $\mathbf{C}^\times \backslash R$ は，種数 1 のコンパクト・リーマン面 $\mathbf{C}/L$ とその原点 0 の対の同形類の集合である．写像

$$g\colon R \to M(\mathbf{C}) \tag{10.55}$$

を，$g(L) = (g_2(L), g_3(L)) = (60G_4(L), 140G_6(L))$ で定め，写像

$$p\colon M(\mathbf{C}) \to R \tag{10.56}$$

を $(g_2, g_3) \in M(\mathbf{C})$ を楕円曲線 $y^2 = 4x^3 - g_2x - g_3$ の周期格子 $L \subset \mathbf{C}$ にうつすことで定める.

系 10.11.2 1. 写像 $g\colon R \to M(\mathbf{C})$ は可逆であり, その逆写像は $p\colon M(\mathbf{C}) \to R$ である.

2. 可逆写像 $g\colon R \to M(\mathbf{C})$ は, u を u^{-1} にうつす $\mathbf{C}^\times$ の自己同形について $\mathbf{C}^\times$ の作用と両立する. ■

証明 1. 命題 10.11.1 より, $g \circ p = 1_{M(\mathbf{C})}$ であり, $p \circ g = 1_R$ である.

2. $u \in \mathbf{C}^\times$, $L \in R$ に対し, $G_{2k}(u \cdot L) = \dfrac{1}{u^{2k}} G_{2k}(L)$ だから, $g(u \cdot L) = u^{-1} \cdot g(L)$ である. □

系 10.11.2 より, **モジュラー曲線** $\mathbf{C} = \mathbf{C}^\times \backslash M(\mathbf{C})$ は, 格子の同形類の集合 $\mathbf{C}^\times \backslash R$ と同一視される.

格子の同形類全体の集合 $\mathbf{C}^\times \backslash R$ を, さらに**複素上半平面** (Poincaré upper half plane) $H = \{\tau \in \mathbf{C} \mid \operatorname{Im}\tau > 0\}$ の商集合として表す. $\tau \in H$ に対し, $L_\tau = \mathbf{Z} + \mathbf{Z}\tau = \{n + m\tau \mid n, m \in \mathbf{Z}\} \subset \mathbf{C}$ は格子である. 群 $GL(2, \mathbf{Z}) = \{A \in M(2, \mathbf{Z}) \mid \det A = \pm 1\}$ とその部分群 $SL(2, \mathbf{Z}) = \{A \in M(2, \mathbf{Z}) \mid \det A = 1\} \subset GL(2, \mathbf{Z})$ を定める. j 不変量が可逆写像 $SL(2, \mathbf{Z}) \backslash H \to \mathbf{C}$ を定めることを, 系 10.11.2 から導く.

命題 10.11.3 1. 群 $SL(2, \mathbf{Z})$ の上半平面 $H = \{\tau \in \mathbf{C} \mid \operatorname{Im}\tau > 0\}$ への作用が

$$\begin{pmatrix} a & b \\ c & d \end{pmatrix} \tau = \frac{a\tau + b}{c\tau + d} \tag{10.57}$$

で定まる.

2. 写像

$$L\colon H \to R \tag{10.58}$$

を $L(\tau) = L_\tau$ で定める. 写像 $L\colon H \to R$ は可逆写像

$$SL(2, \mathbf{Z}) \backslash H \to \mathbf{C}^\times \backslash R \tag{10.59}$$

をひきおこす. ■

証明 1. $\gamma = \begin{pmatrix} a & b \\ c & d \end{pmatrix} \in SL(2, \mathbf{Z})$, $\tau \in H$ とする.

$$\operatorname{Im}\frac{a\tau + b}{c\tau + d} = \frac{ad - bc}{|c\tau + d|^2} \cdot \operatorname{Im}\tau \tag{10.60}$$

だから, $\operatorname{Im}\gamma\cdot\tau > 0$ であり, $\gamma\cdot\tau \in H$ である. 作用の公理をみたすことは, 命題 9.3.10.1 と同様に行列とベクトルの積の結合則からしたがう.

2. $\tau \in H, \gamma = \begin{pmatrix} a & b \\ c & d \end{pmatrix} \in SL(2, \mathbf{Z})$ とすると, $L_\tau = \mathbf{Z}\cdot(a\tau+b)+\mathbf{Z}\cdot(c\tau+d) = (c\tau + d)\cdot L_{\gamma\cdot\tau}$ である. よって, 写像 $L\colon H \to R$ は写像 $SL(2, \mathbf{Z})\backslash H \to \mathbf{C}^\times\backslash R$ (10.59) をひきおこす.

(10.59) の単射性を示す. $\tau, \tau' \in H$, $u \in \mathbf{C}^\times$ とし, $u \cdot L_{\tau'} = L_\tau$ とする. $u\tau'$, u は $u \cdot L_{\tau'} = L_\tau$ の基底だから, $a, b, c, d \in \mathbf{Z}$ を $a\tau + b = u\tau'$, $c\tau + d = u$ で定めると, $\gamma = \begin{pmatrix} a & b \\ c & d \end{pmatrix} \in GL(2, \mathbf{Z})$ である. (10.60) より $ad - bc > 0$ だから $ad - bc = 1$ である. よって $\gamma \in SL(2, \mathbf{Z})$ であり, $\gamma\cdot\tau = \tau'$ となる. したがって写像 $SL(2, \mathbf{Z})\backslash H \to \mathbf{C}^\times\backslash R$ (10.59) は単射である.

(10.59) の全射性を示す. $L \subset \mathbf{C}$ を格子とし, ω_1, ω_2 を L の基底とする. $\dfrac{\omega_1}{\omega_2}$ は実数でないから, $\operatorname{Im}\dfrac{\omega_1}{\omega_2}$ と $\operatorname{Im}\dfrac{\omega_2}{\omega_1}$ のどちらかは > 0 である. $\operatorname{Im}\dfrac{\omega_1}{\omega_2} > 0$ ならば, $\tau = \dfrac{\omega_1}{\omega_2} \in H$ であり, $L = \omega_2 \cdot L_\tau$ である. $\operatorname{Im}\dfrac{\omega_2}{\omega_1} > 0$ のときも同様である. □

系 10.11.4 1. j 不変量 (10.16)

$$j(\tau) = j(g_2(L_\tau), g_3(L_\tau)) = 1728 \cdot \frac{g_2^3(L_\tau)}{g_2^3(L_\tau) - 27g_3^2(L_\tau)} \tag{10.61}$$

は, 上半平面 H 上の正則関数を定める.

2. 正則関数 $j\colon H \to \mathbf{C}$ は, 可逆写像

$$SL(2, \mathbf{Z})\backslash H \to \mathbf{C} \tag{10.62}$$

をひきおこす. ■

証明 1. 命題 10.9.1.1 の証明と同様に, 平行 4 辺形 $\{s + t\tau \mid |s|, |t| \leqq 1\}$ の辺上での絶対値 $|s + t\tau|$ の最小値を $K(\tau) > 0$ とおく. $K\colon H \to (0, \infty)$ は連続

写像だから，$U_r = \{\tau \in H \mid K(\tau) > r\}$ $(r \in (0, \infty))$ は H の開被覆を定める．

$(n, m) \in \mathbf{Z}^2$, $\max(|n|, |m|) = N > 0$ とすると，$|n + m\tau| \geqq NK(\tau)$ である．よって自然数 $k \geqq 1$ に対し，$\tau \in U_r$ ならば命題 10.9.1.1 の証明と同様に $\displaystyle\sum_{\max(|n|,|m|)=N} \frac{1}{|n+m\tau|^{2k}} \leqq \frac{8N}{N^{2k}} \frac{1}{r^{2k}}$ である．したがって $2k \geqq 4$ ならば，$\displaystyle G_{2k}(L_\tau) = \sum_{(n,m)\in\mathbf{Z}^2, \neq(0,0)} \frac{1}{(n+m\tau)^{2k}}$ は H 上局所一様収束し，命題 6.1.7.1 より H 上の正則関数を定める．系 10.9.2.3 より $g_2^3(L_\tau) - 27g_3^2(L_\tau) \neq 0$ だから，$j(\tau)$ も H 上の正則関数を定める．

2. $j\colon H \to \mathbf{C}$ は，$L\colon H \to R$ (10.58) と $g\colon R \to M(\mathbf{C})$ (10.55) と $j\colon M(\mathbf{C}) \to \mathbf{C}$ (10.16) の合成写像 $j \circ g \circ L\colon H \to \mathbf{C}$ である．系 10.11.2 より，$g\colon R \to M(\mathbf{C})$ は可逆写像 $\mathbf{C}^\times \backslash R \to \mathbf{C}^\times \backslash M(\mathbf{C})$ をひきおこす．命題 10.5.7.3 より，写像 $j\colon M(\mathbf{C}) \to \mathbf{C}$ (10.16) は，可逆写像 $\mathbf{C}^\times \backslash M(\mathbf{C}) \to \mathbf{C}$ をひきおこす．よって，命題 10.11.3 よりしたがう． □

可逆写像 (10.62) によれば，モジュラー曲線 $\mathbf{C} = \mathbf{C}^\times \backslash M(\mathbf{C})$ は $SL(2, \mathbf{Z}) \backslash H$ としても表せる．これをモジュラー曲線の解析的表示という．

参考書

・予備知識としては，次の 3 冊で十分である．
斎藤 毅，線形代数の世界――抽象数学の入り口，東京大学出版会　(2007)
斎藤 毅，集合と位相，東京大学出版会　(2009)
斎藤 毅，微積分，東京大学出版会　(2013)

・第 9 章までの各章の内容をさらに学ぶための本を 1 冊ずつ紹介する．
第 1 章　T. レンスター，土岡俊介訳，斎藤恭司監修，ベーシック圏論　普遍性からの速習コース，丸善出版　(2017)
第 2 章　桂 利行，代数学 II　環上の加群，東京大学出版会　(2007)
第 3 章　桂 利行，代数学 III　体とガロア理論，東京大学出版会　(2005)
第 4 章　坪井 俊，幾何学 II　ホモロジー入門，東京大学出版会　(2016)
第 5 章　坪井 俊，幾何学 III　微分形式，東京大学出版会　(2008)
第 6 章　L. V. アールフォルス，笠原乾吉訳，複素解析，現代数学社　(1982)
第 7 章　志甫 淳，層とホモロジー代数，共立出版　(2016)
第 8 章　坪井 俊，幾何学 I　多様体入門，東京大学出版会　(2005)
第 9 章　小木曽啓示，代数曲線論，朝倉書店　(2002)

・第 10 章の内容と関連する数論の話題については，
J.-P. セール，彌永健一訳，数論講義，岩波書店　(1979)
加藤和也，栗原将人，黒川信重，斎藤 毅，数論 I・II，岩波書店　(2005)
斎藤 毅，フェルマー予想，岩波書店　(2009)

数学原論の原典は，
N. ブルバキ，数学原論，東京図書　(1968–)

・現代の数学の話題を展望するには，
斎藤 毅，河東泰之，小林俊行編，数学の現在 i, π, e，東京大学出版会　(2016)

おわりに

ブルバキ『数学原論』について

本書の書名を拝借したブルバキ『数学原論』(Éléments de Mathématique) について，本書の内容との関わりも含めて簡単に紹介する．

Nicolas Bourbaki は 1930 年代にフランスで結成された匿名の数学者集団のペンネームである．創立当初のメンバーは，ヴェイユ，カルタン，デュドネ，シュヴァレー，デルサルト，……といった当時若手の数学者であり，その後メンバーをいれかえながら現在に至っている．のちに参加したメンバーには，アイレンバーグ，シュヴァルツ，セール，グロタンディーク，……がいる．

グループ設立当初の目的は，微積分の新しい教科書を書くことにあった．『アンドレ・ヴェイユ自伝』によれば，きっかけの 1 つは，本書第 8 章で紹介したストークスの定理の現代的な定式化だった．しかし構想の初期の段階で，目標は数学の基本的な部分全般を集合論の上に基礎づけて展開するという巨大なものに変貌した．

ブルバキはその書名として，古代ギリシャ数学の全容を基礎から展開し，後世の数学に計り知れない影響を及ぼしたユークリッド『原論』にちなんだものを採用した．ふつうは複数形で書かれる数学という単語に単数形を使用したのは，数学の一体性という彼らの主張によるものと思われる．

1939 年に，『数学原論』全巻の記号と用語の設定のために最初に書かれた『集合論 要約』が出版された．空集合の記号 $\varnothing$ はここで定められた．続いて，『集合論』，『代数』，『位相』，『実一変数関数』，『位相線型空間』，『積分』の基礎 6 部門からなる第 1 部が 1969 年までに順次刊行された．その後も『リー群とリー環』，『可換代数』などの新部門が刊行される一方で，並行して既刊の第 1 部の改訂も進められた．その大部分は日本語訳が東京図書から出版されたが，現在は絶版となっている．

物理学や生物学が，20 世紀にはいり量子力学や分子生物学の成立によって著しく変貌したように，数学も同時代に抽象的な方向へ大きく転換した．ブルバキは，数学の対象の複雑さは，数学の基本的構造が交錯することで生じると主張し，それを解きほぐすことの重要性を指摘した．

数学の基本的構造とは，本書の第 2 章から第 8 章まででその一部を解説した，環と加群や体などの代数的構造，位相や多様体などの幾何的構造，微分形式や正則関数などの解析的構造などを指す．ただし，環と加群や体の理論は『代数』さらには『可換代数』で詳細に展開された一方で，位相空間のホモロジー群は 1980 年になって出版された『代数』の巻にその定義だけが小さな活字で記述され，微分形式，正則関数や多様体は『多様体 要約』で証明抜きに概要が紹介されたのにとどまる．本書の第 9 章と第 10 章では，これらの構造がリーマン面上で，なかでも楕円曲線において交錯するようすを解説した．

ブルバキは『数学原論』の著述により，それぞれの数学的構造こそが数学固有の研究対象であることを明確にし，数学の抽象的な方向への転換を主導する役割を果たした．数学科での標準的なカリキュラムの内容が現在そのようなものであることが，『数学原論』の成功を物語る．ただし，数学の重要な分野でその視界から外れたものがいくつもあることや，『数学原論』の内容の選択の偏りも指摘されている．この問題は本書にもあてはまる．

ブルバキの数学観によれば，数学的構造とは，集合にその演算などの代数的構造や，開集合系などの位相的構造をはじめとする付加構造を与えることで定まるものである．個々の数や関数あるいは図形という古典的な数学的対象から，数の体系や空間それ自体という現代的な対象への焦点の移動が，この視点から総括される．

その一方で，『数学原論』が書かれるのと同時期に発展した，圏や層の理論はその枠組みにとりこまれなかった．本書第 1 章で解説した圏論の発展には，アイレンバーグやグロタンディークといったメンバーも深く関わった．『数学原論』では，それぞれの構造に付随する射やその普遍性などが重視されている．しかし圏については，2016 年に出版された『代数的位相幾何学』でその定義がようやく書かれたにとどまり，数学全体に統一的な視点をもたらすことばとしての位置づけは与えられなかった．本書第 7 章で解説した幾何学の大域的対象を記述することばとして定着した層の理論は，カルタンやセール，グロタンディークらがその構築に中心的な役割を果たしたものである．しかしこれも，『数学原論』で取り上げられるには上記の『代数的位相幾何学』を待たなければならなかった．

『数学原論』の記述の特徴は，冒頭におかれた「読者への注意」にあるとおり，「原則として一般から特殊へ」という体系性にある．これはブルバキが採用した公理的方法の帰結であり，専門化，細分化が進む傾向に抗し，数学の統一を指向する．本書でも可能な限りこの原則に従ったが，通読できる分量に収めるためにそこから逸脱した部分も多い．一方でこの原則は「すでに広い知識を持合せている読者にしかその効用がわからない」という副作用ももたらす．これを緩和し抽象的な理論の効用を明示するために，本書では具体的な応用例を各章での目標として設定し解説した．

『数学原論』の基調となった集合に基盤をおく抽象的な方法の起源の 1 つに，19 世紀にリーマンが導入したリーマン面や多様体にその数学的に厳密な基礎を確立するという問題がある．第 9 章でみたように，リーマン面は複素平面にその無限遠点をつけくわえたり，その開集合をはりあわせたり，違う点どうしを同じものとみなしたり，1 枚の平面を何重にもはがしたりすることで構成される．このような構成を可能にすることばとして成立し，現在の数学の共通言語として定着したのが，集合論であり位相空間論である．この抽象的なことばでリーマン面や多様体が厳密に記述されることは，本書の第 8 章以降のとおりである．

『数学原論』には，このリーマンの着想に 1 つの端を発する数学の激動期の成果の概要が包括的に記述されている．それは数学をさらに抽象的な方向へと展開させるとともにその発展の基礎を与えるものとして，現代の数学に大きな影響を今も及ぼしている．

参考文献

M. マシャル，高橋礼司訳，ブルバキ　数学者達の秘密結社，丸善出版 (2002)
A. ヴェイユ，稲葉延子訳，アンドレ・ヴェイユ自伝 上・下，丸善出版 (2004)

記号一覧

索引

サ 行

タ 行

ナ 行

ハ 行

マ 行

ヤ 行

ラ 行

ワ 行

人名表

著者略歴

斎藤 毅（さいとう・たけし）

1961年　生まれる．
1987年　東京大学大学院理学系研究科博士課程中退．
現　在　東京大学大学院数理科学研究科教授．
　　　　理学博士．
主要著書『線形代数の世界　抽象数学の入り口』
　　　　（大学数学の入門⑦，東京大学出版会，2007），
　　　　『集合と位相』（大学数学の入門⑧，東京大学出版会，2009），
　　　　『フェルマー予想』（岩波書店，2009），
　　　　『微積分』（東京大学出版会，2013），
　　　　『数学の現在 i，π，e』（編者，東京大学出版会，2016），
　　　　『抽象数学の手ざわり――ピタゴラスの定理から圏論まで』
　　　　（岩波書店，2021）．

数学原論

2020 年 4 月 10 日　初　版
2022 年 6 月 8 日　第 4 刷

[検印廃止]

著　者　斎藤 毅
発行所　一般財団法人 東京大学出版会
　　　　代表者 吉見俊哉
　　　　153-0041 東京都目黒区駒場 4–5–29
　　　　電話 03–6407–1069　Fax 03–6407–1991
　　　　振替 00160–6–59964
印刷所　三美印刷株式会社
製本所　誠製本株式会社

ISBN 978–4–13–063904–0 Printed in Japan